"十三五"国家重点出版物出版规划项目
面向可持续发展的土建类工程教育丛书

工程结构检测与加固

主　编　张志国　邓年春　魏焕卫
副主编　孙丽娟　吕　鹏　刘兵伟　赵　伟
参　编　刘炳华　陈吉娜　李文平　刘　杰　张甲峰
　　　　杜召华　马亚丽　刘彦清　王建立　吴冀桥

机 械 工 业 出 版 社

本书对建筑工程和桥梁工程检测与加固的概念、原理及主要方法进行了比较详细的介绍，在检测方面对焊接、栓钉、预应力体系进行了专门论述。本书共9章，主要内容包括绪论、地基基础检测与加固、砌体结构检测与加固、钢结构检测与加固、混凝土结构检测与加固、结构纠倾与平移、桥梁检测及常用加固方法、紧固件连接的检测、预应力体系检测。

本书可作为土木工程专业本科教学和硕士研究生教学用书，也可作为土木工程检测及相关技术人员的参考资料。

本书配有授课PPT、思考题参考答案及视频等资源，免费提供给选用本书的授课教师，需要者请登录机械工业出版社教育服务网（www.cmpedu.com）注册下载。

图书在版编目（CIP）数据

工程结构检测与加固/张志国，邓年春，魏焕卫主编. —北京：机械工业出版社，2021.11（2024.6重印）

（面向可持续发展的土建类工程教育丛书）

"十三五"国家重点出版物出版规划项目

ISBN 978-7-111-69545-5

Ⅰ.①工… Ⅱ.①张… ②邓… ③魏… Ⅲ.①工程结构–检测–高等学校–教材②工程结构–加固–高等学校–教材 Ⅳ.①TU3②TU746.3

中国版本图书馆CIP数据核字（2021）第227063号

机械工业出版社（北京市百万庄大街22号　邮政编码100037）
策划编辑：李　帅　　　　责任编辑：李　帅　马军平
责任校对：陈　越　张　薇　封面设计：张　静
责任印制：单爱军
北京虎彩文化传播有限公司印刷
2024年6月第1版第3次印刷
184mm×260mm·24.25印张·601千字
标准书号：ISBN 978-7-111-69545-5
定价：78.00元

电话服务　　　　　　　　　网络服务
客服电话：010-88361066　　机 工 官 网：www.cmpbook.com
　　　　　010-88379833　　机 工 官 博：weibo.com/cmp1952
　　　　　010-68326294　　金 书 网：www.golden-book.com
封底无防伪标均为盗版　　机工教育服务网：www.cmpedu.com

前　言

　　工程从建设完成到投入使用，由于施工原因、环境因素、材料老化、工程耐久性等问题，不可避免地要面临改造加固施工。工程检测是控制施工质量、发现并判定既有工程安全隐患的重要手段。可以预期，未来工程检测与加固将成为土木工程的重要内容。本书主要针对土木工程中的建筑工程和桥梁工程结构类型，从检测内容、检测方法、加固改造方法及技术要点等方面进行论述，可以帮助学习者掌握检测与加固的基本知识、基本原理和基本方法，提高解决工程实际复杂问题的能力。

　　本书在编写过程中，除对常规检测方法进行介绍外，还特别介绍了检测与加固中的新技术、新材料、新工艺，突出体现了现代技术的发展与进步。本书结合工程案例，强化了与工程应用的对接，表达简练，符合学习者学习的特点和要求。

　　积极推进并落实党的二十大精神进教材、进课堂、进头脑，本书编者深入挖掘工程创新、科学家成长事迹等课程思政元素，并以"拓展视频"模块中二维码的形式融入本书，帮助学生树立吃苦耐劳的坚毅品质、精益求精的工匠精神和勇于拼搏的创新精神，培养新时代德才兼备的高素质人才。

　　本书由张志国、邓年春、魏焕卫担任主编，由孙丽娟、吕鹏、刘兵伟、赵伟担任副主编，刘炳华、陈吉娜、李文平、刘杰、张甲峰、杜召华、马亚丽、刘彦清、王建立、吴冀桥参加编写。具体编写分工如下：第1章由刘炳华、张志国编写，第2章由吕鹏、张志国、张甲峰、吴冀桥编写，第3章由张志国、魏焕卫、陈吉娜编写，第4、8章由赵伟、邓年春、马亚丽编写，第5章由孙丽娟、张志国、刘彦清编写，第6章由张志国、刘炳华、李文平编写，第7章由刘兵伟、刘杰、杜召华、张志国编写，第9章由张志国、王建立编写。

　　本书在编写过程中得到了石家庄铁道大学、河北省公路工程质量安全监督站、河南省交院工程检测科技有限公司、河北省建筑科学研究院等单位的大力支持，在此表示感谢。此外，本书在编写过程中参考了大量文献，在此向文献的作者表示感谢。

　　限于编者水平，书中难免有不妥之处，敬请读者批评指正。

编　者

目　　录

第1章 绪　　论

■ 1.1　工程结构类型

工程结构按其构成可分为实体结构与组合结构两大类。其中，坝、桥墩、基础等通常为实体，称为实体结构；房屋、桥梁、码头等通常由若干个元件连接组成，称为组合结构。若组成的结构与其所受外力在计算中可视为皆在同一平面内时，则称该结构为平面结构，如梁式结构、桁架结构、拱结构、排架结构、框架结构等；若组成的结构可以承受不在同一平面内的外力，且计算时也按空间受力考虑，则称该结构为空间结构，如折板结构、壳体结构、网架结构、悬索结构、剪力墙结构、筒体结构、悬吊结构、板柱结构、墙板结构、充气结构等。

连接组成的节点如只能承受拉力和压力，称为铰接，如桁架中各杆的连接为铰接；如能同时承受弯矩等其他内力的，称为刚接，如刚架结构中的梁与柱连接为刚接。

■ 1.2　检测与加固的分类

工程结构检测与加固按照不同的标准有不同的分类。

1.2.1　结构检测的分类

1）按分部工程分为地基工程检测、基础工程检测、主体工程检测、维护结构检测、防水工程检测、保温工程检测、防腐涂装工程检测、装饰装修工程检测等。

2）按分项工程分为地基、基础、梁、板、柱、墙等内容的检测。

3）按结构材料不同分为砌体结构检测、混凝土结构检测、钢结构检测、木结构检测等。

4）按结构用途不同，分为民用建筑结构检测、工业建筑结构检测、桥梁结构检测等。

5）按检测内容不同分为几何量检测、物理力学性能检测、化学性能检测等。

6）按检测技术不同分为无损检测、破损检测、半破损检测、综合法检测等。无损检测技术在我国迅速发展，这种技术以不破坏结构见长，是工程质量检测的理想手段和首选技术。例如，材料强度回弹检测、内部缺陷及材料强度超声检测、红外线红外成像无损检测技术、雷达检测等。破损检测是最直接的检测方式，目前在检测领域仍占主导地位。例如，用混凝土试块来检测混凝土强度，推出法检测砌体强度，单调加载的静力试验、伪静力试验和拟动力试验等。半破损检测又称为微破损检测，检测时对原结构的局部有一定的破坏。例如，钻芯法检测混凝土强度、拔出法检测混凝土强度、在钢结构或木结构上截样的检测方法等。

1.2.2 结构加固的分类

1. 按照加固对象的不同

1）按加固对象的用途不同，可分为工业建筑结构、民用建筑结构、桥梁结构加固等。

2）按分部工程，可分为地基工程加固、基础工程加固、结构主体工程加固等。

3）按分项工程，可分为地基、基础梁、板柱、墙、附属工程加固等。

4）按照加固对象的结构材料不同，可分为砌体结构加固、钢筋混凝土结构加固、钢结构加固、木结构加固、纤维类复合材料加固、索膜结构加固等。

5）按照结构加固范围的不同，可分为整体加固、局部加固。

6）按照加固目的不同，可分为保护性加固、正常使用性加固。

7）按照加固后新旧材料协同工作的方式不同，可分为预应力加固、非预应力加固。预应力加固是通过施加预应力，使结构或构件产生与设计荷载作用符号相反的应力，从而调整结构的受力状态，降低内力峰值，改善构件或结构的受力性能；同时可以有效改善结构的变形性能，提高结构的刚度。采用预应力加固时，新旧材料自施加预应力起就开始共同协同工作。而采用非预应力加固，在结构没有继续变形之前，新旧材料没有协同工作关系，只有当在外力作用下结构产生新的变形时，新材料才能参与工作，即新旧材料才能发生协同工作的关系。

8）按结构受力特征不同，可分为抗剪能力加固、抗弯能力加固、抗震能力加固等。

9）按照受力性质不同，可分为单一受力因素加固、复杂受力因素加固。如拉、压、弯、剪、扭等单一受力或者其中几种的组合。

2. 按照加固技术的不同

（1）按照加固技术性质的不同 可分为有明确计算依据的承载能力加固和没有明确计算依据、只能依赖工程概念进行的整体性加固两大类，各种加固技术汇总情况见表1-1。结构及其组成的某一构件的承载能力是能够依据相关规范方法进行计算的，但结构的整体性只能依靠构造措施来保证，很难进行定量的计算。

（2）按照加固技术途径的不同 可分为加强法、更换法和相对等效法。加强法是保留既有结构承载能力出现降低的构件，在此基础上，采用相同或更高强度等级的材料对既有结构构件进行直接加固增强，即直接提高受损构件承载能力的加固技术途径。更换法是以优良代替次劣或以新代旧，即把承载力降低的既有结构构件拆除换成新构件的加固技术途径。等效法是由于客观条件的限制，不能直接对既有结构构件加固增强，也无法实现以新代旧时，不得已采用间接的方法来提高结构承载能力的途径。

依据加固技术原理，对地基与基础加固，以上三种方法具体包括：

1）加强法，分为挤密法、固化法和增大截面法。挤密法是以振动或冲击等方法成孔，然后在孔中填入砂、石、土、石灰、灰土或其他材料，将地基土体强行挤密，同原地基一起形成复合地基。固化法，也称注浆法，是将能固化的浆液注入地基的裂缝或孔隙中，将地基土体的颗粒强行填充、黏结，以改善其物理力学性质的方法。增大截面法是通过一定的技术措施增大地基的受力面积以降低其应力。

表 1-1 加固技术汇总情况

加固性质	加固部位	技术目标	加固技术方法	加固方法示例
承载力加固	地基	加强	增大截面法	树根桩、胡子桩等
			挤密法	单灰桩、双灰桩、扩径桩等
			固化法	
		更换	置换法（以良代劣）	开挖换填等
			托换法（改变传力途径）	锚杆静压混凝土桩等
		等效	加固基础法	
	基础	加强	增大截面法	干法、湿法等
		更换	置换法（以良代劣）	
			托换法（改变传力途径）	锚杆静压混凝土桩等
		等效	加固基础法	
			卸荷法	
	上部结构	加强	增大截面法	
			截面外包高强材料法	钢材、碳纤维布等新型复合材料
			体外预应力法（改变受力状态）	
			简支固端化（改变结构体系）	
			加支座或支撑（改变跨度）	
			防屈曲支撑（加支撑、耗能、阻尼）	
		更换	托换法（改变传力途径）	
			置换法（以良代劣）	
		等效	卸荷法	
			减震耗能法（减小地震作用）	减震、隔震等
整体性加固	结构、基础	构造	拉结法（捆绑）	拉筋、圈梁、构造柱等
			增大抵抗矩（集零为整）	灌缝等

2）更换法，分为托换法和置换法。托换法是通过改变传力途径实现加固，一般是通过另外的构件跨越现有次劣的持力层，把力传到优良的持力层上。置换法是以良代劣，即把旧有次劣软弱的地基土体去掉，换成性能优良、强度较大、性能稳定、无侵蚀性的新材料。

3）等效法。当不能直接对地基或基础进行加固时，需要采取间接办法来减小地基土体应力或提高承载力。比如不能直接加固基础，则可以想办法通过加固地基使地基土体承载能力提高，或采取结构卸荷法，即通过减小上部结构自重或控制使用荷载来相对提高基础的可靠性。

对于上部结构的加固，具体划分为：

1）加强法，分为增大截面、截面外包高强材料、体外预应力、简支固端化、加支座或支撑五种方法。外包高强材料有外包钢和外包碳纤维复合材料两种，其中外包钢是一种广泛采用的混凝土构件加固方法，通常采用型钢或钢板外包在原构件表面、四角或两侧，并在混凝土构件表面与外包钢缝隙间灌注高强水泥砂浆或环氧树脂浆料，同时利用横向缀板或套箍作为连接件，以提高加固后构件的整体受力性能。外包碳纤维复合材料是一种新型的加固方法，因具有不增加结构尺寸及自重，耐腐蚀、耐久性能好等优点而被推广使用。体外预应力是采用外加预应力绳索、钢拉杆或型钢撑杆对结构构件或整体进行加固的方法，按照施工工艺不同又有纵向或横向预应力、受拉或受压预应力、外力张拉预应力或自行预应力之分。简支固端化就是把简支的受力状态改变成为固端的受力状态，通过改变结构受力体系来提高结构的承载能力。加支座或支撑的原理就是通过缩短结构跨度，减小跨中控制弯矩。

2）更换法，分为托换法和置换法两种，加固的基本思路同前。

3）等效法，分为卸荷法和减震耗能法。去掉原有结构部分荷载、减小结构自重或控制使用荷载等均属于卸荷法。减震耗能法又分为减震和隔震两种技术。

减震技术主要通过耗能装置实现，通过该装置产生滞回变形来耗散能量或吸收地震输入结构的能量，以减少既有结构的地震反应，具有可靠性高、维护成本低等优点。根据减振装置不同可以将其分为摩擦阻尼器、金属阻尼器、黏弹性阻尼器、液体黏滞阻尼器、SMA 阻尼器等。

隔震技术主要通过隔震支座将地震变形集中到隔震层上，隔离地震能量向上部结构传输，以减小既有结构的地震反应。目前常用的隔震支座包括叠层橡胶支座、铅锌橡胶支座、滑动摩擦支座、高阻尼橡胶支座等。

■ 1.3 检测与加固的目的和意义

1.3.1 结构检测的作用和意义

1. 是工程结构质量判定的直接方式

结构检测是对既有结构所用材料或构件质量进行直接判定的一种方式。例如，对结构强度进行的检测、对桥梁通车进行的承载能力和刚度检测等。另外，结构检测结果也是工程竣工验收判定质量的直接依据。

2. 为维修加固改造提供必要的参考依据

土木工程结构在使用过程中经常存在功能或需求改变的情况，因此不可避免地要对其进行一些加固改造，这时候需要对既有结构进行检测，为加固设计提供必要的依据。例如，既有房屋建筑需要加层、房屋分割空间发生变化、桥梁需要拓宽、桥面需要更新等，都需要事先对工程进行必要的承载力检测。或者人们需要知道某楼房结构或既有桥梁结构的可靠性情况，是否满足正常使用的安全要求、是否符合最新规范的要求，是否需要拆除或加固等，也需要对工程结构进行检测。

3. 检测技术发展的必然途径

检测技术的发展离不开需求和实践，从经验判定到现场检测既是工程管理、保证安全的需要，也是检测技术发展的必然途径。从破损检测到无损检测、从局部检测到结构整体检测、从单一检测到综合检测、从模型试验到实体检测的发展均离不开工程需要和检测技术的进步。

1.3.2 结构加固的作用和意义

1. 提高结构可靠性

工程加固的首要作用就是提高结构的可靠性，避免工程灾难事故，最大限度地保障人的生命与财产安全。随着社会发展，人们对土木工程结构可靠性的要求不断提高，但随着结构使用期限的延长，受耐久性、环境作用等因素的影响其可靠性逐年下降。为了满足人们对工程结构可靠性的时代要求，对既有结构进行加固改造就是必然的实现路径。

2. 延长结构的使用寿命

结构在设计时都有预期的使用寿命，在使用过程中结构的功能会退化，必须通过维修或者加固来恢复其功能，延长结构的使用寿命。结构所用的各种建筑材料有可能会受到环境腐蚀的作用，在一些特殊环境中材料腐蚀速度还会加快，例如地基不均匀沉降会引起结构产生开裂或倾斜、混凝土结构保护层厚度不足会引起钢筋锈蚀体积膨胀造成表层混凝土脱落。结构在使用期限内遭受地震、火灾、风灾、水灾等自然灾害，会造成结构局部损伤甚至整体垮塌。以上这些因素变化均会造成结构使用寿命的缩短。只有通过结构加固，才能延长结构的使用寿命。

3. 满足结构用途的变化

随着时间的延续，社会的变迁，在使用过程中有些结构物的功能需求不可避免地会发生改变，由此可能带来荷载大小及分布的变化，往往必须通过加固才能满足这一变化要求。例如，办公大楼改为住宅楼，教学楼改为图书室，住宅楼的一层改为商铺，百货大楼需要加层等。结构物的用途发生变化是表象，其实质则是结构所受荷载发生了变化，如果是将荷载由小变大，则在改用之前均应先进行必要的结构加固才能满足使用安全性要求。

4. 保护和节约社会资源

服役期已满的结构物，若仍需继续使用或已经成为历史文物而需要保护，最佳的办法就是对既有结构进行加固。拆除既有结构会产生大量的建筑垃圾和尘埃，既污染环境，也会浪费巨大的社会资源。

■ 1.4 检测与加固的程序

工程结构检测就是通过一定的设备，应用一定的技术，采集一定的数据，把所采集的数据按照一定程序通过一定方法处理，从而得到所检对象的某些特征值的过程。

工程结构检测包括检查、测量和判定三个基本环节，其中检查与测量是工程检测的核心内容，判定是检测目的，是在检查与测量的基础上进行的工作内容。

如混凝土强度的检测，可以理解为通过回弹仪等设备，应用回弹技术，按照《回弹法检测混凝土抗压强度技术规程》（JGJ/T 23—2011）所规定的方法，采集回弹值及碳化深度值，把这些值按照规范规定的程序进行处理，从而计算所检混凝土抗压强度的推定值。

结构加固就是根据检测结果，按照一定的技术要求，采取相应的技术措施来增加既有结构可靠性的过程。一般要经过加固结构设计、加固结构施工、加固结构验收等步骤。

■ 1.5   相关规范及标准

规范是国家或行业协会等地方性组织颁布的具有一定约束性和立法性的文件，其目的是贯彻国家在一定时期的技术经济政策，实现必要的统一化和标准化。正确理解和使用规范非常重要，规范是从事一切专业技术工作的指南和依据。规范还有标准、规程之说，这三个术语在针对具体对象时加以区分。习惯上，当针对工程勘察、规划、设计、施工等通用的技术事项做出规定时，采用"规范"一词，如《砌体结构设计规范》（GB 50003—2011）、《混凝土结构设计规范》（2015 年版）（GB 50010—2010）等；当针对产品、方法、符号、概念等基础标准进行规定时，采用"标准"一词，如《混凝土强度检验评定标准》（GB/T 50107—2010）、《危险房屋鉴定标准》（JGJ 125—2016）等；当针对操作、工艺、管理等专用技术要求时，采用"规程"一词，如《钻芯法检测混凝土强度技术规程》（CECS 03—2007）、《建筑变形测量规程》（JGJ/T 8—1997）等。为表述简便，后文按习惯统称为"标准"。

按照国家标准化法的规定，我国标准按等级分为国家标准、行业标准、地方标准、团体标准和企业标准。在执行时，下一级标准必须遵守上一级标准，只能在上一级标准允许范围内做出规定。下级标准的规定不得宽于上级标准，但可严于上级标准。比如国家标准规定某项检验指标的允许偏差不得大于 5mm，地方或企业标准可以要求不得大于 4mm、3mm 或更小，但不得放宽为"可以大于 6mm"。按属性又可将标准分为强制性标准与推荐性标准。比如国家标准代号分为 GB 和 GB/T，前者含义为强制性国家标准，后者代表推荐性国家标准。但是需要注意，对于推荐性标准，如果决定采用并写入双方合同，这时该推荐性标准就对签约双方具有了强制性，必须共同遵守。可见，标准具有严肃性和约束性。此外，也要看到标准也会随着生产实践和技术的不断进步，不断被修订和完善，所以标准又具有时效性。比如，不同时期的标准对同一类结构的安全系数是变化的，随着社会的发展和经济水平的提高，人们对结构的可靠性要求越来越高，所以安全系数也有不断提高的趋势。所以我们必须依据现行标准，不能以废止的旧标准作为依据。

工程检测是一项非常专业的工作，因此我国工程建设领域对检测人员严格实施职业资格证书制度，对检测单位实施检测资格认证制度，超出资格范围的检测及出具的报告不具有任何法律效力。检测鉴定工作必须依据相关国家、行业或地方现行标准要求，使用经计量检定部门检验合格并在校验期限范围内的仪器设备进行现场或取样检验，并依据标准进行合格与否的判定。

综上所述，工程检测与加固离不开相关标准的指导和约束，它既是从事该项工作的依据，也是执法部门判定检测工作合法、合规性的重要依据。因此，从事工程检测与加固首先需要了解相关的标准。本书内容涉及相关标准众多，涉及有设计、施工及工程质量验收方面，加固、改造、养护维修方面，仪器设备检定校准、使用方面，实验检测、数据处理方面等，在阅读本书时，请参考阅读相关标准的最新版本。在学习过程中，也要树立"标准"思想，理解标准制定的背景和适用范围，正确选择实验检验方法，不能盲目地简单套用。

■ 1.6 学习本课程的方法

本课程是一门理论性和实践性均很强的学科，为了更好地学习、掌握相关知识，应当注意以下方面：

1. 正确认识各种检测手段的优缺点

无损检测技术具有诸多优点，但也有其与生俱来的局限性，如直观性、检测精度相对较差，部分方法的检测结果往往依赖于检测人员的主观判断。如果选用的检测方法或者操作不当，可能得出完全错误的检测结果。因此，对待无损检测技术，一方面要认识到其检测结果具有一定的误差，不可盲信；另一方面也不能因为其有误差而全盘否定。例如，医疗领域中的超声波、CT核磁共振等也是无损检测技术，其原理与工程无损检测技术有很多共通之处，虽然在医疗检查中这些技术已成为例行的、必不可少的检测手段，但是这些检测手段也无法完全避免错判和漏判，检测结果与医生的水平和经验也有着直接的关系。

2. 加强理论联系实践

本书涉及很多检测和测试技术及手段，每种技术均有与其相应的理论支撑体系。深入地了解其理论背景和支撑，对掌握和应用都是非常必要的。同时，本课程又是一门实践性非常强的课程，了解和掌握实际的检测设备、使用方法和分析手段也是十分必要的。

特别需要指出的是，现有的工程检测和测试方法均有各自的不足，有些技术的理论体系也不十分严密，需要进一步发展和完善。在课程学习的过程中，在注重基本原理时，也要关注工程实践，并应以批判性和发展的眼光来学习。

思 考 题

1. 简述结构检测的主要任务。
2. 结构检测与加固有何意义？
3. 简述工程结构加固的主要方法。

拓 展 视 频

川藏公路修筑纪实1

中国第一张CCC
认证证书

第2章 地基基础检测与加固

■ 2.1 地基与基础的联系与区别

任何建筑物都坐落在一定的地层上，建筑物的全部荷载均由基础传递至下面的地层来承担。受结构物影响的那部分地层称为地基，结构物与地基接触的部分称为基础，如图 2-1 所示。

地基与基础承受各种荷载和作用，其本身将产生相应的应力和变形。为了保证建筑物的安全与正常使用，地基与基础必须具有足够的强度和稳定性，变形也应在允许范围之内。根据地质条件、上部结构要求、荷载特点和施工技术水平，可采用不同类型的地基和基础。

地基可分为天然地基与人工地基，不需处理可直接承担基础和上部结构的天然土层称为天然地基。若天然地基承载力不足或有其他不满足工程要求的问题，则需要经过人工加固处理后才能使用，此类地基称为人工地基。

基础的作用是充当上部结构与地基之间的过渡，并将上部建筑物的荷载传递给地基，基

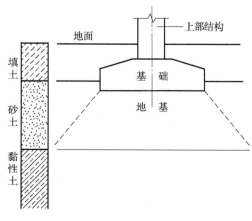

图 2-1 地基及基础示意

底所传递的荷载应小于地基的设计承载力且有一定的安全储备，同时保证地基沉降变形均匀且不超过建筑物变形的限值。上部结构、基础、地基相互联系成为整体共同承担荷载并发生变形，按各自的刚度对变形产生相互作用。

不同的基础形式适用于不同的上部结构和荷载。基础主要分为浅基础和深基础两大类。浅基础包括无筋扩展基础（刚性基础）、扩展基础（柔性基础）、独立基础、条形基础、联合基础、箱形基础等。浅基础埋置深度较浅（一般在 5m 以内）。深基础包括桩基础、沉井沉箱基础、地下连续墙基础等。

工程实践表明：结构物地基与基础的设计和施工质量的优劣，对整个结构物的质量和正常使用影响巨大。基础工程是隐蔽工程，若存在缺陷较难发现，也较难弥补修复，而这些缺陷往往直接影响整个结构物的正常使用甚至安全。基础工程的进度，经常控制整个建筑物的

施工进度。

对既有建筑物而言，地基基础的问题经常是通过上部结构的某些变化反映出来的，很难被直接发现。由于勘察、设计、施工不当或受使用条件改变、外界环境影响，地基或基础出现的问题多而复杂。因此要查找出地基和基础真正的问题，除了要对地基和基础的原理、性能有深刻的认识之外，先进的检测技术和正确的方法是必不可少的，只有发现问题，才有解决问题的可能。

地基与基础的检测和加固问题一直是国内外学者研究的热点和难点，由此派生了不同类型的方法，本章仅对一些常用地基基础检测和加固方法做简要介绍。

■ 2.2 地基与基础常见问题

2.2.1 地基常见问题

（1）地基刚度不足 地基在建筑物荷载作用下产生的沉降随时间发展，可分为瞬时沉降、主固结沉降和次固结沉降。总沉降量或不均匀沉降超过建筑物允许沉降值时，将影响建筑物的正常使用，导致结构构件开裂、建筑物倾斜或局部倾斜。

（2）地基承载力不足失稳 地基的承载力主要与土的抗剪强度有关，也与基础形式、平面尺寸和埋深有关。如果地基承载力不足，在上部荷载作用下，地基将产生局部或整体剪切破坏，严重时将发生地基失稳，使建筑物发生倾斜甚至倒塌破坏。

（3）渗流造成土体性能的改变 土中渗流是指水或其他流体在土体孔隙中的流动，渗流性质取决于土的颗粒组成和流体的性质。土中渗流可在地基中形成孔洞，诱发流土、管涌导致地基破坏。

（4）地基滑动 一般来说，建在土坡、坡顶或坡趾附近的结构物会因地基滑动而酿成安全事故。造成地基滑动的原因很多，如在坡上加载、坡脚取土等人为因素，土中渗流改变土的性质、引起土层界面强度降低，土体强度随蠕变降低等自然因素。另外，如果地基普遍软弱，设计时过高估计地基承载力或使用时严重超载也会引起地基失稳，产生滑动事故。

（5）地基液化失效 地震作用会诱发饱和松散的地基土液化从而造成建筑物倾倒和大幅度震沉。地震导致的土体液化不仅与地震烈度有关，还与建筑场地效应、地基土动力特性有关。在同样的场地条件下，黏土地基和砂土地基、饱和土和非饱和土地基上房屋的震害差别也很大。比如在1976年唐山大地震时，唐山矿冶学院四层书库发生震沉，一层楼全部沉入地下。

（6）地下水位变化诱发沉降 地下水位下降会引起地基中有效应力改变，导致地基沉降，对建筑物产生损害。在建筑地区，地下水位变化常与抽水、排水有关。局部的抽排水，能使基础底面以下地下水位突然下降，从而引起建筑物地基变形。如河北省沧州市自20世纪70年代初抽取地下水以来，整个城市产生了约1.5m的沉降。基坑降水作业不当易诱发周围道路房屋的沉降开裂。

（7）特殊土地基 特殊土地基主要是指湿陷性黄土地基、膨胀土地基、冻土地基及盐渍土地基等。特殊土的工程性质较为特殊且多为区域性分布。

湿陷性黄土在天然状态下具有较高强度和较低的压缩性，但受水浸湿后其结构迅速破坏，强度降低，产生湿陷变形。在湿陷性黄土地基上进行工程建设时，必须考虑因地基湿陷对工程产生的潜在危害，选择适宜的地基处理方法，避免或消除地基的湿陷或因少量湿陷所造成的危害。如果没有采取措施消除地基的湿陷性，则地基受水浸湿后往往会发生事故，影响其正常的使用和安全，严重时甚至导致建筑物破坏。

膨胀土具有吸水膨胀、失水收缩和强度衰减特性。当土中含水量变化时，膨胀土有发生胀缩变形的特性，对建筑物具有相当大的破坏性。

冻土有季节性冻土和多年冻土两种。土体在冻结时，产生冻胀，体积增加约9%；在融化时，产生收缩，承载力大大降低。土体冻结后，抗压强度提高，压缩性显著减小，土体导热系数增大并具有较好的截水性能。土体融化时具有较大的流变性。地基土体的冻融变化会导致建筑物开裂，甚至破坏，影响其正常使用和安全。

2.2.2　基础工程问题

基础工程中常见问题有基础设计错误、基础错位、施工质量差等。

（1）基础设计错误　主要是由于对地基特性了解不全，造成基础宽度或深度不足、基础形式选择错误等。

（2）基础错位　是指因设计或施工放线造成基础位置与上部结构要求位置不符合，如基础平面错位、基础方向错位、基础标高错误等。

（3）施工质量问题　基础类型不同，质量事故也不同，如混凝土强度未达到设计要求，钢筋混凝土出现蜂窝、露筋或孔洞等，桩基础发生断桩、缩颈、塌孔，桩身混凝土强度或钢筋保护层厚度不够和桩端未达到设计要求等。

（4）其他问题　筏形基础混凝土开裂、箱形基础渗水等。

■ 2.3　基础工程及检测

2.3.1　桩基础检测

桩基础是目前深基础中使用最多的一种基础形式，近年来，在交通工程中长桩、大直径桩及单桩的应用已较为常见。桩基础的质量直接关系到工程建设的成败，因此桩基础的质量检验尤为重要。也是本书基础工程检测介绍的重点内容。

1. 桩基础及其特点

桩基础是由承台将若干根桩的顶部连接成整体，以共同承受荷载的一种深基础。桩基础的特点包括：

1）通过桩侧面和土接触，将荷载传递给桩周土体，或者通过桩端将荷载传递给深层的岩层、砂层或坚硬的黏土层，从而实现较大的承载能力。

2）对于液化的地基，为了在地震时仍保持建筑物的安全，通过桩穿过液化土层，将荷载传给稳定的不液化土层。

3）桩基具有很大的竖向刚度，因而采用桩基础的建筑物，沉降比较小，而且比较均匀，可以满足对沉降要求特别高的上部结构的安全需要和使用要求。

4）桩具有很大的侧向刚度和抗拔能力，能抵抗台风和地震引起的巨大水平力、上拔力和倾覆力矩，保持高耸结构物和高层建筑的安全。

5）改变地基基础的动力特性，提高地基基础的自振频率，减小振幅，保证机械设备的正常运转。

2. 桩基础类型

（1）按桩身材料分类

1）混凝土桩。根据制作方法，又可分为灌注桩和预制桩。

灌注混凝土桩是在现场成孔后直接灌注混凝土而成的一种桩型，其桩身按照设计计算或构造要求设置不同规格的钢筋笼，具有承载力高、刚度大、耐久性好等优点，可根据工程需要确定桩径和桩长，且取材方便，因此当前使用较为广泛。

预制混凝土桩多为钢筋混凝土桩，主要在工厂集中生产，混凝土强度等级一般为 C30~C60，截面边长 250~600mm，单节长度几米至十几米，可以根据需要连接成所需桩长。为减少钢筋用量，有效抵抗打桩拉应力，提高桩身抗弯、抗裂和抗腐蚀的能力，预应力钢筋混凝土桩得到了发展。目前我国的预应力钢筋混凝土桩多为圆形管桩，根据施加预应力工艺的不同，又分为先张法预应力管桩和后张法预应力管桩两种，强度等级为 C60、C70 和 C80，直径 300~1200mm，一般单节长度 5~13m。

2）钢桩。主要分为钢管桩、型钢桩和钢板桩三种。

① 钢管桩由各种直径和壁厚的无缝钢管制成，不但承载力高、刚度大，而且韧性好、易贯入，具有很高的竖向承载能力和水平抗力；桩长也易于调节，接头可靠，容易与上部结构结合；但其造价约为混凝土桩的 3~4 倍，现场焊接质量要求严格，使用成本高。

② 型钢桩与钢管桩相比，断面刚度小，承载能力和抗锤击性能差，易横向失稳，但穿透能力强，沉桩过程挤土量小，且价格相对便宜，有重复利用的可能，常用断面形式为 H 形和 I 形。

③ 钢板桩的承载力高、质量轻，可以打入较硬的土层和砂层，且施工方便、速度快，主要用于临时支挡结构或永久性的码头工程，常用断面形式为直线形、U 形、Z 形、H 形和管形。

（2）按成桩时对地基土的影响程度分类

1）非挤土桩。非挤土桩也称置换桩，包括干作业挖孔桩、泥浆护壁钻（冲）孔桩、套管护壁灌注桩、抓掘成孔桩和预钻孔埋桩等。这类桩在成桩过程中，会把与桩体积相同的土排除，桩周土仅受轻微扰动，但会有应力松弛现象，而废泥浆、弃土运输等可能会对周围环境造成影响。

2）部分挤土桩。包括开口钢管桩、型钢桩、钢板桩、预钻孔打入桩和螺旋成孔桩等。在这类桩的成桩过程中，桩周土仅受到轻微扰动，其原始结构和工程性质变化不明显。

3）挤土桩。包括各种打入、压入和振入桩，如预制方桩、预应力管桩、封底钢管桩和各种沉管式就地灌注桩。在这类桩的成桩过程中，桩周围的土被压密或挤开，土层受到严重扰动，土的原始结构遭到破坏而影响到其工程性质。当施工质量好、方法得当时，挤土桩所提供的承载力较非挤土桩和部分挤土桩高。

（3）按桩的功能分类

1）抗压桩。按桩的承载性状可分为摩擦型桩、端承型桩和摩擦端承桩（或端承摩擦桩）。摩擦型桩指桩顶荷载全部或主要由桩侧摩阻力承担。端承型桩指桩顶荷载全部或主要由桩端阻力承担。根据侧摩阻力或端阻力分担总荷载比例的差异，又衍生出摩擦端承桩（或端承摩擦桩），其端阻和侧阻分担荷载的大小均与桩径、桩长、桩周土层情况和持力层刚度有关。

2）抗拔桩。主要用来承担竖向上拔荷载，如船坞抗浮力桩基、送电线路塔桩基、易受较大风荷载的桥梁桩基等，其外部上拔荷载主要由桩侧摩阻力承担。

3）水平受荷桩。主要用来承担水平方向传来的外部荷载，如承受地震或风所产生的水平荷载。港口码头工程用的板桩、基坑支护中的护坡桩等都属于这类桩。桩身刚度大小是其抵抗弯矩作用的重要保证。

（4）按成桩方法分类　按成桩方法分为打（压）入桩和就地灌注桩。后者是直接在地基土上用钻、冲、挖等方式成孔，就地浇筑混凝土而成的桩。其中，最常用的是钻（冲）孔灌注桩，即利用机械设备并采用泥浆护壁成孔或干作业成孔，然后放置钢筋笼、灌注混凝土而成的桩。钻孔的机械有冲击钻、螺旋钻、旋挖钻等。它适用于各种土层，能制成较大直径和各种长度以满足不同承载力的要求，还可利用扩孔器在桩底及桩身部位进行扩大，形成扩底桩或糖葫芦形桩，以提高桩的竖向承载能力。

3. 桩基承载机理

桩的作用是将上部结构的荷载和作用传递到深部较坚硬、压缩性小的土层或岩体上。总体上可考虑按竖向受力与水平受力两种工况来分析桩的承载性状。

（1）竖向受压荷载作用下的单桩　单桩竖向抗压极限承载力是指桩在竖向荷载作用下到达破坏状态前或出现不适于继续承载的变形所对应的最大荷载，由以下两个因素决定：一是桩本身的材料强度，即桩在轴向受压、偏心受压或在桩身压曲的情况下，结构强度的破坏；二是地基土强度，即地基土对桩的极限支承能力。通常情况下，第二个因素是决定单桩极限抗压承载力的主要因素。

在竖向受压荷载作用下，桩顶荷载由桩侧摩阻力和桩端阻力承担，且侧阻和端阻的发挥是不同步的，即桩侧阻力先发挥，先达极限，之后端阻才发挥作用。二者的发挥过程反映了桩土体系荷载的传递过程。在初始受荷阶段，桩顶位移小，荷载由桩上侧表面的土阻力承担，以剪应力形式传递给桩周土体，桩身应力应变随深度递减。随着荷载的增大，桩顶位移加大，桩侧摩阻力由上至下逐步被发挥出来，在达到极限值后，继续增加的荷载则由桩端土阻力承担。随着桩端持力层的压缩，桩顶位移增长速度加大，在桩端阻力达到极限值后，位移迅速增大，桩破坏，此时桩所承受的荷载就是桩的极限承载力。由此可以看出，桩的承载力大小主要由桩侧土和桩端土的物理力学性质决定，而桩的几何特征（如长径比、侧表面积大小）及成桩效应均会影响承载力的发挥。桩土体系的荷载传递特性为桩基设计提供了依据，设计人员可根据土层的分布与特性，合理选择桩径、桩长、施工工艺和持力层，这对有效发挥桩的承载能力、节省工程造价具有十分重要的意义。

（2）竖向拉拔荷载作用下的单桩　承受竖向拉拔荷载作用下的单桩承载机理同竖向受压桩有所不同。首先，抗拔桩常见的破坏形式是桩-土界面间的剪切破坏，桩拉拔破坏是复合剪切面破坏，即桩的下部沿桩-土界面破坏，而上部靠近地面附近出现锥形剪切破坏，且锥形上体会同下面土体脱离与桩身一起上移。当桩身材料抗拉强度不足（或配筋不足）时，也可能出现桩身被拉断现象。其次，当桩在承受竖向拉拔荷载时，桩-土界面的法向应力比受压条件下的法向应力数值小，这就导致了土的抗剪强度和侧摩阻力降低（如桩材的泊松效应影响），而复合剪切破坏可能产生的锥形剪切体由于其土体内的水平应力降低，也会使桩上部的侧摩阻力有所折减。

桩的抗拔承载力由桩侧阻力和桩身重力组成，而上拔时对桩端形成的作用力，因其所占比例小，对桩的长期抗拔承载力影响不大，一般不予考虑。桩周阻力的大小与竖向抗压桩一样，受桩-土界面的几何特征及土层的物理力学特性等因素的影响。但不同的是，黏性土中的抗拔桩在长期荷载作用下，随上拔量的增大，会出现应变软化的现象，即抗拔荷载达到峰值后会下降，而最终趋于定值。因而在设计抗拔桩时，应充分考虑拉拔荷载的长期效应和短期效应的差别。

为提高抗拔桩的竖向抗拔力，可以考虑改变桩身截面形式，如可采用人工扩底或机械扩底等措施，在桩端形成扩大头，以发挥桩底部的扩头阻力等。此外，桩身材料强度（包括桩在承台中的嵌固强度）也是影响桩抗拔承载力的因素之一，在设计抗拔桩时，应对此项内容进行验算。

（3）水平荷载作用下的单桩　桩所受的水平荷载小部分由桩本身承担，大部分是通过桩传给桩侧土体，其工作性能主要体现在桩与土的相互作用上，即当桩产生水平变形时，促使桩周土也产生相应的变形，产生的土抗力会阻止桩变形的进一步发展。在桩受力初期，由靠近地面的土提供土抗力，土的变形处在弹性阶段。随着荷载增大，桩变形量增加，上部土层出现塑性屈服，土抗力逐渐由深部土层提供。随着变形量的进一步加大，土体塑性区自上而下逐渐开展扩大，最大弯矩断面下移，当桩本身的截面抗矩无法承担外部荷载产生的弯矩或桩侧土强度遭到破坏，使土失去稳定时，桩土体系便处于破坏状态。

按桩土相对刚度，即桩的刚性特征与土的刚性特性之间相对关系的不同，桩土体系的破坏机理及工作状态分为两类。一类是刚性短桩，此类桩的桩径大，桩入土深度小，桩的抗弯刚度比地基土的刚度大得多，在水平力作用下，桩身像刚体一样绕桩上某点转动或平移而破坏。此类桩的水平承载力由桩周土的强度控制。另外一类是弹性长桩，此类桩的桩径小，桩入土深度大，桩的抗弯刚度与土刚度相比较更具柔性，在水平力作用下，桩身发生挠曲变形，桩下段嵌固于土中不能转动。此类桩的水平承载力由桩身材料的抗弯强度和桩周土的抗力控制。

对于钢筋混凝土弹性长桩，因其抗拉强度低于轴心抗压强度，所以在水平荷载作用下，桩身的挠曲变形将导致桩身截面受拉侧面开裂，然后渐趋破坏。当设计采用这种桩作为水平承载桩时，除考虑上部结构对位移限值的要求外，还应根据结构构件的裂缝控制等级，考虑桩身截面开裂的问题。但对抗弯性能好的钢筋混凝土预制桩和钢桩来说，因其可承受较大的挠曲变形而不至于截面受拉开裂，设计时则主要考虑上部结构水平位移限值的问题。

影响桩水平承载力的因素很多，包括桩的截面刚度、材料强度、桩侧土质条件、桩的入土深度和桩顶约束条件等。因试验桩与工程桩边界条件的差别，工程中通过静载试验直接获得的水平承载力很难完全反映工程桩实际工作情况，此时可通过静载试验测得桩周土的地基反力特性，即地基土水平抗力系数，它反映的是桩在不同深度处桩侧土抗力和水平位移的关系，可视为土的固有特性，设计时可以将其作为确定土抗力进而计算单桩水平承载力的依据。

4. 桩基质量检测方法和目的

桩的设计要求通常包含承载力、混凝土强度及施工质量验收规范规定的各项内容，而施工后基桩质量检测内容主要为承载力检测和桩身完整性检测两项。基桩承载力检测主要方法有单桩竖向抗压（拔）静载试验、单桩水平静载试验、高应变动测法，桩身完整性检测方法主要有低应变反射波法、高应变动测法、声波透射法、钻孔取芯法等。各种桩基础检测方法见表 2-1。

表 2-1 桩基础检测方法

检测方法	检测目的
单桩竖向抗压静载试验	①确定单桩竖向抗压极限承载力；②判定竖向抗压承载力是否满足设计要求；③通过桩身应变、位移测试测定桩侧、桩端阻力，验证其他方法的单桩竖向抗压承载力检测结果
单桩竖向抗拔静载试验	①确定单桩竖向抗拔极限承载力；②判定竖向抗拔承载力是否满足设计要求；③通过桩身应变、位移测试测定桩的抗拔侧阻力
单桩水平静载试验	①确定单桩水平临界荷载和极限承载力，推定土抗力参数；②判定水平承载力或水平位移是否满足设计要求；③通过桩身应变、位移测试测定桩身弯矩
高应变法	①判定单桩竖向抗压承载力是否满足设计要求；②检测桩身缺陷及其位置，判定桩身完整性类别；③分析桩侧和桩端土阻力；④进行打桩过程应力监测
钻芯法	检测灌注桩桩长、桩身混凝土强度、桩底沉渣厚度，判定或鉴别桩端持力层岩土性状，判定桩身完整性类别
声波透射法及低应变法	检测灌注桩桩身缺陷及其位置，判定桩身完整性类别

5. 检测结果评价

基桩检测评价应以相关规范和设计要求为依据，如对于桩身完整性检测，《建筑基桩检测技术规范》（JGJ 106—2014）给出了完整性类别的划分标准，见表 2-2。

表 2-2 桩身完整性分类

桩身完整性类别	分类原则
Ⅰ	桩身完整
Ⅱ	桩身有轻微缺陷，不会影响桩身结构承载力的正常发挥
Ⅲ	桩身有明显缺陷，对桩身结构承载力有影响
Ⅳ	桩身存在严重缺陷

检测结果评价应遵循以下原则进行：

1）完整性检测与承载力检测相互配合，多种检测方法相互验证与补充。

2）在充分考虑受检桩数量及代表性基础上，结合基础和上部结构形式、地质条件、桩的承载性状、沉降控制等设计要求及施工质量给出检测结论。

6. 单桩竖向抗压静载试验

单桩竖向抗压静载试验是指在桩顶部逐级施加竖向压力，观测桩顶部随时间产生的沉降，以确定相应的单桩竖向抗压承载力的试验方法。这种方法是检测基桩竖向抗压承载力最直观、最可靠的试验方法。通过试验可以得到：单根试桩荷载与沉降即 Q-s 关系曲线，还可获得每级荷载下桩顶沉降随时间的变化 s-$\lg t$ 关系曲线；当桩身中埋设传感器、位移杆等量测元件时，还可以直接测得桩侧各土层的极限摩阻力和端承力。

（1）试验目的　为工程提供承载力的设计依据，为基桩的工程施工质量检验和评定提供依据，为基桩施工选择最佳工艺参数，或为本地区采用新桩型提供承载力的设计依据等。

（2）试验方法　目前，单桩竖向抗压静载试验方法有：循环加载法、卸荷法、等变形速率法、终级荷载长时间维持法等，而我国工程中惯用的是维持荷载法，又可以分为慢速维持荷载法和快速维持荷载法两种。

（3）试验加载反力装置　加载反力装置根据现场条件可选择：

1）锚桩横梁反力装置，主要由试桩、锚桩、主梁、次梁、拉杆、锚笼（或挂板）、千斤顶等组成，具体布置如图2-2所示。

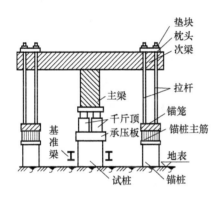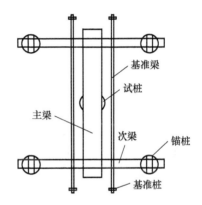

图 2-2　锚桩试验装置

2）压重平台反力装置，主要由重物、工字钢（次梁）、主梁、千斤顶等构成，具体布置如图2-3所示。堆重重物通常采用砂包和钢筋混凝土构件，少数用水箱、砖和钢铁块等。

3）锚桩压重联合反力装置。当试桩最大加载量超过锚桩的抗拔能力时，可在承载梁上放置或悬挂一定重物，由锚桩和重物共同承受千斤顶的加载反力。

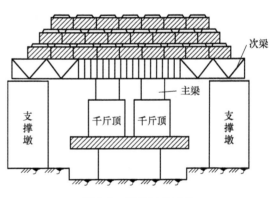

图 2-3　堆载压重试验

加载装置应符合下列规定：

1）应对加载反力装置的全部构件进行强度和变形验算，其提供的反力不应小于预估最大试验荷载的1.3倍。

2）应对锚桩抗拔力进行验算，采用工程桩作锚桩时，锚桩数量不应少于4根，并应监测锚桩的上拔量；锚桩与试桩的中心间距，当试桩直径不超过800mm时可为试桩直径的5倍，当试桩直径大于800mm时不得小于4m。

3）压重宜在检测前一次加足，并均匀稳固地放置于平台上。

4）压重给地基的压应力不宜大于地基承载力特征值的1.5倍，有条件时，宜利用工程桩作为堆载支点。

（4）试验加卸载方式 加载应分级进行，采用逐级等量加载，分级荷载宜为最大加载量或预估极限承载力的 1/15～1/10，其中第一级可取分级荷载的 2 倍。终止加载后开始卸载，卸载应分级进行，每级卸载量取加载时分级荷载的 2 倍，逐级等量卸载。加、卸载时应使荷载传递均匀、连续、无冲击，每级荷载误差不得超过分级荷载的 ±10%。

1）慢速维持荷载法。每级荷载施加后按第 5min、15min、30min、45min、60min 测读桩顶沉降量，以后每隔 30min 测读一次。当桩顶沉降速率达到相对稳定标准时，再施加下一级荷载。试桩沉降量的相对稳定标准：在每级荷载作用下，桩顶的沉降量连续两次在每小时内不超过 0.1mm，可视为稳定（由 1.5h 内连续 3 次每 30min 的沉降观测值计算）。卸载时，每级荷载维持 1h，按第 15min、30min、60min 测读桩顶沉降量后可卸下一级荷载。卸至零后，应测读桩顶残余沉降量，维持时间不得少于 3h，测读时间为第 15min、30min，以后每隔 30min 测读一次。

2）快速维持荷载法。每级荷载施加后，按第 5min、15min、30min 测读桩顶沉降量，以后每隔 15min 测读一次。当桩顶沉降速率达到相对稳定标准时，再施加下一级荷载。加载时每级荷载维持时间不少于 1h，最后 15min 时间间隔的桩顶沉降增量小于相邻 15min 时间间隔的桩顶沉降增量。卸载时，每级荷载维持 15min，按第 5min、15min 测读桩顶沉降量后，即可开始卸下一级荷载。卸载至零后，应测读桩顶残余沉降量，维持时间不得少于 2h，测读时间为第 5min、10min、15min、30min，以后每隔 30min 测读一次。

（5）终止加载条件 当出现下列情况之一时，即可终止加载。

1）某级荷载作用下，桩顶沉降量大于前一级荷载作用下沉降量的 5 倍，且桩顶总沉降量超过 40mm（或 2 倍，且经 24h 尚未达到稳定标准，该条件只对慢速维持荷载法适用）。

2）已达到设计要求的最大加载值，且桩顶沉降达到相对稳定标准。

3）当将工程桩作为锚桩时，锚桩上拔量已达到允许值。

4）当荷载-沉降曲线呈缓变型时，可加载至桩顶总沉降量 60～80mm；当桩端阻力尚未充分发挥时，可加载至桩顶累计沉降量超过 80mm。

（6）单桩抗压极限承载力 依据《建筑基桩检测技术规范》（JGJ 106—2014），单桩竖向抗压极限承载力统计值按以下方法确定。

1）成桩工艺、桩径和单桩竖向抗压承载力设计值相同的受检桩数量不少于 3 根时，可进行单位工程单桩竖向抗压极限承载力统计值计算。

2）参加统计的受检桩试验结果，当满足其极差不超过平均值的 30% 时，取其算术平均值为单桩竖向抗压极限承载力。当极差超过平均值的 30% 时，应分析原因，必要时应增加试桩数量。

3）对桩数为 3 根或 3 根以下的柱下承台，或工程桩抽检数量少于 3 根时，应取低值。

按照《建筑地基基础设计规范》（GB 50007—2011）规定，单桩竖向抗压极限承载力特征值是按照单桩竖向抗压极限承载力统计值除以安全系数 2 得到的。

（7）试验资料整理 绘制有关试验成果曲线，一般绘制竖向荷载-沉降（Q-s），沉降-时间对数（s-$\lg t$）曲线，需要时还应绘制 s-$\lg t$、s-$\lg Q$、$\lg s$-$\lg Q$ 等其他辅助分析曲线。在工程实践中，除了遵循有关的规范、规程外，可参照下列标准确定单桩竖向抗压极限承载力 Q_u：当 Q-s 曲线的陡降段明显时，取陡降段起点对应的荷载；对于缓变型 Q-s 曲线可根据沉降量确定，对于混凝土桩一般可取 $s=40\text{mm}$ 对应的荷载值；取 s-$\lg t$ 曲线尾部出现明显向下弯曲的前一级荷载。

当桩的静载试验加载达不到极限荷载而终止试验时，可利用前期实测的 Q-s 曲线推测后期的 Q-s 曲线，确定桩的极限承载力，常用的极限荷载外推法有双曲线法、指数方程法和作图法等。

除上述根据桩的静载试验确定单桩承载力外，还可以用经验参数法、静力触探法、标准贯入法、动力法确定单桩承载力，具体可参考相关规范。

（8）桩的破坏模式　桩的破坏模式包括桩身结构强度破坏和地基土的强度破坏。桩身缩颈、离析、松散、夹泥、混凝土强度低等都会造成桩身强度破坏。灌注桩桩底沉渣太厚，预制桩接头脱节等会导致承载力偏低，虽然不属于狭义桩身破坏，但也属于成桩质量问题。桩帽制作不符合要求，也属于广义的桩身破坏。桩身结构强度破坏的 Q-s 曲线表现为陡降型。地基土的强度破坏与地基土的性质密切相关，Q-s 曲线既有陡降型，也有缓变型。典型的 Q-s 曲线如图 2-4 所示。

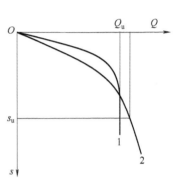

图 2-4　典型 Q-s 曲线
1—陡降型　2—缓变型

7. 单桩竖向抗拔静载试验

《建筑地基基础设计规范》规定，当桩基承受拔力时，应对桩基进行抗拔验算及桩身抗裂验算。出现上拔力的情况主要有：如高耸结构物往往承受较大的水平力，会导致部分桩承受上拔力，多层地下室的底板也会承受较大水浮力。另外，承受浮托力为主的地下工程和人防工程、悬索桥所用锚碇基础、位于膨胀土地基上的结构物、海上石油钻井平台和修建船舶的船坞底板等在特定荷载作用下也会存在上拔力。因浮托力作用或抗浮措施不当会造成结构破坏，国内已有地下冷库、地下机库等数例事故。目前桩基础上拔承载力的计算还没有从理论上很好的解决，在这种情况下，现场原位试验在确定单桩竖向抗拔承载力中的作用就显得尤为重要。

（1）测试装置　采用千斤顶加载，其反力装置一般由两根支撑桩和一根反力梁组成，试桩和反力梁用拉杆连接，将千斤顶置于两根支撑桩之上，顶推反力梁，引起试桩上拔。单桩竖向抗拔静载试验装置如图 2-5 所示。

（2）测试方法　单桩竖向抗拔静载试验宜采用慢速维持荷载法。如有些软土中的摩擦桩，按慢速法加载，在 2 倍设计荷载的前几级就已出现上拔稳定时间逐渐延长，即在 2h 甚至更长时间内不收敛的现象，所以采用快速法是不适宜的。慢速维持荷载法加卸载方式与单桩竖向抗压静载试验的试验相同，此处不再重复。

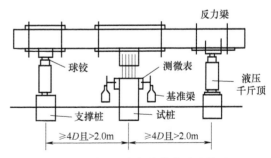

图 2-5　单桩竖向抗拔静载试验装置

（3）终止加载条件　当出现下列情况之一时，可终止加载：

1）在某级荷载作用下，桩顶上拔量大于前一级上拔荷载作用下的上拔量 5 倍时。

2）某级荷载作用下，桩顶上拔量大于前一级荷载作用下上拔量的 2 倍，且经 24h 尚未达到稳定标准。

3）按桩顶上拔量控制，当累计桩顶上拔量超过 100mm 时。

4）已经达到加载反力装置的最大加载量，按钢筋抗拉强度控制，钢筋应力达到钢筋强度设计值，或某根钢筋出现异常拉断。

5）对于验收抽样检测的工程桩，达到设计要求的最大上拔量或上拔荷载值。

如果在较小荷载下出现某级荷载的桩顶上拔量大于前一级荷载下的 5 倍时，应综合分析原因。若是试验桩，必要时可继续加载，当桩身混凝土出现多条环向裂缝后，其桩顶位移会出现小的突变，而此时并没有达到桩侧土的极限抗拔力。另外，试验时应注意观察桩身混凝土的开裂情况。

（4）抗拔承载力特征值　资料整理并绘制上拔荷载 U 与桩顶上拔量 Δ，以及 Δ-lg$t$ 的关系曲线曲线，方法与前述确定单桩竖向抗压承载力特征值方法相同，另外如抗拔钢筋断裂时，取其前一级荷载为该桩的极限荷载。

8. 单桩水平荷载试验

桩所承受的水平荷载有风力、制动力、地震作用、船舶撞击力、波浪力等，可通过设置斜桩或叉桩抵抗水平荷载，实际上，直桩只要有一定的入土深度，同样可通过抗剪和抗弯承担相当大的水平荷载。在结构设计中，目前直桩应用最广泛，在受力上集抗压、抗水平力和抗弯作用于一体，大大简化了桩基础设计。

水平承载桩的工作性能主要体现在桩与土的相互作用上，即利用桩周土的抗力来承担水平荷载。按桩土相对刚度的不同，水平荷载作用下的桩-土体系有两类工作状态和破坏机理：一类是刚性短桩，因转动或平移而破坏，即 $ah<2.5$ 时的情况（a 为桩的水平变异系数，h 为桩的入土深度）。另一类是工程中常见的弹性长桩，桩身产生挠曲变形，桩下端嵌固于土中不能转动，即 $ah>4.0$ 时的情况。$2.5<ah<4.0$ 范围的桩称为有限长度的中长桩，介于二者之间。

水平荷载试验的水平力-侧移（H-Y）的关系曲线形状与竖向轴压荷载试验的 Q-s 曲线类似，被特征点 H_{cr} 和 H_u 划分为三段：弹性阶段（直线变形阶段）、弹塑性变形阶段、破坏阶段。处于弹性阶段时，桩的工作状态是安全的，由于只有在小变形条件下，土体的抗力才能有效发挥。在水平荷载作用下，桩与土的变形主要发生在上部，土中应力区和塑性区也主要在上部浅土层，一般在地面下 5~10m 深度以内。因此，桩周土对桩的水平工作性状影响最大的是地表土和浅层土。改善浅土层的工作性质可达到事半功倍的效果。

单桩水平静载试验采用接近于水平受荷桩实际工作条件的试验方法，确定单桩水平临界荷载和极限荷载，推定土抗力参数，或者对工程桩的水平承载力进行检验和评价。当桩身埋设应变测量传感器时，可测量相应水平荷载作用下的桩身应力，并由此计算得出桩身弯矩的分布情况，为检验桩身强度、得出不同深度弹性地基系数提供依据。

（1）试验装置　反力装置应根据现场条件设置，最常见的是利用相邻桩提供反力，如图 2-6 所示，其承载能力和作用方向上的刚度应大于试验桩的 1.2 倍。宜采用千斤顶卧放进行水平推力加载，其加载能力不得小于最大试验荷载的 1.2 倍。千斤顶与试桩接触处需安置一球形支座，以保证垂直加载。千斤顶与试桩的接触面应适当补强，以免局部压碎。加载水平力作用点应与实际工程的桩基承台底面标高一致，如果高于承台底面标高，试验时会产生附加弯矩，从而影响测试结果。

（2）测试方法　单桩水平静载试验可选用单向多循环加载法或慢速维持荷载法。对于长期承受水平荷载作用的工程桩，加载方式宜采用慢速维持荷载法。单向多循环加载法主要是模拟实际结构的受力形式，对需要测量桩身弯曲应变的试验桩宜采取慢速维持荷载法。水平试验桩通常以结构破坏为主，为缩短试验时间，可采用时间更短的快速维持荷载法。

慢速维持荷载法的加卸载分级、试验方法及稳定标准应参考单桩竖向抗压静载试验相应的规定进行。当出现下列情况之一时，可终止加载：

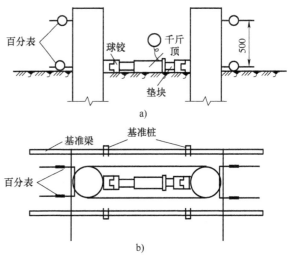

图 2-6　水平静载试验装置
a）立面布置　b）平面布置

1）桩身折断。对长桩和中长桩，水平承载力作用下的破坏特征是桩身弯曲破坏，即桩发生折断。

2）水平位移超过 30~40mm，软土中的桩取 40mm。

3）水平位移达到设计允许值。

（3）承载能力确定　单桩水平临界荷载是混凝土桩身明显开裂退出工作所对应的荷载。单桩水平极限承载力是对应于桩身折断或桩身钢筋应力达到屈服时的前一级水平荷载。单桩水平承载力特征值的确定应符合下列规定：

1）当桩身不允许开裂或灌注桩的桩身配筋率小于 0.65% 时，可取水平临界荷载的 0.75 倍作为单桩水平承载力特征值。

2）对于钢筋混凝土预制桩、钢桩或桩身配筋率不小于 0.65% 的灌注桩，可取设计桩顶标高处水平位移所对应荷载的 0.75 倍作为单桩水平承载力特征值。水平位移取值方法：对水平位移敏感的建筑物取 6mm，不敏感的取 10mm。

3）当水平承载力按设计要求的水平允许位移控制时，可取设计要求的水平允许位移对应的荷载作为单桩水平承载力特征值，且应满足桩身抗裂要求。

9. 低应变法

低应变法采用低能量瞬态或稳态方式在桩顶激振，产生的应力波沿桩身传播，遇到波阻抗变化处将产生反射和透射。实测桩顶部的速度时程曲线，或同时实测桩顶部的力时程曲线，即可以分析出桩身介质波阻抗的变化，从而对桩身完整性进行判定。低应变法不但可实现快速检测单桩的完整性，还可检查是否存在缺陷及缺陷位置，定性判别缺陷的严重程度。

（1）检测数据分析

1）桩身波速平均值。当若已知桩身长度，可按下式计算波速

$$c = 2L/\Delta T \qquad (2-1)$$

式中　c——应力波在桩身混凝土中的传播波速（m/s）；

  L——测点下桩长（m）;

  ΔT——速度波第一峰与柱底反射波峰间的时间差（s）。

  当桩长已知、桩底反射信号明确时，应在地基条件、桩型、成桩工艺相同的基桩中，选取不少于 5 根 I 类桩的桩身波速值，按下列公式计算后再求取平均值

$$c_m = \frac{1}{n} \sum_{i=1}^{n} c_i \tag{2-2}$$

$$c_i = 2L\Delta f \tag{2-3}$$

式中 c_m——桩身波速的平均值（m/s）;

  c_i——第 i 根受检桩的桩身波速（m/s）;

  n——参加波速平均值计算的基桩数量，$n \geqslant 5$;

  Δf——幅频曲线上桩底相邻谐振峰间的频差（Hz）。

  2）缺陷距柱顶的距离

$$x = \Delta t_x c \tag{2-4}$$

$$x = \frac{1}{2} c / \Delta f' \tag{2-5}$$

式中 Δt_x——速度波第一峰与缺陷反射波峰间的时间差（s）;

  x——桩身缺陷至传感器安装点的距离（m）;

  c——受检桩的桩身波速（m/s），无法确定时可用桩身波速的平均值来确定;

  $\Delta f'$——幅频信号曲线上缺陷相邻谐振峰间的频差（Hz）。

  （2）桩身完整性评价 桩身完整性类别应结合缺陷出现的深度、测试信号衰减特性及设计桩型、成桩工艺、地基条件、施工情况和波形特征，反复对比综合判定，图 2-7 所示为完整桩的时域曲线，图 2-8 所示为缺陷桩的时域曲线。表 2-3 列出了桩身完整性判定的信号特征。

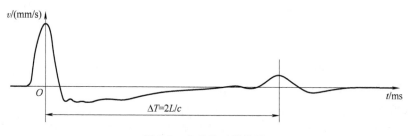

图 2-7 完整桩时域曲线

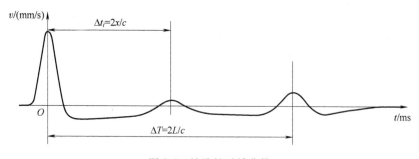

图 2-8 缺陷桩时域曲线

表 2-3　桩身完整性判定的信号特征

类别	时域信号特征	幅频信号特征
Ⅰ	$2L/c$ 时刻前无缺陷反射波，有桩底反射波	桩底谐振峰排列基本等间距，其相邻频差 $\Delta f \approx c/2L$
Ⅱ	$2L/c$ 时刻前出现轻微缺陷反射波，有桩底反射波	桩底谐振峰排列基本等间距，其相邻频差 $\Delta f \approx c/2L$，轻微缺陷产生的谐振峰与桩底谐振峰之间的频差 $\Delta f' > c/2L$
Ⅲ	有明显缺陷反射波，其他特征介于 Ⅱ 类和 Ⅳ 类之间	
Ⅳ	$2L/c$ 时刻前出现严重缺陷反射波或周期性反射波，无桩底反射波；或因桩身浅部严重缺陷使波形呈现低频大振幅衰减振动，无桩底反射波	缺陷谐振峰排列基本等间距，相邻频差 $\Delta f' > c/2L$，无桩底谐振峰；或因桩身浅部严重缺陷只出现单一谐振峰，无桩底谐振峰

10. 高应变法测试

（1）基本原理　在桩顶施加一个较大的冲击能量，通过在适当位置安装的加速度传感器和应力传感器测定桩顶或附近的动力响应曲线，通过波动理论分析确定桩身完整性和竖向抗压承载力。

（2）测试仪器　主要要求如下：

1）检测仪器的主要技术性能指标不应低于《基桩动测仪》（JG/T 518—2017）规定的 2 级标准。

2）锤击设备可采用筒式柴油锤、液压锤、蒸汽锤等具有导向装置的打桩机械，但不得采用导杆式柴油锤、振动锤。

3）高应变检测专用锤击设备应具有稳固的导向装置。重锤应形状对称，高径（宽）比不得小于 1。

4）当采取落锤上安装加速度传感器的方式实测锤击力时，重锤的高径（宽）比应为 1.0~1.5。

5）当采用高应变法进行承载力检测时，锤的重力与单桩竖向抗压承载力特征值的比值不得小于 0.02。

6）当作为承载力检测的灌注柱桩径大于 600mm，或混凝土桩桩长大于 30m 时，应对由于桩径或桩长增加而引起的桩锤匹配能力下降进行补偿，进一步提高检测用锤的质量。

7）桩的贯入度可采用精密水准仪等仪器测定。

（3）设备安装　传感器主要有应变式力传感器和加速度计两类。各 2 个对称安装在桩的两侧，如图 2-9 所示。安装高度为离桩顶大于 2 倍桩径处。安装处应事先检查，无缺陷，截面均匀，表面平整（或打磨平整），传感器紧贴桩身，捶击时不产生滑移、抖动。

（4）分析计算　对测得的数据，可以采用实测曲线拟合法或 CASE 法判定单桩承载力、判定桩身的完整性。

1）单桩轴向抗压极限承载力按 R_c 公式计算，即为凯司法中用阻尼系数求单桩承载力公式，适用于中小型桩。

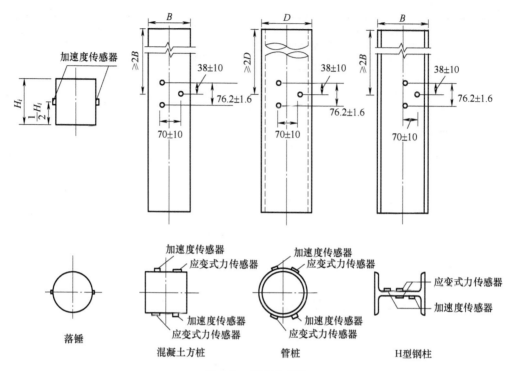

图 2-9　传感器安装

$$R_c = \frac{1}{2}(1-J_c) \times \left[F(t_1) + Zv(t_1) \right] + \frac{1}{2}(1+J_c) \times \left[F\left(t_1 + \frac{2L}{c}\right) - Zv\left(t_1 + \frac{2L}{c}\right) \right] \qquad (2\text{-}6)$$

式中　　$v(t_1)$——t_1 时振动速度（m/s）；

t_1——速度信号第一峰时对应的时间（ms）；

$F(t_1)$——t_1 时刻的锤击力（kN）；

L——测点以下桩长（m）；

Z——力学阻抗（kN·s/m）；

J_c——阻尼系数；

c——波速（m/s）。

材料弹性模量 $E = \rho c^2$，其中，桩材质量密度 ρ 见表 2-4。

表 2-4　不同桩材质量密度

材　　质	密度 $\rho/(\text{kg/m}^3)$
混凝土灌注桩	2400
混凝土预制桩	2400～2500
PHC 管桩	2550～2600
钢桩	7850

2）桩身完整性系数 β 值可按下式计算，表 2-5 为不同完整性类别对应完整性系数。

$$\beta = \frac{F(t_1) + F(t_x) - 2R_x + Z[v(t_1) - v(t_x)]}{F(t_1) - F(t_x) + Z[v(t_1) + v(t_x)]} \tag{2-7}$$

式中　　t_1——波速信号第一峰对应的时刻（ms）；

$\quad\quad t_x$——缺陷反射峰对应的时刻（ms），x 为桩身缺陷至传感器安装点之间的距离

$\quad\quad\quad$（m），$X = c\dfrac{t_x - t_1}{2000}$；

$\quad\quad R_x$——缺陷以上部位的土阻力的估值（kN），等于反射起始点的力与速度和阻抗积 vZ
$\quad\quad\quad$之间的差，可由实测曲线确定，如图 2-10 所示。

表 2-5　不同完整性类别对应完整性系数

完整性类别	I	II	III	IV
β	$\beta = 1.0$	$0.8 \leqslant \beta < 1.0$	$0.6 \leqslant \beta < 0.8$	$\beta < 0.6$

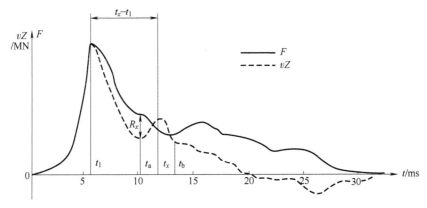

图 2-10　桩身完整性计算

11. 声波透射法

（1）基本原理　在灌注桩基混凝土前，在桩内预埋若干根声测管，作为超声脉冲发射与接收探头的通道，用超声探测仪沿桩的纵轴方向逐点测量超声脉冲穿过各横截面时的声参数。由于超声波在混凝土中遇到缺陷时会产生绕射、反射和折射，因而达到接收换能器时，可以根据声时、波幅及主频等特征参数的变化来判别桩身的完整性，判定桩身质量。声波透射法的特点是检测全面、细致，检测的范围可以覆盖全桩长的各个横截面。

声波透测法操作简单、检测速度快、对桩基无损伤、不受桩长限制，可根据需要灵活安排、多次进行，对正常施工影响小，可检测全桩长的各横截面混凝土质量情况，桩身是否存在混凝土离析、夹泥、缩颈、密实度差和断桩等缺陷。其缺点是需在桩身预埋声测管，增加了造价。该方法为一种间接检测方法，必要时需和钻芯法、高应变法等配合使用以确定桩基质量。

（2）仪器设备　主要由声波检测仪、声波发射和接收径向换能器、深度记录仪及三脚架组成。

（3）现场测试　主要有平测、斜测及扇形测试三种方法。

1）平测时，声波发射与接收声波换能器应始终保持相同深度（见图 2-11a）；斜测时，声波发射与接收换能器应始终保持固定高差（见图 2-11b），且两个换能器中点连线的水平夹角不应大于 30°。一般在桩身质量可疑的声测线附近采用扇形测试（见图 2-11c）进行加密测试。

2）声波发射与接收换能器应从桩底向上同步提升，提升速度不大于 0.5m/s。

3）应实时显示、记录每条声测线的信号时程曲线，并读取首波声时、幅值，保存检测数据时，应同时保存波列图信息。

4）同一检测剖面的声测线间距、声波发射电压和仪器设置参数应保持不变。

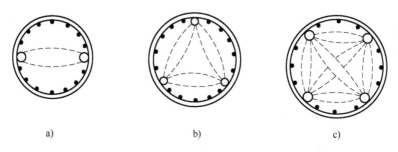

图 2-11　声管埋设及透射法
a）双管　b）三管　c）四管

（4）测试数据分析　具体如下：

1）波幅异常判断的临界值应按下列公式计算

$$A_{m}(j) = \frac{1}{n} \sum_{j=1}^{n} A_{pi}(j) \tag{2-8}$$

$$A_{c}(j) = A_{m}(j) - 6 \tag{2-9}$$

波幅 $A_{pi}(j)$ 异常应按下式判定

$$A_{pi}(j) < A_{c}(j) \tag{2-10}$$

式中　$A_{m}(j)$——第 j 检测剖面各声测线的波幅平均值（dB）；

$\quad\quad A_{pi}(j)$——第 j 检测剖面第 i 声测线的波幅值（dB）；

$\quad\quad A_{c}(j)$——第 j 检测剖面波幅异常判断的临界值（dB）；

$\quad\quad n$——第 j 检测剖面的声测线总数。

如实测值低于临界值，可视作可疑缺陷区。

2）相邻两测点声时差斜率即 PSD 辅助判别

$$PSD = \left[t_{ci}(j) - t_{ci-1}(j) \right]^{2} / (Z_{i} - Z_{i-1}) \tag{2-11}$$

式中　Z_{i}、Z_{i-1}——第 i、$i-1$ 声测线深度（m）；

$t_{ci}(j)$、$t_{ci-1}(j)$——第 j 检测面第 i、$i-1$ 声测线的声时（μs）；

$\quad\quad PSD$——声时-深度曲线上相邻两点连线的斜率与声时差的乘积（μs²/m）。

当 PSD 值在某深度处突变时，宜结合波幅变化情况进行异常声测线判定。

（5）桩身完整性判定　桩身完整性类别应结合桩身缺陷处声测线的声学特征、缺陷的空间分布范围，具体见表 2-6。

表 2-6 桩身完整性判别

类 别	特 征
I	所有声测线声学参数无异常，接收波形正常 存在声学参数轻微异常、波形轻微畸变的异常声测线，异常声测线在任一检测剖面的任一区段内纵向不连续分布，且在任一深度横向分布的数量小于检测剖面数量的 50%
II	存在声学参数轻微异常、波形轻微畸变的异常声测线，异常声测线在一个或多个检测剖面的一个或多个区段内纵向连续分布，或在一个或多个深度横向分布的数量大于或等于检测剖面数量的 50% 存在声学参数明显异常、波形明显畸变的异常声测线，异常声测线在任一检测剖面的任一区段内纵向不连续分布，且在任一深度横向分布的数量小于检测剖面数量的 50%
III	存在声学参数明显异常、波形明显畸变的异常声测线，异常声测线在一个或多个检测剖面的一个或多个区段内纵向连续分布，但在任一深度横向分布的数量小于检测剖面数量的 50% 存在声学参数明显异常、波形明显畸变的异常声测线，异常声测线在任一检测剖面的任一区段内纵向不连续分布，但在一个或多个深度横向分布的数量大于或等于检测剖面数量的 50% 存在声学参数严重异常、波形严重畸变或声速低于低限值的异常声测线，异常声测线在任一检测剖面的任一区段内纵向不连续分布，且在任一深度横向分布的数量小于检测剖面数量的 50%
IV	存在声学参数明显异常、波形明显畸变的异常声测线，异常声测线在一个或多个检测剖面的一个或多个区段内纵向连续分布，且在一个或多个深度横向分布的数量大于或等于检测剖面数量的 50% 存在声学参数严重异常、波形严重畸变或声速低于低限值的异常声测线，异常声测线在一个或多个检测剖面的一个或多个区段内纵向连续分布，或在一个或多个深度横向分布的数量大于或等于检测剖面数量的 50%

12. 钻芯法

（1）基本原理 采用钻机钻取混凝土桩桩身芯样，通过芯样表观质量和抗压强度试验结果来判断桩长、桩身缺陷、桩底沉渣和混凝土质量，从而对桩基质量做出评价；也可用于评判桩端岩土性状。该方法具有简单直接、实用性强等特点。

（2）仪器设备 主要要求如下：

1）钻取芯样宜采用液压操纵的高速钻机，并配置适宜的水泵、孔口管、扩孔器、卡簧、扶正稳定器和可捞取松软渣样的钻具。

2）基桩桩身混凝土钻芯检测，应采用单动双管钻具钻取芯样，严禁使用单动单管钻具。

3）钻头应根据混凝土设计强度等级选用合适粒度、浓度、胎体硬度的金刚石钻头，且外径不宜小于 100mm。

4）锯切芯样的锯切机应具有冷却系统和夹紧固定装置。芯样试件端面的补平器和磨平机，应满足芯样制作的要求。

（3）现场测试 主要技术要点如下：

1）钻机设备安装必须周正、稳固，保持底座水平。钻机在钻芯过程中不得发生倾斜、移位，钻芯孔垂直度偏差不得大于 0.5%。

2）每回钻孔进尺宜控制在 1.5m 内，钻至桩底时，宜采取减压、慢速钻进、干钻等适宜的方法和工艺，钻取沉渣并测定沉渣厚度。对柱底强风化岩层或土层，可采用标准贯入试验、动力触探等方法对桩端持力层的岩土性状进行鉴别。

3）钻取的芯样应按回次顺序放进芯样箱中。钻机操作人员应按记录钻进情况和钻进异常情况，对芯样质量进行初步描述。检测人员应对芯样混凝土、桩底沉渣及桩端持力层详细编录。

4）钻芯结束后，应对芯样和钻探标示牌的全貌进行拍照。

5）当单桩质量评价满足设计要求时，应从钻芯孔孔底往上用水泥浆回灌封闭。当单桩质量评价不满足设计要求时，应封存钻芯孔，留待处理。

（4）测试分析　具体如下：

1）芯样试件抗压强度测定。混凝土桩桩身芯样试件的抗压强度试验应按《混凝土物理力学性能试验方法标准》（GB/T 50081—2019）执行；在混凝土桩桩身芯样试件抗压强度试验中当发现试件内混凝土粗骨料最大粒径大于 0.5 倍芯样试件平均直径，且强度值异常时该试件的强度值不得参与统计平均。

混凝土桩桩身芯样试件抗压强度应按下式计算：

$$f_{cc} = \frac{4F}{\pi d^2} \tag{2-12}$$

式中　f_{cc}——芯样试件抗压强度（MPa），精确至 0.1MPa；

　　　F——芯样试件抗压试验测得的破坏荷载（N）；

　　　d——芯样试件的平均直径（mm）。

2）受检桩混凝土芯样试件抗压强度的确定。取一组 3 块试件强度值的平均值，作为该组混凝土芯样试件抗压强度检测值。同一受检桩同一深度部位有两组或两组以上混凝土芯样试件抗压强度检测值时，取其平均值作为该桩该深度处混凝土芯样试件抗压强度检测值。取同一受检桩不同深度位置的混凝土芯样试件抗压强度检测值中的最小值，作为该桩混凝土芯样试件抗压强度检测值。

（5）评判桩基质量　当出现下列情况之一时，应判定该桩基不满足设计要求：混凝土芯样试件抗压强度检测值小于混凝土设计强度等级；桩长、桩底沉渣厚度不满足设计要求；桩底持力层岩土性状（强度）或厚度不满足设计要求。

2.3.2　其他基础检测

1. 基本步骤

一般建筑物的基础检测可按下列步骤进行：

1）目测基础的外观质量，检查基础尺寸。

2）检测基础轴线位置，柱荷载偏心情况，基础埋置深度，持力层情况。

3）用手锤等工具初步检查基础的质量，用非破损法或钻孔取芯法测定基础材料的强度。

4）检查钢筋直径、数量、位置和锈蚀情况。

5）测定基础的变形、裂缝、沉降等情况。

6）综合上述检测资料，根据基础裂缝、腐蚀或破损程度及基础材料的强度等级，判断基础工程质量。按实际承受荷载和变形特征进行基础承载力和变形验算，确定基础加固的必要性。

2. 具体要求

其他基础的检测方法可以按照其材料分别进行归类，对其浇筑质量和裂缝可以采用超声法，对于砖砌条形基础其强度检测可采用取样法等砌体检测方法。

1）对于混凝土基础（独立基础、条形基础、筏形基础、箱形基础等）应进行混凝土强度检测，方法可以采用回弹法、钻芯取样法等。单位工程抽检数量不宜少于构件总数的10%，且不少于3个构件。采用钻芯法检测时，每个构件钻孔不宜少于3个。

2）钢筋混凝土基础应对保护层厚度和钢筋数量进行检测，位置可采用钢筋保护层测定仪检测，单位工程抽检数量不宜少于构件总数的10%。

■ 2.4 地基承载力

2.4.1 地基承载力定义

地基承载力是指地基土单位面积上可承受的荷载。地基在外部荷载作用下产生变形并随外界荷载增加而逐步增大。当荷载增大到一定值后，地基不仅发生较大的变形，而且地基中部分土体达到了抗剪强度破坏条件，产生应力重分布现象，进而在地基中一定范围内产生相应的塑性分布区。若荷载继续增加，则地基产生破坏，丧失承载能力。

地基承载力存在两种基本形式：承载能力极限状态下的地基极限承载力，对应于地基产生失稳破坏；正常使用极限状态下的地基容许承载力，对应于在确保地基不失稳前提下限制地基发生超限变形。针对不同的使用要求，地基承载力有不同的定义。

（1）地基承载力特征值 按照《建筑地基基础设计规范》（GB 50007—2011）的规定，地基承载力特征值是由载荷试验测定的地基土压力变形曲线线性段内规定变形所对应的压力值，其最大值为比例界限值。

（2）地基容许承载力 指考虑一定安全储备后的地基承载力，可由载荷试验 P-s 曲线测试结果分析得出，也可由地基极限承载力除以安全系数后求出。在《建筑地基基础设计规范》中，采用按照塑性开展区深度的方法确定地基容许承载力。

（3）地基承载力标准值和设计值 在我国的设计标准规范中，按照概率极限状态方法确定的地基承载力，地基承载力标准值是极限承载力经统计修正后的代表性数值，而设计值则等于标准值除以分项系数。

2.4.2 地基承载力确定方法及影响因素

1. 确定地基承载力的重要意义

要充分发挥地基的承载能力，同时具有足够的安全储备，使地基不至于在各种荷载作用及其组合、不同外界条件下发生失稳破坏，或因为超量变形、倾斜而影响建（构）筑物的正常使用。地基承载力应按照在确保地基稳定前提下，建（构）筑物不发生超量沉降或不均匀沉降、倾斜来予以确定。按照承载能力极限状态和正常使用极限状态的不同要求，即为求解地基的极限承载力与其安全储备、确定地基容许承载力的问题。

2. 地基承载力确定方法

确定地基承载力的方法有载荷试验、规范表格、理论公式推导、原位测试等方法。载荷试验是能够较为准确确定地基承载力的基本方法，为各行业所广泛采用；规范表格则根据土性特征、物理力学性质或现场测试结果，通过查找规范来确定地基承载力，体现了工程经验的累积；理论公式推导则通过设定不同的计算条件，对地基的临塑荷载、极限荷载等进行计算和分析；原位测试则是通过在现场试验确定地基承载力的方法，除载荷试验外常用的有动力、静力触探试验、标准贯入试验、旁压试验等方法。

3. 地基承载力影响因素

1）土的物理力学性质，如土的重度、强度直接影响地基承载力。

2）地下水。水位变化直接导致地基中有效应力的改变，从而对土体的强度发挥产生影响，进而导致地基承载力的变化。

3）地基土的年代及类型。一般堆积年代越久远则土体的密实度越高，地基承载力也较高，不同的土质相应的地基承载力不同。

4）建（构）筑物对地基的要求。目前各行业技术规范均规定地基承载力应满足强度要求并具备一定的安全储备，同时不同类型的建（构）筑物对地基的沉降要求不同，因此相对于承载力的要求不尽相同。

5）建（构）筑物基础形式。基础埋深、宽度不同，则相应的地基承载力经深宽修正后不相同。

2.4.3 地基变形和破坏

地基土体在外部荷载作用下产生变形，并随荷载的增大产生塑性区，塑性区逐渐扩大至互相关联贯通，地基土体趋向于失稳破坏、丧失承载能力。地基在不同的荷载大小、土性情况下发生失稳破坏的模式不同，可应用浅层载荷试验来予以研究。

按照土体的强度理论，地基土体的破坏实质上是抗剪强度的破坏，在外界荷载及自重作用下形成滑移面而导致地基承载力失稳破坏。地基承载力失稳破坏可分为三种基本模式：整体剪切破坏、局部剪切破坏、冲剪破坏，如图 2-12 所示。

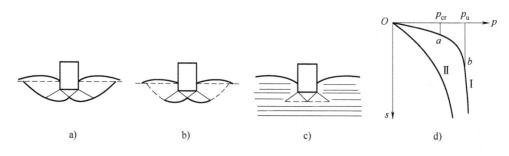

图 2-12 地基破坏模式

a）整体剪切破坏 b）局部剪切破坏 c）冲剪破坏 d）$p\text{-}s$ 曲线

（1）整体剪切破坏 图 2-12a 所示为整体剪切破坏的形式。整体剪切破坏是一种在荷载作用下地基形成连续剪切滑动面的地基破坏模式，土从基础两侧挤出，并造成基础侧面地面隆起，基础沉降速率急剧增加，整个地基产生失稳破坏。整体剪切破坏是典型的地基承载力不足导致的失稳破坏，在破坏前多产生明显较大的周边地表隆起变形、上部结构出现倾斜现象。

（2）局部剪切破坏 如图 2-12b 所示，局部剪切破坏是在荷载作用下地基土体中一定范围内发生剪切破坏的地基破坏模式。随着荷载的增加，地基中的塑性变形区从基础底面边缘处开始向外发展，但仅仅局限于地基一定范围内，在地基土体中形成一定范围的滑动面，一般并不延伸至地表面，是一种以变形为主要特征的破坏模式。

（3）冲剪破坏　如图 2-12c 所示，又称为刺入破坏、冲切破坏。其破坏特征是在荷载作用下地基土体发生垂直剪切破坏，使基础产生较大沉降的一种地基破坏模式，冲剪破坏以显著的基础沉降为主要特征，发展较为迅速。

通过浅层载荷试验可得到所测试土体在荷载 p 作用下沉降 s 的发展曲线，即 p-s 曲线（见图 2-12d），地基土体的不同破坏模式在 p-s 曲线上有各自不同的反映。载荷板周边土体也会产生隆起变形等相应现象，在达到地基承载力破坏时载荷板将随之产生明显的下沉位移。

2.4.4　地基承载力计算

1. 地基极限承载力

通常可采用基于弹塑性理论分析地基极限承载力，如普朗德尔-瑞斯纳公式是从理想塑性材料的极限平衡基本偏微分方程出发，通过特征线法确定滑动面的形状，进而求出地基极限承载力的理论解。其他的地基极限承载力公式（如梅耶霍夫、太沙基、汉森、魏西克公式等）均采用了假定滑动面的方法，并根据塑性体的静力平衡条件进行求解。

因考虑地基土所受重力后较难获得极限承载力的理论解，故采用将地基土视为两种介质的总和，分别求出各自的作用然后进行叠加从而确定地基土体的实际极限承载力的方法。

1）理想散粒体，即 $c=0$、$\varphi \neq 0$、$\gamma \neq 0$ 的土体。

2）无重的纯黏性土体，即 $c \neq 0$、$\varphi = 0$、$\gamma = 0$ 的土体。

进行运算后可将竖向地基极限承载力公式统一为如下的形式

$$f_u = \frac{1}{2} \gamma b N_\gamma + \gamma_0 d N_q + c N_c \tag{2-13}$$

梅耶霍夫、太沙基、汉森、魏西克公式均假定了滑动面由基底下土的三角楔形体、辐射向剪切区和朗肯被动区所组成。不同的公式区别在于所采用的假定不同，如对基底粗糙程度进行了假设，对滑动面形状及大小的不同假定等，从而各公式所采用的承载力系数 N_q、N_c、N_γ 不同，使得在相同条件下计算出来的地基承载力具有明显差别。

在上述求解过程中可见地基极限承载力是由三部分所产生：滑动破坏面上的黏聚力 c、滑动土体的自重、基底以上超载 q。各公式在求出各部分所产生的承载力后进行叠加以求得地基极限承载力，在求解过程中将土体视为不变形的刚塑性体，不考虑在荷载作用下的压缩变形。

2. 地基承载力计算公式

根据土的抗剪强度可以确定地基承载力特征值。首先需对测试的抗剪强度指标进行修正，然后按照《建筑地基基础设计规范》中的公式计算确定地基承载力

$$f_a = M_b \gamma b + M_d \gamma_m d + M_c c_k \tag{2-14}$$

式中　　　f_a——通过土的抗剪强度指标计算的地基承载力特征值；

M_b、M_d、M_c——承载力系数，查表 2-7 确定；

b——基础底面宽度，大于 6m 时取 6m，对于砂土小于 3m 时取 3m；

c_k——基底下一倍短边宽的深度内土的黏聚力标准值。

表 2-7　承载力系数 M_b、M_d、M_c

土的内摩擦角标准值 $\varphi_k/(°)$	M_b	M_d	M_c
0	0	1.00	3.14
2	0.03	1.12	3.32
4	0.06	1.25	3.51
6	0.10	1.39	3.71
8	0.14	1.55	3.93
10	0.18	1.73	4.17
12	0.23	1.94	4.42
14	0.29	2.17	4.69
16	0.36	2.43	5.00
18	0.43	2.72	5.31
20	0.51	3.06	5.66
22	0.61	3.44	6.04
24	0.80	3.87	6.45
26	1.10	4.37	6.90
28	1.40	4.93	7.40
30	1.90	5.59	7.95
32	2.60	6.35	8.55
34	3.40	7.21	9.22
36	4.20	8.25	9.97
38	5.00	9.44	10.80
40	5.80	10.84	11.73

注：φ_k 表示基底下一倍短边宽的深度范围内土的内摩擦角标准值。

3. 地基承载力的深宽度修正

对于从载荷试验或其他现场原位试验、经验值等方法得到的地基承载力特征值 f_{ak}，尚应考虑基础宽度和深度的影响进行相应修正。

《建筑地基基础设计规范》中规定当基础宽度大于 0.5m 或埋置深度大于 0.5m 时，从载荷试验或其他原位测试、经验值等方法确定的地基承载力特征值，尚应按下式修正

$$f_a = f_{ak} + \eta_b \gamma (b-3) + \eta_d \gamma_m (d-0.5) \tag{2-15}$$

式中　f_a——修正后的地基承载力特征值（kPa）；

　　　f_{ak}——地基承载力特征值（kPa）；

η_b、η_d——基础宽度和埋深的地基承载力修正系数，按基底下土的类别查表 2-8 取值；

γ——基础底面以下土的重度（kN/m^3），地下水位以下取浮重度；

b——基础底面宽度（m），当基底宽度小于 3m 按 3m 取值，大于 6m 按 6m 取值；

γ_m——基础底面以上土的加权平均重度（kN/m^3），地下水位以下取浮重度；

d——基础埋置深度（m），一般自室外地面标高算起。在填方整平地区，可自填土地面标高算起，但填土在上部结构施工后完成时，应从天然地面标高算起。对于地下室，如采用箱形基础或筏形基础时，基础埋置深度自室外地面标高算起；当采用独立基础或条形基础时，应从室内地面标高算起。

表 2-8 承载力修正系数

土 的 类 别		η_b	η_d
淤泥和淤泥质土		0	1.0
人工填土 e 或 I_L 大于等于 0.85 的黏性土		0	1.0
红黏土	含水比 $\alpha_w > 0.8$	0	1.2
	含水比 $\alpha_w \leqslant 0.8$	0.15	1.4
大面积压实填土	压实系数大于 0.95、黏粒含量 $\rho_c \geqslant 10\%$ 的粉土	0	1.5
	最大干密度大于 $2.1t/m^3$ 的级配砂石	0	2.0
粉土	黏粒含量 $\rho_c \geqslant 10\%$ 的粉土	0.3	1.5
	黏粒含量 $\rho_c < 10\%$ 的粉土	0.5	2.0
e 及 I_L 均小于 0.85 的黏性土		0.3	1.6
粉砂、细砂（不包括很湿与饱和时的稍密状态）		2.0	3.0
中砂、粗砂、砾砂和碎石土		3.0	4.4

注：1. 强风化和全风化的岩石，可参照所风化成的相应土类取值，其他状态下的岩石不修正。

2. 地基承载力特征值按《建筑地基基础设计规范》附录 D 中深层平板载荷试验确定时 η_d 取 0。

3. 含水比是指土的天然含水量与液限的比值。

4. 软弱下卧层地基承载力验算

当地基受力层范围内存在软弱下卧层时，应按下式验算：

$$p_z + p_{cz} \leqslant f_{az} \tag{2-16}$$

式中 p_z——相应于荷载效应标准组合时，软弱下卧层顶面处的附加压力值（kPa）；

p_{cz}——软弱下卧层顶面处土的自重压力值（kPa）；

f_{az}——软弱下卧层顶面处经深度修正后地基承载力特征值（kPa）。

对条形基础和矩形基础，式中的 p_z 值可按下列公式简化计算

条形基础

$$p_z = \frac{b(p_k - p_c)}{b + 2z\tan\theta} \tag{2-17}$$

矩形基础

$$p_z = \frac{lb(p_k - p_c)}{(b + 2z\tan\theta)(l + 2z\tan\theta)} \tag{2-18}$$

式中 b——矩形基础（短边）或条形基础底边的宽度（m）；

l——矩形基础底边的长度（m）；

p_c——基础底面处土的自重压力值（kPa）；

z——基础底面至软弱下卧层顶面的距离（m）；

θ——地基压力扩散线与垂直线的夹角（°），可按表2-9采用。

表 2-9 地基压力扩散角 θ

E_{s1}/E_{s2}	z/b	
	0.25	0.50
3	6°	23°
5	10°	25°
10	20°	30°

注：1. E_{s1}为上层土压缩模量，E_{s2}为下层土压缩模量。

2. $z/b <0.25$时取 $\theta=0°$，必要时宜由试验确定；$z/b >0.50$时 θ 值不变；z/b 在 0.25~0.50，可插值取用。

2.4.5 地基承载力验算要求

基础底面的压力，应同时满足轴心荷载和偏心荷载的作用要求。

（1）当轴心荷载作用时

$$p_k < f_a \tag{2-19}$$

式中 p_k——相应于荷载效应标准组合时，基础底面处的平均压力值（kPa）；

f_a——修正后的地基承载力特征值（kPa）。

（2）当偏心荷载作用时，除符合上式要求外，尚应符合下式要求

$$p_{kmax} < 1.2 f_a \tag{2-20}$$

【例题 2-1】 条形基础宽度为 3.6m，合力偏心距为 0.8m，基础自重和基础上的土重为 100kN/m，相应于荷载效应标准组合时上部结构传至基础顶面的竖向力值为 260kN/m。修正后的地基承载力特征值至少要达到多少时才能满足承载力验算要求？

【解】 合力偏心距 $e=0.8\text{m} \geqslant \dfrac{b}{6}=0.6\text{m}$

计算合力至最大边缘应力的距离 $a=\dfrac{b}{2}-e=\left(\dfrac{3.6}{2}-0.8\right)\text{m}=1.0\text{m}$

$$p_{kmax}=\frac{2(F_k+G_k)}{3al}=\frac{2\times(260+100)}{3\times1}\text{kPa}=240\text{kPa}$$

$p_{kmax} \leqslant 1.2 f_a$，所以 $f_a \geqslant \dfrac{p_{kmax}}{1.2}=200\text{kPa}$

$$p_k=\frac{F_k+G_k}{b}=\frac{260+100}{3.6}\text{kPa}=100\text{kPa}$$

$p_k < f_a$，所以 $f_a \geqslant p_k=100\text{kPa}$

综合确定修正后的地基承载力特征值至少要达到 200kPa 才能满足承载力验算要求。

■ 2.5 地基处理与检测

2.5.1 基本说明

1. 定义

1）地基处理。地基是指承受建（构）筑物自重及所传递的各种荷载和作用，位于基础下方的部分场地。当天然地基不能满足地基承载力和变形等要求时，则需经加固处理。

2）地基检测。地基检测是采用一定的技术方法，通过相应的试验、测试及检验，来获取地基性状、设计参数、地基处理效果的相关数据，以评价地基工程质量的活动。

3）复合地基。在地基处理过程中，天然地基的部分土体通过被置换或在天然地基中设置加筋体而得到增强，由天然地基土体和增强体两部分组成共同承担荷载的人工地基称为复合地基。

2. 地基处理的对象

根据上部结构、基础形式、荷载及作用、使用要求的不同，地基处理的对象可分为软弱地基和特殊土地基两大类。

1）软弱地基。主要为不满足承载力或变形要求的淤泥、淤泥质土、冲填土、杂填土及其他强度低、受力变形大的地基。

2）特殊土地基。为具有特殊性质、区域性分布的地基，如湿陷性黄土、膨胀土、季节性或永久冻土、红黏土等。

2.5.2 地基处理方法

1. 地基处理考虑因素

应按照"安全、适用、经济、美观、环保、节能"以及便于在工地上进行推广和应用的原则选择地基处理方法，做到技术上可靠、工程上可行、经济合理、保护环境、确保质量。在具体选择时应充分考虑下述因素：

1）地质条件。应注重分析地形地貌、地质成因、持力层的位置、地基土性参数、地层分布、地下水特征、有无特殊土性。

2）工程要求。侧重分析上部结构及基础对地基承载力、沉降变形的要求，地基所承担的荷载及作用大小及分布、基础形式及开挖深度、基坑开挖支护等因素。

3）工期和造价。对施工时间、进度的要求，以及对工程造价控制的要求。

4）料源。能否提供地基处理所需的原材料。

5）机械设备及工程经验。有无所需的专业化设备、技术人员、工程经验。

6）场地及周边条件。地基处理施工需占用一定的场地，运输设备和原材料、废弃料，并产生噪声、粉尘、振动等污染，对地下预埋的市政管道等设施可能产生不利影响，因此应考虑场地和周边条件是否满足要求。

2. 地基处理方法分类

地基处理方法按照作用机理分为置换、振密/挤密、排水固结、注浆加固等类型。

1）置换法。换填法、挤淤置换法、加筋褥垫层法、振冲置换法、沉管碎石桩法、强夯置换法、砂桩置换法、柱锤冲扩桩法、石灰桩法、EPS 超轻质料填土法（发泡聚苯乙烯）等。

2）振密/挤密法。原位压实法、强夯法、冲击碾压法、振冲密实法、挤密砂桩（砂石桩、碎石桩）法、爆破挤密法、土桩（灰土桩）挤密法、夯实水泥土桩法等。

3）排水固结法。堆载预压法、砂井（普通砂井、袋装砂井）法、塑料排水带法、真空预压法、真空联合堆载预压法、降低地下水位法等。

4）注浆加固法。粉喷桩法、深层搅拌法（湿法与干法）、高压旋喷桩法、渗入（劈裂、挤密）注浆法等。

5）其他方法。土工合成材料法、冻结法、桩网复合地基法等。

3. 常见的地基处理方法

1）强夯法。基于强夯原理，夯击地基表面，迅速实现地基压实的一种方法。强夯法可增加地基土层的密实度，提高地基土的强度，适用于大厚度杂填土、软弱土、红黏土、湿陷性黄土等地基处理。

2）振冲法。通过加水振冲使地基土密实的处理方法，通常处理普通地基时可以直接使用振冲法。当处理黏土、粉土地基时，宜在填料里加入碎石。

3）水泥粉煤灰碎石桩法。又名 CFG 桩法，是由水泥、碎石、粉煤灰组成混合料，根据工程要求调整水泥用量及配合比，可以选取不同强度等级的碎石桩。

2.5.3 地基检测的一般要求

为确保地基处理工程质量、达到设计和实际工程要求，按照《建筑地基检测技术规范》（JGJ 340—2015）等相关规定进行检测，具体检测内容、检测方法和检测基本要求如下。

（1）建筑地基检测内容　包括施工过程的地基质量检验以及施工后的地基质量验收检测。

（2）建筑地基检测方法　当地基处理施工完成后应对地基处理效果进行检测，检测方法应根据各种检测方法的特点和适用范围，考虑地质条件及质量可靠性、施工要求等因素根据具体情况综合确定，见表 2-10。

表 2-10　地基处理检测方法

地基处理方法	承载力检测	其 他 方 法
换填垫层法	载荷试验	环刀法、贯入仪、标准贯入试验、动力触探试验、静力触探试验
碾压法	载荷试验	十字板剪切试验、土工试验
强夯法	载荷试验	标准贯入试验、动力触探试验、静力触探试验、土工试验、波速测试
振冲法	载荷试验	标准贯入试验、动力触探试验
砂石桩法	载荷试验	标准贯入试验、动力触探试验、静力触探试验
CFG 桩法	载荷试验	低应变动力试验
夯实水泥土桩法	载荷试验	轻型动力触探试验
水泥土搅拌法	载荷试验	轻型动力触探试验、钻孔取芯

（续）

地基处理方法	承载力检测	其 他 方 法
高压喷射注浆法	载荷试验	标准贯入、钻孔取芯
灰土挤密桩法和土挤密桩法	载荷试验	轻型动力触探试验、土工试验
柱锤冲扩桩法	载荷试验	标准贯入试验、动力触探试验
单液硅化法和碱液法	动力触探试验	土工试验、沉降观测

1）地基处理均匀性及增强体施工质量检测，可根据各种检测方法的特点和适用范围，考虑地质条件及施工质量可靠性、使用要求等因素，合理选择标准贯入试验、静力触探试验、圆锥动力触探试验、十字板剪切试验、扁铲侧胀试验、多道瞬态面波试验等一种或多种方法进行检测，并确定载荷试验的位置。

2）水泥土搅拌桩、旋喷桩、夯实水泥土桩的桩长、桩身强度和均匀性，判定或鉴别桩底持力层岩土性状检测，可选择水泥土钻芯法。有黏结强度、截面规则的水泥粉煤灰碎石桩、混凝土桩等竖向增强体（强度为 8MPa 以上）的完整性检测可选择低应变法。

（3）检测点的数量要求　应满足设计要求并符合下列规定：工程验收检验的抽检数量应按单位工程计算；单位工程采用不同地基基础类型或不同地基处理方法时，应分别确定监测方法和抽检数量。

（4）其他检测要求　工地基检测应在竖向增强体满足龄期要求及周围土体达到休止稳定后进行，并符合下列规定：

1）地基施工后稳定时间对黏性土地基不宜少于 28d，对粉土地基不宜少于 14d，其他地基不应少于 7d。

2）有黏结强度增强体的复合地基承载力检测宜在施工结束 28d 后进行。

3）当设计对龄期有明确要求时，应满足设计要求。

2.5.4　压实质量检测

对采用换填、预压、夯实等方法（见图 2-13）进行地基处理的，为确保地基压实质量，应采取必要的手段对其进行质量检测。结合公路、铁路、水利、建筑等领域的工程经验，目前对地基压实特性检测存在两个指标体系：一是强度指标体系，二是密实度指标体系。属于强度指标体系的检测方法有承载板法、K30 法、压沉值法、压实度计法、动力响应法等。属于密度指标体系的检测方法有灌砂法、灌水法、核子密度仪法、面波仪法等。

常用检测方法对比见表 2-11。具体应用时，需要注意：

图 2-13　振动碾压

表 2-11　常用检测方法对比

检测方法	优　点	缺　点
灌砂法	便于掌握，在公路部、铁路等部门长期使用	对颗粒较大的地基土体而言，数值偏小
灌水法	原理类似灌砂法，可准确测定数据	工作量大，干密度测定值偏大
压实计法	可全面实时的对整个施工现场进行监控	仪器读数离散性较大
面波仪	方便、快速、无损	受材料性能局限性较大
核子密度仪	适于现场快速评定	测定数值相关性差，不宜做仲裁和验收标准
承载板法	适合检测粗粒土，在铁路部门广泛采用	需专门的车辆和设备，常规施工中费时费力
压沉值法	简便快速、无损易掌握，可全场布点	控制指标需结合其他施工参数综合确定

1）我国土建领域各行业习惯采用压实度法作为地基压实质量评测的标准。具有简便易用、便于掌握，费用低廉等特点，但与地基的承载力、模量等指标之间缺乏明确的关联。

2）地基压实的目的是提高其强度和抗变形能力、确保受力后的稳定性。若地基在使用荷载作用下变形及稳定性均满足要求，则可以认为实现了地基处理的目的。因此压沉值法可体现地基的压实质量。

3）近年来，随着高速铁路的建设发展，用于检测地基及路堤压实质量的动态模量指标，如 Evd 等应用较广，为确保地基压实质量提供了新的检测技术手段。

我国习惯以压实度指标为依据，存在问题是密实度指标与强度指标之间，对于确定的填料而言具有较好的相关性，但在不同的填料间可能相差较大，因此应结合其他方法确定地基压实质量。

2.5.5　载荷试验确定地基承载力

载荷试验（见图 2-14）是检测确定地基承载力的基本方法，在我国土木建筑领域应用广泛，依照《建筑地基基础设计规范》中的相关规定对地基承载力特性进行说明。

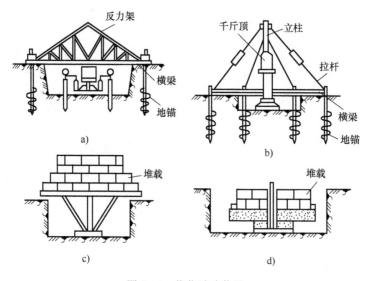

图 2-14　载荷试验装置

1. 载荷试验

平板载荷试验（PLT）是通过一定面积的承压板向地基土逐级施加荷载，测求地基土的压力与变形之间关系的原位测试方法，可反映承压板下 1.5~2.0 倍承压板直径或宽度范围内地基土强度、变形的综合性状。常用形式有浅层平板和深层平板两种载荷试验。

（1）载荷试验确定地基承载力原则 载荷试验是以 p-s 曲线的 3 个发展阶段的划分，对不同变形阶段上界限荷载进行分析，确定地基承载力。

1）取临塑荷载为地基承载力值，偏于安全，但地基的承载能力未能充分发挥，存在浪费，故一般工程上不采用。

2）取产生某范围塑性开展区对应的塑性荷载作为地基承载力值，则既可发挥地基土的承载能力，也可确保必要的安全储备，在工程领域应用广泛。

3）取极限荷载除以某一安全系数作为地基承载力值，为部分行业标准所采用。

（2）浅层平板载荷试验 浅层平板载荷试验适用于确定浅部地基土层（埋深小于 5.0m）承压板下压力主要影响范围内的承载力和变形模量，具体试验要求如下。

1）承压板面积不应小于 $0.25~0.5m^2$，软土地基取大值。

2）试验基坑宽度不应小于承压板宽度或直径的 3 倍。宜在拟试压表面用粗砂或中砂层找平，其厚度不超过 20mm。

3）加载分级不应少于 8 级，最大加载量不应小于设计要求的 2 倍。

4）采用慢速维持荷载法，每级加载后，按间隔 10min、10min、10min、15min、15min，以后为每隔 30min 测读一次沉降量。当在连续 2h 内，每小时的沉降量小于 0.1mm 时，则认为已趋稳定，可加下一级荷载。

5）当出现下列情况之一时，即可终止加载：①承压板周围的土体明显侧向挤出。②沉降 s 急骤增大，荷载-沉降（p-s）曲线出现陡降段。③在某一级荷载下，24h 内沉降速率不能达到稳定标准。④沉降量与承压板宽度或直径之比大于或等于 0.06。

当满足上述情况之一时，其对应的前一级荷载定为极限荷载。

6）承载力特征值确定应符合下列规定：①当 p-s 曲线上有比例界限时，取该比例界限所对应荷载值。②当极限荷载小于对应比例界限的荷载值 2 倍时，取极限荷载值的一半。③当不能满足上述要求确定，压板面积为 $0.25~0.50m^2$ 时，则可取 $s/b = 0.01~0.015$ 所对应的荷载，但其值不应大于最大加载量的一半。

7）同一土层参加统计的试验点不应少于三点，各试验实测值的极差不得超过其平均值的 30%，取此平均值作为该土层的地基承载力特征值 f_{ak}。

（3）深层平板载荷试验 深层平板载荷试验是平板载荷试验的一种，适用于埋深等于或大于 5.0m 和地下水位以上的地基土。

1）深层平板载荷试验可适用于确定深部地基土层及大直径桩桩端土层在承压板下应力主要影响范围内的承载力和变形参数。

2）深层平板载荷试验的承压板采用直径为 0.8m 的刚性板，紧靠承压板周围外侧的土层高度应不小于 80cm。

3）加载等级可按预估极限承载力的 1/15~1/10 分级施加。

4）每级加载的稳定标准同浅层平板载荷试验。

5）当出现下列情况之一时，可终止加载：①沉降 s 急骤增大，荷载-沉降（p-s）曲线上有可判定极限承载力的陡降段，且沉降量超过 0.04d（d 为承压板直径）。②在某级荷载下，24h 内沉降速率不能达到稳定。③本级沉降量大于前一级沉降量的 5 倍。④当持力层土层坚硬，沉降量很小时，最大加载量不小于设计要求的 2 倍。

6）承载力特征值的确定应符合下列规定：①当 p-s 曲线上有比例界限时，取该比例界限所对应的荷载值。②满足前三条终止加载条件之一时，其对应的前一级荷载定为极限荷载，当该值小于对应比例界限荷载值的 2 倍时，取极限荷载值的一半。③当不能满足上述要求确定时，可取 $s/d = 0.01 \sim 0.015$ 所对应的荷载值，但其值不应大于最大加载量的一半。

7）土层的地基承载力特征值 f_{ak} 的计算确定要求同浅层平板载荷试验。

（4）浅层与深层平板载荷试验的区分　深层载荷试验和浅层载荷试验的区别在于所测试位置处地基土体是否存在边载，荷载是否作用于地基半无限体的内部。即使有边载存在，如果试验深度过浅（边载过小）也不符合深层载荷试验所对应的荷载作用于半无限体内部的条件。因此《岩土工程勘察规范》（GB 50021—2001）规定：深层平板载荷试验的试验深度不应小于 5m；深层平板载荷试验的试井直径应等于承压板直径；当试井直径大于承压板直径时，紧靠承压板周围土的高度不应小于承压板直径。

【例题 2-2】　某场地三个浅层平板载荷试验，试验记录数据见表 2-12。试按照《建筑地基基础设计规范》确定该土层的地基承载力特征值？

表 2-12　试验记录数据

试验点号	1	2	3
比例界限对应的荷载值/kPa	160	165	173
极限荷载/kPa	300	340	330

【解】　按照《建筑地基基础设计规范》中相关规定。

点 1：取极限承载力的 50%，为 150kPa；点 2：取比例界限对应的荷载值，为 165kPa；点 3：取极限承载力的 50%，为 165kPa。

各点的极差均小于 30%，故可取三点平均值。即得地基承载力特征值为：

$$[(150+165+165)/3]\,kPa = 160kPa。$$

2.5.6　原位测试方法确定地基承载力

经过处理后的地基承载力可通过原位测试方法测定，除载荷试验方法外，尚可通过触探试验、标准贯入试验、旁压试验、十字板剪切试验等方法取得地基承载力特征值。

1. 触探试验

触探试验可分为动力触探和静力触探两种基本类型，均可用于地基承载力的原位测试。

1）圆锥动力触探试验。圆锥动力触探试验是利用一定质量的重锤，按规定的落距沿着触探杆自由下滑，将标准规格的圆锥形探头打入土中，根据探头贯入的难易程度判断土层的性质。按照重锤质量 10kg、63.5kg、120kg 将之划分为轻型、重型、超重型触探试验。

2）静力触探试验。静力触探是通过静压力将标准探头匀速垂直压入到地基土中，通过量测探头阻力以测定土的力学特性，具有勘探和测试双重功能。探头圆截面国际通用标准为

10cm² 或 15cm²，贯入速率为 1.2m/min（见图 2-15）。

静力触探测试数据可用于地基承载力的估算。通过将静力触探试验结果与载荷试验求得的比例界限进行对比，并对数据进行相关分析，可以得到用于特定地区或特定土性的经验公式。

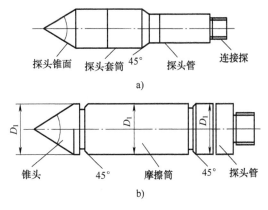

图 2-15　静力触探探头

2. 标准贯入试验

标准贯入试验采用落距为 76cm、质量为 63.5kg 的落锤自由下落，将标准规格的贯入器打入土层中，记录贯入器贯入一定深度所需要的锤击数，并将测试数据转换为标准贯入试验锤击数 N，用于对地基承载力的评价。该方法适用于砂土、粉土和一般黏性土。

1）标准贯入试验锤击数 N 与地基承载力 f_k 经验公式。原铁道第三勘察设计院（现中国铁设）根据不同土性得到的公式如下

$$\begin{cases} 粉土 & f_k = 72 + 9.4N^{1.2} \\ 粉细砂 & f_k = -212 + 222N^{0.3} \\ 中砂、粗砂 & f_k = -803 + 805N^{0.1} \end{cases} \tag{2-21}$$

2）Peck & Terzaghi 得到干砂的极限承载力公式

$$\begin{cases} 条形、矩形基础 & f_u = \gamma(DN_D + 0.5BN_B) \\ 方形、圆形基础 & f_u = \gamma(DN_D + 0.4BN_B) \end{cases} \tag{2-22}$$

式中　f_u——极限承载力（kPa）；

D——基础埋置深度（m）；

B——基础宽度（m）；

γ——土的重度（kN/m³）；

N_D、N_B——承载力系数，取决于砂的内摩擦角。

3. 旁压试验

旁压试验可分为预钻式旁压试验和自钻式旁压试验两种类型（见图 2-16）。预钻式旁压试验是在预先钻好的钻孔中相应深度处置入旁压器，通过对孔壁施加压力使土体产生变形和破坏，利用仪器两侧压力和变形的关系求出地基土体的承载力。自钻式旁压器则是把成孔和旁压器的放置、定位、试验一次完成，该方法可消除预钻式旁压试验中由于钻进使孔壁土层所受的各种扰动和天然应力的改变，因此更符合实际情况。

旁压试验计算地基承载力

临塑荷载法　$f_{ak} = p_f - p_0$ 　　（2-23）

极限荷载法　$f_{ak} = (p_l - p_0)/F_s$ 　（2-24）

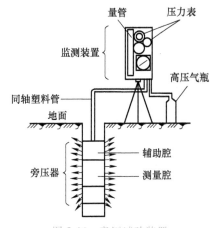

图 2-16　旁压试验装置

式中 f_{ak}——地基承载力特征值（kPa）；

$\quad\quad F_s$——安全系数，一般取 2~3，也可按照地区经验来确定；

$\quad\quad p_0$——初始压力（kPa）；

$\quad\quad p_f$——临塑压力（kPa）；

$\quad\quad p_l$——极限压力（kPa），当由试验曲线难于确定 p_l 时，可取 $V=V_c+2V_0$ 所对应的压力值。其中，V_c 为中腔固有体积，V_0 为初始压力对应的体积变化值。

对于一般土宜采用临塑荷载法，对于旁压试验曲线过临塑压力后急剧变陡的土宜采用极限荷载法，计算式中的初始压力、临塑压力、极限压力均应通过旁压试验曲线确定。

4. 十字板剪切试验

十字板剪切试验是用插入土中的标准十字板探头，以一定速率扭转，量测土破坏时的抵抗力矩，测定土的不排水剪抗剪强度和残余抗剪强度的方法，该方法也可根据地区经验确定相应的地基承载力，而我国相应工程经验多集中在饱和软黏土的应用上。

1）估算地基容许承载力。按照中国建筑科学研究院、华东电力设计研究院的研究及工程经验，可使用修正后的十字板抗剪强度 c_u 按下式来估算地基容许承载力 q_a

$$q_a = 2c_u + \gamma D \tag{2-25}$$

式中 γ——土的重度（kN/m^3）；

$\quad\quad D$——基础埋置深度（m）。

2）按照 Skempton 公式［见式（2-26）］确定地基极限承载力 q_u。该公式适用于基础埋置深度 D 不大于基底宽度 2.5 倍的条件。

$$q_u = 5c_u(1+0.2B/L)(1+0.2D/B)+p_0 \tag{2-26}$$

式中 B、L——基础底面的宽度（m）、长度（m）；

$\quad\quad p_0$——基础底面以上的覆土压力（kPa）。

【例题 2-3】 某软弱黏土场地，地下水位 1.0m，基础埋深 1.5m，土层重度为 $18kN/m^3$。十字板剪切试验结果表明，修正后的不排水抗剪强度为 40kPa。场地中黏性土地基的容许承载力应为多少？

【解】 水位以下部分应取浮重度，则地基容许承载力为

$$q_a = 2c_u + \gamma D = [2×40+18×1+(18-10)×0.5]kPa = 102kPa$$

2.5.7 复合地基桩质量检验

对于水泥搅拌桩、CFG 桩、粉喷桩等类型的复合地基，应对其竖向增强体的完整性、成桩质量等进行检测，本书以水泥土钻芯法和低应变法进行说明。

1. 水泥土钻芯法

水泥土钻芯法是指用钻机钻取芯样以检测桩长、桩身缺陷、桩底沉渣厚度及桩身水泥土的强度、均匀性和完整性，判定桩身、桩底岩土性状的试验方法。

（1）水泥土桩取芯时龄期应满足设计的要求 水泥土钻芯法试验数量单位工程不少于 0.5%，且不少于 3 根。桩身强度抗压芯样试件按每孔不少于 9 个截取，桩体三等分段各取 3 个；当桩长小于 10m 时，则分两段各取 3 个。

（2）现场检测 具体要求如下：

1）钻机设备安装应稳固、底座水平。钻机立轴中心、天轮中心（天车前沿切点）与孔口中心必须在同一铅垂线上。应确保钻机在钻芯过程中不发生倾斜、移位，钻芯孔垂直度偏差小于 0.5%。

2）每根受检桩可钻 1 孔，当桩直径或长轴大于 1.2m 时，宜增加钻孔数量。开孔位置宜在桩中心附近处，宜采用较小的钻头压力。钻孔取芯的取芯率不宜低于 85%。对桩底持力层的钻孔深度应满足设计要求，且不小于 2 倍桩身直径。

3）当桩顶面与钻机底座的高差较大时，应安装孔口管，孔口管应垂直且牢固。

4）钻进过程中，钻孔内循环水流应根据钻芯情况及时调整。钻进速度宜为 50~100mm/min，并应根据回水含砂量及颜色调整钻进速度。

5）提钻卸取芯样时，应采用拧卸钻头和扩孔器方式取芯。严禁敲打卸芯。

6）每回次进尺宜控制在 1.5m 以内，钻至桩底时，采用适宜的方法对桩底持力层岩土性状进行鉴别。

7）芯样从取样器中推出时应平稳，芯样严禁受拉、受弯。芯样在运送和保存过程中应避免压、振、晒、冻，并防止试样失水或吸水。

8）钻取的芯样应由上而下按回次顺序放进芯样箱中，芯样牌上应清晰标明回次数、深度。

9）及时记录钻进及异常情况，并对芯样质量进行初步描述。应对芯样和标有工程名称、桩号、芯样试件采取位置、桩长、孔深、检测单位名称的标示牌的全貌进行拍照。

（3）桩身均匀性评价　桩身均匀性宜按单桩并根据现场水泥土芯样特征等进行综合评价。桩身均匀性评价标准见表 2-13。

表 2-13　桩身均匀性评价标准

桩身均匀性描述	芯 样 特 征
均匀性良好	芯样连续、完整，坚硬，搅拌均匀，呈柱状
均匀性一般	芯样基本完整，坚硬，搅拌基本均匀，呈柱状，部分呈块状
均匀性差	芯样胶结一般，呈柱状、块状，局部松散，搅拌不均匀

（4）桩身质量评价　应按检验批进行。受检桩桩身强度应按检验批进行评价，桩身强度标准值应满足设计要求。受检桩的桩身均匀性和桩底持力层岩土性状按单桩进行评价，应满足设计的要求。

2. 低应变法试验

是指采用低能量瞬态或稳态激振方式在桩顶激振，实测桩顶部的速度时程曲线或速度导纳曲线，通过波动理论分析或频域分析，对桩身完整性进行判定的检测方法。

（1）一般规定　具体如下：

1）低应变法适用于检测黏结强度大于 8MPa，且截面规则的竖向增强体的完整性，判定缺陷的程度及位置；低应变法试验单位工程检测数量应不少于总桩数的 10%，且不得少于 10 根。

2）低应变法检测仪器的主要技术性能指标应符合《基桩动测仪》（JG/T 518—2017）

的有关规定，且应具有信号采集、滤波、放大、显示、存储和处理分析功能。

3）受检竖向增强体顶部处理的材质、强度、截面尺寸应与增强体主体基本等同；当增强体的侧面与基础的混凝土垫层浇筑成一体时，应断开连接并确保垫层不影响检测结果的情况下方可进行检测。

（2）现场检测设定

1）测试参数设定应符合下列规定：

① 增益应结合激振方式通过现场对比试验确定。

② 时域信号分析的时间段长度应在 $2L/c$ 时刻后延续不少于 5ms，频域信号分析的频率范围上限不应小于 2000 Hz。

③ 设定长度应为竖向增强体顶部测点至增强体底的施工长度。

④ 竖向增强体波速可根据当地同类型增强体的测试值初步设定。

⑤ 采样时间间隔或采样频率应根据增强体长度、波速和频率分辨率合理选择。

⑥ 传感器的灵敏度系数应按计量检定结果设定。

2）测量传感器安装和激振操作应符合下列规定：

① 传感器安装应与增强体顶面垂直；用耦合剂黏结时，应有足够的黏结强度。

② 锤击点在增强体顶部中心，传感器安装点与增强体中心的距离宜为增强体半径的 2/3 并不小于 10cm。

③ 锤击方向应沿增强体轴线方向。

④ 瞬态激振应根据增强体长度、强度、缺陷所在位置的深浅，选择合适质量、材质的激振设备，宜用宽脉冲获取增强体的底部或深部缺陷反射信号，宜用窄脉冲获取增强体的上部缺陷反射信号。

3）信号采集和筛选应符合下列规定：

① 根据竖向增强体直径大小，在其表面均匀布置 2~3 个检测点，每个检测点记录的有效信号数不宜少于 3 个。

② 检测时应随时检查采集信号的质量，判断实测信号是否反映增强体完整性特征。

③ 信号不应失真和产生零漂，信号幅值不应超过测量系统的量程。

④ 对于同一根检测增强体，如果不同检测点及多次实测时域信号一致性较差，应分析原因，增加检测点数量。

（3）桩身完整性评判　竖向增强体完整性类别应结合缺陷出现的深度、测试信号衰减特性及设计竖向增强体类型、施工工艺、地质条件、施工情况，以及实测时域或幅频信号特征进行综合分析判定，具体见表 2-14。

表 2-14　竖向增强体完整性类别表

增强体完整性类别	分类原则
Ⅰ	增强体结构完整
Ⅱ	增强体结构存在轻微缺陷
Ⅲ	增强体结构存在明显缺陷
Ⅳ	增强体结构存在严重缺陷

图 2-17、图 2-18 分别代表完整的增强体典型时域、幅频信号特征。

图 2-17 完整的增强体典型时域信号特征

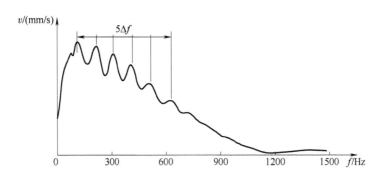

图 2-18 完整的增强体典型幅频信号特征

■ 2.6 既有地基、基础加固

地基、基础在使用过程中，由于工程质量、外界条件变化、建筑材料性能衰减等原因而导致出现病害现象，因此应对其进行检测，分析病害原因，采取加固等措施。

2.6.1 常见问题及原因分析

1. 常见问题

地基、基础和上部结构是一个互相作用的整体，当地基或基础存在问题时，易产生如诱发上部墙体开裂等问题。

1）墙体开裂。地基或基础一旦发生问题，一般是通过墙体开裂反映出来。而墙体的整体性及承载力也会因地基或基础的问题而削弱，甚至丧失。在实际工程中，沉降裂缝是经常见到的。

2）基础断裂或拱起。当地基的沉降差（沉降量、倾斜、不均匀沉降等）较大，基础设计或施工中存在问题时，会引起基础断裂。

3）建筑物沉降超限或发生倾斜。当地基土较软弱、基础设计形式不当及计算有误时，会导致整座建筑物下沉过大，轻者会造成室外水倒灌，重者建筑物无法使用。例如，上海展览馆的中央大厅为箱形基础，于 1954 年建成，在其建成后的 30 年时间内累计沉降达 1800mm。

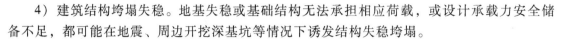

4）建筑结构垮塌失稳。地基失稳或基础结构无法承担相应荷载，或设计承载力安全储备不足，都可能在地震、周边开挖深基坑等情况下诱发结构失稳垮塌。

2. 原因分析

1）地基土软弱，承载力或抗变形能力差。软弱土地基上的建筑物较易出现开裂、不均匀沉降、倾斜等病害。

2）地基浸水湿陷。湿陷性黄土地基及未夯实的填土地基等，在浸水后会产生湿陷变形或附加沉降，引起墙体开裂。在山坡上、池塘边、河沟旁或局部有古井、土坑、炮弹坑等地段上建造的建筑物，因地基软硬不均、沉降差过大而常使上部墙体开裂。

3）建（构）筑物用途改变，导致其所承担的荷载和作用发生改变，成为地基和基础病害的诱因。

4）勘察资料有误或不完整。地质勘察资料是地基和基础设计的基本依据。勘察报告未能准确反映实际地质条件或是提供的指标不全面，均会导致设计失误，从而造成地基和基础事故。

5）设计方案不周或计算失误。设计方案未充分考虑建（构）筑物的使用条件、自然条件会带来隐患，使得地基和基础质量存在先天不足。或由于计算失误导致安全性、耐久性达不到要求，也会带来质量问题。

6）工程质量低劣。

2.6.2 既有建（构）筑物地基、基础检验

通过对既有地基、基础的调查检验可以为检测和加固提供依据。

1. 既有地基检验

应遵循以下规定：

1）勘探点位置或测试点位置应靠近基础，并在建筑物变形较大或基础开裂部位重点布置，条件允许时，宜直接布置在基础之下。

2）地基土承载力宜选择静载荷试验的方法进行检验，对于重要的增层、增加荷载等建筑，应进行基础下载荷试验，或进行地基土持载再加载载荷试验，检测数量不宜少于3点。

3）选择井探、槽探、钻探、物探等方法进行勘探，当地下水埋深较大时，优先选用人工探井的方法，采用物探方法时，应结合人工探井、钻孔等其他方法进行验证，验证数量不应少于3点。

4）选用静力触探、标准贯入、圆锥动力触探、十字板剪切或旁压试验等原位测试方法，并结合不扰动土样的室内物理力学性质试验，进行现场检验，其中每层地基土的原位测试数量不应少于3个，土样的室内试验数量不应少于6组。

2. 既有基础检验

应遵循以下规定：

1）对具有代表性的部位进行开挖检验，检验数量不应少于3处。

2）对开挖露出的基础应进行结构尺寸、材料强度、配筋等结构检验。

3）对混凝土已开裂的或处于有腐蚀性地下水中的基础钢筋锈蚀情况进行检验。

4）对重要的增层、增加荷载等采用桩基础的建筑，宜进行桩的持载再加载试验。

2.6.3   既有建筑地基、基础检测

处于使用阶段的既有建筑地基、基础的检测方法不同于竣工验收检测,应采用有针对性的检测措施。

1. 既有建筑基础下地基土载荷试验要点

本试验适用于测定地下水位以上既有建筑地基的承载力和变形模量。

1)试验压板面积宜取 $0.25 \sim 0.50m^2$,基坑宽度不应小于压板宽度或压板直径的 3 倍。试验时,应保持试验土层的原状结构和天然湿度。在试压土层的表面,宜铺不大于 20mm 厚的中、粗砂层找平。

2)试验位置应在承重墙的基础下,加载反力可利用建筑物的自重,使千斤顶上的测力计直接与基础下钢板接触(见图2-19)。钢板大小和厚度,可根据基础材料强度和加载大小确定。

3)在含水量较大或松散的地基土中挖试验坑时,应采取坑壁支护措施。

4)加载分级要求、稳定标准、终止加载条件和承载力取值,应按《建筑地基基础设计规范》的规定执行。

5)在试验挖坑时,可同时取土样检验其物理力学性质,并对地基承载力取值和地基变形进行综合分析。

6)当既有建筑基础下有垫层时,试验压板应埋置在垫层下的原土层上。

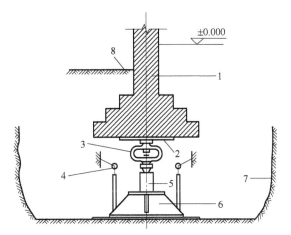

图 2-19   载荷试验

1—建筑物基础   2—钢板   3—测力计   4—百分表
5—千斤顶   6—试验压板   7—试坑壁   8—室外地坪

7)试验结束后,应及时采用低强度等级混凝土将基坑回填密实。

2. 既有建筑地基承载力持载再加载载荷试验要点

本试验要点适用于测定既有建筑基础再增加荷载时的地基承载力和变形模量。

1)试验压板可取方形或圆形。压板宽度或压板直径应取独立基础、条形基础的基础宽度。当基础宽度大,试验条件不满足时,应考虑尺寸效应对检测结果的影响,并结合结构和基础形式及地基条件综合分析,确定地基承载力和地基变形模量。当场地地基无软弱下卧层时,可用小尺寸压板的试验确定,但试验压板的面积不宜小于 $2.0m^2$。

2)试验位置应在与原建筑物地基条件相同的场地进行,并应尽量靠近既有建筑物。试验压板的底标高应与既有建筑物基础底标高相同。试验时,应保持试验土层的原状结构和天然湿度。

3)在试压土层的表面,宜铺不大于 20mm 厚的中、粗砂层找平。基坑宽度不应小于压板宽度或压板直径的 3 倍。

4)试验使用的荷载稳压设备稳压偏差允许值不应大于施加荷载的±1%,沉降观测仪表24h 的漂移值不应大于 0.2mm。

5)加载分级要求、稳定标准、终止加载条件应按《建筑地基基础设计规范》的规定执

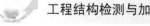

行。试验加荷至原基底使用荷载压力时应进行持载。持载时，应继续进行沉降观测。持载时间不得少于 7d。然后继续分级加载，直至试验完成。

6）在含水量较大或松散的地基土中挖试验坑时，应采取坑壁支护措施。

7）既有建筑再加荷地基承载力特征值的确定，应符合下列规定：

① 当再加载压力-沉降曲线上有比例界限时，取该比例界限所对应的荷载值。

② 当极限荷载小于对应比例界限的荷载值的 2 倍时，取极限荷载值的一半。

③ 当不能按上述要求确定时，可取再加载压力-沉降曲线上 $s/b = 0.006$ 或 $s/d = 0.006$（s 为载荷板沉降值，b、d 分别为载荷板的宽度或直径）所对应的荷载，但其值不应大于最大加载量的一半。

④ 取建筑物地基的允许变形值对应的荷载值。

8）同一土层参加统计的试验点不应少于 3 点，各试验实测值的极差不得超过其平均值的 30%，取平均值作为该土层的既有建筑再加载的地基承载力特征值。既有建筑再加载的地基变形模量，可按比例界限所对应的荷载值和变形进行计算，或按规定的变形对应的荷载值进行计算。

3. 既有建筑桩基础单桩承载力持载再加载载荷试验要点

1）试验桩应在与原建筑物地基条件相同的场地，并应尽量靠近既有建筑物，按原设计的尺寸、长度、施工工艺制作。开始试验的时间：桩在砂土中入土 7d 后，对于黏性土不得少于 15d，对于饱和软黏土不得少于 25d，灌注桩应在桩身混凝土达到设计强度后，方能进行。

2）加载反力装置，试桩、锚桩和基准桩之间的中心距离，加载分级要求，稳定标准，终止加载条件，卸载观测应按《建筑地基基础设计规范》的规定执行。试验加载至原基桩使用荷载时，应进行持载。持载时，应继续进行沉降观测。持载时间不得少于 7d，然后继续分级加载，直至试验完成。

3）试验使用的荷载稳压设备稳压偏差允许值不应大于施加荷载的 ±1%，沉降观测仪表 24h 的漂移值不应大于 0.2mm。

4）既有建筑再加载的单桩竖向极限承载力确定，应符合下列规定：

① 作再加载的荷载-沉降（Q-s）曲线和其他辅助分析所需的曲线。

② 当曲线陡降段明显时，取相应于陡降段起点的荷载值。

③ 当出现 $\dfrac{\Delta s_{n+1}}{\Delta s_n}$ 且经 24h 尚未达到稳定而终止试验时，取终止试验的前一级荷载值。

④ Q-s 曲线呈缓变型时，取柱顶总沉降量 s 为 40mm 时所对应的荷载值。

⑤ 按上述方法判断有困难时，可结合其他辅助分析方法综合判定。对桩基沉降有特殊要求时，应根据具体情况选取。

⑥ 参加统计的试桩，当满足其极差不超过平均值的 30% 时，可取其平均值作为单桩竖向极限承载力。极差超过平均值的 30% 时，宜增加试桩数量，并分析极差过大的原因，结合工程具体情况，确定极限承载力。对桩数为 3 根及 3 根以下的柱下桩台，取最小值。

5）再加载的单桩竖向承载力特征值的确定，应符合下列规定：

① 当再加载压力-沉降曲线上有比例界限时，取该比例界限所对应的荷载值。

② 当极限荷载小于对应比例界限荷载值的 2 倍时，取极限荷载值的一半。

③ 当按既有建筑单桩容许变形进行设计时，应按 $Q\text{-}s$ 曲线上容许变形对应的荷载确定。

2.6.4　既有建（构）筑物地基加固

对既有建（构）筑物的地基土进行处理（加固），是解决地基、基础问题的另一条途径，它可以改善地基的受力及变形性能，提高承载力。

1）锚杆静压桩法。锚杆静压桩法适用于淤泥、淤泥质土、黏性土、粉土和人工填土等地基土、湿陷性黄土等地基加固。

2）树根桩法。树根桩法适用于淤泥、淤泥质土、黏性土、粉土、砂土、碎石土及人工填土等地基土上既有建（构）筑物的修复和增层、古建筑的整修、地下铁道的穿越等加固工程。

3）坑式静压桩法。坑式静压桩法适用于淤泥、淤泥质土、黏性土、粉土和人工填土等，且地下水位较低的地基加固。

4）石灰桩法。石灰桩法适用于处理地下水位以下的黏性土、粉土、松散粉细砂、淤泥、淤泥质土、杂填土或饱和黄土等地基及基础周围土体的加固。对重要工程或地质复杂而又缺乏经验的地区，施工前应通过现场试验确定其适用性。

5）注浆加固法。注浆加固法适用于砂土、粉土、黏性土和人工填土等地基加固。一般用于防渗堵漏、提高地基土的强度和变形模量、控制地层沉降等。注浆设计前宜进行室内浆液配比试验和现场注浆试验，以确定设计参数和检验施工方法及设备；也可参考当地类似工程的经验确定设计参数。

6）硅化法。硅化法可分双液硅化法和单液硅化法。当地基土的渗透系数大于 2.0m/d 的粗颗粒土时，可采用双液硅化法（水玻璃和氯化钙）；当地基土的渗透系数为 0.1～2.0m/d 的湿陷性黄土时，可采用单液硅化法（水玻璃）；对自重湿陷性黄土，宜采用无压力单液硅化法。

7）碱液法。碱液法适用于处理非自重湿陷性黄土地基。

2.6.5　既有建筑基础加固

既有建筑基础加固方法主要有加大基础底面积法 、墩式加深法（托换）、基础补强加固法等。

1. 加大基础底面积法

因为加宽或加大基础底面积的方法施工简单、所需设备少，所以常用于基础底面积太小而产生过大沉降或不均匀沉降事故的处理，以及采用直接法加层时对地基、基础的补偿加固。加大基础底面积法分基础直接加宽、外增基础两种。

（1）基础直接加宽　基础直接加宽是挖开原基础两侧的填土后浇筑新基础的方法。这种方法的优点是能使新旧基础很好结合、共同变形。可分为单面加宽、双面加宽、四面加宽、增设筏形基础。但在基础全长或四周不宜挖贯通式的地槽，基底不能裸露，以免饱和土从基底挤出，导致不均匀沉降。

（2）外增基础　具体可分为抬梁法和斜撑法。

1）抬梁法。抬梁法是在原基础两侧挖坑并做新基础,通过钢筋混凝土梁将墙体荷载部分转移到新做基础上的一种加大基底面积的方法。新加的抬墙梁应设置在原地基梁或圈梁的下部。这种加固方法具有对原基础扰动少、设置数量较为灵活的特点。

在原基础两侧新增条形基础抬梁扩大基底面积的做法,如图 2-20 所示。

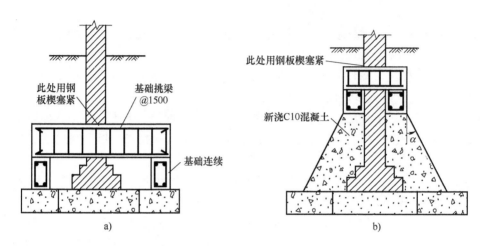

图 2-20 外增条形基础抬梁扩大基底面积

2）斜撑法。斜撑法加大基底面积,与上述抬梁法不同之处是将抬梁改为斜撑,新加的独立基础不是位于原基础两侧,而是位于原基础之间,如图 2-21 所示。

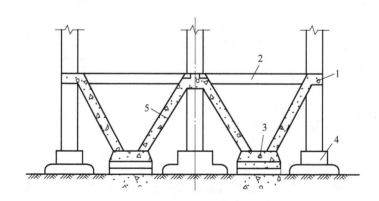

图 2-21 斜撑法加大基底面积
1—沿墙周分布的整体圈梁或框架 2—楼板的整体区段
3—由预制板做成的附加基础 4—原有基础 5—斜支柱

2. 墩式加深法（托换）

墩式加深法是指将原持力层地基土分段挖去,然后浇筑混凝土墩或砌筑砖墩,使基础支承到较好的土层上的一种基础加固法。该方法适用于软弱地基、膨胀土地基等情况。墩体可以是间断的,也可以是连续的,主要取决于原基础的荷载和地基上的承载力（见图 2-22）。

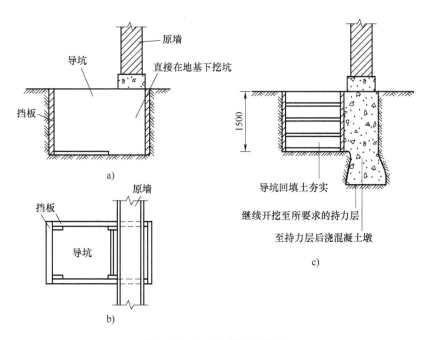

图 2-22 墩式加深基础开挖
a) 剖面 b) 平面 c) 混凝土墩浇筑后

3. 基础补强加固法

基础自身的加固方法有混凝土围套加固、灌浆法加固和加厚加固。

1）混凝土围套加固。混凝土围套加固是指在已开裂、破损或因加层而需要提高刚度的基础外面浇筑钢筋混凝土围套的一种基础加固方法。这种方法不仅可使基础底面积增大，降低原基底的反力，而且可使原基础受到围套的约束，其刚度、抗剪、抗弯和抗冲切的能力得到提高。

2）灌浆法加固。灌浆法加固是指用注浆设备把水泥浆或环氧树脂浆压入原基础的裂缝内或破损处的一种加固方法（见图 2-23）。施工时先在基础中钻孔，孔径应比灌浆管直径（一般为 25mm）大 2~3mm，孔距取 1.0~3.5m，独立基础应不小于 2 个孔。灌浆压力为 0.2~0.6MPa。灌浆有效半径为 0.6~1.2m。

3）加厚加固。将原基础的肋加高、加宽，以减少基础底板的悬臂长度和降低悬臂弯矩，使原基础的刚度及承载力得到提高。加厚加固法尤其适合于旧房加层设计时的基础加固。

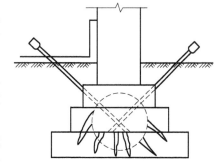

图 2-23 基础灌浆法加固

思 考 题

1. 说明平板载荷试验确定地基承载力的基本步骤。

2. 静力触探的基本特征和作用是什么？

3. 现场原位测试都有哪些优缺点？

4. 说明地基处理的主要目的。

5. 如何快速检测桩身完整性？

6. 如何检测 CFG 桩的工程质量？.

7. 如何用旁压试验确定地基承载力？

8. 地基承载力需要进行深度、宽度修正的原因是什么？如何做？

9. 既有基础加固都有哪些常用方法？

10. 桩基础可能存在的主要工程缺陷有哪些？

11. 说明高应变法检测桩基础的优缺点。

 拓展视频

川藏公路修筑纪实 2

见证可可托海
奇迹的地质报告

第 3 章　砌体结构检测与加固

■ 3.1　概述

砌体结构是指由砖石或者砌块砌筑而成的墙作为主要受力构件的结构，而梁、板、构造柱和圈梁等采用钢筋混凝土结构，因此，以部分钢筋混凝土和部分砖墙承重的结构又称为砖混结构。

3.1.1　砌体结构的特点

1. 砌体结构的优点

1）容易就地取材。我国天然石材分布比较广，还有蒸压灰砂砖块的砂、烧结黏土砖的黏土、制造粉煤灰砖的工业原料等均可以就近取得。另外，砌块可以用工业废料，也就是矿渣来制作，价格低廉，取材方便。

2）良好的耐火性和较好的耐久性。在一般情况下，砌体可耐受 400℃ 左右的高温。其抗腐蚀性能也较好，受大气的影响小，能满足预期耐久年限的要求。

3）施工方便，受温度环境影响小。砌体砌筑时不需要模板和特殊的施工设备，并且新砌筑的砌体就可承受一定荷载，可以连续施工。在寒冷地区，冬季可用冻结法砌筑，不需特殊的保温措施。

4）保温、隔热和隔声性能良好。砖墙和砌块墙体能够隔热和保温，节能效果明显，冬暖夏凉。砌体墙的隔声性能较好，许多隔声要求很高的特殊建筑物，如播音室、演播厅、录音棚、医院测听室等，通常选用 24 砖墙作为隔墙。

5）能够代替其他建筑材料。采用砌体结构可节约木材、钢材和水泥，而且与木材、钢材和水泥等建筑材料相比，其价格便宜，工程造价低。

2. 砌体结构的缺点

1）结构性能差。与钢和混凝土相比，砌体的强度较低，因而构件的截面尺寸大，材料用量增多，致使运输量加大，结构自重大，在地震作用下引起的惯性力也增大，因而抗震性能较差，在使用上受到一定限制。由于砌体结构的抗拉、抗弯、抗剪等强度都较低，无筋砌体的抗震性能差，需要采用配筋砌体或构造连接来改善结构的抗震性能。

2）施工劳动量大。砌体结构施工基本上采用手工砌筑方式，一般民用的砖混结构住宅楼，砌筑工作量要占整个施工工作量的 25% 以上，砌筑劳动量大。

3）消耗土地资源。黏土砖需用黏土制造，势必会耗用耕地，影响农业生产，对生态环境平衡不利。

3.1.2 砌体类型

砌体是由各种块材和砂浆按一定的砌筑方法砌筑而成的整体。它分为无筋砌体和配筋砌体两大类。

1. 无筋砌体

仅由块体和砂浆组成的砌体称为无筋砌体，主要包括以下几种类型：

1）石砌体。由石材和砂浆或由石材和混凝土砌筑而成。石砌体可用作一般民用建筑的承重墙、柱和基础。

2）砖砌体。砖砌体包括实心黏土砖砌体、多孔砖砌体及各种硅酸盐砖砌体。黏土砖具有全国统一的规格，其尺寸为 240mm×115mm×53mm，它以黏土为主要原料，经过焙烧而成，其保温隔热及耐久性能良好，强度也较高，是最常见的砌体材料。

为了减轻砌体自重，保护农田资源，近来，我国部分地区生产不同孔洞形状和不同孔洞率的多孔砖。这种砖由于做成部分孔洞，自重较轻，保温隔热性能有了进一步改善，常用砌体规格尺寸如图 3-1 所示。

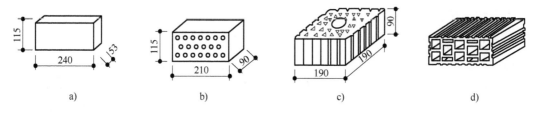

图 3-1　常用砌体规格尺寸

a）烧结普通砖　b）P 型多空砖　c）M 型多空砖　d）空心砖

在我国沿海或其他人多地少的地区，往往采用蒸压灰砂砖或粉煤灰砖砌体取代普通黏土砖砌体，目前在我国很多地区均得到应用。灰砂砖和粉煤灰砖的生产工艺较先进，砖表面比黏土砖平整、光滑，砂浆容易砌筑饱满、密实。

3）砌块砌体。砌块砌体由砌块与砂浆砌筑而成。根据砌块尺寸可分为小型砌块砌体、中型砌块砌体和大型砌块砌体。根据材料可分为混凝土砌块砌体、粉煤灰砌块砌体和轻骨料混凝土砌块砌体等。目前，我国常用的有混凝土中、小型空心砌块和粉煤灰中型砌块，常用砌块材料如图 3-2 所示。

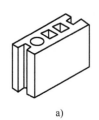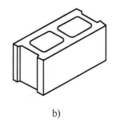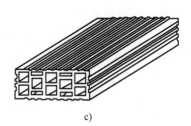

图 3-2　常用砌块材料

a）混凝土中型空心砌块　b）混凝土小型空心砌块　c）烧结空心砌块

2. 配筋砌体

在砖、石、块体砌筑的砌体结构中加入钢筋混凝土（或混凝土砂浆）而形成的砌体称为配筋砌体。它可提高砌体结构的承载力，扩大应用范围。

1）横向配筋砖砌体。横向配筋砖砌体是指在砖砌体的水平灰缝内配置钢筋网片或水平钢筋形成的砌体。在水平灰缝中配置双向钢筋网的砌体也称为网状配筋砖砌体。这类砌体可以提高抗压承载能力及抗震性能，一般应用在轴心受压或偏心受压构件中，如图3-3所示。

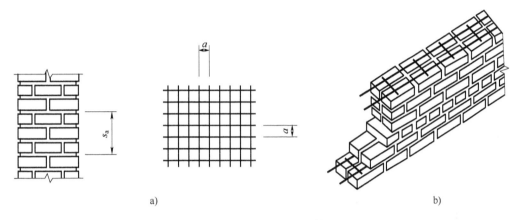

a)   b)

图 3-3　横向配筋砖砌体

a）横向配筋砖柱　b）配置水平钢筋的砖墙

2）组合砖砌体。组合砖砌体是在砌体外侧预留的竖向凹槽内或外侧配置纵向钢筋，再浇筑混凝土或砂浆形成的砌体。组合砖砌体可分为外包式组合砖砌体（见图3-4）和内嵌式组合砖砌体（见图3-5）。

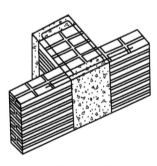

图 3-4　外包式组合砖砌体

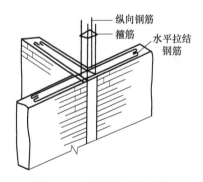

图 3-5　内嵌式组合砖砌体

外包式组合砖砌体是指在砖砌体墙或柱外侧配有一定厚度的钢筋混凝土面层或钢筋砂浆面层，以提高砌体的抗压、抗弯和抗剪能力。

内嵌式组合砖砌体典型的例子就是砖砌体和钢筋混凝土构造柱组合墙，在砌体结构房屋中设置钢筋混凝土构造柱，其显著效果是加强房屋的整体性，增大墙体的延性。在竖向荷载作用下，设置钢筋混凝土构造柱不但可以提高构件的承载力，而且构造柱和圈梁形成一种弱框架，其约束作用使墙体横向变形减小，可提高房屋的变形能力和抗倒塌能力。

■ 3.2 砌体材料特性

1. 砌体受压性能

试验表明，砌体轴心受压构件从加载到破坏，大致经历三个阶段。

第一阶段：从砌体受压开始，当压力增加到破坏荷载的 50%~70% 时，砌体内出现第一批裂缝。单块砖内出现细小裂缝，且多数情况下裂缝有数条，但一般不穿过砂浆层，如图 3-6a 所示。

第二阶段：随着荷载的增加，当压力增大至破坏荷载的 80%~90% 时，单块砖内的裂缝将不断发展，裂缝沿着竖向灰缝通过若干皮砖，并逐渐在砌体内形成一段较连续的裂缝。此时荷载即使不再增加，裂缝仍会继续发展，此时已临近破坏，处于十分危险的状态，如图 3-6b 所示。

第三阶段：压力继续增加，砌体内裂缝迅速加长加宽，最后使砌体形成小柱体（个别砖可能被压碎）而失稳，整个砌体随之破坏，如图 3-6c 所示。

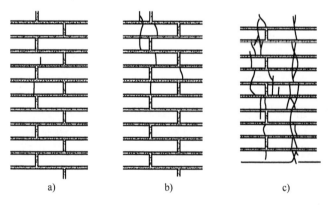

图 3-6　受压破坏的三个阶段

砌体是一种复合材料，其抗压性能不仅与块体和砂浆材料的物理力学性能有关，还受施工质量等因素的影响。

1）块体和砂浆强度。块体和砂浆的强度指标是确定砌体强度最主要的指标。砖和砂浆的强度提高，砌体的抗压强度也随之提高。但是抗压强度并不会与块体和砂浆强度等级的提高呈线性增长的关系。砂浆强度提高后，水泥用量增多，因此，在砖的强度等级一定时，过高地提高砂浆强度等级并不适宜。

2）砂浆性能。除了强度之外，砂浆的保水性、流动性和变形能力均会影响砌体的抗压强度。砂浆的流动性大、保水性好时，容易铺成厚度均匀和密实性良好的灰缝，因而可以减少砖内的弯、剪应力，从而在某种程度上可以提高砌体的抗拉和抗压强度。

3）块体的尺寸和形状。块体的尺寸、几何形状及表面的平整程度对砌体抗压强度的影响也较为明显。块体高度增大，块体的抗弯、抗剪及抗拉的性能都增大，受压破坏时第一批裂缝推迟出现，抗压强度提高。块体的长度增加时，块体在砌体中的弯、剪应力也较大，砌体受压破坏时第一批裂缝出现的相对较早，抗压强度降低。因此，砌体强度随着块体高度的增大而增大，随块体长度的增大而降低。当块体的形状越规则，表面越平整时，块体的受弯、受剪作用越小，竖向裂缝推迟出现，因而砌体的抗压强度可得到提高。

4）砌筑质量。砌筑时水平灰缝的饱满度、水平灰缝的厚度、砖的含水率及砌合方法等关系着砌体质量的优劣。实验表明，水平灰缝砂浆越饱满，砌体抗压强度越高。当水平灰缝砂浆饱满度为73%时，砌体抗压强度可达到规定的强度指标。因此，砌体施工及验收规范中，要求水平灰缝砂浆饱满度大于80%。

5）灰缝厚度。灰缝厚度也会影响砌体的强度。砌体内水平灰缝越厚，砂浆横向变形越大，砖内横向拉应力也越大，砌体内的复杂应力状态随之加剧，砌体的抗压强度降低。通常要求砖砌体的水平灰缝厚度为8~12mm。

6）含水率。砌筑黏土砖砌体时，砖应提前浇水湿润。砌体的抗压强度随黏土砖砌筑时的含水率的增大而提高，采用干砖和饱和砖砌筑的黏土砖砌体与采用一般含水率的黏土砖砌筑的砌体相比较，抗压强度分别降低15%和提高10%。因此，施工时要求控制黏土砖的含水率为10%~15%。

7）组砌方法。组砌方法对砌体的强度和整体性的影响也很明显，通常采用的一顺一丁、梅花丁和三顺一丁的方法砌筑，如图3-7所示。一顺一丁和三顺一丁两种砌筑方法整体性好，砌体抗压强度可以得到保证。

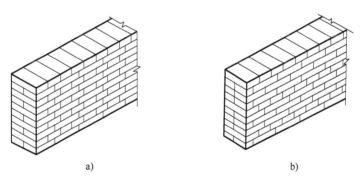

图 3-7　砌块的组砌方法
a）一顺一丁　b）三顺一丁

2. 砌体受拉、受弯、受剪性能

砌体的抗拉强度主要取决于块体与砂浆连接面的黏结强度。当轴心拉力与砌体水平灰缝平行作用时，若块体与砂浆连接面的切向黏结强度低于块体的抗拉强度，砌体将沿齿缝截面破坏、沿块体截面和竖向灰缝破坏，或者沿水平灰缝破坏，如图3-8所示。

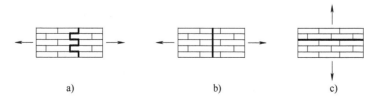

图 3-8　砌体的受拉破坏形态
a）沿齿缝截面破坏　b）沿块体截面和竖向灰缝破坏　c）沿水平灰缝破坏

砌体结构弯曲受拉时，其弯曲拉应力使砌体截面的破坏同样存在着三种破坏形态：沿齿缝截面破坏、沿块体截面和竖向灰缝破坏、沿通缝截面破坏，如图 3-9 所示。

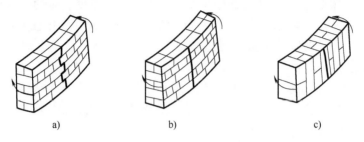

图 3-9　砌体的受弯破坏形态

a）沿齿缝截面破坏　b）沿块体截面和竖向灰缝破坏　c）沿通缝截面破坏

当砌体受剪时，也有可能出现三种破坏形态：沿通缝破坏、沿齿缝破坏和沿阶梯缝破坏，如图 3-10 所示。

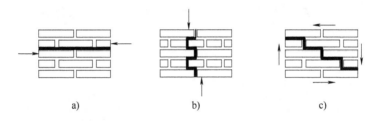

图 3-10　砌体的受剪破坏形态

a）沿通缝破坏　b）沿齿缝破坏　c）沿阶梯缝破坏

■ 3.3　砌体结构检测内容

1. 砌筑块材检测

砌筑块材的检测可分为砌筑块材的强度及强度等级、尺寸偏差、外观质量、抗冻性能、块材品种等检测项目。砌体结构施工时，应定时对其原材料按照国标或该领域相关建材标准进行随机抽样检查。对既有砌体结构，对砌筑材料砖、砌块、石料等块材应进行抗压和抗剪强度检测，可以取样检测或实地检测，对于墙基、柱脚及经常处于潮湿、腐蚀条件下的外露砌体，应当重点检查和检测。

2. 砌筑砂浆检测

砌筑砂浆的检测可分为砂浆强度及砂浆强度等级、品种、抗冻性和有害元素含量等项目。

3. 砌体强度检测

砌体的强度可采用取样的方法或现场原位的方法检测。取样检测不得构成结构或构件的安全问题。测试前应对试件局部的损伤予以修复，严重损伤的样品不得作为试件。

4. 砌筑质量与构造检测

砌筑构件的砌筑质量检测可分为砌筑方法、灰缝质量、砌体偏差和留槎及洞口等项目。

砌体结构的构造检测可分为砌筑构件的高厚比、梁垫、壁柱、预制构件的搁置长度、大型构件端部的锚固措施、圈梁、构造柱或芯柱、砌体局部尺寸及钢筋网片和拉结筋等项目。

既有砌筑构件砌筑方法、留槎、砌筑偏差和灰缝质量等的检测，可采取剔凿表面抹灰的方法。当构件砌筑质量存在问题时，可降低该构件的砌体强度。砌筑方法的检测，应检测上下错缝、内外搭砌等是否符合要求。圈梁、构造柱、过梁的检测，可通过测定钢筋状况判定，并检查其构造要求是否合理。

5. 变形和损伤检测

砌体结构的变形与损伤的检测可分为裂缝、倾斜、基础不均匀沉降、环境侵蚀损伤、灾害损伤及人为损伤等项目。

（1）裂缝检查 砌体结构裂缝的检测应遵守下列规定：

1）对于结构或构件上的裂缝，应测定裂缝位置、裂缝长度、裂缝宽度和裂缝数量。

2）必要时应剔除构件抹灰，确定砌筑方法、留槎、洞口、线管及预制构件对裂缝的影响。

3）对于仍在发展的裂缝，应定期观测，提供裂缝发展速度的数据。

应当重点对墙、柱受力较大的部位，如梁端支撑墙体、受集中荷载处、建筑物纵横墙交接处、墙及窗口四角、墙柱变截面处、地基不均匀沉降及产生明显变形的部位进行检查。对于已产生裂缝的部位，应当仔细测定裂缝宽度、长度及分布状况，并分析出现裂缝的原因。对破坏严重的裂缝，应及时采取加固措施，保证结构的安全，防止发生房屋坍塌事故。

（2）损伤检查

1）对于环境侵蚀，应确定侵蚀源、侵蚀程度和侵蚀速度。

2）对于冻融损伤，应测定冻融损伤深度、面积，检测部位宜为檐口、房屋的勒脚、散水附近和出现渗漏的部位。

3）对于火灾等造成的损伤，应确定灾害影响区域、受灾害影响的构件及其影响程度。

4）对于人为的损伤，应确定损伤程度。

块体和砂浆的粉化、腐蚀情况应先目测普查，粉化、腐蚀严重处，应逐一测定构件的粉化、腐蚀深度和范围，测绘出损伤面积大小和分布状况。特别是承重墙、柱及过梁、上部砌体的损伤，应严格进行检测。对于非正常开窗、打洞和墙体超载、砌体的通缝、局部受压等情况，也应认真检查。

3.4 砌体结构检测工作程序

1. 检测工作程序

一般而言，砌体结构的检测工作应按照规定的程序进行，如图3-11所示。有特殊要求时，也可根据鉴定需要进行检测。

2. 调查阶段工作内容

调查阶段是很重要的阶段，应尽可能收集更多更全面的资料，一般应包括下列工作内容：

1）工程基本信息，如工程概况、建设规模和建设时间等。

2）收集被检测工程的图样、施工验收资料、砖与砂浆的品种及有关原材料的试验资料。

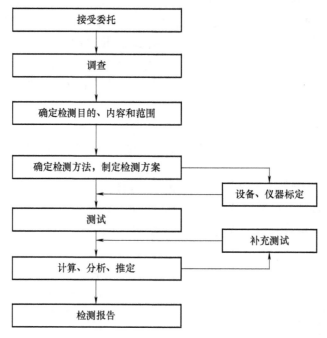

图 3-11　检测工作程序

3）现场调查工程的结构形式、环境条件、使用期间的变更情况、砌体质量及其存在问题。

4）工程维修、加固及以往工程质量检测情况。

5）进一步明确检测原因和委托方的具体要求。

3. 检测方法选择

根据调查结果和检测的目的、内容和范围，以及《砌体工程现场检测技术标准》（GB/T 50315—2011）中的规定，选择一种或数种检测方法。

4. 划分检测单元

当检测对象为整栋建筑或其中的一部分时，应将其划分为一个或若干个可以独立分析的结构单元，每一结构单元划分为若干个检测单元。对被检测工程划分完检测单元后，应确定测区和测点数。

5. 确定测区

一个测区能够独立的产生一个强度代表值（或推定强度值），所以测区必须具有一定的代表性。一个检测单元内，应随机选择 6 个构件（单片墙体、柱）作为 6 个测区。当检测单元中不足 6 个构件时，应将每个构件作为一个测区。

6. 确定测点数量

测点是独立产生强度换算值的最小单元。在各种检测方法的基础上，运用数理统计理论，结合各检测方法的特点综合确定测点的数量。各种检测方法的测点数，应符合下列要求：①原位轴压法、扁顶法、切制抗压试件法、原位单剪法、筒压法，测点数不应少于 1 个；②原位双剪法、推出法，测点数不应少于 3 个；③砂浆片剪切法、砂浆回弹法、点荷法、砂浆片局压法、烧结砖回弹法，测点数不应少于 5 个。

7. 其他事项

1）检测前应先检查设备、仪器，并进行标定。

2）在计算分析过程中，若发现检测数据不足或出现异常情况时，应组织补充检测。

3）现场检测结束后，应立即修补因检测造成的砌体局部损伤部位。修补后的砌体应满足原构件承载能力的要求。

4）从事检测和强度推定的人员，一般应持有检测人员资格证书，方能参加检测和撰写报告。

8. 完成检测报告

检测工作完毕，应及时编制符合检测目的的检测报告。

■ 3.5 砌体结构检测方法

3.5.1 检测方法分类

1. 按对墙体的损伤程度分类

1）非破损检测方法。在检测过程中，该法对砌体结构的既有力学性能没有影响。砌体强度的检测是砌体结构现场非破损检测的主要内容，主要包括砂浆、块体和砌体强度的检测。

2）局部破损检测方法。在检测过程中，该法对砌体结构的既有力学性能有局部的、暂时的影响，但可修复。一般来说，局部破损法检测得到的数据要比非破损法准确一些。

2. 按检测内容分类

砌体强度检测方法和砌体材料强度检测方法，见表3-1和表3-2，按测试内容可分为以下几类：

1）检测砌体抗压强度可采用原位轴压法、扁顶法、切制抗压试件法。

2）检测砌体工作应力、弹性模量可采用扁顶法。

3）检测砌体抗剪强度可采用原位单剪法、原位双剪法。

表 3-1 砌体强度检测方法

分类	检测方法	特 点	用 途	限 制 条 件
原位检测	原位轴压法	优点：可以综合反映材料质量和施工质量；直观性、可比性强 缺点：设备较重；检测部位有较大局部破损	① 检测普通砖和多孔砖砌体的抗压强度 ② 火灾、环境侵蚀后的砌体剩余抗压强度	槽间砌体每侧的墙体宽度不应小于1.5m；测点宜选在墙体长度方向的中部；限用于240mm厚砖墙
	扁顶法	优点：可以综合反映材料质量和施工质量；直观性、可比性强；设备较轻便 缺点：扁顶重复使用率较低；砌体强度较高或轴向变形较大时，难以测出抗压强度；检测部位有较大局部破损	① 检测砌体的抗压强度或剩余抗压强度 ② 检测砌体受压工作应力、砌体弹性模量	槽间砌体每侧的墙体宽度不应小于1.5m；测点宜选在墙体长度方向的中部；不适用于测试墙体破坏荷载大于400kN的墙体

（续）

分类	检测方法	特　点	用　途	限　制　条　件
原位检测	原位单剪法	优点：可以综合反映材料质量和施工质量；直观性强 缺点：检测部位有较大局部破损	检测各种砖砌体的抗剪强度	测点宜选在窗下墙部位，且承受反作用力的墙体应有足够长度
	原位双剪法	优点：可以综合反映施工质量和材料质量；直观性强；设备较轻便 缺点：检测部位局部破损	检测烧结普通砖和烧结多孔砖砌体的抗剪强度	正应力或竖向初始应力的大小对检测结果有直接影响
制样检测	切制抗压试件法	优点：可以综合反映材料质量和施工质量；试件尺寸与标准抗压试件相同；直观性、可比性较强；检测结果不需换算 缺点：设备较重，现场取样时有水污染；取样部位有较大局部破损，需切割、搬运试件	① 检测普通砖和多孔砖砌体的抗压强度 ② 火灾、环境侵蚀后的砌体剩余抗压强度	取样部位每侧的墙体宽度不应小于1.5m；且应为墙体长度方向的中部或受力较小处

4）检测砌筑砂浆强度可采用推出法、简压法、砂浆片剪切法、砂浆回弹法、点荷法、砂浆片局压法。

5）检测砌筑块体抗压强度可采用烧结回弹法、取样法。

表 3-2　砌体材料强度检测方法

分类	检测方法	特　点	用　途	限　制　条　件
砂浆材料性能检测	推出法	优点：可以综合反映施工质量和材料质量；设备较轻便 缺点：检测部位局部破损	检测普通砖，烧结多孔砖、蒸压灰砂砖或蒸压粉煤灰砖墙体的砂浆强度	当水平灰缝的砂浆饱满度低于65%时，不宜选用
	简压法	优点：属取样检测；仅需利用一般混凝土试验室的常用设备 缺点：取样部位局部破损	检测烧结普通砖和烧结多孔砖墙体中的砂浆强度	—
	砂浆片剪切法	优点：属取样检测；专用的砂浆测强仪及其标定仪，较为轻便；测试工作较简便 缺点：取样部位局部损伤	检测烧结普通砖和烧结多孔砖墙体中的砂浆强度	—
	砂浆回弹法	优点：属原位无损检测，测区选择不受限制；回弹仪有定型产品，性能较稳定，操作方便 缺点：在检测部位的装修面层有局部损伤	检测烧结普通砖和烧结多孔砖中的砂浆强度；主要用于砂浆强度均质性检查	不适用于砂浆强度小于2MPa的墙体；水平灰缝表面粗糙且难以磨平时，不得采用
	点荷法	优点：属取样检测；测试工作较简便 缺点：取样部位局部损伤	检测烧结普通砖和烧结多孔砖墙体中的砂浆强度	不适用于砂浆强度小于2MPa的墙体
	贯入法	优点：属于无损检测；测区选择灵活；技术成熟，操作简便 缺点：对墙面装修有破损	水泥砂浆、水泥混合砂浆	适用于砂浆抗压强度为0.4~16MPa

（续）

分类	检测方法	特　　点	用　　途	限　制　条　件
砌块材料性能检测	取样法	优点：属于取样检测，在墙体上取出符合要求的砌体试样，在实验室进行力学指标试验；直观性、准确性强，受外界影响因素小 缺点：取样、运输较困难；检测部位存在局部破损	检测普通砖砌体的抗压强度	取样尺寸有一定限制；同一墙体上的测点数量不宜多于1个；取样、运输时不能使试件受损
	烧结砖回弹法	优点：属于无损检测；测区选择灵活；技术成熟、操作简便 缺点：对墙面装修有破损	检测普通烧结砖及多孔烧结砖	适用于砂浆抗压强度为6~30MPa

3.5.2　检测注意事项

选用检测方法和在墙体上选定测点时，应符合下列要求：

1）除原位单剪法外，测点不应位于门窗洞口处。

2）所有方法的测点不应位于补砌的临时施工洞口附近。

3）应力集中部位的墙体及墙梁的墙体计算高度范围内，不应选用有较大局部破损的检测方法。

4）砖柱和宽度小于3.6m的承重墙，不应选用有较大局部破损的检测方法。

现场检测或取样检测时，砌筑砂浆的龄期不应低于28d。检测砌筑砂浆强度时，取样砂浆试件或原位检测的水平灰缝应处于干燥状态。当采用砂浆片局压法取样检测砌筑砂浆强度时，检测单元、测区的确定及强度推定，应按《砌体工程现场检测技术标准》（GB/T 50315—2011）的有关规定执行；测试设备、测试步骤、数据分析应按《择压法检测砌筑砂浆抗压强度技术规程》（JGJ/T 234—2011）的有关规定执行。

3.5.3　砌体强度检测方法

1. 原位轴压法

（1）一般规定　原位轴压法适用于推定240mm厚普通砖砌体的抗压强度。原位压力机由手动油泵、扁式千斤顶、反力平衡架等组成，如图3-12所示。

所测试部位应具有代表性，并符合下列要求：

1）宜在墙体中部距楼、地面1m

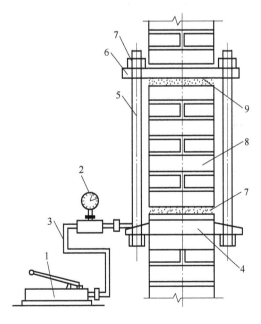

图3-12　原位压力机组成

1—手动油泵　2—压力表　3—高压油管　4—扁式千斤顶
5—拉杆（共4根）　6—反力板　7—螺母
8—槽间砌体　9—砂垫层

左右的高度处，槽间砌体每侧的墙体宽度不应小于 1.5m。

2）同一墙体上，测点不宜多于 1 个，且宜选在沿墙体长度中间部位；多于 1 个时，水平净距不得小于 2.0m。

3）测试部位不得选在挑梁下、应力集中部位及墙梁的墙体计算高度范围内。

（2）试验主要步骤 检测前，在墙体上沿垂直方向上下相隔一定距离处各开凿一个水平槽形孔来安放原位试验的压力机。两槽间是受压砌体，称为"槽间砌体"。在上下两个槽内分别放入液压式扁式千斤顶和自平衡式反力板，正式测试前应进行试加荷载试验，试加荷载值可取预估破坏荷载的 10%。检查测试系统的灵活性和可靠性及上下压板和砌体受压面接触是否均匀密实。经试加荷载，测试系统正常后卸载，开始正式测试。

正式测试时，应分级加载。每级荷载可取预估破坏荷载的 10%，并在 1～1.5min 内均匀加完，然后恒载 2min。加载至预估破坏荷载的 80% 后，应按原定加载速度连续加载，直至槽间砌体破坏。当槽间砌体裂缝急剧扩展和增多，油压表的指针明显回退时，代表槽间砌体达到极限状态，此时可测得槽间砌体的极限破坏荷载值。

（3）数据处理 根据槽间砌体初裂和破坏时的油压表读数，分别减去油压表的初始读数，按原位压力机的校验结果，计算槽间砌体的初裂荷载值和破坏荷载值。

槽间砌体的抗压强度计算详见《砌体工程现场检测技术标准》。

2. 扁顶法

扁顶法由于使用扁平的千斤顶，所以又叫扁千斤顶法。该法除了能推定普通砖砌体的抗压强度外，还能对砌体的实际受压工作应力和弹性模量进行测定，其测试结果可以综合反映砌体结构的材料质量和施工质量，具有较高的可靠性。

（1）一般规定及主要技术指标 此方法适用于推定普通砖砌体或多孔砖砌体的受压工作应力、弹性模量和抗压强度。检测时，应首先选择适当的检测位置，其选择方法与原位轴压法相同，在墙体的水平灰缝处开凿两条槽形孔，安放扁平千斤顶、油泵等检测设备，如图 3-13 所示。扁顶的主要技术指标：额定压力 400kN，额定行程 10mm，示值相对误差 3%。每次使用前，应校验扁顶的力值。

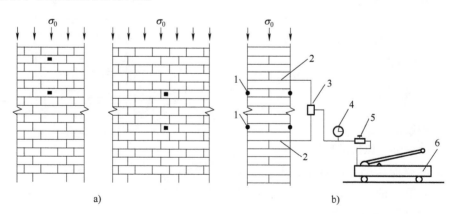

图 3-13 扁顶法检测装置与变形测点布置

a）检测受压工作应力 b）检测弹性模量、抗压强度

1—变形测量脚标（两对） 2—扁式液压千斤顶 3—三通接头 4—压力表 5—溢流阀 6—手动油泵

在扁顶法中，扁式液压千斤顶既是出力元件又是测力元件，要求扁顶的厚度比水平灰缝厚度小 5~7mm，且具有较大的垂直变形能力，一般需采用 1mm 厚的 1Cr18Ni9Ti 等优质合金钢薄板制成。当扁顶的顶升变形大于 10mm，或取出一皮砖安设扁顶试验时，应增设钢制可调楔形垫块，以确保扁顶可靠地工作。扁顶的大面尺寸有 250mm×250mm、250mm×380mm、380mm×380mm 和 380mm×500mm，240mm 厚墙体可选用前两种扁顶，370mm 厚墙体可选用后两种扁顶。扁顶的主要技术指标应符合《砌体工程现场检测技术标准》的相关技术要求。

（2）试验主要步骤　实测墙体的受压工作应力时，首先确定开槽位置，然后安装好定位测点脚标，读取初始读数，具体步骤如下：

1）在选定的墙体上标出水平槽的位置，并牢固粘贴两对变形测量的脚标。脚标应位于水平槽正中并跨越该槽，脚标之间的标距应相隔四皮砖，宜取 25mm。

2）使用手持应变仪或千分表在脚标上测量砌体变形的初读数，应测量 3 次，并取其平均值。

3）在标出水平槽位置处，剔除水平灰缝内的砂浆。水平槽的尺寸应略大于扁顶尺寸。开凿时不应损伤测点部位的墙体及变形测量脚标。应清理平整槽的四周，除去灰渣。

4）使用手持式应变仪或千分表在脚标上测量开槽后的砌体变形值，待读数稳定后方可进行下一步试验工作。

5）在槽内安装扁顶，扁顶上下两面宜垫尺寸相同的钢垫板，并应连接试验油路。

6）正式测试前的试加荷载试验，与原位轴压法相同。

7）正式测试时，应分级加载。每级荷载应为预估破坏荷载值的 5%，并在 1.5~2mm 内均匀加完，恒载 2min 后测读变形值。当变形值接近开槽前的读数时，应适当减小加载级差，直至实测变形值达到开槽前的读数，然后卸载。

实测墙内砌体抗压强度或弹性模量时，在距第一条槽符合规范要求的距离处另开一条对应平行槽，并装入扁顶。在两扁顶所限定的砌体之间，单面或前后双面沿中线布置竖向和横向变形测点，具体步骤如下：

1）在完成墙体的受压工作应力测试后，开凿第二条水平槽，上下槽应互相平行、对齐。当选用 250mm×250mm 扁顶时，两槽之间相隔 7 皮砖，净距宜取 430mm；当选用其他尺寸的扁顶时，两槽之间相隔 8 皮砖，净距宜取 490mm。遇有灰缝不规则或砂浆强度较高而难以开槽的情况，可以在槽孔处取出一皮砖，安装扁顶时应采用钢制楔形垫块调整其间隙。

2）在槽内安装扁顶，扁顶上下两面宜垫尺寸相同的钢垫板，并应连接试验油路。

3）试加荷载，与原位轴压法相同。

4）正式测试时，应分级加载。每级荷载可取预估破坏荷载的 10%，并应在 1~1.5min 内均匀加完，然后恒载 2min。加载至预估破坏荷载的 80% 后，应按原定加载速度连续加载，直至槽间砌体破坏。当槽间砌体裂缝急剧扩展和增多，油压表的指针明显回退时，槽间砌体达到极限状态。当需要测定砌体受压弹性模量时，应在槽间砌体两侧各粘贴一对变形测量脚标，脚标应位于槽间砌体的中部，脚标之间相隔 4 条水平灰缝，净距宜取 250mm。试验前应记录标距值，精确至 0.1mm。按上述加载方法进行试验，记录逐级荷载下的变形值，加载的应力上限不宜大于槽间砌体抗压强度的 50%。

5）当槽间砌体上部压应力小于 0.2MPa 时，应加设反力平衡架，如图 3-14 所示，方可进行试验。

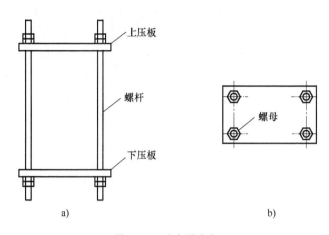

图 3-14　反力平衡架

a）反力平衡架立面图　b）上、下压板平面图

（3）数据处理　检测完毕后根据扁顶的校验结果，将油压表读数换算为试验荷载值。根据试验结果，应按《砌体基本力学性能试验方法标准》（GB/T 50129—2011）的方法，计算砌体在有侧向约束情况下的弹性模量；当换算为标准砌体的弹性模量时，计算结果应乘以换算系数 0.85。

扁顶法测强度时，测点上部墙体的压应力对检测结果有显著影响，其值可按墙体实际所承受的荷载标准值计算。

槽间砌体的抗压强度判定详见《砌体工程现场检测技术标准》。

3. 切制抗压试件法

（1）一般规定　切制抗压试件法适用于推定普通砖砌体和多孔砖砌体的抗压强度。检测时，应使用电动切割机，在具有代表性且对结构安全影响较小的墙体切制试件，切制时不得对既有结构或构件构成安全问题，切制时宜采用无振动的切割方法。此方法简单、真实、准确，避免了诸多边界约束影响干扰，也避免了原位检测时对周围结构的影响，墙体也易于修复补强。

（2）试验主要步骤　在砖墙上切割两条竖缝，竖向灰缝上下对齐，应在拟切制试件上、下两墙各钻两个孔，如图 3-15 所示，并将拟切制试件捆绑牢固，或采用其他适宜的临时固定方法。切割过程中，切割机不得偏转和移位，砂轮要对准切割线，且必须垂直于墙面，并使砂轮处于连续水冷却状态。

图 3-15　切制抗压试件法

试件搬运过程中，应防止碰撞，并采取减小振动的措施。需要长距离运输试件时，宜用草绳等材料紧密捆绑试件。试件运至试验室后，应将试件上下表面大致修理平整，并在预先找平的钢垫板上坐浆，然后将试件放在钢垫板上。试件顶面应用 1 : 3 水泥砂浆找平。试件上、下表面的砂浆应在自然养护 3d 后，再进行抗压测试。砌体抗压测试应按《砌体基本力学性能试验方法标准》的有关规定执行。

（3）数据处理　砌体的抗压强度判定详见《砌体工程现场检测技术标准》。计算结果表示被测墙件的实际抗压强度值，不应乘以强度调整系数。

4. 原位单剪法

原位单剪法适用于推定砖砌体沿通缝截面的抗剪强度。检测时，测试部位宜选在窗洞口或其他洞口下三皮砖范围内，原位单剪法试件尺寸如图 3-16 所示。

采用原位单剪法检测时，检测部位多限于窗洞口下的墙体，这些部位一般在外墙上，内墙上基本无适宜的检测部位，而窗洞下外墙砌筑的质量往往较差，导致测试结果可能偏低。另外，加工制作耗时费力，准备工作耗时较长。由于这些缺点，导致这种检测方法应用不多。

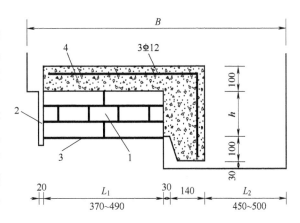

图 3-16　原位单剪法试件尺寸
1—被测砌体　2—切口　3—受剪灰缝　4—现浇混凝土传力件
h—三皮砖的高度　B—洞口宽度　L_1—剪切面长度
L_2—设备长度预留空间

（1）一般规定及主要技术指标　将试验区取 L（370 ~ 490mm）长一段，两边凿通、齐平，加压面坐浆找平，加压用千斤顶，受力支承面要加钢垫板，逐步施加推力。

检测设备包括螺旋千斤顶或卧式液压千斤顶、荷载传感器及数字荷载表等。试件的预估破坏荷载值应为千斤顶、传感器最大测量值的 20% ~ 80%。检测前，应标定荷载传感器及数字荷载表，其示值相对误差不应大于 2%。

（2）试验主要步骤　设备准备好之后应对试件进行加工，试件的加工过程中，应避免扰动被测灰缝。首先在选定的墙体上，采用振动较小的工具加工切口，现浇钢筋混凝土传力件。测量被测灰缝的受剪面尺寸，精确至 1mm。安装千斤顶及检测仪表，千斤顶的加力轴线与被测灰缝顶面应对齐（见图 3-17）。匀速施加水平荷载，并控制试件在 2 ~ 5min 内破坏。当试件沿受剪面滑动、千斤顶开始卸载时，即判定试件达到破坏状态。记录破坏荷载值，结束试验。

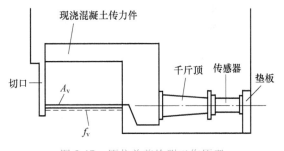

图 3-17　原位单剪检测工作原理

在预定剪切面（灰缝）破坏方为有效试验。加载试验结束后，翻转已破坏的试件，检查剪切面破坏特征及砌体砌筑质量，并详细记录。

（3）数据处理　根据检测仪表的校验结果，进行荷载换算，精确至 10N。根据试件的破坏荷载和受剪面积，按照《砌体工程现场检测技术标准》的规定计算砌体的沿通缝截面抗剪强度。

5. 原位双剪法

无论是对新建工程的施工质量进行评定，还是对既有砌体结构建筑的安全性进行评定，砌体通缝的抗剪强度均为重要指标。原位双剪法与单剪法原理相同，适用于推定各类墙厚的烧结普通砖或烧结多孔砖砌体的抗剪强度。检测时，将原位剪切仪的主机安放在墙体的槽孔内，原位双剪法工作原理如图3-18所示。

（1）一般规定　检测时剪切面为两个，而且有上部荷载作用，所以本方法优先选择的检测位置为窗下墙，可以忽略上部压应力 σ_0，或者可以先释放上部压应力 σ_0。如果不能忽略或受条件限制无法释放上部压应力时，则应当准确计算出上部压应力 σ_0。

图 3-18　原位双剪法工作原理

1—剪切试件　2—剪切仪主机　3—掏空的竖缝

测点的选择应符合下列规定：

1）每个测区随机布置的 n_1 个测点，在墙体两面的数量宜接近或相等。以一块完整的顺砖及其上下两条水平灰缝作为一个测点。

2）试件两个受剪面的水平灰缝厚度应为 8～12mm。

3）下列部位不应布设测点：门、窗洞口侧边120mm范围内，后补的施工洞口和经修补的砌体，独立砖柱和窗间墙。

4）同一墙体的各测点之间，水平方向净距不应小于1.5m，垂直方向净距不应小于0.5m。

（2）试验主要步骤　安放原位剪切仪主机的孔洞，应开在墙体边缘的远端或中部。当采用带有上部压应力 σ_0 作用的测试方案时，应按图3-19所示做出安放主机的孔洞，并清除四周的灰缝。开凿清理过程中，严禁扰动试件。

测试时，应将剪切仪主机放入开凿好的孔洞中，如图3-19所示，并使仪器的承压板与试件的砖块顶面重合，仪器轴线与砖块轴线吻合。开凿孔洞过长时，在仪器尾部应另加垫块。

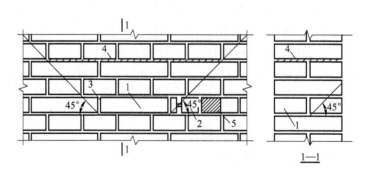

图 3-19　释放 σ_0 方案

1—试样　2—剪切仪主机　3—掏空的竖缝　4—掏空的水平缝　5—垫块

操作剪切仪，应匀速施加水平荷载，直至试件和砌体之间产生相对位移，试件达到破坏状态，全过程宜为 1~3min。

记录试件破坏时剪切仪测力计的最大读数，应精确至 0.1 个分度值。采用无量纲指示仪表的剪切仪时，应按剪切仪的校验结果换算成以 N 为单位的破坏荷载。

原位双面剪切测强时，测点上部墙体的压应力（以 MPa 为单位）对检测结果有显著影响，其值可按墙体实际所承受的荷载标准值计算。

（3）数据处理 烧结普通砖砌体烧结多孔砖砌体单砖双剪法和双砖双剪法试件沿通缝截面的抗剪强度、测区的砌体沿通缝截面抗剪强度平均值按照《砌体工程现场检测技术标准》的规定计算。

3.6 砌筑块材强度检测方法

3.6.1 取样法测定砌块强度

取样法是对既有建筑砌块强度的测定。取出整块的砌块，清理干净后，按照常规基本力学性能试验方法来测定砌块强度，也俗称常规方法。该法技术成熟、测试直接简便、测试精度和结果可信度较高。

（1）基本原理 取样后测量试块的几何尺寸，测试试块的垂直极限荷载，求试块单位面积的荷载值，然后按照评定标准来确定材料的强度等级。

（2）操作步骤

1）取样。取样时尽量选择对结构损伤较小的部位，如建筑物女儿墙上、窗台下等位置。取样数量必须满足相关标准的规定。

2）成样。把砌块按照试验技术要求制成试块。

3）基础量的测试，如几何尺寸等。

4）试压，读取荷载值。试压是测定强度产生数据的具体过程。

5）测试记录与数据处理。

6）按相关的技术标准进行材料强度的评定。

3.6.2 回弹法测定砌块强度

（1）基本原理 砌块回弹法的基本原理与混凝土回弹法的检测原理相同，都是将回弹值作为与被测物抗压强度相关的指标，从而推定材料的强度。该法特点如下：技术成熟、方便、易操作，但检测的数据庞大，可信度一般。若与取样法配合应用，能够显著提高测定结果的可信度。检测时应遵循以下要求：

1）砖回弹仪示值系统宜为指针直读式，其性能应满足《砌体工程现场检测技术标准》的相关要求。

2）检测的测批、单元、块材的数量及推定的区间均应满足检测样本容量的要求。分单元分区进行检测，每个检测单元中随机选择 10 个测区，每个测区的面积不宜小于 $1.0m^2$，应在其中随机选择 10 块条面向外的砖供回弹仪测试。选择的砖与砖墙边缘的距离应大于 250mm。

3）遵从《砌体工程现场检测技术标准》的试验步骤和数据处理的具体规定。

（2）试验主要步骤及数据处理

1）取样要求。被检测砖应为外观质量合格的完整砖，且砖的条面应干燥、清洁、平整，不应有饰面层、粉刷层，必要时可用砂轮清除表面的杂物，并应磨平测面，同时用毛刷刷去粉尘。

2）回弹测试。在每块砖的侧面应均匀布置 5 个弹击点。选定弹击点时应尽量避开砖表面的缺陷。相邻两弹击点的间距不应小于 20mm，弹击点离砖边缘应不小于 20mm。每个弹击点只能弹击一次，回弹值读数估读至 1 个刻度。分别读取 5 个回弹值，然后求其平均值。试件的数量为每组 10 块，即每组有 10 个这样的平均值。测试时，回弹仪应处于水平状态，其轴线应垂直于砖的侧面。

3）推定材料强度。砌块强度回弹法的检测方法及数据处理方法详见《砌体工程现场检测技术标准》。

■ 3.7 砂浆强度检测方法

3.7.1 砂浆回弹法

1. 基本原理

回弹法是根据砂浆表面硬度推断砌筑砂浆立方体抗压强度的一种检测方法，是无损原位检测技术的一种。砂浆强度回弹法与混凝土强度回弹法的原理基本相同，即用回弹仪检测砂浆表面硬度，用酚酞试剂检测砂浆碳化深度，以此两项指标换算为砂浆强度。砂浆回弹法虽然使墙体检测部位的抹灰、装修面层局部损坏，但砌体不受损伤，所以属于原位无损检测。

现场检测时，砌筑砂浆的龄期不应低于 28d。环境温度和试样温度均应高于 0℃。检测砌筑砂浆强度时，水平灰缝应处于干燥状态。回弹法不适用于推定高温、长期浸水、化学侵蚀、火灾等情况下的砂浆抗压强度。

2. 检测单元划分

当检测对象为整栋建筑物或建筑物的一部分时，应将其划分为一个或若干个可以独立进行分析的结构单元，每一结构单元划分为若干个检测单元。在一个结构单元，将同一材料品种、同一等级 250m³ 砌体作为一个母体，进行测区和测位的布置，称为检测单元，所以一个结构单元可以划分为一个或数个检测单元。但如果仅对单个构件（墙片、柱）或不超过 250m³ 的同一材料、同一等级的砌体进行检测，则该对象可以单独作为一个检测单元。

测位宜选在承重墙的可测面上，并避开门窗洞口及预埋件等附近的墙体。墙面上每个测位的面积宜大于 0.3m²。

3. 回弹仪的技术要求

砂浆回弹仪的主要技术性能指标应符合《砌体工程现场检测技术标准》的要求，其示值系统为指针直读式。砂浆回弹仪每半年校验一次。在工程检测前后，均应对回弹仪在钢砧上做率定。

4. 检测方法及检测步骤

回弹法进行检测的内容有两个，一是回弹值，二是碳化深度。在砂浆测强的方法中，只有回弹法需要对砂浆表面的碳化状况进行检测。

检测前，应将弹击点处的砂浆表面打磨平整，并除去浮灰，磨掉表面砂浆的深度应为 5~10mm。

每个测位内均匀布置 12 个弹击点。选定的弹击点应避开砖的边缘、灰缝中的气孔或松动的砂浆。相邻两弹击点的间距不应小于 20mm。在每个弹击点上，使用回弹仪连续弹击 3 次，前两次不读数，仅记读第 3 次回弹值，回弹值读数应估读至 1 个刻度。测试过程中，回弹仪应始终处于水平状态，其轴线应垂直于砂浆表面，且不得移位。

对于烧结普通砖和烧结多孔砖砌体，还需在每一测位内选择 1~3 处灰缝进行检测，并采用工具在测区表面打凿出直径约 10mm 的孔洞，其深度应大于砌筑砂浆的碳化深度，应清除孔洞中的粉末和碎屑，且不得用水擦洗；然后采用浓度为 1%~2% 的酚酞酒精溶液滴在孔洞内壁边缘处，当已碳化与未碳化界限清晰时，应采用碳化深度测定仪或游标卡尺测量已碳化与未碳化砂浆交界面到灰缝表面的垂直距离，即砂浆碳化深度，读数精确至 0.5mm。

5. 数据判定

砂浆回弹法的数据判定详见《砌体工程现场检测技术标准》。

3.7.2　推出法

1. 基本原理

推出法是将推出仪安放在事先准备好的墙体孔洞内，将砖从一侧向另一侧推出的方法。推出法适用于推定 240mm 厚普通砖墙中的砌筑砂浆强度，所测砂浆的强度等级宜为 1~15MPa。推出仪由钢制部件、传感器、推出力峰值测定仪等组成，如图 3-20 所示。推出设备的主要技术指标应符合《砌体工程现场检测技术标准》的要求。

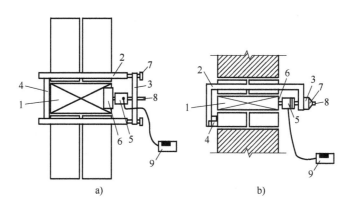

图 3-20　推出仪

a）平剖面　b）纵剖面

1—被推丁砖　2—支架　3—前梁　4—后梁　5—传感器
6—垫片　7—调平螺钉　8—传力螺杆　9—推出力峰值测定仪

推出法属于原位检测的一种，测试直接，检测值可靠，该法的缺点是：准备工作较繁杂、技术操作难度大、检测工期长。

2. 测点布置要求

1）测点宜均匀布置在墙上，并应避开施工中的预留洞口。

2）被推丁砖的承压面可采用砂轮磨平，并应清理干净。

3）被推丁砖下的水平灰缝厚度应为 8~12mm。

4）测试前，被推丁砖应编号，并详细记录墙体的外观情况。

3. 检测方法及数据判定

取出被推丁砖上部的两块顺砖（见图 3-21），应符合下列要求：

1）使用冲击钻在图 3-21 所示 A 点打出约 40mm 的孔洞。

2）使用锯条自 A 点至 B 点锯开灰缝。

3）将扁铲打入上一层灰缝，并取出两块顺砖。

4）使用锯条锯切被推丁砖两侧的竖向灰缝，直至下皮砖顶面。

5）开洞及清缝时，不得扰动被推丁砖。

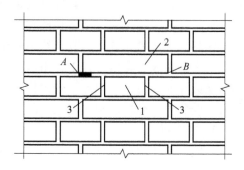

图 3-21　推出法取砖
1—被推丁砖　2—被取出的两块顺砖
3—掏空的竖缝

安装推出仪，应使用钢直尺测量前梁两端与墙面距离，误差小于 3mm。传感器的作用点，在水平方向应位于被推丁砖中间。铅垂方向距被推丁砖下表面之上的距离，普通砖应为 15mm，多孔砖应为 40mm。

用旋转加载螺杆对试件施加荷载时，加载速度宜控制在 5kN/min。当被推丁砖和砌体之间发生相对位移时，应认定试件达到破坏状态，并记录推出力 N_{ij}。

取下被推丁砖时，应使用百格网测试砂浆饱满度 B_{ij}。砂浆推出法数据判定详见《砌体工程现场检测技术标准》。

3.7.3　筒压法

1. 基本原理

筒压法测定的筒压比可以间接反映松散粒状材料颗粒的强度指标。通过试验和工程实际应用发现，砂浆碎粒的筒压比与同条件砂浆试件强度有良好的相关性，表现为：砂浆强度越低，在筒压试验时被压成碎末的砂浆量就越大，底盘中的量就越多，即筒压比越小。通俗地讲，大颗粒越多，砂浆强度越高。根据这一原理将试压破型的砂浆试件捣碎，控制粒径，装入承压筒试压，经回归分析建立砂浆试件强度与该试件砂浆碎粒筒压比的关系式，反过来就可以用筒压比推定试件强度。实际检测时，应从砖墙中抽取砂浆试样，在试验室内进行筒压荷载试验，求得筒压比，然后以筒压比作为参数按照公式来换算砂浆的强度。

试验时，将按照规定制成的标准试样，采用标准的装样方法装入筒内，按照标准的加载速度加至规定的荷载（10kN 或 20kN）后卸载，然后将试样进行分筛，记取各筛余量。假如按照筛子从上到下的顺序，把筛子都分成第一级、第二级和筛底三级的话，筒压比的概念就可以这样来描述：把第一级与第二级筛余量之和与三级筛余量总和之间的相对比值就称为砂浆测强的筒压比。

2. 适用范围

筒压法适用于推定烧结普通砖墙中砌筑砂浆的强度。砂浆的品种及其强度范围应符合：①中、细砂配制的水泥砂浆，砂浆强度为 2.5~20MPa；②中、细砂配制的水泥石灰混合砂浆（以下简称混合砂浆），砂浆强度为 2.5～15.0MPa；③中、细砂配制的水泥粉煤灰砂浆（以下简称粉煤灰砂浆），砂浆强度为 2.5～20MPa；④石灰质石粉砂与中、细砂混合配制的水泥石灰混合砂浆和水泥砂浆（以下简称石粉砂浆），砂浆强度为 2.5～20MPa。

筒压法不适用于推定遭受火灾、化学侵蚀等砌筑砂浆的强度。

3. 检测设备

筒压法试验加载设备可采用 50～100kN 压力试验机或万能试验机，检测设备包括：承压筒，如图 3-22 所示，可用普通碳素钢或合金钢自行制作，也可借用测定轻骨料筒压强度的承压筒代替；摇筛机，孔径为 5mm、10mm、15mm 的标准砂石筛，应包括筛盖和底盘；干燥箱；水泥跳桌；称量为 1000g、精度为 0.1g 的托盘天平。

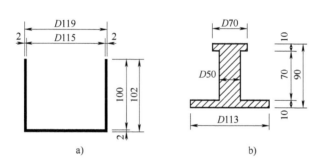

图 3-22 承压筒构造
a）承压筒剖面 b）承压盖剖面

4. 检测方法及数据处理

在每一测区，从距墙表面 20mm 以内的水平灰缝中凿取砂浆约 4000g，砂浆片（块）的最小厚度不得小于 5mm。使用锤子击碎样品，筛取 5～15mm 的砂浆颗粒约 3000g，在 105℃±5℃ 的温度下烘干，待冷却后备用。每次取烘干样品约 1000g，置于孔径 5mm、10mm、15mm 标准筛所组成的套筛中，机械摇筛 2min 或手工摇筛 1.5min。称取粒级 5～10mm 和 10～15mm 的砂浆颗粒各 250g，混合均匀后即为一个试样。共制备三个试样。

每个试样应分两次装入承压筒。每次约装 1/2，在水泥跳桌上跳振 5 次。第二次装料并跳振后，整平表面，安上承压盖。将装料的承压筒置于试验机上，盖上承压盖，开动压力试验机，应于 20～40s 内均匀加载至规定的筒压荷载值后，立即卸载。水泥砂浆、石粉砂浆的筒压荷载值为 20kN。水泥石灰混合砂浆、粉煤灰砂浆的筒压荷载值为 10kN。

将施压后的试样倒入由孔径 5mm 和 10mm 标准筛组成的套筛中，装入摇筛机摇筛 2min 或手工摇筛 1.5min，筛至每隔 5s 的筛出量基本相等。称量各筛筛余试样的质量（精确至0.1g），各筛分别计筛余量和底盘剩余量的总和，与筛分前的试样质量相比，相对差值不得超过试样质量的 0.5%，当超过时，应重新进行试验。

筒压法的数据判定详见《砌体工程现场检测技术标准》。

3.7.4 砂浆片剪切法

1. 基本原理

剪切法检测时，应从砖墙中抽取砂浆片试样，采用砂浆测强仪检测其抗剪强度，然后换算为砂浆强度。工作原理如图 3-23 所示。砂浆片剪切法适用于推定烧结普通砖或烧结多孔砖砌体中的砌筑砂浆强度。检测时，应从砖墙中抽取砂浆片试样，并应采用砂浆测强仪测试其抗剪强度，然后换算为砂浆强度。从每个测点处，宜取出两个砂浆片，应一片用于检测、一片备用。

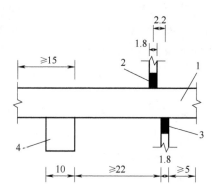

图 3-23　砂浆片剪切法工作原理
1—砂浆片　2—上刀片
3—下刀片　4—条铜块

2. 检测方法及数据处理

一个测区的墙面尺寸宜为 0.5m×0.5m。同一个测区的砂浆片应加工成尺寸接近的片状体，大面、条面应均匀平整，砂浆试件含水率应与砌体正常工作时的含水率基本一致。

砂浆片试件进行剪切测试时应调平砂浆测强仪，并使水准泡居中。开动砂浆测强仪，对试件匀速连续施加荷载，加载速度不宜大于 10N/s，直至试件破坏。试件破坏后，应记录压力表指针读数，并根据砂浆测强仪的校验结果换算成剪切荷载值。

砂浆片剪切法的数据判定详见《砌体工程现场检测技术标准》。

3.7.5　点荷法

1. 基本原理

点荷法是对砌筑砂浆层试件施加集中的点式荷载，检测时，应从砖墙中抽取砂浆片试样，采用试验机测试其点荷载值，结合考虑试件的尺寸计算出砂浆强度。该法适用于推定烧结普通砖或烧结多孔砖砌体中的砌筑砂浆强度，砂浆强度不应小于 2MPa。

2. 检测设备

此方法需要自制加荷头两个，点荷法的加荷头是一圆锥体，如图 3-24a 所示，加荷头选用内角为 60°的圆锥体，锥底直径为 40mm，锥体高度为 30mm，锥顶部为半径为 5mm 的截球体（见图 3-24b），锥球高度 3mm。

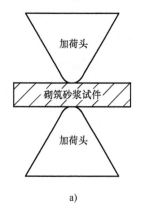

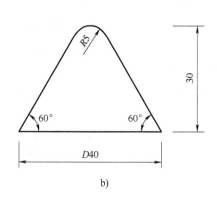

a)　　　　　　　　　　　　　　　b)

图 3-24　点荷法
a）点荷法加载图　b）加荷头尺寸

3. 制备试件

检测时，从每个测点处预先取出两个砂浆大片，一片用于检测，另一片备用。在水平灰缝中取出砂浆片，可采用凿取法或钻芯法，取样步骤如下：

1）从每个测点处剥离出砂浆大片。

2）加工或选取的砂浆试件应符合下列要求：厚度为 5~12mm，预估荷载作用半径为 15~25mm，大面应平整，边缘规则性不做要求。

3）在砂浆试件上画出作用点，测量其厚度，精确至 0.1mm。

4. 检测方法

在小吨位压力试验机上、下压板上分别安装上、下加荷头，两个加荷头应对齐。将砂浆试件预选受力点水平放置在上、下加荷头之间然后缓慢匀速施加点式荷载至试件破坏。记录荷载值，精确至 0.1kN。试件可能破坏成数个小块，将破坏后的试件拼接成原样，测量荷载实际作用点中心到试件破坏线边缘的最短距离即荷载作用半径，精确至 0.1mm。

5. 数据处理

砂浆点荷法的数据判定参考《砌体工程现场检测技术标准》进行。

3.7.6　贯入法

1. 基本原理

贯入法就是把标准的针头用标准的力贯入砂浆，测得其贯入的深度，由测针的贯入深度通过测强曲线来换算砂浆抗压强度的检测方法。设备施加力的原理与回弹仪的工作原理相似，贯入的深度越大，表明砂浆的强度越低。贯入法具有操作简便、检测速度快、设备轻便、便于携带等优点，其缺点是检测结果有一定的偏差，可信度较低。贯入法能够测 0.4MPa 及以上强度的既有砂浆。

2. 设备的技术要求

贯入法检测使用的仪器应包括贯入式砂浆强度检测仪（简称贯入仪）、贯入深度测量表，其技术指标应符合《贯入法检测砌筑砂浆抗压强度技术规程》（JGJ/T 136—2017）的要求。

3. 检测方法及数据判定

按照规范要求的抽检批次，对每一构件应测试 16 个测点。测点应均匀分布在构件的水平灰缝上，相邻测点水平间距不宜小于 240mm，每条灰缝测点不宜多于 2 个。

测试时，将贯入仪扁头对准灰缝中间，并垂直贴在被测砌体灰缝砂浆的表面，握住贯入仪把手，扳动扳机，将测钉贯入被测砂浆中。然后将测钉拔出，用吹风器将测孔中的粉尘吹干净，否则受残留粉尘影响会出现测试深度结果偏小而强度结果偏高的误判。将贯入深度测量表扁头对准灰缝，同时将测头插入测孔中，并保持测量表垂直于被测砌体灰缝砂浆的表面，从表盘中直接读取测量表显示值并记录，然后计算贯入深度。对 16 个测点逐一测量后，剔除其中 3 个较小值和 3 个较大值后（可以规避由于操作不当、测试面局部状态不好、碰上小石子或孔洞等带来的偏差影响），按规范要取平均值作为实测贯入深度，再根据不同砂浆品种的测强曲线得到砂浆抗压强度换算值。

砂浆贯入法测试结果的确定可参考《贯入法检测砌筑砂浆抗压强度技术规程》的相关要求。

■ 3.8 砌体结构加固方法

3.8.1 加固方法概述

与混凝土结构相比，砌体结构材料强度较低、变异性较大、结构的整体性和抗震性能较差，在地基不均匀沉降或有温度变形作用时，容易产生各种裂缝。在长期的使用过程中砌体结构会产生程度不同的损伤或破坏，如出现局部砌体墙、柱承载力不足；由于房屋改建加层而使既有砌体房屋承载力不足；在抗震设防区经抗震鉴定，房屋抗震强度不足或房屋抗震构造措施不满足要求；在地震发生后房屋受损需要修复或加固等。为此，必须结合砌体结构的特点并且明确判断问题的产生原因，有针对性地对结构进行加固处理。砌体结构的加固是一个综合性较强的工作，包括裂缝修复、墙体加固、梁板柱加固和整体性加固等。

根据加固特点，可以把加固方法划分为：

1）直接加固法。加固时不改变既有结构的承重体系和平面布置，对强度不足或不满足要求的部位进行加固或修复。

2）改变荷载传递加固法。指改变结构布置及荷载传递途径的加固方法，这种方法需要增设承重墙柱及相应的基础。

3）外套结构加固法。在既有结构外增设混凝土结构或钢结构，使既有结构的部分荷载及加层结构的荷载通过外套结构及基础直接传至地基的方法。这种方法主要用于加层改建工程。

3.8.2 墙体裂缝的修复与补强

由于设计、施工、使用环境及外部因素等，砌体出现裂缝是常见的质量问题之一。裂缝的存在不仅影响房屋的外观和使用功能，还会造成房屋渗漏，影响到建筑物的结构强度、刚度、稳定性和耐久性，严重时甚至会造成房屋的倒塌。因此必须针对裂缝产生的原因，采取有针对性的解决措施。

当砌体裂缝影响到结构正常使用及承载力时，需要选用合适的方法进行加固。除荷载裂缝以外，对于不至于危及安全且已经稳定的裂缝，常用的修补方法有填缝密封法、加筋锚固法、灌浆修补法、外加网片法和置换法等，根据工程的需要，这些方法也可组合使用。

1. 填缝密封法

砌体的填缝密封修补法，适用于处理砌体中宽度大于 0.5mm 的裂缝，常用于墙体外观维修和裂缝较浅的场合。充填材料有改性环氧砂浆、树脂砂浆、氨基甲酸乙酯胶泥和改性环氧胶泥等。这类硬质填缝材料极限拉伸率很低，如砌体裂缝尚未稳定，修补后可能再次开裂。因此，活动裂缝应采用丙烯酸树脂、氨基甲酸乙酯、氯化橡胶或可挠性环氧树脂等类型的弹性密封材料。

这类填缝密封修补方法应在修补裂缝前先剔凿干净裂缝表面的抹灰层，沿裂缝开凿 U 形槽，将裂缝清理干净后，再将填缝材料填入砖缝内。

2. 加筋锚固法

当裂缝较宽时，可采用配筋水泥砂浆填缝的修补方法，即在与裂缝相交的灰缝中嵌入细钢筋，然后再用水泥砂浆填缝。具体做法是在两侧每隔 4~5 皮砖处剔凿一道长 800~

1000mm 且深 30~40mm 的砖缝，埋入一根 $\phi6mm$ 钢筋，端部弯成直钩并嵌入砖墙竖缝，然后用强度等级为 M10 的 1∶2 水泥砂浆嵌填严实。

3. 灌浆修补法

灌浆修补法有重力灌浆和压力灌浆两种，前者是利用浆体自重，后者是通过外加压力将含有胶合材料的水泥浆液或化学浆液灌入裂缝内，使裂缝黏合起来的一种修补方法。灌浆修补法适用于处理裂缝较细、裂缝深度较深、裂缝数量较多或已发展稳定的裂缝。这种方法设备简单、施工方便、价格便宜，修补后的砌体一般可以达到其至超过既有砌体的承载力，裂缝不会在原来位置重复出现。

灌浆常用的材料可分为无收缩水泥基灌浆料、环氧基灌浆料等，常用的有纯水泥浆、水泥砂浆、水玻璃砂浆或水泥石灰浆等。在砌体修补中，可用纯水泥浆，因纯水泥浆的可灌性较好，可顺利地灌入贯通外露的孔隙，宽度为 3mm 左右的裂缝可以灌实。当裂缝宽度大于 5mm 时，可采用水泥砂浆。裂缝细小时可采用压力灌浆，并根据裂缝宽度合理进行浆液材料选择及配合比设计，以保证压力灌浆的顺利实施。

灌浆法修补裂缝可按下述工艺流程进行：

1）清理裂缝。应在砌体裂缝两侧不少于 100mm 范围内，将抹灰层凿除。若有油污、浮尘，也应清理干净；然后用钢丝刷、毛刷等工具，清理裂缝表面的灰土、白灰、浮渣及松软层等污物；最后用压缩空气清理缝隙中的颗粒和灰尘。

2）灌浆嘴安装。当裂缝宽度在 2mm 以内时，灌浆嘴间距可取 200~250mm；当裂缝宽度在 2~5mm 时，可取 350mm；当裂缝宽度大于 5mm 时，可取 450mm，且应设在裂缝端部和裂缝较大处。

3）钻孔。应按标示位置钻深度为 30~40mm 的孔，孔径宜略大于灌浆嘴的外径。钻好后应清理孔中的粉屑。

4）固定灌浆嘴。在孔用水冲洗干净后，先涂刷一道水泥浆，然后用 M10 的水泥砂浆或环氧树脂砂浆将灌浆嘴固定。当裂缝较细或墙厚超过 240mm 时，墙应两侧均应安放灌浆嘴。

5）封闭裂缝。应在已清理干净的裂缝两侧，先用水浇湿砌体表面，再用纯水泥浆涂刷一道，最后用 M10 水泥砂浆封闭，封闭宽度约为 200mm。

6）试漏。应在水泥砂浆达到一定强度后进行，并采用涂抹皂液等方法压气试漏。对封闭不严的漏气处应进行修补。

7）配浆。应根据灌浆料产品说明书的规定及浆液的凝固时间，确定每次配浆数量。浆液稠度过大，或者出现初凝情况，应停止使用。

8）压浆。压浆前应先灌水，此时空气压缩机的压力控制在 0.2~0.3MPa。然后将配好的浆液倒入储浆罐，打开喷枪阀门灌浆，直至邻近灌浆嘴（或排气嘴）溢浆为止。压浆顺序应自下而上，边灌边用塞子堵住已灌浆的嘴，灌浆完毕且初凝后，方可拆除灌浆嘴，并用砂浆抹平孔眼。压浆时应严格控制压力，防止损坏边角部位和小截面的砌体，必要时，应设置临时性支撑。

9）封口处理。

4. 外加网片法

外加网片法适用于增强砌体抗裂性能，限制裂缝开展，修复风化、剥蚀砌体。外加网片所用的材料包括钢筋网、钢丝网、复合纤维织物网等。当采用钢筋网时，其钢筋直径不宜大于 4mm。当采用无纺布替代纤维复合材料修补裂缝时，仅允许用于非承重构件的静止细裂缝的封闭性修补。

网片覆盖面积除应按裂缝或风化、剥蚀部分的面积确定外，还应考虑网片的锚固长度。一般情况下，网片短边尺寸不应小于 500mm。网片的层数：钢筋和钢丝网片一般为单层，复合纤维材料一般为 1~2 层，设计时可根据实际情况确定。外加网片的施工应符合国家现行有关标准的规定。

5. 置换法

置换法适用于砌体受力不大，砌体块材和砂浆强度不高的开裂部位，或局部风化、剥蚀部位的加固。置换时需要把置换部分及周边砌体表面抹灰层剔除，然后沿灰缝将被置换砌体凿掉，应保证填补砌体材料与既有砌体可靠嵌固，砌体修补完成后，再做抹灰层。

3.8.3 墙体加固

1. 增设扶壁柱加固

增设扶壁柱加固法属于增大截面法的一种，当窗间墙或承载力不够，但砖砌体尚未被压裂或只有轻微裂缝时，可采用此方法提高砌体结构的承重能力和稳定性。常用的扶壁柱法有砖砌和钢筋混凝土两种，其优点是施工工艺简单，造价低，但承载力提高有限且难满足抗震要求，多在非抗震设防区应用。

（1）砖砌扶壁柱加固　外加扶壁柱可以是单侧加设，也可以采用双面加设。其与既有砖结构的连接，可采用插筋法或挖镶法，如图 3-25 所示。无论采用哪种方式，施工前均应先将既有砌体表面的粉刷层凿去，将表面碎末粉屑清理干净，并对既有砌体和用于砌柱的砖浇水湿润，避免砂浆失水，影响黏结强度。

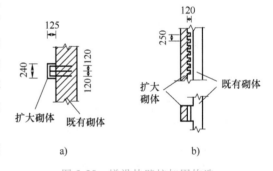

图 3-25　增设扶壁柱加固构造
a）插筋法　b）挖镶法

1）插筋法。单侧增设砖扶壁柱插筋法的连接方式如图 3-25a 所示。具体做法如下：

① 连接插筋。在既有墙上每隔 5~6 皮砖，向灰缝中打入 $\phi 4mm$ 或 $\phi 6mm$ 的连接插筋，单面增设的砖扶壁柱，可采用 U 形插筋；如果打入插筋有困难，可用冲击钻钻孔，然后将插筋插入，用膨胀水泥砂浆填塞插孔，保证插筋与既有砌体连接可靠。插筋的水平间距应小于 120mm，竖向间距以 240~300mm 为宜。

② 设置封口钢筋。在开口边绑扎 $\phi 3mm$ 的封口筋。

③ 施工扶壁柱。用 M5~M10 的混合砂浆，与强度等级 MU7.5 以上且不低于既有砌体的砖砌筑扶壁柱，当使用环境比较潮湿时，应采用水泥砂浆。扶壁柱的宽度不应小于 240mm，厚度不应小于 125mm。当砌至楼板或梁底时，应用硬木顶撑，或用膨胀水泥砂浆补塞最后 5 层水平灰缝，以保证补强砌体有效发挥作用。

2）挖镶法。挖镶法的连接情况如图 3-25b 所示。具体做法如下：

① 支顶卸载。采取可靠的支顶措施，给扶壁柱位置的砖墙卸载，保证正在施工的砖砌体的稳定性。

② 挖砖。在既有砌体上沿高度方向可每隔 3 皮砖剔除 1 皮砖，间隔形成 120mm 深的砖孔，将砖孔清理干净，并洒水湿润。

③ 镶砖。根据设计增设扶壁柱的截面面积，在剔除的砖孔处镶砖，新旧砌体成锯齿形连接。在旧墙内镶砖时，砂浆最好掺入适量膨胀水泥，以保证镶砖与旧墙之间上下顶紧，共同工作。

④ 加固后的承载力计算。扶壁柱法加固扩大了砌体的截面，可有效地增加墙体的折算厚度和墙体截面，减少墙体的计算高度，从而有效地提高墙体的受压承载力。既有砌体墙体在加固前已经承受既有荷载，新增砌体不能立即共同参与工作，存在着应力滞后的情况。当既有砌体达到极限应力状态时，新增砌体一般达不到强度设计值。因此，新增砌体的设计抗压强度值应乘以系数 0.8。加固后砌体承载力为

$$N \leqslant \varphi(fA + 0.8f_N A_N) \tag{3-1}$$

式中　N——荷载产生的轴向力设计值；

φ——由高厚比 β 及偏心距 e 查得的承载力影响系数，采用加固后的截面，按《砌体结构设计规范》规定确定；

f、f_N——既有砌体、新增砌体的抗压强度设计值；

A、A_N——既有砌体、新增砌体的截面面积。

此外，在验算加固后的高厚比及正常使用极限状态时，不必考虑新加砌体的应力滞后影响，可按一般砌体的计算公式来计算。

（2）钢筋混凝土扶壁柱加固　其优点是施工工艺简单、适应性强，加固后承载力有较大提高，并具有成熟的经验。其缺点是现场湿作业比较多、工期长、对生产生活有一定的影响，加固后建筑物净空会减小。

1）加固构造要求。混凝土结构扶壁柱加固采用了与既有砖墙不同的材料，所以它与既有砖墙的可靠连接是至关重要的。对于原本带有扶壁柱的墙，新旧柱间可采用图 3-26a 所示的连接方法，它与砖扶壁柱的构造形式基本相同。当既有墙厚度小于 240mm 时，U 形连接筋应穿透墙体并要弯折，如图 3-26b 所示。图 3-26c、e 的加固形式能较多地提高既有砖砌体的承载力。图 3-26a、b、c 中的 U 形箍筋的竖向间距不应大于 240mm，纵筋直径不宜小于 12mm。图 3-26d、e 所示为销键连接法。销键的纵向间距不应大于 1000mm，截面宽度不宜小于 250mm，厚度不宜小于 70mm，扶壁柱加固常用 C15 或 C20 混凝土。

2）加固墙体的受压承载力计算。经混凝土加固后的砌体已成为组合砌体，可按《砌体结构设计规范》（GB 50003—2011）中的组合砌体进行计算，但应考虑新浇混凝土应力滞后的影响，在计算加固后组合砌体的承载力时，应对混凝土的强度进行折减。另外，对于既有砌体结构一般可不进行折减，但若已出现破损，其承载力会有所下降，也可视破损程度不同而乘以 0.7~0.9 的系数。根据受力特征，具体可分为轴心受压和偏心受压组合砌体计算。

轴心受压组合砖砌体的承载力为

$$N \leqslant \varphi_{com}(f_{m0}A_{m0} + \alpha_c f_c A_c + \alpha_s f'_y A'_s) \tag{3-2}$$

式中　φ_{com}——轴心受压构件的稳定系数，可根据加固后截面的高厚比 β 及配筋率 ρ 按表 3-3 采用；

f_{m0}——既有构件砌体抗压强度设计值；

A_{m0}——既有砌体构件截面面积；

α_c——混凝土强度利用系数，对砖砌体可取 0.8，对混凝土小型空心砌块砌体可取 0.7；

f_c——混凝土轴心抗压强度设计值;

A_c——新增混凝土截面面积;

α_s——钢筋强度利用系数,对砖砌体可取 0.85,对混凝土小型空心砌块砌体可取 0.75;

f'_y——新增竖向钢筋抗压强度设计值;

A'_s——新增受压区竖向钢筋截面面积。

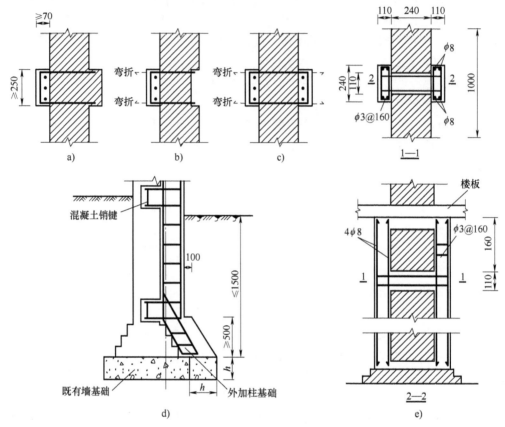

图 3-26 混凝土结构扶壁柱加固

表 3-3 组合砖砌体构件的稳定系数

高厚比 β	配筋率 ρ（%）				
	0.2	0.4	0.6	0.8	≥1.0
8	0.93	0.95	0.97	0.99	1.00
10	0.90	0.92	0.94	0.96	0.98
12	0.85	0.88	0.91	0.93	0.95
14	0.80	0.83	0.86	0.89	0.92
16	0.75	0.78	0.81	0.84	0.87
18	0.70	0.73	0.76	0.79	0.81
20	0.65	0.68	0.71	0.73	0.75

注:1. 高厚比 $\beta = h_0/b$,其中 h_0 为墙的计算高度,b 为墙厚或矩形截面柱边长。

2. 组合砖砌体构件截面的配筋率 $\rho = A_s/A$,其中 A_s 为构件中纵向受力(拉或压)钢筋的面积,A 为构件的有效面积,取轴心受压构件为全截面的面积。

对于偏心受压组合砌体，其受力状态如图 3-27 所示。由图示的受力平衡条件，可得偏心受压组合砌体的承载力计算公式

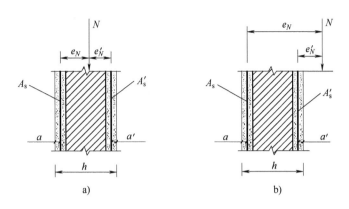

图 3-27 组合砌体偏心受压构件

a）小偏心 b）大偏心

$$N \leqslant f_{m0} A'_m + \alpha_c f_c A'_c + \alpha_s f_y A'_s - \sigma_s A_s \tag{3-3}$$

$$Ne_N \leqslant f_{m0} S_{ms} + \alpha_c f_c S_{cs} + \alpha_s f'_y A'_s (h_0 - a') \tag{3-4}$$

此时截面受压区高度 x，可由下式解得

$$f_{m0} S_{mN} + \alpha_c f_c S_{cN} + \alpha_s f'_y A'_s e'_N - \sigma_s A_s e_N = 0 \tag{3-5}$$

式中 A'_m——砌体受压区的截面面积；

     α_c——偏心受压构件混凝土强度利用系数，对砖砌体可取 0.90，对混凝土小型空心砌块砌体可取 0.80；

     A'_c——混凝土面层受压区的截面面积；

     α_s——偏心受压构件钢筋强度利用系数，对砖砌体可取 1.0，对混凝土小型空心砌块砌体可取 0.95；

     e_N——钢筋 A_s 的合力点至轴向力 N 作用点的距离，即

$$e_N = e + e_a + (h/2 - a) \tag{3-6}$$

     e'_N——钢筋 A'_s 的重心至轴向力 N 作用点的距离，即

$$e'_N = e + e_a - (h/2 - a') \tag{3-7}$$

     e——轴向力对加固后截面的初始偏心距，按荷载设计值计算，当 $e < 0.05h$ 时，取 $e = 0.05h$；

     e_a——加固后的构件在轴向力作用下的附加偏心距，即

$$e_a = \frac{\beta^2 h}{2200}(1 - 0.022\beta) \tag{3-8}$$

     S_{ms}——砌体受压区的截面面积对钢筋 A_s 重心的面积矩；

     S_{cs}——混凝土面层受压区的截面面积对钢筋 A_s 重心的面积矩；

     S_{mN}——砌体受压区的截面面积对轴向力 N 作用点的面积矩；

     S_{cN}——混凝土外加面层受压区的截面面积对轴向力 N 作用点的面积矩；

β——加固后的构件高厚比；

h——加固后的截面高度；

h_0——加固后的截面有效高度；

a、a'——钢筋 A_s、钢筋 A'_s 的合力点至截面较近边缘的距离；

σ_s——受拉钢筋 A_s 的应力，当大偏心受压时（$\xi \leqslant \xi_b$），$\sigma_s = f_y$；当小偏心受压时（$\xi > \xi_b$），$\sigma_s = (650 \sim 800)\xi$，但 $-f'_y \leqslant \sigma_s \leqslant f_y$；

ξ——加固后砌体构件截面受压区的相对高度，即 $\xi = x/h_0$；

ξ_b——加固后截面受压区相对高度的界限值，HPB300 级钢筋配筋取 0.575，HRB335 级和 HRBF335 级钢筋配筋取 0.550；

A_s——距轴向力 N 较远一侧钢筋的截面面积；

A'_s——距轴向力 N 较近一侧钢筋的截面面积。

2. 钢筋网面层加固

当砖墙受压承载力严重不足或抗剪强度、抗侧刚度不够时，宜用增设钢筋网面层的方法进行加固。但下述情况不宜采用：

1）孔径大于 15mm 的空心砖墙。

2）砌筑砂浆强度等级小于 M0.4 的墙体。

3）墙体表面严重酥减或油污不能消除，不能保证钢筋网面层与墙体间粘连质量的墙体。

这种方法特别适用于加固大面积墙面，可大大提高墙体的承载力和变形性能（延性），同时也可以改善抗裂性能。钢筋网面层可采用在双面或单面增设钢筋网砂浆层或钢筋网细石混凝土层。当采用钢筋网砂浆面层时，在室内正常湿度环境中面层厚度应为 35～45mm，在露天或潮湿环境中面层厚度应为 45～50mm，当面层厚度超过 50mm 时应采用钢筋混凝土面层重新设计，面层砂浆的强度等级一般不低于 M15。钢筋混凝土面层的截面厚度不应小于 60mm，采用喷射混凝土可以降低到 50mm。加固用的混凝土强度等级应比既有构件高一级，且不应低于 C20 级。

面层加固钢筋可采用钢筋网、钢板网或焊接钢丝网，受力钢筋应使用 I 级钢筋，对于混凝土面层应采用 II 级钢筋。砂浆面层受压钢筋的配筋率不应小于 0.1%，受力钢筋直径应大于 8mm，横向箍筋按构造设置，间距不宜大于 20 倍受压主筋的直径及 500mm，但不宜过密，应不小于 120mm。横向钢筋遇到门窗洞口，应将其弯折 90°（直钩）并锚入墙体内。双面加固时需用 Z 形 ϕ6mm 钢筋钻孔穿墙对拉，单面加固时采用 L 形 ϕ6mm 钢筋在墙体凿洞填水泥砂浆锚固，应呈梅花状交错排列，其间距不应大于 500mm。钢筋网水泥砂浆加固砌体做法如图 3-28 所示。

为保证水泥砂浆（或混凝土）能与既有砌体可靠地黏结，施工时应将既有墙面的粉刷层铲去，砖缝剔深 10mm，用钢刷将墙面刷净，并洒水湿润。水泥砂浆应分层抹，每层厚度不宜大于 15mm，以便压密压实。既有墙面如有损坏或酥松、碱化部位，应先去除修补好后再进行喷抹作业。

钢筋网面层加固后的砌体也是组合砌体，也可按式（3-2）计算其轴心受压承载力，当采用砂浆面层时，f_c 应取砂浆轴心抗压强度设计值，α_c 取为砂浆强度利用系数，比式（3-2）中 α_c 取值小 0.05，α_s 值也比式（3-2）中的 α_s 小 0.05。抗剪承载力计算方法参考《砌体结构加固设计规范》（GB 50702—2011）第 6.3 条。

对偏心受压加固其正截面承载力仍可参考前述方法进行验算。

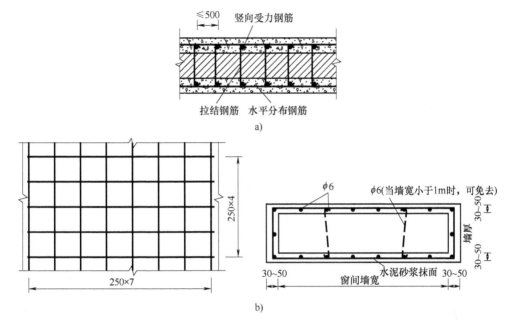

图 3-28 钢筋网水泥砂浆加固砌体做法

3.8.4 砌体柱加固

1. 外包混凝土加固砖柱

外包混凝土加固砖柱是增大截面法加固的一种，包括侧面增设混凝土层加固（简称侧面加固）和四周外包混凝土加固两种情况。

当砖柱承受的弯矩较大时，往往采用仅在受压面增设混凝土或双面增设混凝土层的方法进行加固。侧面加固砖柱属于组合砖砌体，其受压承载力可按前述墙体加固公式进行计算。

四周外包混凝土加固砖柱的效果较单面或双面加固更好，由于四周封闭箍筋的作用，使砖柱的侧向变形受到约束，从而提高了承载力。对于承受轴心压力和小偏心压力的砖柱，其承载力的提高效果尤其显著。四周外包混凝土加固砖柱的受压承载力可按下式计算

$$N \leqslant N_1 + 2\alpha_1 \varphi_n \frac{\rho_v f_y}{100} \left(1 - \frac{2e}{y}\right) A \tag{3-9}$$

式中　N_1——加固砖柱按组合砖砌体，即按式（3-2）~式（3-5）算得的受压承载力；

　　　φ_n——高厚比和配筋率及轴向力偏心距对网状配筋砖砌体受压构件承载力的影响系数，按《砌体结构设计规范》的有关表取用；

　　　ρ_v——体积配箍率，当箍筋的长度为 a，宽度为 b，间距为 s，单肢截面面积为 A_{sv1} 时

$$\rho_v = \frac{2A_{sv1}(a+b)}{abs} \times 100 \tag{3-10}$$

　　　e——轴向力偏心距；

　　　f_y——箍筋的抗拉强度设计值；

A——被加固砖柱的截面面积；

α_1——新浇的材料强度折减系数，它与既有柱的受力状态有关，当加固前既有砖柱未损坏时，取 0.9，部分损坏或应力较高时，取 0.7；

y——自截面重心至轴向力所在偏心方向截面边缘的距离。

新浇混凝土的强度等级不应低于 C20，受力钢筋距砖柱的距离不应小于 50mm，受压钢筋的配筋率不宜小于 0.2%，直径不应小于 12mm。柱的箍筋应采用封闭式，其直径不宜小于 6mm，间距不应大于 150mm。柱两端 500mm 范围内的箍筋应加密设置，间距应为 100mm。其余构造要求应符合《砌体结构加固设计规范》的相关规定。

2. 外包角钢加固

外包角钢加固砖柱可以在砖柱尺寸增加不多的情况下，较多地提高砖柱的承载力，大幅度地增加砖柱的抗侧力能力和延性。因此，外包角钢加固法适用于增大既有构件截面尺寸受限，却又要求大幅提高承载力的砖柱加固。该加固法具有受力可靠、强度高、现场工作量和湿作业少、施工简便、速度快等优点，但其加固费用较高，且需考虑钢结构的维护措施。

具体做法：先将砖柱四角粉刷层铲除，洗刷干净，在柱角表面抹一层 10mm 厚水泥砂浆找平，将角钢粘贴于被加固砖柱的四角，并且用卡具临时夹紧固定，随即用缀板与角钢焊接连接成整体。然后去掉卡具，外表面宜包裹钢丝网，并抹厚度不小于 25mm 的 1∶3 水泥砂浆作为防护层，以保护角钢，防止锈蚀。加固角钢下端应当可靠地锚入基础，上端应有良好的锚固措施，以保证角钢有效地参加工作。外包角钢不应小于 60mm×60mm×6mm，缀板截面不应小于 60mm×6mm，间距不应大于 500mm，从地面标高向上量 $2h$ 和上端的 1.5h（h 为既有柱截面高度）节点区内，缀板应加密布置，间距不应大于 250mm。外包角钢加固柱体构造如图 3-29 所示。

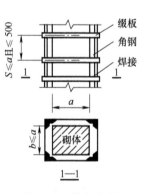

图 3-29 外包角钢加固柱体构造

外包角钢加固后的砖柱也变为组合砖砌体，由于角钢和缀板对砖柱的横向变形起到了一定的约束作用，使其抗压强度有所提高。

对轴心受压砖柱，加固后的承载力计算公式为

$$N \leqslant \varphi_{\mathrm{con}}(fA + \alpha f_{\mathrm{a}}' A_{\mathrm{a}}') + N_{\mathrm{av}} \qquad (3\text{-}11)$$

对偏心受压砖柱，加固后的承载力计算公式为

$$N \leqslant fA' + \alpha f_{\mathrm{a}}' A' - \sigma_{\mathrm{n}} A_{\mathrm{a}} + N_{\mathrm{av}} \qquad (3\text{-}12)$$

式中 f_{a}'——加固角钢的抗压强度设计值；

A_{a}'、A_{a}——受压、受拉角固型钢的截面面积；

σ_{n}——受拉肢角钢 A_{a} 的应力。

由于缀板和角钢对砖柱的约束，使砖砌体强度提高而增大的砖柱承载力 N_{av} 为

$$N_{\mathrm{av}} = 2\alpha_1 \varphi_{\mathrm{con}} \frac{\rho_{\mathrm{av}} f_{\mathrm{av}}}{100} \left(1 - \frac{2e}{y}\right) A \qquad (3\text{-}13)$$

式中 ρ_{av}——体积配箍率，当取单肢缀板的截面面积为 A_{av1}，间距为 s 时

$$\rho_{av} = \frac{2A_{av1}(a+b)}{abs} \tag{3-14}$$

f_{av}——缀板的抗拉强度设计值。

3.8.5 整体性加固

1. 加固条件

砌体结构整体性的加固通常在结构抗震鉴定不满足要求时进行。通常有以下几种情况：

1）既有房屋既无构造柱又无圈梁或无足够圈梁时，可采用外加构造柱、圈梁和钢拉杆系统的整体加固方法。

2）既有房屋无足够圈梁时，可采用外加圈梁和钢拉杆的加固方法。

3）既有房屋已有足够圈梁但无构造柱时，可采用外加构造柱的加固方法，但必须使构造柱和既有圈梁及墙体间有足够的连接强度和延性。

4）既有房屋抗震墙体间距过大时，可首先增设抗震墙，再考虑采用外加构造柱、圈梁和钢拉杆的加固方法。

2. 增设圈梁

当无圈梁或圈梁设置不符合现行设计规范要求，或纵横墙交接处咬槎有明显缺陷，或房屋的整体性较差时，均应增设圈梁进行加固。外加圈梁应优先采用现浇钢筋混凝土圈梁，在特殊情况下，也可采用型钢圈梁。圈梁可以在墙体单侧或两侧对称增设，新增设的圈梁宜在楼、屋盖标高的同一平面内闭合，在阳台、楼梯间等圈梁标高变换处，应有局部加强措施，变形缝两侧的圈梁应分别闭合。

增设圈梁的截面尺寸不小于 180mm×120mm，纵向钢筋数量不少于 4 根，直径不小于 10mm。箍筋直径宜取 6mm，间距为 200mm，当圈梁与外加柱连接时，在柱边两侧各 500mm 长度区段内，箍筋间距应加密至 100mm。为使圈梁与墙体很好结合，可用螺栓、插筋锚入墙体，每隔 1.5~2.5m 可在墙体凿通一洞口（宽 120mm），在浇筑圈梁时，同时填入混凝土使圈梁咬合于墙体上。单侧增设圈梁的具体做法如图 3-30 所示。圈梁混凝土强度等级不低于 C20，在圈梁转角处应设 2 根 ϕ12mm 的斜筋予以加强。

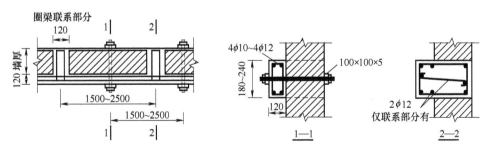

图 3-30 单侧增设圈梁的具体做法

为提高圈梁与既有砌体结构的联系，增加整体性，还可以采用销键予以加强。销键的高度与圈梁相同，宽度为 180mm，入墙深度不小于 180mm 或不小于墙厚，配筋量应不小于 4ϕ8，间距宜为 1000~2000mm，外墙圈梁的销键宜设置在窗口两侧，销键凿洞时应防止墙体破坏。混凝土圈梁、销键与墙体的连接具体做法如图 3-31 所示。

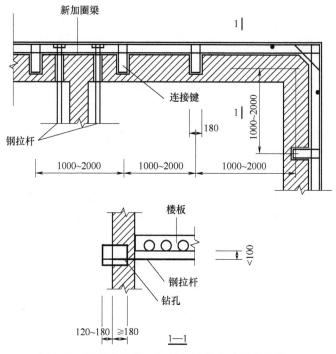

图 3-31 混凝土圈梁、销键与墙体的连接具体做法

3. 外加构造柱

为增强结构的整体性和稳定性，多层砖混结构墙体中还应设置钢筋混凝土构造柱，并与各层圈梁连接，形成能够抗弯、抗剪的空间框架，这是防止房屋突然倒塌的一种有效措施。当既有砌体结构无构造柱或构造柱设置不符合现行设计规范要求时，应增设构造柱，以提高结构整体性。构造柱可以采用现浇钢筋混凝土或钢筋网水泥复合砂浆组合砌体形式。外加构造柱可以采用矩形截面柱、扁柱或是 L 形柱，外加柱应根据房屋的抗震设防烈度和层数在房屋四角、楼梯间和不规则平面的对应转角处设置，且应沿房屋全高贯通，并与圈梁或钢拉杆连成闭合系统。另外，外加柱应该设基础，并与既有墙体、既有基础可靠连接，如图 3-32 所示。

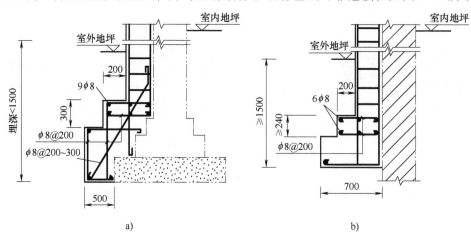

图 3-32 外加构造柱基础

a）浅埋底部做法 b）深埋底部做法

4. 增设钢拉杆

墙体因受水平推力、基础不均匀沉降或温度变化引起的伸缩等而外闪，或者因内外墙咬槎不良而裂开，也可以增设钢拉杆。钢拉杆可代替内墙圈梁，也可以同时增设圈梁和拉杆，以增强加固效果，并且可将拉杆的外部埋入圈梁中。当每开间均有横墙时，应至少隔开间采用 $2\phi14$ 的钢拉杆，拉杆可采用圆钢或型钢。当多开间有横墙时，在横墙两侧的钢拉杆直径不应小于 16mm。

沿横墙布置的钢拉杆两端应锚入外加构造柱、圈梁内，或与既有墙体锚固。当钢拉杆在增设圈梁内锚固时，可采用弯钩或加焊垫板埋入圈梁内，埋入长度为 $30d$（d 为钢拉杆直径），锚固钢拉杆方形垫板的尺寸宜为 200mm×200mm×15mm，与墙面间距不小于 80mm。钢拉杆加固构造如图 3-33 所示。

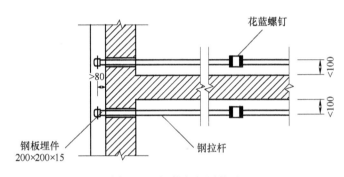

图 3-33 钢拉杆加固构造

如果采用钢筋拉杆，应当通长拉结并可沿墙的两边设置。当拉杆较长时，中间应设花篮螺钉，以便拧紧拉杆。露在墙外的拉杆和垫板螺母，应做防锈处理。

3.8.6 其他加固

砌体房屋受损或是存在缺陷有各种各样的形式，加固砌体也应当结合实际情况采用适宜的加固方法。除了上述几种主要的加固方法以外，还有一些其他方法。

1. 粘贴纤维复合材加固法

粘贴纤维复合材加固法是一种新型的加固方法，它充分利用了新型纤维复合材料高强、轻质、柔韧性好的优点。通过将其粘贴于砖墙主应力方向，使得砌体结构受力更均匀，有效约束面积增大，有利于维持砌体的整体性，提高砌体的抗剪能力。该法适于烧结普通砖墙平面内受剪加固和抗震加固。

根据工程实际情况，纤维复合材粘贴方式有水平粘贴、交叉粘贴、平叉粘贴等，如图 3-34 所示。

纤维复合材加固结构时的粘贴技术和施工方法特别重要。加固时的主要构造要求如下：

1）纤维布条带在全墙面上宜等间距均匀布置，条带宽度不宜小于 100mm，条带的最大净间距不宜大于 3 皮砖块的高度，也不宜大于 200mm。

2）沿纤维布条带方向应有可靠的锚固措施，无论采用何种粘贴方式，在其两端均应加贴竖向或横向压条。

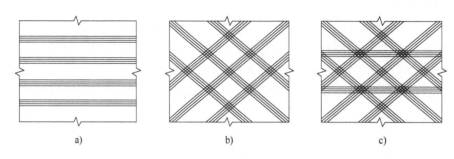

图 3-34 纤维复合材粘贴方式

a）水平粘贴 b）交叉粘贴 c）平叉粘贴

3）纤维布条带端部的锚固构造措施，可根据墙体端部情况，采用对穿螺栓垫板压牢。当纤维布条带需绕过阳角时，阳角转角处曲率半径不应小于 20mm。

4）当采用搭接的方式接长碳纤维布条带时，搭接长度不应小于 200mm，且应在搭接长度中部设置一道螺栓锚固。

5）当砖墙采用碳纤维复合材加固时，其墙、柱表面应先做水泥砂浆抹平层，层厚不应小于 15mm 且应平整，水泥砂浆强度等级应不低于 M10，粘贴碳纤维复合材应待抹平层硬化、干燥后方可进行。

2. 增设梁垫加固

当某根大梁下砖砌体由于承压不足而出现局部被压碎或局部竖直裂缝时，可以采取局部加设梁垫的方式进行加固。

3. 砌体局部拆砌

当某墙体局部破损严重且难以加固时，可拆除部分墙体砖块，改用混凝土替代。但要采取临时加固措施，以免结构在加固过程中产生破坏。

4. 预应力撑杆加固法

预应力撑杆加固法（见图 3-35）就是在柱的一侧或两侧用长于柱的型钢（角钢或槽钢）对柱施加预顶升力，从而达到对柱进行加固的目的。根据施加顶升力的方式可以分为横向张拉法和竖向顶升法。该方法具有简便、有效、便于施工、加固后断面尺寸增加小等优点。预应力撑杆加固法机理与非预应力加大截面法和外包角钢加固法等明显不同，通常非预应力加固法新增部分不会对既有柱进行卸载，仅对新增荷载发挥作用，加固效果取决于新旧材料之间的协同工作情况。预应力撑杆加固法克服了以上问题，是一种主动的加固方法，在加固过程中对被加固混凝土柱起到了卸载作用，撑杆与被加固柱组成一体，加固后新旧结构共

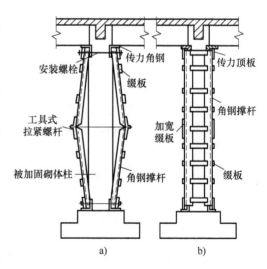

图 3-35 预应力撑杆加固法

a）未施加预应力 b）已施加预应力

同工作。该法能较大幅度地提高砌体柱的承载能力，且加固效果可靠，适用于加固处理高应力、高应变状态的砌体结构，但缺点是不能用于温度在600℃以上的环境条件。

5. 门窗过梁加固方法

当门窗过梁为砌体过梁且产生了裂缝时，可将过梁改为加筋砌体过梁或增设钢筋混凝土过梁，洞口上的墙体如果开裂严重，可拆除重砌后再增设过梁或采用角钢托梁，必要时可以辅助拉条加固。

另外，窗间墙可采用增设扶壁柱、增设钢筋网面层、增大截面和外包型钢等加固方法，如果窗洞可适当减小，则在既有窗间墙两侧增设混凝土柱是比较经济而有效的方法。

 思 考 题

1. 砌体结构类型有哪些？各有何特点？

2. 砌体结构检测的主要内容有哪些？

3. 原位测试法有哪些？各有何优缺点？

4. 如何测定砌体的实际受力情况？

5. 回弹法测定砌体强度有何优缺点？

6. 砌体的加固方法有哪些？

7. 砌体裂缝修补方法有哪些？

8. 在外包角钢加固法中，如何考虑钢构件和既有砌体结构的共同工作问题？

9. 针对砌体结构的整体性能不足可以采取的加固方法有哪些？

10. 某砌体结构采用 MU10 砖和 M2.5 混合砂浆，其窗间墙截面是 1000mm×370mm，该墙中大梁截面尺寸 $b×h=200\text{mm}×400\text{mm}$，梁端支承长度为 240mm，墙体上部荷载 $N=280\text{kN}$，因使用功能改变梁端荷载设计值增加 100kN。试对窗间墙承载力和梁端局部压力进行验算，并提出相应加固措施。

 拓 展 视 频

绿色抉择：被动屋、
自行车、生态城（上）

中国第一块国产化
焦炉硅砖

第4章 钢结构检测与加固

■ 4.1 钢结构检测的意义

钢结构检测是发现钢结构工程质量问题的重要手段，对相应的钢结构工程质量问题进行检测与分析，通过检测结果可以判断工程质量是否符合国家现行有关技术标准的规定，这也是检测工作的目的。可靠的检测数据能为钢结构工程的管理和使用等工作提供客观依据。钢结构检测工作作为钢结构工程质量评定验收及工程管理的重要环节，其重要性和必要性体现在如下几个方面：

1）判断钢材等原材料是否满足技术规定的要求，确定施工质量是否可靠。

2）实时反馈新技术、新工艺及新材料的使用情况，对其可行性、适用性、有效性、先进性进行评估，加快其改进及推广速度。

3）有利于科学客观地评价施工过程中的质量，为竣工后的评定验收提供重要依据。

4）随着时间的推移，各类钢结构会出现各种降低钢结构运行能力的问题，可通过具有针对性的检测，为结构的安全评估及加固提供重要依据。

钢结构无损检测是钢结构检测中工作量最大且最重要的一项工作，钢结构的无损检测在以下几个方面具有重要意义：

（1）保证和提高钢结构质量

1）钢结构无损检测可对原材料、各个加工工艺环节的半成品、最终成品实行全过程的检验和检测，能够有效保证产品的质量。如在钢厂中可以通过漏磁检测技术对钢管、钢棒、钢缆等产品开展自动化无损检测，及时发现材料的微小缺陷，保证产品质量。

2）在产品质量控制的过程中，可将检测所得的信息及时反馈给工艺部门，从而改进产品生产工艺。如在对焊缝进行射线或者超声检测时，可以根据检测结果修正焊接参数，优化热处理过程，进一步保证和提高产品质量。

（2）降低产品生产成本　在生产过程中及时而适当地开展无损检测，可防止后续工序浪费、减少返工、降低废品率。如在对钢板进行焊接时，可对先焊接部位进行超声无损检测，如果存在问题，可以及时返修而不必等到全部焊接完成再返修，总体上可降低产品的生产成本。

（3）保障钢结构安全　由于疲劳、腐蚀、磨损及使用不当等不可避免的因素，在役钢结构会产生危害结构安全运行的各类缺陷和问题，甚至造成严重事故。健康监测可以在不破坏结构原有使用性能的情况下及时发现这类缺陷和问题，提高结构的使用安全性，特别是在重点和危险行业，如桥梁、核设施、特种设备等行业，实时监测保障在役结构安全运行的意义更加明显。

■ 4.2　钢结构检测的主要方法

对于钢结构检测来讲，最基本的是钢结构原材料的检测，如原材料力学性能及化学成分检测。钢材通过冶炼轧制而成，在这一过程中出现的任何偏差都将给材料性能带来影响。因此，对原材料的屈服强度、抗拉强度、断后伸长率、弯曲性能、压扁性能、冲击韧性、化学成分等进行检测，能确保钢结构原材料的质量。

钢结构检测除按规程进行原材料的理化性能检测外，还应进行承载力、变形、锈蚀和连接质量四个方面的检测及综合评定，以确定其质量等级。钢结构的检测可分为在建钢结构的检测和既有钢结构的检测。钢结构的现场检测应为钢结构质量的评定或钢结构性能的鉴定提供真实、可靠、有效的检测数据和检测结论。钢结构无损检测方法（见图 4-1）有射线检测、超声检测、磁粉检测、渗透检测等，见表 4-1。

a)

b)

c)

d)

图 4-1　钢结构无损检测方法

a）射线检测　b）超声检测　c）磁粉检测　d）渗透检测

表 4-1　钢结构无损检测方法

序号	检 测 方 法	适 用 范 围
1	射线检测 RT	内部缺陷检测，主要用于体积型缺陷检测
2	超声检测 UT	内部缺陷检测，主要用于平面型缺陷检测
3	磁粉检测 MT	铁磁性材料、表面和近表面缺陷的检测
4	渗透检测 PT	非多孔性材料、表面开口缺陷的检测

（1）射线检测　射线检测是利用射线（易于穿透物质的 X 射线、Y 射线和中子射线）在介质中传播时其强度的衰减特性及胶片的感光特性来探测缺陷。

（2）超声检测　超声检测应用特别广泛，其原理是利用超声波良好的方向性和能量特性，根据超声传播过程中的反射、折射、散射及能量的传播特点对材料内部的缺陷进行定性、定量和定位。

（3）磁粉检测　磁粉检测的基本原理：磁化过的材料的磁力线在其不连续处（包括内部和外部缺陷等不连续处）会发生畸变，形成漏磁场。当撒磁粉时，漏磁场会使磁粉形成与缺陷形状相近的磁粉堆积，即形成磁痕，磁痕特性可以反映缺陷。

（4）渗透检测　渗透检测的原理：工件表面涂上含有荧光染料或者着色剂的渗透液后，渗透液会通过毛细作用进入缺陷中，除去工件表面多余的渗透液后，在工件表面涂上显影剂，显影剂将吸引缺陷中的渗透液，在一定光源下，缺陷处的渗透液痕迹会显示出来，从而探测出缺陷的状态。

钢结构的无损检测，应根据检测项目，检测目的，结构的材质、形状和尺寸及现场条件等因素选择适宜的一种或多种检测方法相结合的方式进行检测。

■ 4.3　目视检查

4.3.1　常用设备与仪器

（1）反光镜　反光镜包括平面反光镜、凹面反光镜和凸面反光镜三种，目视检测中最常用的反光镜是平面反光镜，即反射面为平面的反光镜。它利用光的反射原理，在人眼不能直接观察的情况下，转折光路，从而达到观察的目的。

（2）放大镜　为了便于观察工件的各部分细节，应采用近距离观察。但是人的视觉能力是有限的，人眼正常的聚焦距离 150～250mm。在正常视野条件下，只能看清直径约 0.25mm 的圆盘和宽度为 0.025mm 的线，但使用放大镜可以弥补人眼的不足，使检测人员能够看清工件各部分细节。一般目视检测所使用的放大镜的放大倍数在 6 倍以下。为了使用方便，通常选用带有手柄、具有照明功能的放大镜，透镜直径一般为 80～150mm。

（3）视频内窥镜　首先，视频内窥镜利用光导束将光送至检测区（有时在远端处也采用发光二极管作为工作长度大于 15m 时的照明），用端部的一只固定焦点透镜收集由检测区反射回来的光线并将其导至 CCD（电荷耦合器件）芯片（直径约 7mm）表面，数千只细小的光敏电容器将反射光转变成电模拟信号；然后，此信号进入探测头，经放大、滤波及时钟分频后，可直接在仪器数字显示屏上成像或输出到外接监视器上，如图 4-2 所示。

（4）焊接检验尺　焊接检验尺由主尺、高度尺、咬边深度尺和多用尺四部分组成。图 4-3 所示是一种多用途焊接检验尺，用来检测焊件的各种角度和焊缝高度、宽度、焊接间隙及焊缝咬边深度等。

图 4-2　视频内窥镜

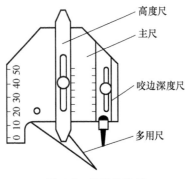

图 4-3　焊接检验尺

4.3.2　焊缝缺陷的目视检查方法

（1）对接焊缝的余高　对接焊缝的余高是超出基体金属表面的焊接金属，对接焊缝表面与根部的余高如图 4-4 所示。

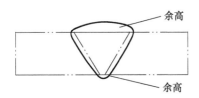

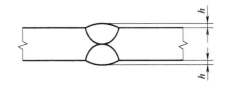

图 4-4　对接焊缝表面与根部的余高

用于测量余高的焊接检验尺有多种，常用的两种量规如图 4-5 所示。测量时，使量规的一个脚置于基体金属上，另一个脚与余高的顶接触，则在滑尺上可读出余高高度。为了符合大多数验收标准，量规的读数精度一般不应低于 0.8mm。

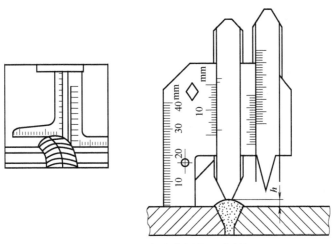

图 4-5　测量余高常用的两种量规

（2）对接焊缝宽度　对接焊缝宽度是指焊缝成形后上表面焊缝横向的几何尺寸。测量焊缝时可以使用钢直尺或焊接检验尺。使用焊接检验尺测量焊缝宽度时，先用主体测量角靠紧焊缝一边，然后旋转多用尺的测量角紧靠焊缝另一边，读出焊缝宽度值（见图4-6）。

（3）角焊缝尺寸　角焊缝的尺寸主要用焊脚来表示，焊脚是角焊缝横截面内，从一个板的焊趾至另一个板件表面的垂直距离，如图4-7所示。

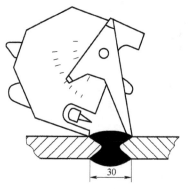

图4-6　对接焊缝宽度测量方法

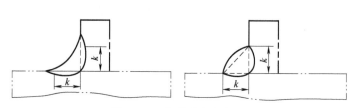

图4-7　焊脚等高的角焊缝

（4）角焊缝厚度　角焊缝焊脚尺寸测量如图4-8所示，角焊缝厚度尺寸通常要求以两个不同的焊接厚度术语表示，了解它们的定义对目视检验十分重要。

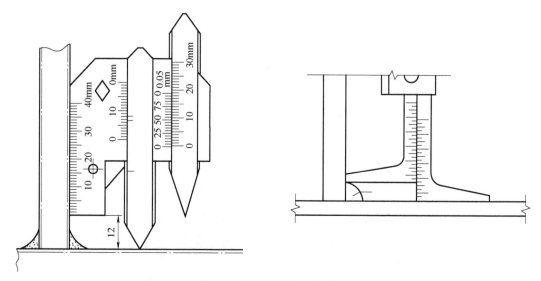

图4-8　角焊缝焊脚尺寸测量

1）焊缝实际厚度：从焊缝根部到焊缝顶面的最短距离必须等于或大于焊脚尺寸的0.707倍。目视检验不可能接近角焊缝的根部区域，所以不考虑向基体金属的渗透。

2）焊缝有效厚度：测量有效厚度时考虑到了焊接金属向基体金属内的渗透，但是忽略了理论表面与实际表面之间的多余金属。由于这些情况，目视检验人员不考虑焊缝有效厚度，角焊缝的厚度如图4-9所示。

用焊接检验尺能测量焊缝实际厚度，如图4-10所示，量规的两垂直表面与角焊缝连接的基体金属接触，在滑尺上可以读出焊缝厚度值。

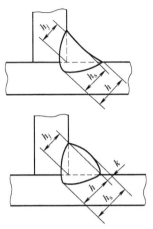

图 4-9 角焊缝的厚度

h—焊缝厚度 h_s—焊缝实际厚度

h_j—焊缝有效厚度 k—余高

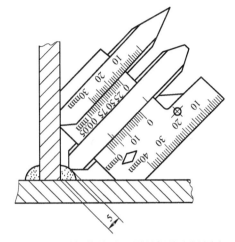

图 4-10 用焊接检验尺测量焊缝实际厚度

（5）凹面 凹下的角焊缝或对接坡口焊缝表面是内凹的面称为凹面，内凹应该是光滑的过渡，焊缝两边应完全熔合，凹面上不应有焊瘤，在厚度上呈现变化。当对接焊缝的内凹厚度小于相接的两焊接件中较薄的厚度时，该焊缝不能验收，如图 4-11 所示。

（6）错边 两个焊接件表面平行，但设计表面没有在同一水平面上，即没有对齐，则可用焊接检验尺测量错边量，如图 4-12 所示。测量时先将主尺置于焊缝一边，滑动高度尺使其置于焊缝的另一边，高度尺上的示值即为错边量。

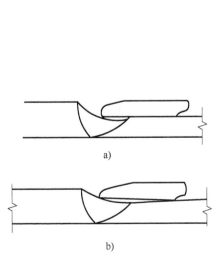

图 4-11 对接焊缝的内凹

a）未填满，不验收 b）填满，验收

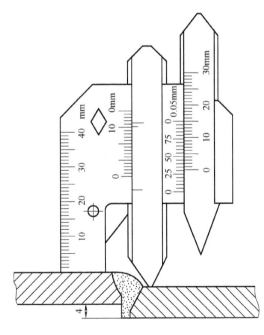

图 4-12 测量错边量

■ 4.4 超声检测

4.4.1 超声检测原理

利用超声波可以对材料中的微观缺陷进行探测，其原理是依据超声波在材料中传播时的一些特性进行评估，如声波在通过材料时能量会有损失，在遇到两种介质的分界面时会发生反射等。超声检测常用的频率为 0.5~25MHz，通常用以发现缺陷并对缺陷进行评估的基本信息有：①来自材料内部各种不连续的反射信号的存在及其幅度；②入射信号与接收信号之间的声传播时间；③声波通过材料以后能量的衰减。

4.4.2 超声检测设备与器材

（1）设备类型 超声检测仪是专门用于超声检测的一种电子仪器，它的作用是将产生的电脉冲施加于探头，使探头发射超声波，同时接收来自于探头的电信号，并将其放大处理后显示在荧光屏上。脉冲反射式超声检测仪是目前应用最广泛的一种检测仪。这种仪器发射持续时间很短的电脉冲，激励探头发射脉冲超声波，并接收在试件中反射回来的脉冲波信号，通过检测信号的返回时间和幅度判断是否存在缺陷和缺陷的大小。脉冲反射式超声波检测仪的信号显示方式可分为 A 型、B 型、C 型。根据采用的信号处理技术不同，超声检测仪可分为模拟式和数字式。按照不同的用途，可分为便携式检测仪、非金属检测仪、超声测厚仪等不同类型的超声检测仪。A 型脉冲反射式超声检测仪是使用范围最广的、最基本的一种类型。

（2）探头结构 图 4-13 所示是压电换能器探头的基本结构。压电换能器探头由压电晶片、阻尼块、电缆线、接头、保护膜和外壳组成。斜探头中通常还有一个使晶片与入射面成一定角度的斜楔。

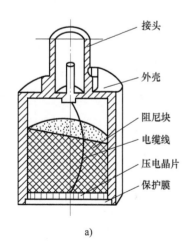

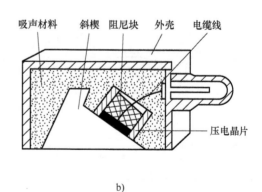

图 4-13 压电换能器探头的基本结构
a）直探头 b）斜探头

（3）试块 在做超声检测前要对仪器进行校准，是为了让仪器获得与被检材料相同的声速及相关参数，试块如图 4-14a~d 所示。

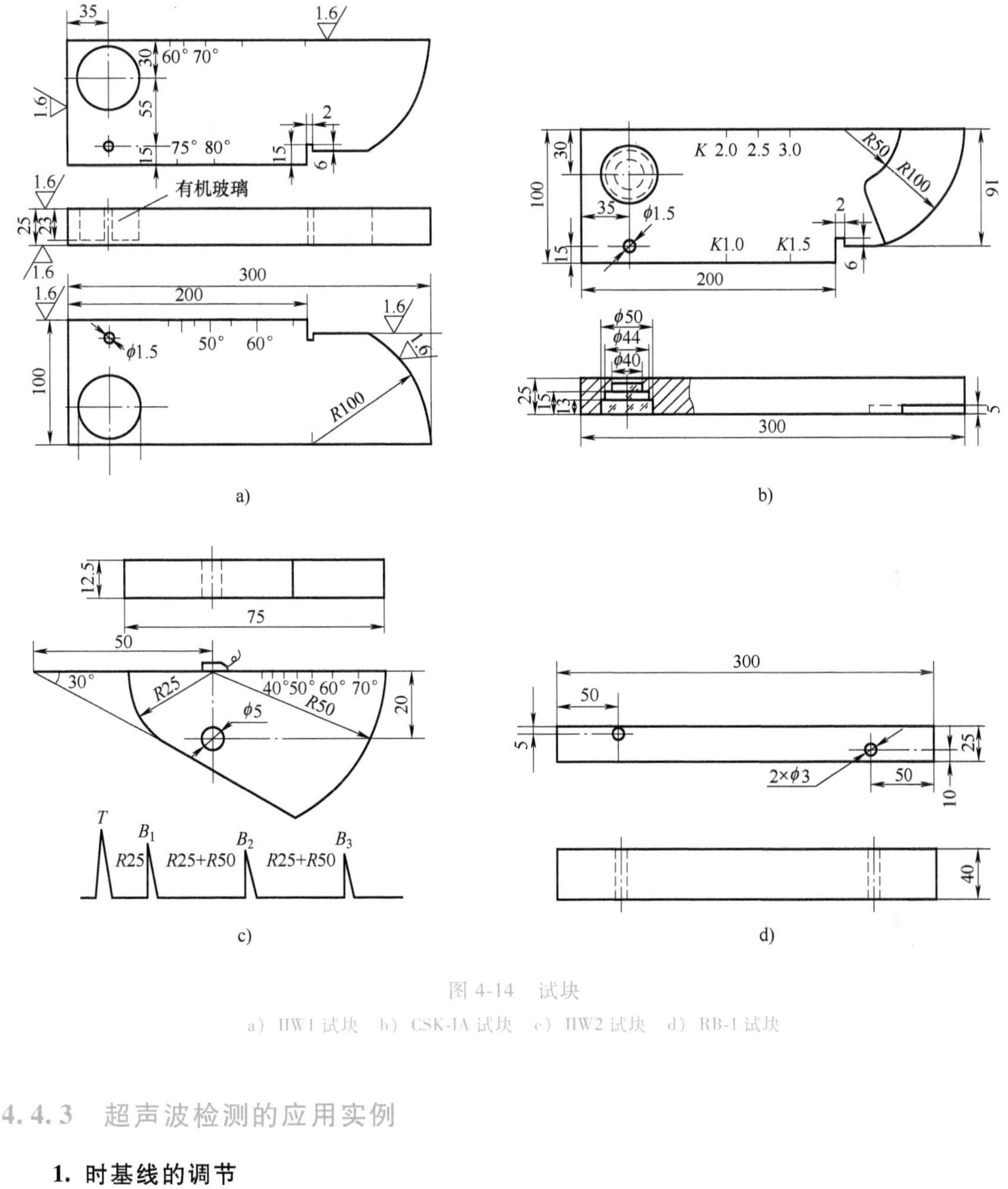

图 4-14 试块
a) IIW1 试块 b) CSK-IA 试块 c) IIW2 试块 d) RB-1 试块

4.4.3 超声波检测的应用实例

1. 时基线的调节

首先应测定探头的入射点和 K 值（仪器零偏，测量探头前沿器探头角度），入射点可在 CSK-IA 试块上测定，K 值或折射角应在与被检试件相同材料的试块上测定，检测现场如图 4-15 所示。

用 K 值探头进行焊缝检测，当板厚小于 20mm 时，常用水平调节法；当板厚大于 20mm 时，常用深度调节法。声程调节法多用于非 K 值探头。近年来数字式仪器在焊缝检测中应用较广，因其可自动给出缺陷的各位置参数，通常也采用声程调节法。

a)   b)

图 4-15　检测现场

a）利用 R100（或 R50）圆弧调试　b）利用有机玻璃 φ50 孔调试仪

2. 距离-波幅曲线的绘制

描述某一确定反射体回波高度随距离变化关系的曲线称为距离-波幅曲线。它是 AVG 曲线的特例。在 RB-2 比对试块上调试仪器 DAC 曲线与焊缝检测中常用的距离-波幅曲线如图 4-16 和图 4-17 所示。国内外关于焊缝检测方法的标准几乎都采用类似的距离幅度曲线进行检测灵敏度的调整和缺陷幅度当量的评定。绘制距离-波幅曲线所用的人工反射体类型和尺寸在各标准中有所不同。

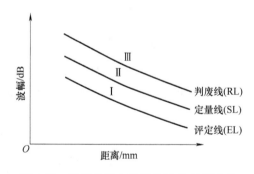

图 4-16　在 RB-2 比对试块上调试仪器 DAC 曲线　　　　图 4-17　焊缝检测中常用的距离-波幅曲线

按照《钢结构超声波探伤及质量分级法》（JG/T 203—2007），距离-波幅曲线由定量线、判废线和评定线组成。评定线和定量线之间（包括评定线）称为Ⅰ区，定量线与判废线之间（包括定量线）称为Ⅱ区，判废线及其以上区域称为Ⅲ区。JG/T 203—2007 规定的距离-波幅曲线的灵敏度见表 4-2。其中基准线 DAC 是以 φ3mm 横孔绘制的距离-波幅曲线。

表 4-2　JG/T203—2007 规定的距离-波幅曲线的灵敏度

级别	A	B	C
DAC 板厚/mm	8～50	8～300	8～300

（续）

判废线	DAC	DAC−4dB	DAC−2dB
定量线	DAC−10dB	DAC−10dB	DAC−8dB
评定线	DAC−16dB	DAC−16dB	DAC−14dB

《焊缝无损检测—超声检测—技术、检测等级和评定》（GB/T 11345—2013）采用的也是 $\phi3mm$ 横孔作为测量距离-波幅曲线用的试块中人工反射体。《承压设备无损检测　第3部分：超声检测》（NB/T 47013.3—2015）标准则采用了 2mm 长横孔和 $\phi1mm×6mm$ 短横孔两种人工反射体，并规定了不同的距离-波幅曲线灵敏度。各标准中分区的方式是相似的。

实用中，距离-波幅曲线有两种形式。一种是用 dB 值表示的波幅作为纵坐标，距离为横坐标，称为距离-dB 曲线。另一种是以 mm（或%）表示的波幅作为纵坐标，距离为横坐标，实际检测中将其绘在示波屏面板上，称为面板曲线。

实际检测中，距离-波幅曲线通常是利用试块实测得到的。这里仅以 RB-2 试块为例介绍距离-波幅曲线的绘制方法。

1）测定探头的入射点和 K 值，并根据板厚按水平、深度或声程调节时基线。

2）探头置于 RB-2 试块，选择试块上孔深与被检件厚度相同或相近的横孔（或孔深与被检件厚度 2 倍相同或相近的横孔）作为第一基准孔，使声束对准第一基准孔，移动探头，找到第一基准孔的最高回波。

3）调节增益按钮，使第一基准孔回波达基准高度（如垂直满刻度的 80%），此时，增益应保留比评定线高 10dB 的灵敏度（如评定线为 $\phi3mm$ 横孔-16dB 时，衰减器应保留 26dB 的灵敏度）。记下第一基准孔深 h_1 和衰减器读数 V_1。

4）调节增益，依次测定并记录其他各孔（比第一基准孔深的各孔）的孔深和衰减器读数。

5）以探测距离（孔深或声程或水平距离）为横坐标，以波幅（dB）为纵坐标，在坐标纸上标记出相应的点，将标记的各点连成圆滑线，将最近探测点到探测距离"0"点间画水平线。该曲线即距离-dB 曲线的基准线。

6）根据规定的距离-波幅曲线的灵敏度级别，在坐标纸上分别画出判废线、定量线、评定线，并标出波幅的 Ⅰ 区、Ⅱ 区、Ⅲ 区，则距离-dB 曲线制作完成。距离-波幅曲线制作完成后，应用深度不同的两孔校验距离-波幅曲线，若不相符则应重测。

3. 检测灵敏度的调节

焊缝检测灵敏度的调节，同样是为了保证所要求检测的信号具有足够高的幅度，可以在荧光屏上显示出来。因此，在标准中通常规定检测灵敏度不低于评定线的灵敏度。在探测横向缺陷时，应将各线灵敏度均提高 6dB。

用对比试块调节灵敏度，对比试块的材质、表面粗糙度等应和被检试件相同或相近，其中人工反射体应与由相关标准规定的用于制作距离-波幅曲线的人工反射体一致。人工反射体的声程应大于或等于检测时所用的最大声程。将探头放到试块上，声束对准选定的人工反射体，移动探头，使人工反射体的回波达到最高。调节增益旋钮，使最高回波达到所要求的基准高度。再用衰减器增益检测灵敏度所规定的分贝值（如评定线要求 3mm 横孔-16dB，即在 3mm 横孔调到基准波高的基础上再提高 16dB），则灵敏度调节完毕。

4. 扫查方式

焊接接头的扫查方式多种多样，除了前后扫查、左右扫查、环绕扫查和转角扫查四种基本扫查方式外（见图 4-18a、b），还有锯齿形扫查、斜平行扫查、串列扫查、V 形扫查、交叉扫查等特殊的扫查方式。运用不同的扫查方式，可以实现不同的探测目的。

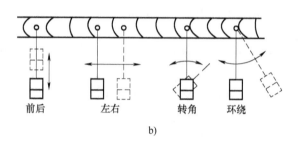

a) b)

图 4-18 焊接接头的四种基本扫查方式
a）现场检测 b）搜查方向

斜平行扫查、平行扫查和交叉扫查均是为了发现横向缺陷。在厚板焊缝超声检测中，与检测面接近垂直的内部未焊透、未熔合等缺陷用单个斜探头很难检出。此时，可采用两种 K 值不同的探头检测，以增加检出不同缺陷的可能性。有时还要采用串列扫查（见图 4-19）以发现位于焊缝中部垂直于检测面的缺陷。焊缝检测时，通常需要采用多种扫查方式相结合才能取得较好的检测效果。

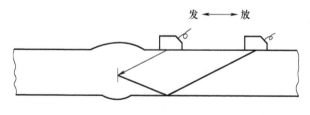

图 4-19 串列扫查

■ 4.5 磁粉检测

4.5.1 磁粉检测原理

铁磁性材料或工件磁化后，如果在表面和近表面材料存在不连续性（材料的均质状态或致密性受到破坏），则在不连续性处磁场方向将发生改变，在磁力线离开工件和进入工件表面的地方产生磁极，形成漏磁场。用传感器对这些漏磁场进行检测，就能检查出缺陷的位置和大小。

4.5.2　磁粉检测设备与器材

磁粉检测设备按质量和可移动性可分为固定式、移动式和携带式三种，按设备的组合方式又可分为一体型和分立型。一体型设备是由磁化电源、螺管线圈、工件夹持装置、磁悬液喷洒装置、照明装置和退磁装置等组成一体的探伤机；分立型设备是将磁化电源、螺管线圈等各部分按功能制成单独分立的装置，在探伤时组合成系统使用的探伤机。

（1）固定式探伤机　固定式探伤机的体积和质量都比较大，带有照明装置、退磁装置、磁悬液搅拌或喷洒装置，有夹持工件的磁化夹头和放置工件的工作台及格栅，适合对中小工件进行磁粉探伤，能进行通电法、中心导体法、感应电流法、线圈法、磁轭法进行整体磁化或复合磁化。另外，固定式探伤机还常常附带配备有触头和电缆，以便对搬上工作台比较困难的大型工件进行检测。

（2）移动式探动仪　移动式探伤仪的主体是磁化电源，可提供交流和单相半波整流电的磁化电流，能进行触头法、夹钳通电法和线圈法磁化。移动式探伤设备一般装有滚轮，可推动或吊装在车上拉到检验现场，便于对大型工件进行探伤。

（3）携带式探伤仪　携带式探伤仪的体积小、质量轻，携带方便，适用于现场、高空和野外探伤，可用于现场检验锅炉压力容器和压力管道焊，以及对飞机、火车轮船进行原位探伤，或对大型工件进行局部探伤。随设备配备的常用仪器主要有带触头的小型磁粉探伤仪、电磁轭、交叉磁轭或永久磁铁等。

（4）照度计　照度计用于测量被检工件表面的白光可见光照度。

（5）黑光辐射计　黑光辐照计用于测量波长范围为 $320\sim400\mathrm{nm}$，峰值波长为 $365\mathrm{nm}$ 的黑光的辐照度。

（6）弱磁场测量仪　弱磁场测量仪是一种高精度的仪器，测量精度可达 $8\times10^{-4}\mathrm{A/m}$（$10^{-5}\mathrm{O_e}$），仅用于磁粉检测中工件退磁后剩磁极小的场合。

（7）快速断电试验器　为了检测三相全波整流电磁化线圈有无快速断电功能，可采用快速断电试验器进行测试。除上面提到的仪器外，还有其他仪器，如用来测量通电时间的袖珍式电秒表等。

4.5.3　磁粉检测的应用实例

检测内容和检测步骤如下：

1）对现场构件进行预处理，去除清除工件表面的杂物。如果磁痕和工件表面颜色对比度小，可在检测前先给工件表面涂敷一层反差增强剂。

2）对磁粉检测系统灵敏度进行测试。采用磁粉检测提升力试块测试磁粉机提升力，以提起提升力试块为准，如图 4-20a 所示。采用磁粉 A 型试块检测磁粉系统灵敏度，以灵敏度试片显示清晰为准，如图 4-20b 所示。

3）磁化被检工件，施加磁粉或磁悬液。

4）在合适的光照下，观察和评定磁痕显示。

5）退磁及后处理。对接焊缝和角焊缝磁粉检测分别如图 4-20 c、d 所示。

图 4-20　磁粉检测

a）磁粉机提升力测试　b）磁粉检测系统灵敏度测试

c）对接焊缝磁粉检测　d）角焊缝磁粉检测

■ 4.6　射线检测

4.6.1　射线检测原理

当射线通过被检物体时，物体中有缺陷的部位（如气孔、非金属夹杂等）与无缺部位对射线的吸收能力不同，一般情况是透过有缺陷部位的射线强度高于无缺陷部位的射线强度，因此可以通过检测透过被检物体后的射线强度的差异，来判断检物体中是否存在缺陷，这就是 X 射线检测的基本原理。

强度均匀的射线照射被检物体时，能量会产生衰减，衰减程度与射线的能量（波长）

及被穿透物体的质量、厚度和密度有关。如果被检物体是均匀的，射线穿过物体后衰减的能量就只与其厚度有关。但被检物体内有缺陷时，在缺陷部位穿过射线的衰减程度则不同，最终就会得到不同强度的射线，射线强度用 I 表示。X 射线检测原理如图 4-21 所示，其中，μ 和 μ' 分别是被检物体和物体中缺陷处的线衰减系数，I_0 表示 X 射线的初始强度。有以下关系

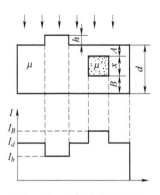

$$I_h = I_0 e^{-\mu(h+d)}, I_A = I_0 e^{-\mu A}, I_x = I_A e^{-\mu' x}, I_B = I_x e^{-\mu(d-A-x)}$$

$$I_B = I_0 e^{[-\mu(d-x)-\mu' x]} \tag{4-1}$$

$$I_d \neq I_h \neq I_B \tag{4-2}$$

将这不同的能量进行照相或转变为电信号指示、记录或显示，就可以评定材料的质量，从而达到对材料进行无损检测的目的。

图 4-21 X 射线检测原理

4.6.2 射线检测设备

工业射线检测中使用的低能 X 射线机由四部分组成：射线发生器（X 射线管）、高压发生器、冷却系统、控制系统。

X 射线机可以从不同方面进行分类，目前较多采用的是按结构进行分类，X 射线机可以分为三类：便携式 X 射线机、移动式 X 射线机、固定式 X 射线机。

便携式 X 射线机采用组合式射线发生器，X 射线管、高压发生器、冷却系统共同安装在一个机壳中，简称为射线发生器。充气绝缘的便携式 X 射线机体积小、质量轻，便于携带，利于现场进行射线照相检测。移动式 X 射线机各部分独立，但共同安装在一个小车上，可以方便地移到现场进行射线检验。固定式 X 射线机采用结构完善、功能强的分立射线发生器、高压发生器、冷却系统和控制系统，射线发生器与高压发生器之间采用高压电缆连接。固定式 X 射线机体积大，质量也大，不便移动，但它系统完善，工作效率高，是检验实验室优先选用的 X 射线机。

X 射线机的核心器件是 X 射线管，X 射线管的基本结构如图 4-22 所示，主要由阳极、阴极和外壳构成。阳极是产生 X 射线的部位，主要由阳极体、阳极靶和阳极罩组成，其基本结构如图 4-23 所示。阳极体是具有高热传导性的金属电极，典型的阳极体由无氧铜制成，其作用是支承阳极靶，将阳极靶上产生的热量传送出去，避免靶面烧断。

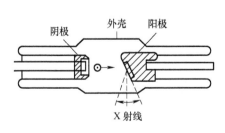

图 4-22 X 射线管的基本结构

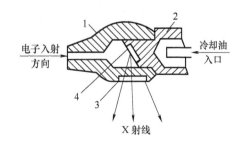

图 4-23 阳极基本结构

1—阳极罩 2—阳极体 3—放射窗口 4—阳极靶

　　阳极靶的作用是承受高速电子的撞击，产生 X 射线。由于工作时阳极靶直接承受高速电子的撞击，电子的大部分动能在它上面转换为热量，因此阳极靶必须耐高温。此外，阳极靶应具有高原子序数，才能具有高的 X 射线转换效率，工业射线照相所使用的 X 射线管的阳极靶一般用钨制作而成。阳极靶的表面应磨成镜面，并与 X 射线管轴成一定角度，靶面与管轴垂线所成的角度称为靶面角。

　　高速电子撞击阳极靶时产生的二次电子可集聚在管壳上，形成一定电位，影响飞向阳极靶的电子束，阳极罩是用来吸收二次电子的，常用铜制作。

　　阴极的作用是发射电子，它由灯丝和一定形状的金属电极——聚焦杯（阴极头）构成。灯丝由钨丝绕成一定形状，而聚焦杯则包围着灯丝。灯丝在电流加热下可发射热电子，这些热电子在管电压作用下，高速飞向阳极靶，通过轫致辐射在阳极靶产生 X 射线。

　　工业射线探伤中使用的 γ 射线源主要是人工放射性同位素 ^{192}Ir、^{60}Co、^{75}Se、^{170}Tm 等。对于工业射线探伤，在选择 γ 射线原材料时应该重点考虑其能量、放射性比活度、半衰期和原尺寸等。由于各种 γ 射线源的能量是固定的，所以应按照被检工件的材料和厚度，选择适当的 γ 射线源。γ 射线源的能量是否适当将直接影响检验的灵敏度。

4.6.3　射线检测的应用实例

　　主要检测步骤如下：

1）在需拍片区域贴片。

2）架设 X 射线机，如图 4-24a 所示，调好焦距。

3）根据曝光曲线参数调节电流电压及曝光时间，如图 4-24b 所示。

4）拍片。

5）暗室洗片（先显影，再定影，然后将片子晾干）。

6）评片。

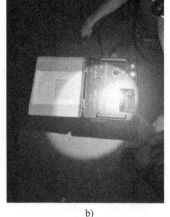

a)　　　　　　　　　　　　b)

图 4-24　射线检测工程现场

a）架设 X 射线机　b）根据曝光曲线参数调节电流电压及曝光时间

■ 4.7 钢结构加固的意义及一般规定

4.7.1 加固意义

在工程结构中存在着大量钢结构建筑、桥梁、管道和机械设备等，钢结构构件除了在设计、施工过程中存在初始缺陷外，在服役过程中，由于恶劣的环境条件（腐蚀、高温、高湿、高压、化工原料等介质）和复杂的荷载作用，钢构件有可能会产生一定的损伤。损伤慢慢累积可能会导致钢结构构件在未达到设计强度时就发生破坏。为了确保结构在使用周期内安全工作，必须对有损伤的构件进行处理。更换损伤构件相对于加固既有构件而言更加安全可靠，但是考虑到结构损伤发生的偶然性和随机性，不可能对钢结构构件进行定时更换处理，而且对于钢结构构件的局部损伤而言，直接更换钢结构构件会比加固造成更大量的资源浪费，同时还会影响结构的正常使用，经济效益很差。同时遵循我国可持续发展的基本理念，未来的建筑业发展也将更多从新建建筑物向加固既有建筑物过渡，采用加固损伤构件的处理方式是更好的选择。因此，对钢结构加固和修复技术的研究具有重要的工程意义。

4.7.2 一般规定

钢结构经可靠性鉴定确认需要加固时，应根据鉴定结论并结合产权人提出的要求，按标准的规定进行加固设计。钢结构的加固设计应与实际施工方法紧密结合，采取有效措施，保证新增构件及部件与既有结构连接可靠，新增截面与既有截面结合牢固，形成整体共同工作。同时，不应对未加固部分及相关的结构、构件和地基基础造成不利的影响。钢结构的加固设计，应综合考虑其技术经济效果，不应加固适修性很差的结构，且不应导致不必要的拆除或更换。对加固过程中可能出现倾斜、失稳、过大变形或坍塌的钢结构，应在加固设计文件中提出有效的临时性安全措施。

钢结构的加固可分为直接加固与间接加固两类，设计时可根据实际条件和使用要求选择适宜的加固方法及配合使用的技术。直接加固宜根据工程的实际情况选用增大截面加固法、粘贴钢板加固法和组合加固法。间接加固宜根据工程的实际情况采用改变结构体系加固法、预应力加固法。钢结构加固的连接方法宜采用焊缝连接、摩擦型高强螺栓连接，也可采用焊缝与摩擦型高强螺栓的混合连接等。

■ 4.8 改变结构体系加固法

4.8.1 一般规定

当采用改变结构体系的加固方法时，可根据实际情况和条件，采用改变荷载分布方式、传力途径、节点性质、边界条件，增设附加杆件，施加预应力或考虑空间受力等措施对结构进行加固。改变结构体系的加固设计，除应考虑结构、构件、节点、支座中的内力重分布与二次受力外，还应考虑新体系对相关部分的地基基础和结构造成的影响。

采用改变结构体系加固法时，其设计应与施工紧密配合；未经设计允许，不得擅自修改设计对施工的要求。

4.8.2 改变结构体系加固法

当选用改变结构或构件刚度的方法对钢结构进行加固时，可选用下列方法：

1）增设支撑系统形成空间结构（见图 4-25），并按空间受力进行验算。

2）增设支柱或撑杆增加结构刚度（见图 4-26）。

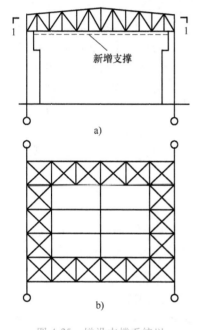

图 4-25 增设支撑系统以
形成空间结构
a）立面图 b）1—1剖面图

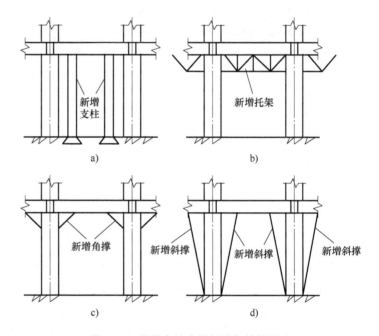

图 4-26 增设支柱或撑杆增加结构刚度
a）增设梁支柱 b）增设梁撑架 c）增设角撑 d）增设斜立柱

3）增设支撑或辅助杆件，使构件的长细比减小，以提高稳定性，如用再分杆加固桁架（见图 4-27）。

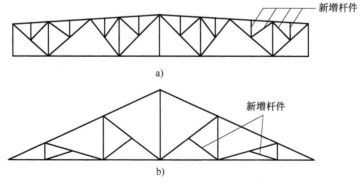

图 4-27 用再分杆加固桁架
a）梯形桁架 b）三角桁架

4）在排架结构中，重点加强某柱列的刚度，如加强边柱柱列刚度（见图4-28）。

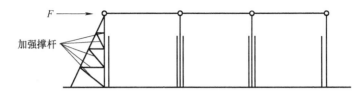

图 4-28　加强边柱柱列刚度

5）通过将一个集中荷载转化为多个集中荷载，改变荷载的分布。

6）在桁架中，通过将桁架端部柱顶处支承由铰接改为刚接（见图4-29），从而改变其受力状态。

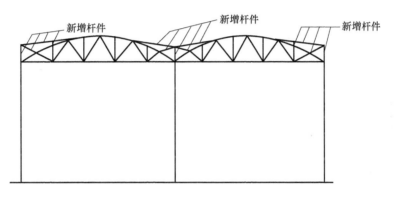

图 4-29　桁架端部柱顶处支承由铰接改为刚接

7）增设中间支座，或将简支结构端部连接成为连续结构，如托架增设中间支座（见图4-30）。连续结构可采取措施调整结构的支座位置。

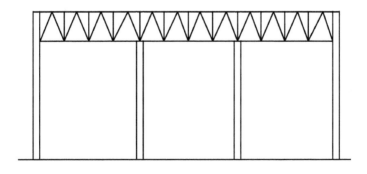

图 4-30　托架增设中间支座

8）在空间网架结构中，通过改变网络结构形式提高刚度和承载力，也可在网架周边加设托梁，或增加网架周边支撑点，改善网架受力性能。

9）采取措施使加固构件与其他构件共同工作或形成组合结构进行加固，如使天窗架与屋架连成整体共同受力（见图4-31）。

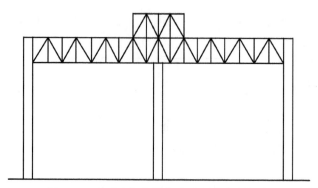

图 4-31　使天窗架与屋架连成整体共同受力

■ 4.9　增大截面加固法

　　采用增大截面的方式加固钢构件时，应考虑原构件受力情况及存在的缺陷和损伤，在施工可行、传力可靠的前提下，可选取的有效截面增大形式如图 4-32~图 4-34 所示。采用增大截面法加固钢结构构件时，应注意以下几点：加固件应有明确、合理的传力途径，加固件与被加固件应能可靠地共同工作，并采取措施保证截面的不变形和板件的稳定性；轴心受力、偏心受力构件和非简支受弯构件的加固件应与既有构件支座或节点有可靠的连接和锚固；加固件的布置不宜采用会导致截面形心偏移的构造方式；加固件的切断位置，应以最大限度减小应力集中为原则，并保证未被加固处的截面在设计荷载作用下仍处于弹性工作阶段。

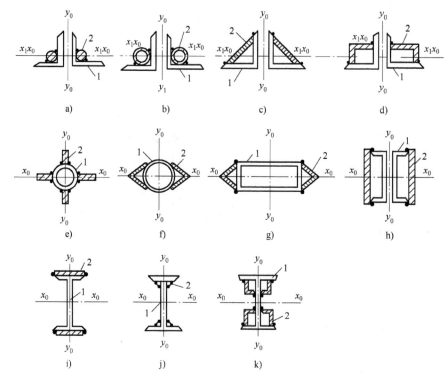

图 4-32　受拉构件的截面加固形式

1—既有截面　2—增加截面

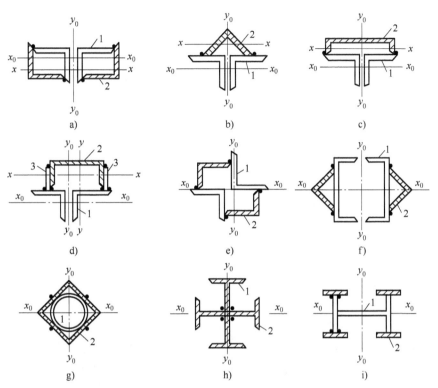

图 4-33 受压构件的截面加固形式

1—既有截面 2—增加截面 3—辅助板件

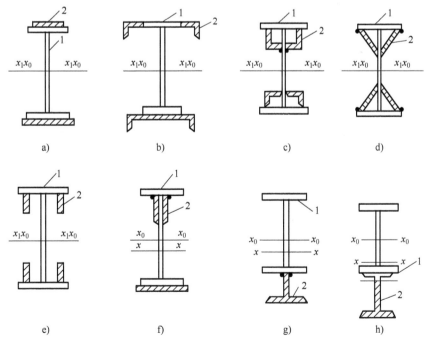

图 4-34 受弯构件的截面加固形式

1—既有截面 2—增加截面

负荷状态下，钢构件的焊接加固应根据既有构件的使用条件，校核其最大名义应力 σ_{0max} 是否符合表 4-3 应力比限值的规定。若不符合规定，则不得在负荷状态下进行焊接加固，应改用其他增大截面的方法进行加固。

表 4-3　焊接加固构件的使用条件及其应力比限值

类别	使用条件	应力比限值 σ_{0max}/f_y
I	特繁重动力荷载作用下的结构	≤0.20
II	除 I 外直接承受动力荷载或振动作用的结构	≤0.40
III	间接承受动力荷载作用或仅承受静力荷载作用的结构	≤0.65
IV	承受静力荷载作用并允许按塑性设计的结构	≤0.80

负荷状态下进行钢结构加固时，应制定详细的加固工艺过程和技术条件，所采用的工艺应保证加固件的截面因焊接加热及附加钻、扩孔洞等所引起的削弱不致产生显著影响，并按隐蔽工程进行验收。采用螺栓或铆钉连接方法增大钢结构构件截面时，加固与被加固板件应相互压紧，并应从加固件端部向中间逐次做孔和安装、拧紧螺栓或铆钉，且不应造成加固过程中截面的过大削弱。当采用增大截面法加固有 2 个以上构件的超静定结构时，应首先将加固与被加固构件全部压紧并点焊定位，并从受力最大构件开始依次连续地进行加固连接。当采用增大截面法加固开口截面时，应将加固后截面密封以防止内部锈蚀；加固后截面不密封时，板件间应留出不小于 150mm 的操作空间，用于日后检查及防锈维护。

■ 4.10　粘贴钢板加固法

4.10.1　一般规定

粘贴钢板加固法可用于钢结构受弯、受拉、受剪实腹式构件的加固及受压构件的加固。用粘贴钢板加固法加固钢结构构件时，构件表面宜采取喷砂方法处理。粘贴在钢结构构件表面上的钢板，其最外层表面及每层钢板的周边均应进行防腐蚀处理。钢板表面处理用的清洁剂和防腐蚀材料不应对钢板及结构胶黏剂的工作性能和耐久性产生不利影响。采用粘贴钢板加固的钢结构，其长期使用的环境温度不应高于 60℃。处于高温、高湿、介质侵蚀、放射等特殊环境的钢结构采用粘贴钢板加固时，除应按国家现行有关标准的规定采取相应的防护措施外，尚应采用耐环境因素作用的胶黏剂，并按专门的工艺要求进行粘贴。采用粘贴钢板对钢结构进行加固时，宜在加固前采取措施卸除或大部分卸除作用在结构上的活荷载。

4.10.2　构造要求

采用粘贴钢板对实腹式受弯构件进行加固时，除应符合《钢结构设计标准》（GB 50017—2017）受弯构件承载力计算的规定外，加固后的构件尚应符合在达到受弯承载能力极限状态前，其外贴钢板与原钢构件之间不出现黏结剥离破坏的规定。受弯构件粘贴钢板加固后的截面面积和截面弹性模量可按组合截面进行计算，计算中可不计胶层的厚度。

当工字形钢梁的腹板局部稳定需要加固时，可采用在腹板两侧粘贴 T 形钢件的方法进行加固（见图 4-35），其中 T 形钢件的粘贴宽度不应小于板厚的 25 倍。

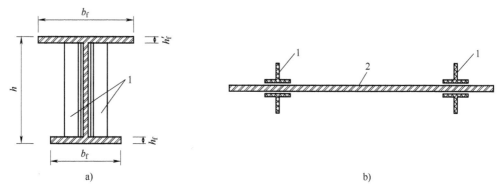

图 4-35　腹板两侧粘贴 T 形钢件的方法
1—新增 T 形钢件　2—既有构件腹板

在受弯构件的受拉边或受压边钢构件表面上进行粘贴钢板加固时，应注意以下几点：粘贴钢板的宽度不应超过加固构件的宽度；其受拉面沿构件轴向连续粘贴的加固钢板宜延长至支座边缘，且应在包括截断处的钢板端部及集中荷载作用点的两侧设置不少于 2M12 的连接螺栓（见图 4-36），作为粘贴钢端部的机械锚固措施；对受压边的粘贴钢加固，尚应在跨中位置设置不少于 2M12 的连接螺栓。

采用手工涂胶粘贴的单层钢板厚度不应大于 5mm，采用压力注胶粘贴的钢板厚度不应大于 10mm。为避免胶层出现应力集中而提前破坏，宜将粘贴钢板端部削成 30°斜坡角，且不应大于 45°。加固件的布置不宜采用会引起截面形心轴偏移的形式，不可避免时，应在加固计算中考虑形心轴偏移的影响。

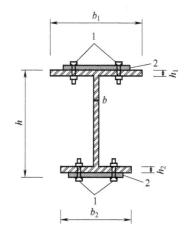

图 4-36　截断处的钢板端部及集中荷载作用点的两侧螺栓设置
1—连接螺栓　2—新增粘贴钢板

■ 4.11　外包钢筋混凝土加固法

4.11.1　一般规定

外包钢筋混凝土加固法适用于实腹式轴心受压、压弯和偏心受压的型钢构件加固。采用外包钢筋混凝土加固型钢构件时，宜采取措施卸除或大部分卸除作用在结构上的活荷载。

型钢构件采用外包钢筋混凝土加固后，在进行结构整体内力和变形分析时，其截面弹性刚度可按下式确定

$$\begin{cases} E_t I_t = EI_0 + E_c I_c \\ E_t A_t = EA_0 + E_c A_c \\ G_t A_t = GA_0 + G_c A_c \end{cases} \qquad (4\text{-}3)$$

式中　$E_t I_t$、$E_t A_t$、$G_t A_t$——加固后组合截面抗弯刚度（N·mm²）、轴向刚度（N）和抗剪刚度（N）；

　　　　EI_0、EA_0、GA_0——既有型钢构件的截面抗弯刚度（N·mm²）、轴向刚度（N）和抗剪刚度（N）；

　　　　$E_c I_c$、$E_c A_c$、$G_c A_c$——新增钢筋混凝土部分的截面抗弯刚度（N·mm²）、轴向刚度（N）和抗剪刚度（N）。

4.11.2　构造要求

采用外包钢筋混凝土加固法时，混凝土强度等级不应低于 C30，外包钢筋混凝土的厚度不宜小于 100mm。外包钢筋混凝土内纵向受力钢筋的两端应有可靠的连接和锚固。采用外包钢筋混凝土加固时，对于过渡层、过渡段及钢构件与混凝土间传力较大部位经计算需要在钢构件上设置抗剪连 接件时，宜采用栓钉。

■ 4.12　预应力加固法

4.12.1　一般规定

钢结构体系或构件的加固可采用预应力加固法。加固钢结构构件的预应力构件，可采用中、高强度的钢丝、钢绞线、钢拉杆、钢棒、钢带或型钢，也可采用碳纤维棒或碳纤维带。采用预应力对钢结构进行整体加固时，可通过张拉加固索、调整支座位置及临时支撑卸载等方法施加预应力。采用预应力加固钢结构构件时，可选择下列方法：

1）对正截面受弯承载力不足的梁、板构件，可采用预应力水平拉杆进行加固，也可采用下撑式预应力拉杆进行加固。若工程需要且构造条件允许，还可以同时采用水平拉杆和下撑式拉杆进行加固。

2）对受压承载力不足的轴心受压柱、小偏心受压柱及弯矩变号的大偏心受压柱，可采用双侧预应力撑杆进行加固。若偏心受压柱的弯矩不变号，也可采用单侧预应力撑杆进行加固。

3）对桁架中承载力不足的轴心受拉构件和偏心受拉构件，可采用预应力杆件进行加固。

4.12.2　构件预应力加固方法

钢结构构件预应力加固法，可用于单个钢构件的加固，也可用于连续跨的同一种构件的加固。常用的加固方法宜包括预应力钢索加固法、预应力钢索加撑杆加固法（见图 4-37）、预应力撑杆加拉杆加固法（见图 4-38）及钢梁预应力钢索吊挂加固法，且可用于钢梁、拱、托架和桁架加固（见图 4-39）。

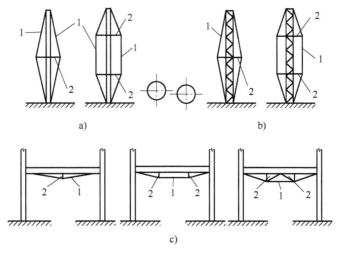

图 4-37　预应力钢索加撑杆加固法

a）柱加固形式　b）桁架加固形式　c）梁加固形式

1—预应力钢索　2—撑杆

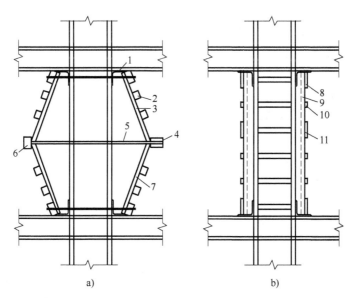

图 4-38　预应力撑杆加拉杆加固法

a）未施加预应力　b）已施加预应力

1—衬垫角钢　2、10—箍板　3、7、9—撑杆　4、6—工具式拉紧装置
5—预应力拉杆　8—顶板　11—加宽箍板

　　用于加固的预应力构件及节点的布置，应具有明确的传力路径。加固后的组合构件应有明确的计算简图。用于加固钢构件的预应力构件的设置，不宜削弱或损伤既有构件及其节点，并应根据实际情况采取补强措施。锚固节点的布置，宜位于被加固构件受力较小处。预应力拉索的转折点或撑杆的支点，宜位于构件变形较大处。用于加固钢构件的预应力构件及节点，宜根据被加固构件的截面对称布置。采用拉杆吊挂加固法时，拉杆安装后应施加一定的预应力使其处于张紧状态。

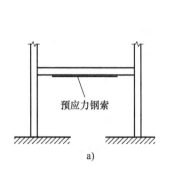

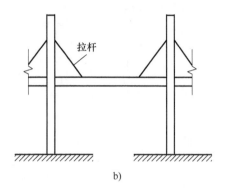

图 4-39　钢梁预应力钢索吊挂加固法

a）梁（桁架）预应力钢索加固法　b）梁（桁架）预应力拉杆吊挂加固法

　思　考　题

1. 钢结构检测的主要内容有哪些？
2. 如何进行焊缝厚度、焊脚的测量？
3. 如何进行焊缝余高测量？验收要求是什么？
4. 磁粉检测的原理是什么？
5. 影响磁粉检测灵敏度的主要因素有哪些？
6. 简述射线检测的基本原理。
7. 简述钢结构加固的常用方法。
8. 简述粘贴钢板加固法的构造要求。
9. 简述钢结构构件预应力加固方法。

拓展视频

大国工匠：大术无极

见证钢铁强国的
铁矿石

中国第一座 30 吨氧气
顶吹转炉

第5章　混凝土结构检测与加固

■ 5.1　混凝土强度检测

5.1.1　混凝土强度检测方法分类与要求

混凝土强度的检测按时间通常分为浇筑过程中的留样检测和混凝土固结后的原位检测。浇筑过程中的留样检测是按规范要求制作标准试块并对其进行混凝土强度检测，所获取的检测值为后续施工提供参考。本章主要介绍混凝土固结后的强度原位检测。混凝土强度原位检测方法通常分为无损检测、半破损检测和破损检测。无损检测方法有回弹法和超声-回弹综合法，半破损检测方法有拔出法和射钉法，破损检测法通常采用钻芯法。混凝土强度检测评定分为结构或构件的强度检测评定与承重构件的主要受力部位的强度检测评定。如主梁，根据具体检测目的和检测要求，选择合适方法进行检测时，可对主梁整个（批）构件进行检测评定，也可对主梁跨中部位进行混凝土强度的检测评定，但测区布置必须满足相关的规范规定。

一般情况下，不采取破损法检测结构的混凝土强度，但在其他方法不能准确评定结构（构件）或承重构件主要受力部位的混凝土强度时，应采用钻芯法或钻芯法结合其他方法综合评定。在结构上钻、截取试件时，应尽量选择承重构件的次要部位或次要承重构件，并应采取有效措施，确保结构安全。钻、截取试件后，应及时进行修复或加固处理。

5.1.2　回弹法检测结构混凝土强度

在早期的研究中，以钢球在一定的静压力或冲击力作用下，压入混凝土表面所形成的压痕直径或深度作为其表面硬度指标，这种方法称为压痕法。1948 年 E. Schmidt 发明了回弹仪，用弹击时能量的变化来反映混凝土的弹性和塑型性质，称为回弹法。回弹法易于掌握、仪器轻巧、使用方便、检测效率高、费用低、影响因素较少，因此，得到广泛应用。目前已有十多个国家制定了回弹法的国家标准或协会标准，国际标准化组织（ISO）也于 1980 年提出了 "硬化混凝土—用回弹仪测定回弹值" 的国家标准草案（ISO/DIS 8045），我国于 1985 年就编制了《回弹法评定混凝土抗压强度技术规程》，在 2011 年第 3 次修订发布了《回弹法检测混凝土抗压强度技术规程》（JGJ/T 23—2011）。由于回弹法是通过回弹仪检测混凝土表面硬度从而推算出混凝土强度的方法，因此不适用于表层与内部质量有明显差异或内部存在缺陷的混凝土构件的检测。当混凝土表面遭受了火灾、冻伤，受化学物质侵蚀或内部有缺陷时，就不能直接采用回弹法检测，可采用钻芯法检测。

1. 回弹法基本原理

回弹法属于表面硬度法的一种，是用弹簧驱动重锤，通过弹击杆弹击混凝土表面，并测出重锤被反弹回来的距离，以回弹值（反弹距离与弹簧初始长度之比）作为与强度相关的指标，来推定混凝土强度的一种方法。

图 5-1 所示为回弹法的基本原理。当重锤被拉到冲击前的状态时，若重锤的质量等于1，则这时重锤所具有的势能 e 为

$$e = \frac{1}{2} E_s l^2 \tag{5-1}$$

式中　E_s——拉力弹簧的刚度系数；

　　　l——拉力弹簧起始拉伸长度。

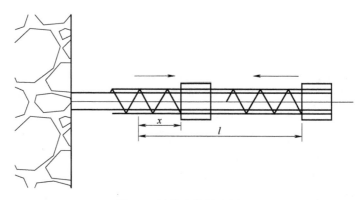

图 5-1　回弹法的基本原理

混凝土受冲击后产生瞬时弹性变形，其恢复力使重锤回弹，重锤被弹回到 x 位的势能 e_x 为

$$e_x = \frac{1}{2} E_s x^2 \tag{5-2}$$

式中　x——重锤反弹位置或重锤回弹时弹簧的拉伸长度。

重锤在弹击过程中所消耗的能量 Δe 为

$$\Delta e = e - e_x = \frac{1}{2} E_s (l^2 - x^2) = e \left[1 - \left(\frac{x}{l} \right)^2 \right] \tag{5-3}$$

令

$$R = \frac{x}{l} \tag{5-4}$$

在回弹仪中，l 为定值，故 R 与 x 成正比，称为回弹值。将 R 代入式（5-3）得

$$R = \sqrt{1 - \frac{\Delta e}{e}} = \sqrt{\frac{e_x}{e}} \tag{5-5}$$

从式（5-5）可知，回弹值 R 是重锤冲击混凝土表面后剩余的势能与原有势能之比的平方根。简言之，回弹值的大小取决于与冲击能量有关的回弹能量，而回弹能量主要取决于被

测混凝土的弹塑性性能。混凝土的强度越低，则塑性变形越大，消耗于产生塑性变形的功也越大，弹击锤所获得的回弹能量就越小，回弹值就越小，反之亦然。据此，可由能量建立混凝土抗压强度-回弹值的相关曲线，通过回弹仪对混凝土表面弹击后的回弹值来推算混凝土的强度值。

2. 回弹仪

（1）回弹仪的类型、构造及工作原理　回弹仪类型较多，有重型、中型、轻型和特轻型之分，在一般工程中，中型回弹仪应用最多。我国于20世纪50年代开始生产回弹仪，回弹仪可分为指针直读式和数字式。其中以指针直读式的直射锤击式仪器（即N型）应用最广，随着数字技术的发展，数字式回弹仪应用得也越来越多。常用回弹仪的构造如图5-2所示。回弹仪的分类见表5-1。

表 5-1　回弹仪的分类

类别	名称	冲击能量/J	主要用途	备注
L型（小型）	L型	0.735	小型构件或刚度稍差的混凝土	—
	LR型	0.735	小型构件或刚度稍差的混凝土	有回弹值自动画线装置
	LB型	0.735	烧结材料和陶瓷	—
N型（中型）	N型	2.207	普通混凝土构件	—
	NA型	2.207	水下混凝土构件	—
	NR型	2.207	普通混凝土构件	有回弹值自动画线装置
	ND-740型	2.207	普通混凝土构件	高精度数显式
	NP-750型	2.207	普通混凝土构件	数字处理式
	MTC-850型	2.207	普通混凝土构件	有专用计算机自动记录处理
	WS-200型	2.207	普通混凝土构件	远程自动显示记录
P型（摆式）	P型	0.883	轻质建材、砂浆、饰面等	—
	PT型	0.883	用于低强度胶凝制品	冲击面较大
M型（大型）	M型	29.40	大型实心块体、机场跑道及公路路面的混凝土	—

使用时，先对回弹仪施压，弹击杆1慢慢向机壳内推进，弹击拉簧2被拉伸，使连接弹击拉簧的弹击锤4获得恒定的冲击能量，当仪器水平状态工作时，其冲击能量由下式计算：

$$e = \frac{1}{2}E_s l^2 = 2.207\mathrm{J} \tag{5-6}$$

式中　E_s——弹击弹簧的刚度，取0.784N/mm；

　　　l——弹击弹簧工作时拉伸长度，取75mm。

挂钩12与调零螺钉16互相挤压使弹击锤脱钩，弹击锤的冲击面与弹击杆的后端平面相碰撞（见图5-2），此时弹击锤释放出来的能量借助弹击杆传递给混凝土构件，混凝土弹性反应的能量又通过弹击杆传递给弹击锤，使弹击锤获得回弹的能量后回弹，弹击锤回弹距离l'与弹击脱钩前距弹击杆后端平面的距离l之比即回弹值R，它由仪器外壳上的刻度尺8显示。

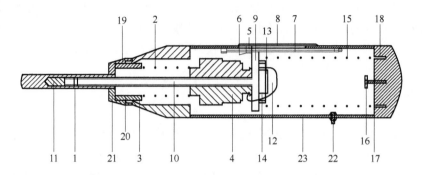

图 5-2　常用回弹仪的构造

1—弹击杆　2、15—弹击拉簧　3—拉簧座　4—弹击锤　5—指针块　6—指针片　7—指针轴　8—刻度尺
9—导向法兰　10—中心导杆　11—缓冲压簧　12—挂钩　13—挂钩压簧　14—压簧　16—调零螺钉
17—紧固螺母　18—尾盖　19—盖帽　20—卡环　21—密封毡帽　22—按钮　23—外壳

（2）回弹仪的率定　回弹仪使用性能的检验方法一般采用钢砧率定法，即在洛氏硬度 HRC 为 60±2 的钢砧上，将仪器垂直向下率定，回弹值的平均值应为 80±2，以此作为使用过程是否需要调整的标准。

回弹仪的率定试验应符合下列规定：

1）率定试验宜在干燥、室温为 5～35℃ 的条件下进行。

2）钢砧表面应干燥、清洁，并应稳固地平放在刚度大的物体上。

3）回弹值取连续向下弹击三次的稳定回弹结果的平均值。

4）回弹仪向下弹击时，弹击杆分四次旋转，每次旋转为 90°，取连续向下弹击 3 次稳定回弹值的平均值，弹击杆每放置一次的率定平均值应为 80±2。

5）率定回弹仪的钢砧应每 2 年校准 1 次。

3. 回弹仪的操作、保养及校验

（1）操作　检测时回弹仪的轴线应始终垂直于结构或构件混凝土的表面，缓慢施压，准确读数，快速复位。回弹仪使用时的环境温度应为 -4～40℃。

（2）检定　当回弹仪具有下列情况之一时，应由法定部门按照《回弹仪检定规程》（JJG 817—2011）对回弹仪进行检定。

1）新回弹仪使用前。

2）超过检定有效期。

3）数字式回弹仪显示的回弹值与指针直读示值相差大于 1。

4）经保养后，在钢砧上率定值不合格。

5）遭受严重撞击或者其他损害。

（3）保养　当回弹仪的弹击次数超过 2000 次，或者对检测值存疑及率定试验不合要求时，应对回弹仪进行常规保养。常规保养应符合下列规定：

1）先将弹击锤脱钩后取出机芯，然后卸下弹击杆，取出里面的缓冲压簧，并取出弹击锤、弹击拉簧和拉簧座。

2）清洗机芯各零部件，重点清洗中心导杆、弹击锤和弹击杆的内孔和冲击面，清洗后在中心导杆上薄薄涂抹钟表油，其他零部件均不得抹油。

3）清理机壳内壁，卸下刻度尺，并检查指针，其摩擦力为 0.5~0.8N。

4）对数字式回弹仪，按产品要求的维护程序进行维护。

5）保养时，不得旋转尾盖上已定位紧固的调零螺钉，不得自制或更换零部件。

6）保养后对回弹仪进行率定试验。

回弹仪使用完毕后，应使弹击杆伸出机壳清除弹击杆、杆前端球面及刻度尺表面和外壳上的污垢、尘土。回弹仪不用时，应将弹击杆压入仪器内，经弹击后方可按下按钮锁住机芯，使弹击拉簧处于自由状态，避免长期受力松弛。数字式回弹仪长期不用时，应取出电池。

（4）校验　新仪器启用前，超过检定有效期，累计弹击次数超过 6000 次，仪器遭受撞击、损害、零部件更换后，拉簧座孔位变更及尾盖调零螺钉松动等情况均应送校验单位进行校验。检验后的有效期为一年。

4. 回弹法测强曲线

我国地域辽阔，气候差别很大，混凝土材料种类繁多，工程分散，施工和管理水平参差不齐。在全国工程中使用回弹法检测混凝土强度，除应统一仪器标准、测试技术、数据处理方法、强度推定方法外，还应尽力提高检测曲线的精度，发挥各地区的技术作用。各地区除使用统一测强曲线外，也可以根据各地的气候和原材料特点，因地制宜地采用专用测强曲线和地区测强曲线。三种曲线制定的技术条件及使用范围见表 5-2。

表 5-2　三种曲线制定的技术条件及使用范围

名称	统一测强曲线	地区测强曲线	专用测强曲线
定义	采用全国有代表性的材料、成型、养护工艺配制的混凝土试块，通过大量的破损与非破损试验所建立的曲线	采用本地区有代表性的材料、成型、养护工艺配制的混凝土试块，通过较多的破损与非破损试验所建立的曲线	采用与构件混凝土相同的材料、成型、养护工艺配制的混凝土试块，通过较多的破损与非破损试验所建立的曲线
适用范围	适用于无地区曲线或专用曲线时检测符合规定条件的构件或结构混凝土强度	适用于无专用曲线时检测符合规定条件的构件或结构混凝土强度	适用于检测与该构件相同条件的混凝土强度
误差	测强曲线的平均相对误差不大于±15%，相对标准差不大于18%	测强曲线的平均相对误差不大于±14%，相对标准差不大于17%	测强曲线的平均相对误差不大于±12%，相对标准差不大于14%

对于有条件的地区，如能建立本地区的测强曲线或专用测强曲线，则可以提高该地区的检测精度。地区和专用测强曲线必须经地方建设行政主管部门组织审查和批准，方能实施。各地可以根据专用测强曲线、地区测强曲线、统一测强曲线的次序选用。

符合下列条件的非泵送混凝土，可以采用全国统一测强曲线进行测区混凝土强度换算。

1）混凝土采用的水泥、砂石、外加剂、掺合料、拌和用水符合国家现行有关标准。

2）采用普通成型工艺。

3）采用符合国家标准规定的模板。

4）蒸汽养护出池经自然养护 7d 以上，且混凝土表层为干燥状态。

5）自然养护且龄期为 14~1000d。

6）抗压强度为 10.0~60.0MPa。

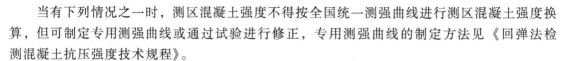

当有下列情况之一时，测区混凝土强度不得按全国统一测强曲线进行测区混凝土强度换算，但可制定专用测强曲线或通过试验进行修正，专用测强曲线的制定方法见《回弹法检测混凝土抗压强度技术规程》。

1）非泵送混凝土粗集料最大公称粒径大于 60mm，泵送混凝土粗集料最大公称粒径大于 31.5mm。

2）特种成型工艺制作的混凝土。

3）检测部位曲率半径小于 250mm。

4）潮湿或浸水混凝土。

5. 检测方法与数据处理

（1）检测抽样要求　一般检测混凝土构件的混凝土强度有两种方法，即单个构件检测和批量抽样检测。单个构件检测适用于对混凝土强度质量存疑的独立结构或有明显质量问题的构件。批量抽样检测主要用于在相同的生产工艺条件下，强度等级相同、原材料和配合比基本一致且龄期相近的混凝土构件。被检测的试样应随机抽取不少于同类构件总数的 30%，要求测区总数不少于 100 个。批量抽样检测适用于在相同的生产工艺条件下，混凝土强度等级相同，原材料、配合比、成型工艺、养护条件基本一致且龄期相近的一批同类构件的检测。按批量抽样检测时，应随机抽取构件，抽检数量不宜少于同批构件总数的 30% 且构件数量不得少于 10 件。当检验批构件数量大于 30 时，抽样构件数量可适当调整，但不得少于国家现行有关标准规定的最少抽样数量。

（2）检测准备　结构或构件混凝土强度检测宜具有下列资料：

1）工程名称、设计单位、施工单位。

2）构件名称、数量及混凝土类型、强度等级。

3）水泥安定性情况，外加剂、掺合料品种，混凝土配合比等。

4）施工模板，混凝土浇筑、养护情况及浇筑日期等。

5）必要的设计图和施工记录。

6）检测原因。

（3）测区要求　当了解被检测的混凝土构件情况后，需要在构件上选择及布置测区。所谓测区是指每一试样的测试区域。每测区相当于试样同条件混凝土的一组试块。根据《回弹法检测混凝土抗压强度技术规程》的规定，每一结构或构件的测区应符合下列规定：

1）每一结构或构件测区数不宜少于 10 个。当受检构件的数量大于 30 个且不需提供单个构件推定强度，或受检构件某一方向的尺寸小于 4.5m 且另一方向尺寸小于 0.3m 时，每个构件的测区数量可适当减少，但不应少于 5 个。

2）如图 5-3 所示，相邻两测区的间距不应大于 2m，测区离构件端部或施工缝边缘不宜大于 0.5m，且不宜小于 0.2m。

3）测区宜选在能使回弹仪处于水平方向检测混凝土浇筑侧面。当不能满足这一要求时，也可选在使回弹仪处于非水平方向检测混凝土浇筑表面或底面。

4）测区宜布置在构件的两个对称的可测面上，当不能布置在对称的可测面上时，也可布置在同一可测面上，且应均匀分布。在构件的重要部位及薄弱部位应布置测区，并避开预埋件。

5）测区的面积不宜大于 $0.04m^2$。

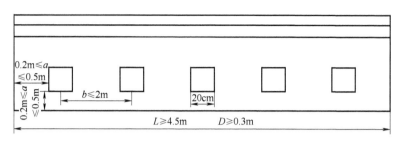

图 5-3 测区示意

6）测区表面应为混凝土原浆面，并应清洁、平整，不应有疏松层、浮浆、油垢、涂层及蜂窝、麻面。

7）对弹击时产生颤动的薄壁、小型构件应进行固定。

（4）回弹值测量 测量回弹值时，回弹仪的轴线应始终垂直于混凝土检测面，并缓慢施压、准确读数、快速复位。每一测区应读取 16 个回弹值，每一测点的回弹值读数应精确至 1。测点宜在测区范围内均匀分布，相邻两测点的净距离不宜小于 20mm，测点距外露钢筋、预埋件的距离不宜小于 30mm，测点不应设在气孔或外露石子上，同一测点应只弹击一次。

1）碳化深度值测量。回弹值测量完毕后，应在有代表性的测区上测量碳化深度值，测点数不应少于构件测区数的 30%，并取其平均值作为该构件每个测区的碳化深度值。当碳化深度值极差大于 2.0mm 时，应在每一测区分别测量碳化深度值。

碳化深度值的测量应符合下列规定：

① 可采用工具在测区表面形成直径约 15mm 的孔洞，其深度应大于混凝土的碳化深度。

② 清除孔洞中的粉末和碎屑，且不得用水擦洗。

③ 采用浓度为 1%~2% 的酚酞酒精溶液滴在孔洞内壁的边缘处，当已碳化与未碳化界线清晰时，应采用碳化深度测量仪测量已碳化与未碳化混凝土交界面到混凝土表面的垂直距离，测量 3 次，每次读数精确至 0.25mm。

④ 取 3 次测量的平均值作为检测结果，并精确至 0.5mm。

2）回弹值计算。当回弹仪水平方向测试混凝土浇筑侧面时，应从每一测区的 16 个回弹值中去掉 3 个较大值和 3 个较小值，取余下的 10 个回弹值的平均值作为该测区的平均回弹值，计算公式为

$$R_m = \frac{\sum\limits_{i=1}^{10} R_i}{10}$$ （5-7）

式中 R_m——测区平均回弹值，精确值 0.1；

R_i——第 i 测区的回弹值。

回弹法测强曲线是根据回弹仪水平方向测试混凝土试件侧面的试验数据计算得出的，当回弹仪非水平方向检测混凝土浇筑侧面时，应按式（5-8）修正。

$$R_m = R_{m\alpha} + R_{a\alpha}$$ （5-8）

式中 $R_{m\alpha}$——非水平方向检测时测区的平均回弹值，精确至 0.1；

$R_{a\alpha}$——非水平方向检测时回弹值修正值，应按《回弹法检测混凝土抗压强度技术规程》附录 C 取值。

当水平方向检测混凝土浇筑顶面或底面时，应按式（5-9）和式（5-10）修正。

$$R_m = R_m^t + R_a^t \tag{5-9}$$

$$R_m = R_m^b + R_a^b \tag{5-10}$$

式中 R_m^t、R_m^b——水平方向检测混凝土浇筑表面、底面时，测区的平均回弹值，精确至 0.1；

R_a^t、R_a^b——混凝土浇筑表面、底面回弹值的修正值，应按《回弹法检测混凝土抗压强度技术规程》附录 D 取值。

在测试时，如仪器处于非水平状态，同时构件测区又非混凝土的浇筑侧面，则应对测得的回弹值先进行角度修正，再进行顶面或底面修正。

6. 混凝土强度的计算

根据《回弹法检测混凝土抗压强度技术规程》的规定，用回弹法检测混凝土强度时，除给出强度推定值外，对于测区数小于 10 个的构件，还要给出平均强度值、测区最小强度值，测区数大于或等于 10 个的构件还要给出标准差。

（1）测区混凝土强度换算值   测区混凝土强度换算值是指将测得的回弹值和碳化深度值换算成被测构件测区的混凝土抗压强度值。构件第 i 个测区混凝土强度换算值 $f_{cu,i}^c$，根据每一测区的平均回弹值 R_m 及平均碳化深度值 d_m，由《回弹法检测混凝土抗压强度技术规程》附录 A 和附录 B 查表或计算得出。当有地区或专用测强曲线时，混凝土强度的换算值宜按地区测强曲线或专用测强曲线计算或查表得出。

（2）构件混凝土强度的计算   主要包括：

1）构件混凝土强度平均值及标准差。结构或构件的测区混凝土强度平均值可根据各测区的混凝土强度换算值计算，当测区数为 10 个及以上时，应计算强度标准差。平均值和标准差应按式（5-11）和式（5-12）计算。

$$m_{f_{cu}^c} = \frac{\sum\limits_{i=1}^{n} f_{cu,i}^c}{n} \tag{5-11}$$

$$S_{f_{cu}^c} = \sqrt{\frac{\sum\limits_{i=1}^{n} (f_{cu,i}^c)^2 - n(m_{f_{cu}^c})^2}{n-1}} \tag{5-12}$$

式中 $m_{f_{cu}^c}$——构件测区混凝土强度换算值的平均值（MPa），精确至 0.1MPa；

n——对于单个检测的构件，取一个构件的测区数；对批量检测的构件，取被抽检构件测区数之和；

$S_{f_{cu}^c}$——构件检测混凝土强度换算值的标准差（MPa），精确至 0.01MPa。

2）构件混凝土强度推定值。结构或构件的混凝土强度推定值 f_{cu}^c 是指相应于强度换算值总体分布中保证率不低于 95% 的结构或构件中的混凝土抗压强度值，应按式（5-13）~式（5-16）确定。

当该构件测区数少于 10 个时：

$$f_{cu}^e = f_{cu,min}^c \tag{5-13}$$

式中 $f_{cu,min}^c$——构件中最小的测区混凝土强度换算值。

当构件测区混凝土强度值中出现小于 10MPa 的值时，即

$$f_{cu}^c < 10MPa \tag{5-14}$$

当该构件测区数不少 10 个时，应按式（5-15）计算。

$$f_{cu}^e = m_{f_{cu}^c} - 1.645 S_{f_{cu}^c} \tag{5-15}$$

当批量检测时，应按式（5-16）计算。

$$f_{cu}^e = m_{f_{cu}^c} - k S_{f_{cu}^c} \tag{5-16}$$

式中 k——推定系数，宜取 1.645，当需要进行推定强度区间时，可按国家现行有关标准的规定取值。

（3）单个构件检测 对于按批量检测的构件，当该批构件混凝土强度标准差出现下列情况之一时，则该批构件应全部按单个构件检测。

1）该批构件混凝土强度平均值小于 25MPa 时，$S_{f_{cu}} > 4.5MPa$。

2）当该批构件混凝土强度平均值不小于 25MPa 且不大于 60MPa 时，$S_{f_{cu}} > 5.5MPa$。

7. 回弹法测强减小误差的方法

估计回弹法的测强误差时，可采用在构件上钻取的混凝土芯样或同条件试块对测区混凝土强度换算值进行修正。对同一强度等级混凝土修正时，芯样数量不应少于 6 个，公称直径宜为 100mm，高径比应为 1。芯样应在测区内钻取，每个芯样应只加工一个试件。同条件试块修正时，试块数量不应少于 6 个，试块边长应为 150mm。计算时，测区混凝土强度修正量及测区混凝土强度换算值的修正应符合下列规定。

$$\Delta_{tot} = f_{cor,m} - f_{cu,m0}^c \tag{5-17}$$

$$\Delta_{tot} = f_{cu,m} - f_{cu,m0}^c \tag{5-18}$$

$$f_{cor,m} = \frac{1}{n} \sum_{i=1}^{n} f_{cor,i} \tag{5-19}$$

$$f_{cu,m} = \frac{1}{n} \sum_{i=1}^{n} f_{cu,i} \tag{5-20}$$

$$f_{cu,m0}^c = \frac{1}{n} \sum_{i=1}^{n} f_{cu,i}^c \tag{5-21}$$

式中 Δ_{tot}——测区混凝土强度修正量（MPa），精确到 0.1MPa；

$f_{cor,m}$——芯样试件混凝土强度平均值（MPa），精确到 0.1MPa；

$f_{cu,m}$——150mm 同条件立方体试块混凝土强度平均值（MPa），精确到 0.1MPa；

$f_{cu,m0}^c$——对应于钻芯部位或同条件立方体试块回弹测区混凝土强度换算值的平均值（MPa），精确到 0.1MPa；

$f_{cor,i}$——第 i 个混凝土芯样试件的抗压强度；

$f_{cu,i}$——第 i 个混凝土立方体试块的抗压强度；

$f_{cu,i}^c$——对应于第 i 个芯样部位或同条件立方体试块测区回弹值和碳化深度值的混凝土强度换算值，可按《回弹法检测混凝土抗压强度技术规程》附录 A 或附录 B 取值；

n——芯样或试块数量。

测区混凝土强度换算值的修正计算公式见式（5-22）。

$$f_{cu,i1}^{c}=f_{cu,i0}^{c}+\Delta_{tot} \tag{5-22}$$

式中　$f_{cu,i0}^{c}$——第 i 个测区修正前的混凝土强度换算值（MPa），精确到 0.1MPa；

　　　　$f_{cu,i1}^{c}$——第 i 个测区修正后的混凝土强度换算值（MPa），精确到 0.1MPa。

5.1.3　回弹法检测混凝土强度工程实例

1. 工程概况

某大桥总长 90m，共 3 跨，为 25m+40m+25m 连续梁，桥梁墩台混凝土强度设计等级为 C30。为掌握该桥桥台混凝土强度情况，2015 年 6 月 1 日对该桥进行混凝土强度检测。检测构件为该桥东半幅 0#桥台，每个仪器选取 10 个测区进行回弹检测，每个测区为 200mm×200mm，每个测区测量 16 个回弹值，测试方向为水平方向。回弹测试完成后，每个仪器选取 2#、4#、6#回弹测区进行碳化深度检测，共 6 个测点。回弹检测测区及碳化深度测试过程如图 5-4~图 5-6 所示，其中图 5-4 中阴影部分测区同时为碳化深度测点。

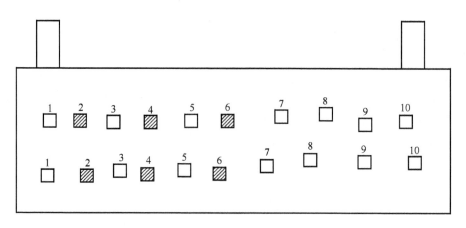

图 5-4　0#桥台混凝土回弹强度测区及碳化深度测点布置

图 5-5　混凝土回弹检测

图 5-6　混凝土碳化深度检测

2. 检测数据及结果分析

1）混凝土回弹强度、碳化深度检测数据，见表5-3。

表 5-3　混凝土回弹强度、碳化深度检测数据

测区编号	1	2	3	4	5
回弹值	53	56	46	51	52
	45	44	38	41	50
	46	44	49	43	47
	42	42	43	39	41
	46	37	48	44	42
	50	46	50	39	47
	42	44	44	44	44
	51	43	50	43	43
	48	44	39	42	45
	53	44	42	45	51
	41	46	45	44	40
	52	46	37	50	45
	44	43	48	44	42
	45	52	45	40	46
	50	47	47	40	41
	50	50	42	51	44
平均值	48.0	44.8	45.0	43.0	44.5
碳化值/mm	—	0.0	—	0.0	—
测区强度换算值/MPa	60.0	52.2	52.4	48.1	51.5
测区编号	6	7	8	9	10
回弹值	46	42	43	42	41
	43	44	46	44	46
	46	46	45	35	48
	55	43	54	40	51
	45	52	42	50	51
	42	44	56	46	45
	46	42	39	36	45
	41	46	45	53	48
	51	45	47	41	46
	49	42	37	47	42
	42	44	50	49	40
	54	42	44	43	51
	44	44	40	45	45
	42	45	40	48	44
	41	43	38	38	46
	40	39	43	39	46

（续）

测区编号	6	7	8	9	10
平均值	44.5	43.6	43.5	43.5	45.9
碳化值/mm	0.0	—	—	—	—
测区强度换算值/MPa	51.5	49.4	49.2	49.2	54.8

2）数据整理。根据《回弹法检测混凝土抗压强度技术规程》，当测区数为 10 个及以上时，应计算强度标准差。平均值及标准差应按式（5-11）和式（5-12）计算，将表 5-3 检测数据代入后，经计算，该构件测区混凝土强度换算值平均值 $m_{f_{cu}}$ 是 51.8MPa，标准差 $S_{f_{cu}}$ 是 3.31MPa。

结构或构件的混凝土强度推定值，当满足该结构或构件测区数不少于 10 个或按批量检测时，应按式（5-15）计算，代入数据经计算，该构件混凝土强度推定值 f_{cu}^e 是 46.4MPa，混凝土设计强度为 C30，实测值大于设计值，满足设计要求。

5.1.4 超声-回弹综合法检测混凝土强度

1. 概述

超声-回弹综合法于 20 世纪 60 年代由罗马尼亚的弗格瓦洛等人提出，至今仍被许多国家采用。我国于 20 世纪 60 年代开始进行超声-回弹综合法的研究工作，现行规范是《超声回弹综合法检测混凝土抗压强度技术规程》（T/CECS 02—2020）。

超声-回弹综合法是指采用超声仪和回弹仪，在结构混凝土同一测区分别测量声时值和回弹值，然后利用已建立起来的测强公式推算该测区混凝土强度。这种方法与单一的回弹或超声法相比，具有以下显著特点：

1）可减少混凝土龄期和含水率的影响。混凝土的声速和回弹值均受混凝土的龄期和含水率等因素的影响，但对超声波声速和回弹值的影响却有着本质的不同。混凝土含水率越大，超声声速加大，回弹值降低。混凝土龄期长，超声声速的增长率下降，而回弹值则因混凝土碳化程度增大而提高。因此，二者综合测强，可部分减少龄期和含水率的影响。

2）可弥补相互间的不足。回弹值主要以表层砂浆的弹性性能来反映混凝土强度，当混凝土强度较低，塑性变形较大时，这种反应就不太敏感。当构件截面尺寸较大或内外质量有较大差异时，就很难反映混凝土的强度。声速值主要以整个断面的动弹性来反映强度，而强度高的混凝土，动弹性指标变化幅度小，声速随强度变化的幅度也不大，其微小变化往往被测试误差所掩盖，所以对于强度大于 35MPa 的混凝土，其强度-声速的相关性较差。因此，采用超声-回弹综合法测强，既可内外结合，又能在较低或较高的强度区间相互弥补不足，能够较全面地反映结构混凝土的实际质量。

3）提高测试精度。由于综合法能减少一些因素的影响程度，较全面地反映整体混凝土质量，所以对提高无损检测混凝土强度的精度，具有明显的效果。

2. 超声-回弹综合法检测混凝土强度应用范围

根据《超声回弹综合法检测混凝土抗压强度技术规程》规定，该规程中的混凝土抗压强度推定方法适用于下列条件的普通混凝土：

1）混凝土采用的水泥、砂石、外加剂、掺和料、拌和用水符合国家现行标准的有关规定。

2）自然养护或蒸汽养护后经自然养护7d以上，且混凝土表层为干燥状态。

3）龄期7~2000d。

4）混凝土抗压强度为10~70MPa。

超声-回弹综合法不适用于因冻害、化学侵蚀、火灾、高温等已造成表面疏松、剥落的混凝土抗压强度的检测。

3. 检测设备要求

混凝土超声波检测仪应符合《混凝土超声波检测仪》（JG/T 5004—1992）的有关规定。

混凝土超声波检测仪应具有产品合格证、检定或校准证书，混凝土超声波检测仪的明显位置上应有名称、型号、制造商、出厂编号、出厂日期等标识。

混凝土超声波检测仪宜为数字式，并应符合下列规定：

1）可对接收的超声波波形进行数字化采集和存储。

2）具有清晰、稳定的波形显示示波装置。

3）具备手动游标测读和自动测读两种声参量测读功能，且自动测读时可标记出声时、幅度的测读位置。

4）具备对各测点的波形和测读声参量进行存储的功能。

数字式混凝土超声波检测仪的性能指标应符合下列规定：

1）声时测量范围宜为0.1~999.9μs，声时分辨力应为0.1μs，实测空气声速的相对测量允许误差应为±0.5%，在1h内每5min测读1次的声时允许误差应为±0.2μs。

2）幅度测量范围不宜小于80dB，幅度分辨力应为1dB。

3）仪器信号接收系统的频带宽度应为10~250kHz。

4）信噪比为3∶1时，接收灵敏度不应大于50μV。

超声波检测仪器应能在下列条件下正常工作：①环境温度应为0~40℃；②空气相对湿度不大于80%；③电源电压波动范围在标称值±10%内；④连续工作时间不少于4h。

换能器的标称频率宜在50~100kHz范围内。换能器的实测主频与标称频率相差的允许误差应在±10%内。

在下列情况之一时，混凝土超声检测仪应进行检定或校准：①新混凝土超声波检测仪启用前；②超过检定或校准有效期；③仪器修理或更换零件后；④测试过程中对声时值存疑时；⑤仪器遭受严重撞击或其他损害。

混凝土超声波检测仪的保养应符合下列规定：①若仪器在较长时间内停用，每月应通电1次，每次不宜少于1h；②仪器检测完毕，应擦干仪器表面的灰尘，放入机箱内，并存放在通风、阴凉、干燥处，无论存放或工作时，均应防尘；③在搬运过程中应防止碰撞和剧烈振动；④换能器应避免摔损和撞击，工作完毕应擦拭干净单独存放，换能器的耦合面应避免磨损，不得随意拆装。

4. 检测技术及数据处理

（1）检测准备　检测前宜收集下列资料：①工程名称及建设、勘察、设计、施工、监理、委托单位名称；②构件名称、设计图；③水泥的安定性、品种规格、强度等级和用量，砂石的品种、粒径，外加剂或掺合料的品种、掺量，混凝土配合比、拌合物坍落度和混凝土设计强度等级等；④模板类型，混凝土浇筑情况、养护情况、浇筑日期和气象温湿度等；⑤混凝土试件抗压强度测试资料及相关的施工技术资料；⑥构件存在的质量问题或检测原因。

（2）检测数量　应符合下列规定：

1）构件检测时，应在构件检测面上均匀布置测区，每个构件上的测区数量不应少于10个。对于检测面一个方向尺寸不大于4.5m且另一方向尺寸不大于0.3m的构件，测区数量可适当减少，但不应少于5个。

2）同批构件按批进行一次或二次随机抽样检测时，随机抽样的最小样本容量宜符合表5-4的规定。

表5-4　随机抽样的最小样本容量

检测批的容量	检测类别和最小样本容量		
	A	B	C
3～8	2	2	3
9～15	2	3	5
16～25	3	5	8
26～50	5	8	13
51～90	5	13	20
91～150	8	20	32
151～280	13	32	50
281～500	20	50	80
501～1200	32	80	125
1201～3200	50	125	200
3201～10000	80	200	315
10001～35000	125	315	500
35001～150000	200	500	800
150001～500000	315	800	1250

注：1. 检测类别A适用于施工或建立单位一般性抽样检测，也可用于既有结构的一般性抽样检测。

　　2. 检测类别B适用于混凝土施工质量的抽样检测，可用于既有结构的混凝土强度鉴定检测。

　　3. 检测类别C适用于混凝土结构性能的检测或混凝土强度复检，可用于存在问题较多的既有结构混凝土强度的检测。

构件按批检测时，满足下列条件的构件可作为同批构件检测：①混凝土设计强度等级相同；②混凝土原材料、配合比、成型工艺、养护条件和龄期基本相同；③构件种类相同；④施工阶段所处状态基本相同。

（3）测区要求　构件的测区布置宜满足下列规定：

1）在条件允许时，测区宜优先布置在构件混凝土浇筑方向的侧面。

2）测区可在构件的两个对应面、相邻面或同一面上布置。

3）测区宜均匀布置，相邻两测区的间距不宜大于2m。

4）测区应避开钢筋密集区和预埋件。

5）测区尺寸宜为200mm×200mm，采用平测时宜为400mm×400mm。

6）测试面应清洁、平整、干燥，不应有接缝、施工缝、饰面层、浮浆和油垢，并应避开蜂窝、麻面部位。

7）应对测试时可能产生颤动的薄壁构件和小型构件进行固定。

应对测区进行编号，并记录测区位置和外观质量情况。每一测区，应先进行回弹测试，后进行超声测试。计算混凝土抗压强度换算值时，非同一测区内的回弹值和声速值不得混用。

（4）回弹测试及回弹值计算　回弹测试时，应始终保持回弹仪的轴线垂直于混凝土测试面。宜首先选择混凝土浇筑方向的侧面进行水平方向测试。如不具备浇筑方向侧面水平测试的条件，可采用非水平状态测试，也可以测试混凝土浇筑的顶面或底面。

测量回弹值应在构件测区内超声波的发射和接收面各弹击 8 点。超声波单面平测时，可在超声波的发射和接收测点之间弹击 16 点。每一测点的回弹值，测读精确度至 1。

测点在测区范围内宜均匀布置，但不得布置在气孔或外露石子上。相邻两测点的间距不宜小于 30mm，测点距构件边缘或外露钢筋、铁件的距离不应小于 50mm，同一测点只允许弹击一次。

回弹值的计算方法同前一节，此处不再赘述。

5. 超声测试及声速值计算

超声测点应布置在回弹测试的同一测区内（见图 5-7），每一测区应布置 3 个测点。超声测试宜采用对测，当被测构件不具备对测条件时，可采用角测或平测。

超声测试时，换能器辐射面应通过耦合剂与混凝土测试面良好耦合。声时测量应精确至 $0.1\mu s$；超声测距测量应精确至 $1.0mm$，且测量误差不应超过 $\pm 1\%$；声速计算应精确至 $0.01km/s$。

（1）超声波角测方法　当结构或构件被测部位只有 2 个相邻表面可供检测时，可采用角测方法测量混凝土中声速。每个测区布置 3 个测点，超声波角测换能器布置如图 5-8 所示。

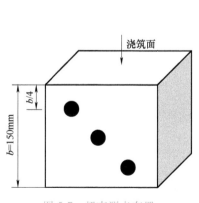

图 5-7　超声测点布置

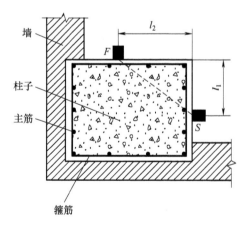

图 5-8　超声波角测换能器布置

布置超声波角测点时，换能器中心与构件边缘的距离 l_1、l_2 不宜小于 200mm。

角测时，混凝土中声速代表值应按式（5-23）计算。

$$v = \frac{1}{3} \sum_{i=1}^{3} \frac{l_i}{t_i - t_0} \qquad (5\text{-}23)$$

式中　v——测区混凝土中声速代表值（km/s）；

l_i——角测第 i 个测点的超声测距（mm）；

t_i——角测第 i 个测点的声时读数（μs）；

t_0——角测声时初读数（μs）。

（2）超声波平测方法　当结构或构件被测部位只有一个表面可供检测时，可采用平测方法测量混凝土中声速。每个测区布置 3 个测点。超声波平测换能器布置如图 5-9 所示。

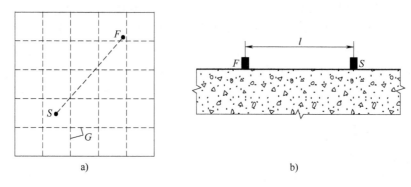

图 5-9　超声波平测换能器布置

a）平面图　b）立面图

F—发射换能器　S—接收换能器　G—钢筋轴线

布置超声平测点时，宜使发射和接收换能器的连线与附近钢筋轴线成 40°~50°，超声测距 l 宜采用 350~450mm。

宜采用同一构件的对测声速 v_d 与平测声速 v_p 之比求得修正系数 λ（$\lambda = v_d / v_p$），并对平测声速进行修正。

当被测结构或构件不具备对测与平测的对比条件时，宜选取有代表性的部位，令测距 l 分别是 200mm、250mm、300mm、350mm、400mm、450mm、500mm，逐点测读相应声时值 t，用回归分析方法求出直线方程 $l = a + bt$。以回归系数 b 代替对测声速 v_d，再用修正系数 λ 对各平测声速进行修正。

平测时，修正后的混凝土中声速代表值（v_a）应按式（5-24）计算。

$$v_a = \frac{\lambda}{3} \sum_{i=1}^{3} \frac{l_i}{t_i - t_0} \qquad (5\text{-}24)$$

式中　v_a——平测时，修正后的混凝土中声速代表值（km/s）；

l_i——平测第 i 个测点的超声测距（mm）；

t_i——平测第 i 个测点的声时读数（μs）；

λ——平测声速修正系数。

（3）超声波对测方法　当在混凝土浇筑方向的侧面对测时，测区混凝土中声速代表值（v）应根据该测区中 3 个测点的混凝土中声速值确定，按式（5-25）计算。

$$v = \frac{1}{3} \sum_{i=1}^{3} \frac{l_i}{t_i - t_0} \qquad (5\text{-}25)$$

式中　v——测区混凝土中声速代表值（km/s）；

　　　l_i——对测第 i 个测点的超声测距（mm）；

　　　t_i——对测第 i 个测点的声时读数（μs）；

　　　t_0——对测声时初读数（μs）。

（4）测区声速代表值的修正　当在混凝土浇筑的顶面或底面测试时，测区声速代表值应按式（5-26）修正。

$$v_a = \beta v \tag{5-26}$$

式中　v_a——修正后测区混凝土中的声速代表值（km/s）；

　　　β——超声测试面的声速修正系数，在混凝土浇筑的顶面和底面间对测或斜测时，$\beta = 1.034$。

6. 结构混凝土强度推定

1）结构或构件中第 i 个测区的混凝土抗压强度换算值，可先求得修正后的测区回弹代表值 R_{ai} 和声速代表值 v_{ai} 后，优先采用专用测强曲线或地区测强曲线换算而得。专用测强曲线或地区测强曲线应按《超声回弹综合法检测混凝土抗压强度技术规程》的规定制定，并经工程质量监督主管部门组织审定和批准实施。专用或地区测强曲线的抗压强度相对误差为

$$e_r = \sqrt{\dfrac{\sum_{i=1}^{n}\left(\dfrac{f_{cu,i}^0}{f_{cu,i}^c} - 1\right)^2}{n}} \times 100\% \tag{5-27}$$

式中　e_r——相对误差；

　　　$f_{cu,i}^0$——第 i 个立方体试件的抗压强度实测值（MPa）；

　　　$f_{cu,i}^c$——第 i 个立方体试件的抗压强度换算值（MPa）。

其中，专用测强曲线相对误差 $e_r \leqslant 12\%$，地区测强曲线相对误差 $e_r \leqslant 14\%$。

2）当无专用和地区测强曲线时，按综合法测定混凝土强度曲线的验证方法进行验证并通过后，可按规程规定的全国统一测区混凝土抗压强度换算表换算，也可按下述全国统一测区混凝土抗压强度换算公式计算。

① 粗集料为卵石时

$$f_{cu,i}^c = 0.0056 v_{ai}^{1.439} R_{ai}^{1.769} \tag{5-28}$$

② 粗集料为碎石时

$$f_{cu,i}^c = 0.0162 v_{ai}^{1.656} R_{ai}^{1.410} \tag{5-29}$$

式中　$f_{cu,i}^c$——第 i 个测区混凝土强度换算值（MPa），精确至 0.1MPa。

3）对按批量检测的构件，当一批构件的测区混凝土抗压强度标准差出现下列情况之一时，该批构件应全部重新按单个构件进行检测。

① 一批构件的混凝土抗压强度平均值 $m_{f_{cu}^c} < 25.0$MPa，标准差 $S_{f_{cu}^c} > 4.50$MPa。

② 一批构件的混凝土抗压强度平均值 $m_{f_{cu}^c} = 25.0 \sim 50.0$MPa，标准差 $S_{f_{cu}^c} > 5.50$MPa。

③ 一批构件的混凝土抗压强度平均值 $m_{f_{cu}^c} > 50.0$MPa，标准差 $S_{f_{cu}^c} > 6.50$MPa。

5.1.5　超声-回弹综合法检测混凝土强度工程实例

1. 工程概况

湍河大桥是南邓高速为跨越湍河而建造的桥梁，桥梁中心桩号为 K59+361，全长

918.94m，桥梁孔径布置为（4×35+4×35+5×35+5×35+4×35+4×35）m。设计荷载为汽车—超20级，挂车—120。桥梁分左右两幅，每幅桥面全宽13.5m，净宽12m。

桥梁上部结构采用35m装配式部分预应力混凝土连续箱梁，混凝土强度为C50。下部结构采用柱式墩、台，钻孔灌注桩基础。桥墩立柱直径为1.5m，桩径为1.6m，混凝土强度为C25。

该桥于2005年12月19日建成通车，故在进行桩基混凝土回弹强度检测时采用超声回弹综合法。根据《超声回弹综合法检测混凝土抗压强度技术规程》并结合业主要求，对12根桩均进行混凝土回弹强度检测。按规定，每一结构或构件测区数不应小于10个，对某一方向尺寸小于4.5m且另一方向尺寸小于0.3m的构件，其测区数量可适当减少，但不应小于5个。因此，每根桩布设5个测区。在进行桩基回弹强度检测后对每根桩均进行碳化深度检测。

墩台与桩基编号方法为①以邓州方向为前进方向依次编为0#台、1#墩、2#墩……②同一桥墩不同桩柱以面向邓州方向从右向左依次编为 n-1#桩、n-2#桩等等（n 为桥墩编号）。

2. 检测方法

1）首先，依据规范要求在桩基表面布置5个测区，然后采用角向磨光机，磨除桩基表面泥砂、松动碎石及外露粗集料，并打磨平整。

2）将20cm×20cm测区均匀划分为16个5cm×5cm方格，然后采用回弹仪依次在每个小方格内水平方向弹击1次，并记录回弹值。

3）按第2步依次对5个测区进行混凝土回弹强度检测，并记录各个测点回弹值。

4）在每一测区选取3个超声测点，并在该测区桩基表面沿桩径对称位置布置3个相同测点，对6个测点表面进行处理后，涂抹一定量黄油作为耦合剂进行超声测试，并记录声时初读数、各测点声时值及超声测距。

桩基混凝土回弹现场检测如图5-10所示，桩基混凝土超声波声速现场测量如图5-11所示。

图 5-10　桩基混凝土回弹现场检测　　　　　图 5-11　桩基混凝土超声波声速现场测量

3. 检测结果

现场对每根桩均设置5个测区进行混凝土超声回弹强度测试，依据《超声回弹综合法检测混凝土抗压强度技术规程》和《公路桥梁承载能力检测评定规程》（JTG/T J21—2011）对现场检测数据进行处理后发现，除10-1#、10-3#、10-4#桩基混凝土回弹强度处于较好状态外，其他9根桩基回弹强度均处于差的状态。桩基超声-回弹综合法检测结果见表5-5。

表 5-5　桩基超声—回弹综合法检测结果

检测部位	测区编号	回弹实测值/MPa															平均值/MPa	声速代表值/(km/s)	测区换算强度/MPa	混凝土强度推定值/MPa
9-1#桩	1	26	17	69	23	43	21	20	22	25	40	34	38	25	22	16	27.6	4.10	18.0	18.0
	2	22	46	25	21	28	39	22	23	21	31	23	23	39	43	23	27.6	4.11	18.1	
	3	44	35	38	51	44	39	48	33	29	36	45	42	46	42	47	42.3	4.53	38.8	
	4	48	46	52	38	23	57	47	58	56	39	40	38	50	41	45	45.5	4.56	43.5	
	5	54	55	38	45	35	38	32	33	42	48	30	42	47	57	41	41	4.46	36.2	
9-2#桩	1	33	31	37	24	24	18	26	31	26	20	40	18	37	20	26	26.1	4.03	16.2	16.2
	2	39	31	32	17	26	28	28	28	23	25	26	33	25	32	23	28.0	4.10	18.4	
	3	52	51	45	42	45	44	34	46	42	43	42	40	28	45	45	43.4	4.13	34.5	
	4	42	42	42	47	24	27	46	42	26	29	47	41	33	28	28	38.6	4.02	28	
	5	46	49	47	42	45	37	44	49	41	28	25	29	26	28	28	36.9	4.16	27.8	
9-3#桩	1	50	56	43	20	16	35	35	41	49	40	33	24	28	51	18	34.1	4.05	23.8	16.2
	2	24	24	23	17	23	27	16	52	23	29	20	21	25	21	23	26.3	4.00	16.2	
	3	24	33	32	20	15	34	38	44	37	28	22	41	33	45	17	30.2	3.96	19.3	
	4	49	46	26	33	44	39	26	36	36	45	38	24	32	21	44	36.2	4.45	30.3	
	5	39	36	15	34	23	37	35	16	41	40	30	23	21	38	23	32.8	4.23	24.2	
9-4#桩	1	26	17	69	23	43	21	20	22	25	40	34	38	25	22	16	27.2	4.1	17.7	17.5
	2	22	46	23	21	28	39	22	23	21	31	23	23	39	43	23	27	4.11	17.5	
	3	44	35	44	51	44	35	48	33	29	46	44	46	46	41	47	44.8	4.53	42.1	
	4	48	46	52	38	23	57	47	58	56	39	40	38	50	41	45	45.5	4.56	43.5	
	5	54	55	44	45	35	38	32	33	42	48	34	42	47	57	41	43.4	4.46	39.2	

（续）

检测部位	测区编号	回弹实测值/MPa																平均值/MPa	声速代表值/(km/s)	测区强度换算值/MPa	混凝土强度推定值/MPa
10-1#桩	1	45	26	43	36	48	43	44	39	41	41	46	40	43	49	46	39	42.5	4.80	43.0	24.9
	2	32	37	37	42	38	38	33	38	34	33	38	35	38	37	37	32	36.4	4.14	27.1	
	3	37	43	25	49	42	44	38	38	37	24	30	31	32	46	29	28	36.0	4.23	27.6	
	4	31	35	47	38	49	23	44	42	39	32	37	41	54	47	39	38	40.3	4.35	33.9	
	5	43	43	30	32	36	35	23	32	30	29	32	38	63	32	34	28	33.2	4.26	24.9	
10-2#桩	1	43	42	24	33	38	44	24	41	41	29	22	41	39	41	31	40	36.9	4.18	28	17.7
	2	20	17	23	20	41	16	27	31	43	31	27	31	48	23	35	36	28.6	4.06	18.7	
	3	28	20	18	24	29	60	41	24	32	24	39	29	21	37	23	16	27.6	4.05	17.7	
	4	42	36	25	35	50	26	27	37	37	37	48	32	27	44	29	21	33.0	4.34	25.5	
	5	43	38	41	31	40	43	28	38	36	38	37	41	35	18	50	36	37.3	4.56	32.9	
10-3#桩	1	34	40	29	29	40	48	45	38	34	43	44	41	30	38	40	33	38.1	4.18	29.3	24.8
	2	50	46	54	44	45	51	49	51	52	50	53	49	36	47	46	37	48.4	4.60	48.2	
	3	45	42	51	47	46	48	47	40	40	27	29	25	20	35	43	34	40.1	4.28	32.8	
	4	49	40	45	42	20	40	30	38	29	40	31	28	32	42	38	41	37.4	4.10	27.7	
	5	19	46	36	33	46	40	33	29	42	22	40	22	38	38	30	32	34.8	4.08	24.8	
10-4#桩	1	31	44	36	30	29	41	25	30	21	39	15	31	31	59	35	29	33.0	4.20	24.1	24.2
	2	30	53	39	29	43	43	36	43	37	52	52	32	29	46	44	46	39.0	4.52	34.5	
	3	48	39	32	39	45	45	29	41	41	37	41	43	44	38	26	43	41.7	4.23	34.0	
	4	38	20	15	25	37	34	60	41	41	35	42	41	38	41	30	30	37.4	4.19	28.7	
	5	32	34	35	29	38	36	29	42	36	31	23	27	37	37	41	34	34.1	4.09	24.2	

（续）

检测部位	测区编号	回弹实测值/MPa															平均值/MPa	声速代表值/(km/s)	测区强度换算值/MPa	混凝土强度推定值/MPa
11-1#桩	1	28	47	45	29	36	30	30	28	27	34	43	29	29	42	34	32.3	4.13	22.8	10.9
	2	40	36	21	16	27	23	18	17	15	28	23	15	17	19	20	20.6	3.89	10.9	
	3	40	40	54	35	24	27	24	17	37	48	53	43	36	45	33	36	4.12	26.4	
	4	23	26	23	34	26	32	18	32	17	16	48	15	30	32	26	25.3	4.09	15.9	
	5	40	36	39	36	58	31	39	42	26	36	46	28	44	44	44	38.7	4.38	32.4	
11-2#桩	1	40	27	24	31	15	21	36	36	17	22	25	31	17	36	37	28.1	4.1	18.5	18.5
	2	44	31	32	26	47	28	30	36	44	15	56	16	20	49	27	33.5	4.19	24.6	
	3	38	37	45	46	51	36	25	35	33	31	25	16	28	49	17	33.3	4.21	24.5	
	4	35	32	20	29	42	34	27	41	47	35	37	38	40	40	48	36.6	4.36	29.7	
	5	32	59	40	47	37	34	46	48	36	46	42	40	46	36	24	42.2	4.56	39.1	
11-3#桩	1	44	38	30	31	35	28	38	54	45	43	35	31	47	48	41	42.4	4.35	36.4	21.3
	2	24	26	28	35	32	49	42	54	46	44	30	30	31	48	22	34.4	4.2	25.6	
	3	42	38	35	45	36	49	38	39	50	38	45	36	35	48	41	39.9	4.35	33.4	
	4	21	24	23	28	44	31	41	21	35	17	44	45	28	30	42	30.6	4.15	21.3	
	5	46	44	39	37	48	34	18	39	46	48	44	46	37	42	48	43.3	4.36	37.7	
11-4#桩	1	19	29	26	18	27	29	24	16	22	17	28	37	26	29	42	24.4	4.03	14.7	14.7
	2	41	30	32	23	29	33	29	24	30	45	38	28	38	36	25	31.7	4.53	25.9	
	3	42	44	32	48	22	51	39	36	36	32	40	46	36	37	30	32	4.42	25.2	
	4	47	29	48	44	45	45	48	44	44	49	51	30	40	44	43	45.3	4.52	42.6	
	5	50	40	44	47	45	42	49	43	43	46	46	41	40	52	47	45.1	4.39	40.3	

经过现场详细检测，并根据相关规范对检测数据进行处理，依据《公路桥梁承载能力检测评定规程》第5.3.5条，10-1#、10-3#、10-4#桩基混凝土强度评定标度为2，混凝土强度处于较好状态；11-3#桩基混凝土强度评定标度为3，混凝土强度处于较差状态；9-1#、9-4#、10-2#、11-2#桩基混凝土强度评定标度为4，混凝土强度处于差的状态；9-2#、9-3#、10-1、11-1#、11-4#桩基混凝土强度评定标度为5，混凝土强度处于危险状态。

■ 5.2 混凝土中钢筋的分布及保护层厚度检测

5.2.1 概述

混凝土中钢筋分布及保护层厚度的检测一般是针对主要承重构件或承重构件的主要受力部位，或钢筋锈蚀电位测试结果表明钢筋可能发生锈蚀活化的部位，以及根据结构检算及其他检测需要确定的部位。在下列情况下需进行检测：

1）用于估测混凝土中钢筋的位置、深度和尺寸。

2）在无资料或其他原因需要对结构进行调查的情况。

3）进行其他测试之前需要避开钢筋进行的测试。

5.2.2 检测方法及原理

1）检测方法。采用电磁无损检测方法确定钢筋位置，辅以现场修正确定保护层厚度，估测钢筋直径，量测值精确至毫米。

2）检测原理。仪器探头产生一个电磁场，当某条钢筋或其他金属物体位于这个电磁场内时，会引起这个电磁场磁力线的改变，造成局部电磁场强度的变化。电磁场强度的变化和金属物大小与探头距离存在一定的对应关系。如果把特定尺寸的钢筋和所要调查的材料进行适当标定，通过探头测量并由仪表显示出来这种对应关系，即可估测混凝土中钢筋的位置深度和尺寸。

5.2.3 仪器技术要求

1. 检测仪器的技术要求

检测仪器一般包含探头、仪表和连接导线，仪表可进行模拟或数字的指示输出，较先进的仪表还具有图形显示功能，仪器可用电池或外接电源供电。

2. 钢筋保护层测试仪的技术要求

1）钢筋保护层测试仪应通过技术鉴定，必须具有产品合格证。

2）仪器的保护层测量范围应大于120mm。

3）仪器的准确度应满足：①0~60mm，±1mm；②60~120mm，±3mm；③大于120mm，±10%。

4）适用的钢筋直径范围应为6~50mm，并不少于符合有关钢筋直径系列规定的12个档次。

5）仪器应具有在未知保护层厚度的情况下，测量钢筋直径的功能。

6）仪器能适用于温度在0~40℃、相对湿度不大于85%、无强磁场干扰的环境条件下。

7）仪器工作时应为直流供电，连续正常工作时间不小于 6h。

5.2.4　仪器的标定

1）钢筋保护层测试仪使用期间的标定校准应使用专用的标定块。当测量标定块保护层厚度时，测读值应在仪器说明书所给定的准确度范围之内。

2）标定块为一根直径 16mm 的普通碳素钢筋垂直浇筑在长方体无磁性的塑料块内，钢筋距四个侧面分别为 15mm、30mm、60mm、90mm，如图 5-12 所示。

3）标定应在无外界磁场干扰的环境中进行。

4）每次试验检测前均应对仪器进行标定，若达不到应有的准确度，应送专业机构维修检验。

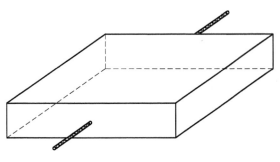

图 5-12　标定块

5.2.5　操作程序

1. 混凝土结构钢筋分布状况调查的范围

其范围应为主要承重构件或承重构件的主要受力部位，或经钢筋锈蚀电位测试结果表明钢筋可能锈蚀活化的部位，以及根据结构检算及其他检测需要确定的部位。

2. 测区布置原则

1）按单个构件检测时，应根据尺寸大小在构件上均匀布置测区，每个构件上的测区数不少于 3 个。

2）对于最大尺寸大于 5m 的构件，应适当增加测区数量。

3）测区应均匀分布，相邻两测区的间距不宜小于 2m。

4）测区表面应清洁、平整，避开接缝、蜂窝、麻面、预埋件等部位。

5）测区应注明编号，并记录测区位置和外观情况。

6）测点数量及要求：①构件上每一测区应不少于 10 个测点；②测点间距应小于保护层测试仪传感器长度。

7）对某一类构件的检测，可采取抽样的方法，抽样数不少于同类构件数的 30%，且不少于 3 件，每个构件测区布置按单个构件要求进行。

8）对结构整体的检测，可先按构件类型分类，再按类型进行检测。

3. 测量步骤

（1）了解图样　测试前应了解有关图样资料，以确定钢筋的种类和直径。

（2）确定钢筋的位置和走向　进行保护层厚度测读前，应先在测区内确定钢筋的位置与走向。

1）将保护层测试仪传感器在构件表面平行移动，当仪器显示值为最小时，传感器正下方是所测钢筋的位置。

2）找到钢筋位置后，将传感器在原处左右转动一定角度，仪器显示最小值时传感器长轴线的方向即为钢筋的走向。

3）在构件测区表面画出钢筋位置与走向。

（3）保护层厚度的测读

1）将传感器置于钢筋所在位置正上方，并左右稍稍移动，读取仪器显示的最小值，即该处保护层厚度。

2）每一测点宜读取 2~3 次稳定读数，取平均值，精确至 1mm。

3）应避免在钢筋交叉位置进行测量。

对于缺少资料、无法确定钢筋直径的构件，应首先测量钢筋直径。对钢筋直径的测量宜采用测读 5~10 次、剔除异常数据、求其平均值的测量方法。

5.2.6 影响测量准确度的因素及修正

1. 影响测量准确度的因素

1）外加磁场。测量中应避免外加磁场的影响。

2）混凝土若具有磁性，测量值需加以修正。

3）钢筋品种对测量值有一定影响，主要是高强钢筋，需加以修正。

4）布筋状况、钢筋间距影响测量值。当 $D/S<3$ 时，需修正测量值。其中，D 为钢筋净间距（mm），即相邻钢筋边缘至边缘的间距；S 为保护层厚度，即钢筋外边缘至保护层表面的最小距离。

2. 保护层测量值的修正

当钢筋直径、材质、布筋状况、混凝土性质都已知时，才能准确测量保护层厚度，而实际测量时，往往这些因素都是未知的。

（1）仪器测量直径的选择　两根钢筋横向并在一起（见图 5-13），等效直径 $d_{等效}=d_1+d_2$。两根钢筋竖向并在一起（见图 5-14），等效直径 $d_{等效}=3(d_1+d_2)/4$。

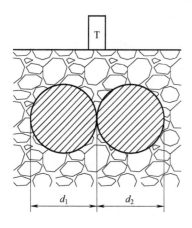

图 5-13　两根钢筋横向并在一起

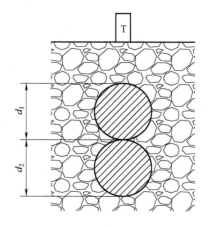

图 5-14　两根钢筋竖向并在一起

用标准垫块进行综合修正，这种方法适用于现场检测。标准垫块用硬质无磁性材料制成，如工程塑料或电工用绝缘板。平面尺寸与仪器传感器底面相同，厚度 s_b 为 10mm 或 20mm。修正系数 K 计算方法如下。

1）将传感器直接置于混凝土表面已标好的钢筋位置正上方，读取测量值 s_{m1}。

2）将标准垫块置于传感器既有混凝土表面位置，并把传感器放于标准垫块之上，读取测量 s_{m2}，则修正系数 K 为

$$K = \frac{s_{m1} - s_{m2}}{s_b} \tag{5-30}$$

3）对于不同钢筋种类和直径的试块，应确定各自的修正系数，每一修正系数应采用 3 次平均值求得。

（2）用校准孔进行综合修正 该方法也是现场校准测量值的有效方法。

1）将 6m 钻头放在钢筋位置正上方，垂直于构件表面打孔，手感碰到钢筋立即停止，用深度卡尺量测钻孔深度，即为实际的保护层厚度 S_r，则修正系数 K 为

$$K = \frac{S_m}{S_r} \tag{5-31}$$

式中 S_m——仪器读数值。

2）对于不同钢筋种类和直径的试块应打各自的校准孔，一般应不少于 2 个，求其平均值。

经过修正后确定的保护层厚度值，准确度可在 10% 以内，但混凝土表面的平整度及各种影响因素的存在仍会给测量带来误差。

（3）用图示方式注明检测部位及测区位置 将各个测区的钢筋分布、走向绘制成图，并在图上标注间距、保护层厚度及钢筋直径等数据。

5.2.7 钢筋分布及保护层厚度的评定

钢筋分布及保护层厚度的评定方法可以分为符合性评定及耐久性评定。符合性评定是将实测值与设计值比对，计算出其偏差值，以判断实测值是否满足《混凝土结构工程施工质量验收规范》（GB 50204—2015）等规范要求。该种评定方法主要应用于新建工程的过程控制及竣工质量验收项目。本小节主要依据《公路桥梁承载能力检测评定规程》（JTG/T J21—2011）介绍目前我国交通行业对于已通车运营桥梁中保护层厚度对结构耐久性影响的评定方法。

1. 数据处理

首先根据某一测量部位各测点混凝土厚度实测值，按式（5-32）求出混凝土保护层厚度平均值 $\overline{D}_n$（精确至 0.1mm）。

$$\overline{D}_n = \frac{\sum\limits_{i=1}^{n} D_{ni}}{n} \tag{5-32}$$

式中 D_{ni}——结构或构件测量部位测点混凝土保护层厚度，精确至 0.1mm；

n——检测构件或部位的测点数。

按照式（5-33）计算确定测量部位混凝土保护层厚度特征值 D_{ne}（精确至 0.1mm）。

$$D_{ne} = \overline{D}_n - K_p S_D \tag{5-33}$$

式中 S_D——测量部位测点保护层厚度的标准差，精确至 0.1mm；

K_p——合格判定系数值，按表 5-6 取用。

表 5-6　混凝土保护层厚合格判定系数值

n	10～15	16～24	不小于 25
K_p	1.695	1.645	1.595

2. 结果评定

根据测量部位实测保护层厚度特征值 D_{ne} 与其设计值 D_{nd} 的比值，混凝土保护层厚度对结构钢筋耐久性的影响评定标准可参考表 5-7。

表 5-7　钢筋保护层厚度对结构钢筋耐久性的影响评定标准

D_{ne}/D_{nd}	对结构钢筋耐久性的影响	评 定 标 度
>0.95	影响不显著	1
(0.85, 0.95]	有轻度影响	2
(0.70, 0.85]	有影响	3
(0.55, 0.70]	有较大影响	4
≤0.55	钢筋易失去碱性保护，发生锈蚀	5

5.2.8　工程实例

1. 工程概况

某大桥由承重结构和景观结构两部分组成，承重结构部分为装配式预应力混凝土箱形连续梁桥，跨径组成为 5×40m，箱梁高 2m。景观结构部分拱肋跨径 38m，拱肋钢管直径 600mm。桥面净宽 23m，两侧非机动车道宽 4.5m，人行道宽 4m。第 1 跨 1-4#箱梁右侧腹板纵向分布钢筋直径为 10mm，间距为 100mm，保护层厚度为 30mm。

检测时选取箱梁第 1 跨 1-4#箱梁距北端 8.1m 处右侧腹板的纵向钢筋，进行钢筋位置及保护层厚度检测，共 11 个测点。箱梁钢筋位置及保护层厚度测点布置如图 5-15、图 5-16 所示。

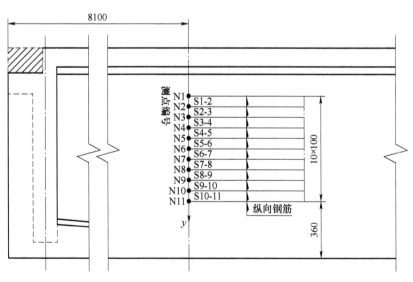

图 5-15　箱梁钢筋位置测点布置

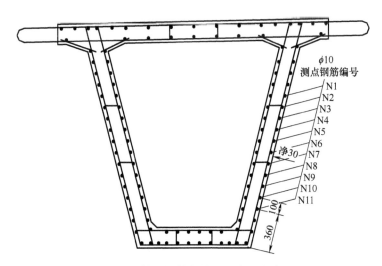

图 5-16　箱梁钢筋保护层厚度测点布置

2. 检测结果

钢筋保护层厚度检测结果见表 5-8，钢筋分布情况检测结果见表 5-9。

表 5-8　钢筋保护层厚度检测结果

检测部位	设计值/mm	实测值/mm					
1-4#梁右腹板	30	30	31	32	30	30	31
		34	37	35	35	34	32
保护层厚度平均值 D_n/mm		32.6		保护层厚度的标准差 S_D/mm		2.3	
保护层厚度特征值 D_{ne}/mm		28.7		D_{ne}/D_{nd}		0.96	
评定标度		1					

表 5-9　钢筋分布情况检测结果

结构类型	梁	梁	梁	梁	梁
测点编号	S1-2	S2-3	S3-4	S4-5	S5-6
设计钢筋间距/mm	100	100	100	100	100
实测钢筋间距/mm	100	110	94	105	98
允许间距偏差/mm	+10，-10	+10，-10	+10，-10	+10，-10	+10，-10
实测偏差/mm	0	10	-6	5	-2
是否合格	合格	合格	合格	合格	合格
结构类型	梁	梁	梁	梁	梁
测点编号	S6-7	S7-8	S8-9	S9-10	S10-11
设计钢筋间距/mm	100	100	100	100	100

（续）

实测钢筋间距/mm	109	95	90	90	106
允许间距偏差/mm	+10, −10	+10, −10	+10, −10	+10, −10	+10, −10
实测偏差/mm	9	−5	−10	−10	6
是否合格	合格	合格	合格	合格	合格

■ 5.3 钢筋锈蚀电位的检测与评定

5.3.1 概述

钢筋混凝土结构物的耐久性问题越来越引起人们的重视，钢筋锈蚀则是影响结构物耐久性的主要因素之一。随着工业污染及建筑结构的老化，钢筋锈蚀问题越来越突出，直接影响到结构物的安全使用。钢筋锈蚀是一个电化学过程，然而电化学过程的起始与发展取决于许多复杂的因素，一些工程技术人员往往不重视或不甚了解这些因素的作用原理与钢筋锈蚀的密切关系，甚至在设计、施工及使用过程中增加一些不利的人为因素，使结构物钢筋过早出现锈蚀问题。此外，一切防护措施均应在全面分析和了解影响钢筋锈蚀的各种因素的基础上制订和实施，方能得到预期的效果。

下面以硅酸盐水泥为例，介绍混凝土中钢筋表面钝化膜的破坏与腐蚀半电池的形成机理。

硅酸盐水泥在水化过程中产生一定的碱，方程式见式（5-34）。

$$2[3CaO \cdot SiO_2] + 6H_2O \rightarrow 3CaO \cdot 2SiO_2 \cdot 3H_2O + 3Ca(OH)_2 \tag{5-34}$$

$Ca(OH)_2$ 一部分溶解于混凝土的液相中，使混凝土 pH 值在 13～14 之间，另一部分则沉淀于混凝土的微孔中。处于强碱环境中的钢筋，其表面生成致密氧化膜，使钢筋处于钝化状态，混凝土对钢筋也起着物理保护作用。但是从热力学的观点来看，钢筋的钝化是不稳定的，钝化状态的保持需要具有一定的条件，一旦条件改变，钢筋便由钝化状态向活化状态转变。

混凝土通常具有连续贯通的毛细孔隙，起初这些毛细孔隙被水泥水化过程中所产生的自由水和固体 $Ca(OH)_2$ 所填塞，但是暴露在空气中的混凝土随着时间的推移，会逐渐释放一部分自由水，在干燥过程中，混凝土中的水分挥发，其原来占有的孔隙空间就会被空气所填补，通常空气中包含着大量的 CO_2 和酸性气体，它们能与混凝土中的碱性成分起反应，大气中的 CO_2、SO_2、SO_3 能中和混凝土中的 $Ca(OH)_2$，其反应见式（5-35）。

$$\begin{cases} CO_2 + Ca(OH)_2 \rightarrow CaCO_3 + H_2O \\ SO_2 + Ca(OH)_2 \rightarrow CaSO_3 + H_2O \\ SO_3 + Ca(OH)_2 \rightarrow CaSO_4 + H_2O \end{cases} \tag{5-35}$$

这就是混凝土碳化。混凝土碳化会使得混凝土的 pH 值降低，当 pH 值小于 11 时，混凝土中钢筋表面的致密钝化膜就会被破坏。此外，$CaSO_3$、$CaSO_4$ 还会与水泥水化产物中的铝酸三钙反应，其生成物体积增大，从而使混凝土胀裂，这就是硫酸盐侵蚀破坏。碱性集料反应或者碱性反应破坏机理也与此相似。当混凝土中的碱性氧化物（氧化钠和氧化钾）含量超过临界值后，就会与集料中活性矿料（如微晶和隐晶硅等）发生化学反应而生成一种凝胶，沉积在集料和水泥石界面上，一旦混凝土遭受水的侵蚀，凝胶吸水后体积会膨胀，从而产生过高的内应力，导致混凝土开裂破坏，加速了混凝土的表面剥落。

一旦钢筋表面钝化膜局部破坏或致密度变差，即不完整，钝化膜处就会形成阳极，而周围钝化膜完好的部位构成阴极，从而形成了若干个微电池。虽然有些微电池处于抑制状态，但在一定条件下可以激化，从而使其处于活化状态发生氧化还原反应，这样就造成钢筋的锈蚀，宏观上混凝土和其中的钢筋形成半电池。我们正是通过检测以上所述的处于活化状态的钢筋锈蚀半电池的电位，来判断当下混凝土内的钢筋锈蚀活化程度。

5.3.2　半电池电位法检测技术

半电池电位法是指利用混凝土中钢筋锈蚀的电化学反应引起的电位变化来测定钢筋锈蚀状态。通过测定钢筋混凝土半电池电极与在混凝土表面的铜/硫酸铜参考电极之间电位差，来评定混凝土中钢筋的锈蚀活化程度。

此方法主要根据半电池电位法检测混凝土中钢筋锈蚀状况的原理，规定仪器的使用方法、检测方法和判定标准等。

钢筋锈蚀状况检测范围包括主要承重构件或承重构件的主要受力部位，或根据一般检查结果有迹象表明钢筋可能存在锈蚀的部位。该方法用于估测现场和试验室硬化混凝土中无镀层钢筋的半电池电位。检测与钢筋的尺寸和埋在混凝土中的深度无关，并且可以在混凝土构件使用寿命中的任何时期进行。

此方法用于检测混凝土中钢筋的锈蚀活化程度。已经干燥到绝缘状态的混凝土或已发生脱空层离的混凝土表面在测试时不能提供稳定的电回路，因此不适用此方法。对特殊环境，如海水浪溅区、处于盐雾中的混凝土结构等，此方法不具有普遍适用性。

电位的测量需由有经验的、从事结构检测的工程师或相关技术专家完成并解释，除了半电池电位法测试之外，还有必要使用其他数据，如氯离子含量、碳化深度、层离状况、混凝土电阻率和所处环境调查等，以掌握钢筋腐蚀情况及其对结构使用寿命可能产生的影响。

1. 测量装置

（1）参考电极（半电池）　参考电极为铜/硫酸铜半电池。它由一根不与铜或硫酸铜发生化学反应的刚性有机玻璃管、一只通过毛细作用保持湿润的多孔塞、一根处在连接插座刚性管里饱和硫酸铜溶液中的纯铜棒构成，如图 5-17 所示。铜/硫酸铜参考电极温度系数为 $0.9mV/℃$。

（2）二次仪表的技术性能要求　测量范围大于 1V；准确度优于 $1mV±0.5\%$；输入电阻大于 $10100Ω$；仪器使用环境条件：环境温度 $0\sim40℃$，相对湿度不大于 95%。

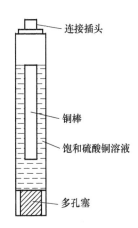

连接插头

铜棒

饱和硫酸铜溶液

多孔塞

图 5-17　铜/硫酸铜
参考电极

（3）导线　导线总长不应超过150m，一般选择截面积大于0.75mm^{2}的导线，以使在测试回路中产生的电压下降不超过0.1mV。

（4）接触液　为使铜/硫酸铜电极与混凝土表面有较好的电接触，可在水中加适量的家用液态洗涤剂对被测表面进行润湿，减小接触电阻与电路电阻。

（5）使用情况　在使用接触液后仍然无法得到稳定的电位差时，应分析原因。如是电回路的电阻过大或附近存在与桥梁连通的大地波动电流引起的，则不应使用半电池电位法。

2. 测试方法

（1）测区的选择与测点布置

1）钢筋锈蚀状况检测范围应为主要承重构件或承重构件的主要受力部位，或根据一般检查结果有迹象表明钢筋可能存在锈蚀的部位。但测区不应有明显的锈蚀胀裂、脱空或层离现象。

2）在测区上布置测试网格，网格节点为测点，网格间距可选20cm×20cm、30cm×30cm、20cm×10cm等，根据构件尺寸而定，测点位置距构件边缘应大于5cm，一般不宜少于30个测点。

3）当一个测区内相邻测点的读数超过150mV时，通常应减小测点的间距。

4）测区应统一编号，注明位置，并描述外观情况。

（2）混凝土表面处理　用钢丝刷、砂纸打磨测区混凝土表面，去除涂料、浮浆、污迹、尘土等，并用接触液将表面润湿。

（3）二次仪表与钢筋的电连接

1）现场检测时，铜/硫酸铜电极一般接二次仪表的正输入端，钢筋接二次仪表的负输入端。

2）局部打开混凝土或选择裸露的钢筋，在钢筋上钻一小孔并拧上自攻螺钉，用加压型鳄鱼夹夹住并润湿，采用图5-18所示的测试系统连接方法连接，确保有良好的电连接。若在远离钢筋连接点的测区进行测量，必须用万用表检查内部钢筋的连续性，如不连续，应重新进行钢筋的连接。

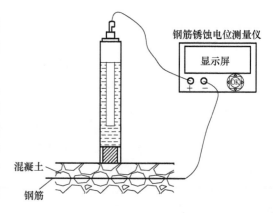

图5-18　测试系统连接方法

3）铜/硫酸铜参考电极与测点的接触。测量前应预先将电极前端多孔塞充分浸湿，以保证良好的导电性，正式测读前应再次用喷雾器将混凝土表面润湿，但应注意被测表面不应存在游离水。

（4）铜/硫酸铜电极的准备　饱和硫酸铜溶液由硫酸铜晶体溶解在蒸馏水中制成。当有多余的未溶解硫酸铜结晶体沉积在溶液底部时，可以认为该溶液是饱和的。电极铜棒应清洁，无明显缺陷。否则，需用稀释盐酸溶液清洁铜棒，并用蒸馏水彻底冲净。硫酸铜溶液应注意更换，保持清洁，溶液应充满电极，以保证电连接。

（5）测量值的采集　测点读数变动不超过2mV，可视为稳定。在同一测点，应进行同一支参考电极重复测读的差异检查测试。

3. 影响测量准确度的因素及修正

混凝土含水率对测值的影响较大，测量时构件应处在自然干燥状态。为提高现场评定钢筋状态的可靠度，一般要进行现场比较性试验。现场比较性试验通常按已暴露钢筋的锈蚀程度不同，在它们的周围分别测出相应的锈蚀电位。比较这些钢筋的锈蚀程度和相应测值的对应关系，提高评判的可靠度，但不能与有明显锈蚀胀裂、脱空、层离现象的区域比较。若环境温度在（22±5）℃范围之外，应对铜/硫酸铜电极做温度修正。此外，各种外界因素产生的波动电流对测量值影响较大，特别是靠近地面的测区，因此应避免各种电、磁场的干扰。混凝土保护层电阻对测量值有一定影响，除测区表面处理要符合规定外，仪器的输入阻抗也要符合技术要求。

4. 钢筋锈蚀电位的一般判定标准

1）在对已处理的数据（已进行温度修正）进行判读之前，按惯例将这些数据加负号，绘制等电位图，然后进行判读。

2）按照表 5-10 的评定标准判断混凝土中钢筋发生锈蚀的概率或钢筋正在发生锈蚀的锈蚀活化程度。

表 5-10　混凝土桥梁钢筋锈蚀电位评定标准

电位水平/mV	无锈蚀活动性或锈蚀活动性不确定	评定标度
≥−200	有锈蚀活动性，但锈蚀状态不确定，可能坑蚀	1
（−200，−300]	有锈蚀活动性，发生锈蚀概率大于90%	2
（−300，−400]	无锈蚀活动性或锈蚀活动性不确定	3
（−400，−500]	有锈蚀活动性，严重锈蚀可能性极大	4
<−500	构件存在锈蚀开裂区域	5

注：1. 量测时，混凝土桥梁结构或构件应为自然状态。
　　2. 表中电位水平为采用铜/硫酸铜电极时的量测值。

5.3.3　工程实例

1. 工程概况

为掌握某大桥 0#台台帽钢筋锈蚀情况，现场对 0#台台帽进行了钢筋锈蚀电位检测，检测时测点布置纵横间距均为 100mm，测点与样本边缘距离为 100mm，测区面积（长×宽）为 600mm×500mm，共计布置 42 个测点。

2. 检测结果

检测结果为图 5-19 所示的锈蚀电位数据阵列，图 5-20 所示的锈蚀电位等值线。根据图 5-19 可知，测点半电池电位值在 −326 ~ −256mV，平均电位值 −281mV，所有电位值均位于 −200 ~ −350mV，区域发生钢筋锈蚀概率 50%。

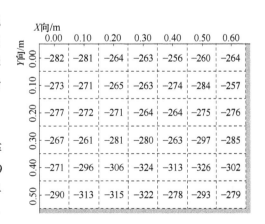

图 5-19　锈蚀电位数据阵列

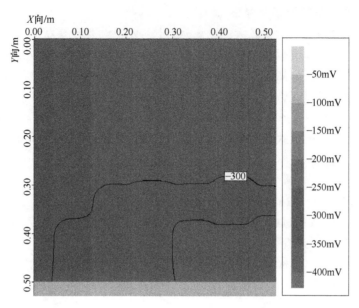

图 5-20　锈蚀电位等值线

■ 5.4　混凝土结构中氯离子含量的测定与评定

5.4.1　概述

有害物质侵入混凝土将会影响结构的耐久性。混凝土中氯离子可引起并加速钢筋的锈蚀，硫酸盐的侵入可使混凝土成为易碎松散状态，强度下降。碱的侵入（K_2O、Na_2O）在集料具有碱活性时，可能引起碱-集料反应破坏。因此，在进行结构耐久性评定时，根据需要应对混凝土中 Cl^-、SO_4^{2-}、Na^+、K^+ 含量进行测定。目前，对混凝土中氯离子含量的测定方法比较成熟，已被普遍应用于现代结构。

5.4.2　结构混凝土中氯离子含量的测定方法

1）氯离子含量的测定方法比较简便的有试验室化学分析法和滴定条法。

2）测定混凝土中的氯离子含量应在现场按混凝土不同深度取样，测定结果需能反映氯离子在混凝土中随深度的分布状况，可以根据钢筋处混凝土氯离子含量判断引起钢筋锈蚀的危险性。

3）氯离子含量测定应根据构件的工作环境条件及构件本身的质量状况确定测区，测区应能代表不同工作条件及不同混凝土质量的部位，测区宜参考钢筋锈蚀电位测量结果确定。

5.4.3　取样

1. 混凝土粉末分析样品的取样部位和数量

1）分析样品的取样部位，可参照钢筋锈蚀电位测试测区布置原则确定。

2）测区的数量应根据钢筋锈蚀电位检测结果及结构的工作环境条件确定。在电位水平不同、工作环境条件和质量状况有明显差异的部位布置测区。

3）每一测区取混凝土粉末的钻孔数量不宜少于 3 个，取粉孔可与碳化深度测量孔合并使用。

4）测区测孔应统一编号。

2. 取样方法

1）使用直径 20mm 以上的冲击钻在混凝土表面钻孔，钻孔前应先确定钢筋位置。

2）钻孔取粉应分层收集，一般深度间隔可取 3mm、5mm、10mm、15mm、20mm、25mm、50mm 等。若需测定指定深度处的钢筋周围氯离子含量，取粉间隔可进行调整。

3）钻孔深度使用附在钻头侧面的标尺杆控制。

4）用硬塑料管和塑料袋收集粉末。对每一深度应使用新的塑料袋收集粉末，每次采集后，钻头、硬塑料管及钻孔内都应用毛刷将残留粉末清除，以免不同深度的粉末混杂。

5）同一测区不同孔相同深度的粉末可收集在同一个塑料袋内，质量应不少于 25g，若不够可增加同一测区测孔数量。不同测区测孔相同深度的粉末不应混合在一起。

6）采集粉末后，塑料袋应立即封口保存，注明测区测孔编号及深度。

5.4.4　滴定条法

分析步骤如下：

1）将采回的样品过筛，去掉其中较大的颗粒。

2）将样品置于（105±5）℃烘箱内烘 2h 后，冷却至室温。

3）称取 5g 样品粉末（准确度优于±0.1g）放入烧杯中。

4）缓慢加入 50mL（1.0mol）硝酸并彻底搅拌至有嘶嘶声停止。

5）用石蕊试纸检查溶液是否呈酸性（石蕊试纸变红），如果不呈酸性，再加入适量硝酸。

6）加入约 5g 无水碳酸钠（Na_2CO_3）。

7）用石蕊试纸检查溶液是否呈中性（石蕊试纸不变），否则，再加入少量无水碳酸钠直至溶液呈中性。

8）用过滤纸做一锥斗加入液体。

9）当纯净的溶液渗入锥斗后，把滴定条插入液体中。

10）待到滴定条顶端水平黄色细条转变成蓝色，取出滴定条并由上至下将其擦干。

11）读取滴定条颜色变化处的最高值，然后在该批滴定条表中查出对应的氯离子含量，此值是以百万分之几的形式表示的。若分析过程取样 5g，加硝酸 50mL，则将查表所得的值除以 1000 即为百分比含量。

12）如果使用样品质量不是 5g 或使用过量的硝酸，则应按式（5-36）修正百分比含量。

$$氯离子百分比含量 = \frac{ab}{10000c} \tag{5-36}$$

式中　a——查表所得的值；

b——硝酸体积（mL）；

c——样品质量（g）。

5.4.5 试验室化学分析法

1. 混凝土中游离氯离子含量的测定

（1）适用范围　测定硬化混凝土中砂浆的游离氯离子含量。

（2）所需化学药品　硫酸（相对密度1.84）、酒精（95%）、硝酸银、铬酸钾、酚酞（以上均为化学纯）、氯化钠（分析纯）。

1）配制浓度约5%的铬酸钾指示剂。称取5g铬酸钾溶于少量蒸馏水中，加入少量硝酸银溶液使之出现微红，摇匀后放置12h，过滤并移入100mL容量瓶中，稀释至刻度。

2）配置浓度约0.5%的酚酞溶液。称取0.5g酚酞，溶于75mL酒精和25mL蒸馏水中。

3）配置稀硫酸溶液。以1份体积硫酸倒入20份体积蒸馏水中。

4）配置0.02N的氯化钠标准溶液。把分析纯氯化钠置于瓷坩埚中加热（以玻璃棒搅拌）至不再有盐的爆裂声为止。冷却后称取1.2g左右（精确至0.1mg），用蒸馏水溶解后移入1000mL容量瓶，并稀释至刻度。

氯化钠当量浓度按式（5-37）计算。

$$N = \frac{W}{58.45}$$
（5-37）

式中　N——氯化钠溶液的当量浓度；

　　　W——氯化钠质量（g）；

　58.45——氯化钠的克当量。

5）配置0.02N的硝酸银溶液（视所测的氯离子含量，也可配成浓度略高的硝酸银溶液）。称取硝酸银3.4g左右溶于蒸馏水中并稀释至1000mL，置于棕色瓶中保存。用移液管吸取氯化钠标准溶液（V_1）20mL于三角烧瓶中，加入10~20滴铬酸钾指示剂，用于配制的硝酸银溶液滴定至刚呈砖红色。记录所消耗的硝酸银溶液量（V_2）。

硝酸银溶液的当量浓度按式（5-38）计算。

$$N_2 = \frac{N_1 V_1}{V_2}$$
（5-38）

式中　N_2——硝酸银溶液的当量浓度；

　　　N_1——氯化钠标准溶液的当量浓度；

　　　V_1——氯化钠标准溶液量；

　　　V_2——消耗硝酸银溶液量。

（3）试验步骤

1）样品处理。取混凝土中的砂浆约30g，研磨至全部通过0.63mm筛，然后置于（105±5）℃烘箱中加热2h，取出后放入干燥器冷却至室温。称取20g（精确至0.01g），质量为G，置于三角烧瓶中并加200mL蒸馏水（V_3），塞紧瓶塞，剧烈振荡1~2min，浸泡24h。

2）将上述试样过滤。用移液管分别吸取20mL滤液（V_4），置于2个三角烧瓶中，各加入2滴酚酞，使溶液呈微红色，再用稀硫酸中和至无色后，加铬酸钾指示剂10~20滴，立即用硝酸银溶液滴定至呈砖红色。记录所消耗的硝酸银溶液量（V_5）。

（4）试验结果处理　游离氯离子含量按式（5-39）计算。

$$P = \frac{0.03545 N_2 V_5}{G \dfrac{V_4}{V_3}} \times 100\% \tag{5-39}$$

式中　P——砂浆样品游离氯离子含量（%）；

N_2——硝酸银标准溶液的当量浓度；

G——砂浆样品质量（g）；

V_3——浸样品的水量（mL）；

V_4——每次滴定时提取的滤液量（mL）；

V_5——每次滴定时消耗的硝酸银溶液量（mL）；

0.03545——氯离子的毫克当量。

2. 混凝土中氯离子总含量的测定

（1）适用范围　测定混凝土中砂浆的氯离子总含量，其中包括已和水泥结合的氯离子量。

（2）基本原理　用硝酸将含有氯化物的水泥全部溶解，然后在硝酸溶液中，用佛尔哈德法来测定氯化物含量。佛尔哈德法是在硝酸溶液中加入过量的 $AgNO_3$ 标准溶液，使氯离子完全沉淀在上述溶液中，用铁矾作指示剂。将过量的硝酸银用 KCNS 标准溶液滴定。滴定时 CNS^- 首先与 Ag^+ 生成白色的 AgCNS 沉淀，当 CNS^- 略有多余时，即与 Fe^{3+} 形成 $Fe(CNS)^{2+}$ 络离子使溶液显红色，当滴至红色能维持 5~10s 不褪，即为终点。反应式为

$$\begin{cases} Ag^+ + Cl^- \longrightarrow AgCl \downarrow \\ Ag^+ + CNS^- \longrightarrow AgCNS \downarrow \\ Fe^{3+} + CNS^- \longrightarrow Fe(CNS)^{2+}（红色） \end{cases} \tag{5-40}$$

（3）化学试剂　氯化钠、硝酸银、硫氰酸钾、硝酸、铁矾、铬酸钾（以上均为化学纯）。

（4）试验步骤

1）试剂配置。

① 0.02N 氯化钠标准溶液的配制。

② 0.02N 硝酸银溶液的配制与标定。

③ 6N 硝酸溶液配制。取含量 65%~68% 的 25.8mL 化学纯浓硝酸（HNO_3）置于容量瓶中，用蒸馏水稀释至刻度。

④ 10% 铁矾溶液配制。用 10g 化学纯铁矾溶于 90g 蒸馏水配成。

⑤ 0.02N 硫氰酸钾标准溶液配制。用天平称取化学纯硫氰酸钾晶体约 1.95g，溶于 100mL 蒸馏水，充分摇匀，装在瓶内配成硫氰酸钾溶液，并用硝酸银标准溶液进行标定。

⑥ 将硝酸银标准溶液装入滴定管，从滴定管放出硝酸银标准溶液约 25mL，加 6N 硝酸 5mL 和 10% 铁矾溶液 4mL，然后用硫氰酸钾标准溶液滴定。滴定时，激烈摇动溶液，当滴至红色维持 5~10s 不褪时，即为终点。

硫氰酸钾标准溶液的当量浓度按式（5-41）计算。

$$N_1 = \frac{N_2 V_2}{V_1} \tag{5-41}$$

式中 N_1——硫氰酸钾标准溶液的当量浓度；

V_1——滴定时消耗的硫氰酸钾标准溶液量（mL）；

N_2——硝酸银标准溶液的当量浓度；

V_2——硝酸银标准溶液量（mL）。

2）混凝土试样处理和氯离子测定步骤。

① 取适量的混凝土试样（约40g），用小锤仔细除去混凝土试样中的石子部分，保存砂浆，把砂浆研碎成粉状，置于（105±5）℃烘箱中烘2h。取出放入干燥器内冷却至室温，用精确度为0.01g天平称取10~20g砂浆试样倒入三角锥瓶。

② 用容量瓶盛100mL稀硝酸（体积比为浓硝酸：蒸馏水 = 15：85）倒入盛有砂浆试样的三角锥瓶内，盖上瓶塞，防止蒸发。

③ 砂浆试样浸泡24h左右（以水泥全部溶解为度），其间应摇动三角锥瓶，然后用滤纸过滤，除去沉淀。

④ 用移液管准确量取滤液20mL两份，置于三角锥瓶，每份由滴定管加入硝酸银溶液热20mL（可估算氯离子含量的多少而酌量增减），分别用硫氰酸钾溶液滴定。滴定时激烈摇动溶液，当滴至红色能维持5~10s不褪色时，即为终点。

另外，必要时加入3~5滴10%铁矾溶液以增加水泥含有的 Fe^{3+}。

3）试验结果处理。氯离子总含量按式（5-42）计算。

$$P = \frac{0.03545 \, (NV - N_1 V_1)}{\dfrac{GV_2}{V_3}} \times 100\% \tag{5-42}$$

式中 P——砂浆样品中氯离子总含量（%）；

N——硝酸银标准溶液的当量浓度；

V——加入滤液试样中的硝酸银标准溶液量（mL）；

N_1——硫氰酸钾标准溶液的当量浓度；

V_1——加入滤液试样中的硫氰酸钾标准溶液（mL）；

V_2——每次滴定时提取的滤液量（mL）；

V_3——浸样品的水量（mL）；

G——砂浆样品质量（g）；

0.03545——氯离子的毫克当量。

5.4.6 氯离子含量的评判标准

1）氯化物浸入混凝土可引起钢筋的锈蚀，其锈蚀危险性受到多种因素的影响，如碳化深度、混凝土含水率、混凝土质量等，因此应进行综合分析。

2）根据每一取样层氯离子含量的测定值，做出氯离子含量的深度分布曲线，判断氯化物是混凝土生成时已有的，还是结构使用过程中由外界渗入及浸入的。

3）可按表5-11的评判标准确定混凝土中氯离子引起钢筋锈蚀的可能性。

表 5-11 混凝土中氯离子含量评定标准

氯离子含量（占水泥含量的百分比）	诱发钢筋锈蚀的可能性	评定标度
<0.15	很小	1
[0.15, 0.40)	不确定	2
[0.40, 0.70)	有可能诱发钢筋锈蚀	3
[0.70, 1.00)	会诱发钢筋锈蚀	4
≥1.00	钢筋锈蚀活化	5

■ 5.5 混凝土缺陷检测

5.5.1 概述

超声脉冲波检测结构混凝土缺陷及损伤主要是利用脉冲波在技术条件相同（指混凝土的原材料、配合比、龄期和测试距离一致）的混凝土中传播的时间（或速度）、接收波的振幅和频率等声学参数的相对变化，来判定混凝土的缺陷。由于超声脉冲波传播速度的快慢，与混凝土的密实程度有直接关系，对于原材料、配合比、龄期及测试距离一定的混凝土来说，声速高则混凝土密实，相反则混凝土不密实。当混凝土有空洞或裂缝存在时，便破坏了混凝土的整体性，超声脉冲波只能绕过空洞或裂缝传播到接收换能器，因此传播的路程增大，测得的声时必然偏长或声速降低。另外，由于空气的声阻抗率远小于混凝土的声阻抗率，脉冲波在混凝土中传播时，遇到蜂窝、空洞或裂缝等缺陷，便在缺陷界面发生反射和散射，声能被衰减，其中频率较高的成分衰减更快，因此接收信号的波幅明显降低，频率谱中高频成分明显减少。再者经缺陷反射或绕过缺陷传播的脉冲波信号与直达波信号之间存在时程和相位差，叠加后互相干扰，致使接收信号的波形发生畸变。根据上述原理，可以利用混凝土声学参数测量值和相对变化综合分析、判别其缺陷的位置和范围，或者估算缺陷的尺寸。

5.5.2 超声脉冲波检测混凝土缺陷和损伤的方法

通常利用超声脉冲波透过混凝土的信号来判别混凝土的缺陷状况。一般根据被测结构或构件的形状、尺寸与所处环境确定具体测试方法。常用检测混凝土缺陷的方法大致可分为平面测试和钻孔测试两种。

1. 平面测试（用厚度振动式换能器）

1）对测。一对发射（T）和接收（R）换能器，分别置于被测结构相互平行的两个表面，且两个换能器的轴线位于同一直线上。

2）斜测。一对发射和接收换能器分别置于被测结构的两个表面，但两个换能器的轴线不在同一直线上。

3）单面平测。一对发射和接收换能器置于被测结构物同一个表面上进行测试。

2. 钻孔测试（采用径向振动式换能器）

1）孔中对测。一对换能器分别置于两个对应钻孔中，位于同一高度进行测试。

2）孔中斜测。一对换能器分别置于两个对应的钻孔中，但不在同一高度而是在保持一定高程差的条件下进行测试。

3）孔中平测。一对换能器置于同一钻孔中，以一定的高程差同步移动进行测试。

厚度振动式换能器可以置于结构表面，径向振动式换能器可以置于钻孔中进行对测和斜测。

5.5.3 超声检测声学参数测定

1. 一般规定

1）检测前应取得有关资料。工程名称、检测目的与要求、混凝土原材料品种和规格、混凝浇筑和养护情况、构件尺寸和配筋施工图或钢筋隐蔽图，以及构件外观质量及存在的问题。

2）依据检测要求和测试操作条件，确定缺陷测试的部位（简称测位）。测位混凝土表面应清洁、平整，必要时可用砂轮磨平或用高强度的快凝砂浆抹平，抹平砂浆必须与混凝土黏结良好。

3）在满足首波幅度测读精度的条件下，应选用较高频率的换能器。换能器应通过耦合剂与混凝土测试表面保持紧密结合，耦合层不得夹杂泥沙或空气。

4）检测时应避免超声传播路径与附近钢筋轴线平行，如无法避免，应使两个换能器连线钢筋的最短距离不小于超声测距的1/6。

5）检测中出现可疑数据时，应及时查找原因，必要时进行复测校核或加密测点补测。

2. 声学参数测量

（1）模拟式超声检测仪测量

1）检测之前根据测距大小将仪器的发射电压调在某一档，并以扫描基线不产生明显噪声干扰为前提，将仪器增益调至较大位置保持不动。

2）声时测量。将发射换能器（简称 T 换能器）和接收换能器（简称 B 换能器）分别耦合在测位中的对应测点上。当首波幅度过低时，可用衰减器调节至便于测读，再调节游标脉冲或扫描延时，使首波前沿基线弯曲的起始点对准游标脉冲前沿，读取声时值（精确至 $0.1\mu s$）。

3）波幅测量。在保持换能器良好耦合状态时采用下列两种方法之一进行读取：①刻度法，将衰减器固定在某一衰减位置，在仪器荧屏上读取首波幅度的格数；②衰减值法，采用衰减器将首波调至一定高度，读取衰减器上的 dB 值。

4）主频测量。先将游标脉冲调至首波前半个周期的波谷（或波峰），读取声时值 t_1（μs），再将游标脉冲调至相邻的波谷（或波峰），读取声时值 t_2（μs），按式（5-43）计算出该点（第 i 点）第一个周期波的主频 f_i（精确至 0.1kHz）。

$$f_i = \frac{1000}{t_1 - t_2} \tag{5-43}$$

在进行声学参数测量时，应注意观察接收信号的波形或包络线的形状，必要时进行描绘或拍照。

（2）数字式超声检测仪测量

1）检测之前根据测距大小和混凝土外观质量情况，将仪器的发射电压、采样频率等参数设置在某一档并保持不变。换能器与混凝土测试表面应始终保持良好的耦合状态。

2）声学参数自动测读。停止采样后即可自动读取声时、波幅、主频值。当声时自动测读光标所对应的位置与首波前沿基线弯曲的起始点有差异或者波幅自动测读光标所对应的位置与首波峰顶（或谷底）有差异时，应重新采样或改为手动游标读数。

3）声学参数手动测量。先将仪器设置为手动判读状态，停止采样后调节手动声时游标至首波前沿基线弯曲的起始位置，同时调节幅度游标使其与首波峰顶（或谷底）相切，读取声时和波幅值；再将声时光标分别调至首波及其相邻的波谷（或波峰），读取声时差值 Δt（μs），$1000/\Delta t$ 即首波的主频（kHz）。

4）波形记录。对于有分析价值的波形，应予以保存。

（3）混凝土声时值计算如下：

$$t_{ci} = t_i - t_0 \tag{5-44}$$

或

$$t_{ci} = t_i - t_{00} \tag{5-45}$$

式中　t_{ci}——第 i 点混凝土声时值（μs）；

　　　t_i——第 i 点测读声时值（μs）；

　t_0、t_{00}——声时初读数（μs）。

当采用厚度振动式换能器时，t_0 应参照仪器使用说明书的方法测得。当采用径向振动式换能器时，t_{00} 可按下述的时-距法测得。

使两个径向振动式换能器保持轴线相互平行，置于清水中同一水平高度，两个换能器内边缘间距先后调节在 l_1（如200mm）、l_2（如100mm），分别读取相应声时值 t_1、t_2。由仪器、换能器及其高频电缆所产生的声时初读数 t_0 应按式（5-46）计算。

$$t_0 = \frac{l_1 t_1 - l_2 t_2}{l_1 - l_2} \tag{5-46}$$

用径向振动式换能器在钻孔中进行对测时，声时初读数 t_{00} 应按式（5-47）计算。

$$t_{00} = t_0 + \frac{d_2 - d}{v_w} \tag{5-47}$$

用径向振动式换能器在预埋声测管中检测时，声时初读数 t_{00} 应按式（5-48）计算。

$$t_{00} = t_0 + \frac{d_2 - d}{v_g} + \frac{d_1 - d}{v_w} \tag{5-48}$$

式中　t_{00}——钻孔或声测管中测试的声时初读数（μs）；

　　　t_0——仪器设备的声时初读数（μs）；

　　　d——径向振动式换能器直径（mm）；

　　　d_1——声测孔直径或预埋声测管的内径（mm）；

　　　d_2——声测管的外径（mm）；

　　　v_w——水的声速（km/s），按表5-12取值；

　　　v_g——预埋声测管所用材料的声速（km/s），用钢管时，$v_g = 5.80$km/s，用 PVC 管时，$v_g = 2.35$km/s；

　　　l_1——第一次调节换能器内边缘间距；

　　　l_2——第二次调节换能器内边缘间距。

表 5-12 水的声速

水温度/℃	5	10	15	20	25	30
水声速/(km/s)	1.45	1.46	1.47	1.48	1.49	1.50

当采用一只厚度振动式换能器和一只径向振动式换能器进行检测时，声时初读数可取该两换能器初读数的平均值。

（4）超声传播距离（简称测距）的测量 当采用厚度振动式换能器对测时，宜用钢卷尺测量 T、R 换能器辐射面之间的距离。当采用厚度振动式换能器平测时，宜用钢卷尺测量 T、R 换能器内边缘之间的距离。当采用径向振动式换能器在钻孔或预埋管中检测时，宜用钢卷尺测量放置 T、R 换能器的钻孔或预埋管内边缘之间的距离。测距的测量误差应不大于 ±1%。

5.5.4 混凝土不密实区和空洞的检测

混凝土结构在施工过程中，因漏振、漏浆或石子架空在钢筋骨架上，会导致混凝土内部形成不密实或空洞等隐蔽缺陷。检测时，宜先根据现场施工记录和外观质量情况，或者在结构的使用过程中出现了质量问题后，初步判定混凝土内部缺陷的大致位置，或采用大范围的粗测定位方法（大面积扫测）确定隐蔽缺陷的大致位置，再根据粗测情况对可疑区域进行细测。检测不密实区和空洞时，构件的被测部位应具有一对或两对相互平行的测试面。测试范围原则上应大于存疑的区域，同时应在同条件的正常混凝土区域进行对比测试。一般地，对比测点数不宜少于 20 个。

采用平面测试法和钻孔或预埋管测法时，需注意以下内容。

1）当结构被测部位具有两对平行表面时，可采用一对换能器，分别在两对互相平行的表面上进行对测。对测法换能器布置如图 5-21 所示，先在测区的两对平行表面上分别画出间距为 200～300m 的网格，并逐点编号，定出对应测点的位置，然后将 T、R 换能器经耦合剂分别置于对应测点上，逐点读取相应的声时 t_i、波幅 A_i 和频率 f_i，并量取测试距离 l_i。

2）当结构物的被测部位只有一对平行表面可供测试，或被测部位处于结构的特殊位置时，可采用对测和斜测相结合的方法，换能器在对测的基础上进行交叉斜测，斜测法换能器布置如图 5-22 所示。

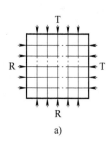
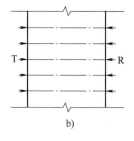

图 5-21 对测法换能器布置
a）平面图 b）立面图

图 5-22 斜测法换能器布置

3）对于大体积混凝土结构，由于其断面尺寸较大，如直接进行平面对测，接收到的脉冲信号微弱，甚至无法识别首波的起始位置，不利于声学参数的读取和分析。为了缩短测试距离，提高检测灵敏度，可采用钻孔或预埋管测法。如图 5-23 所示，在测位预埋声测管或钻出竖向测试孔，预埋管内径或钻孔直径宜比换能器直径大 5~10mm，预埋管或钻孔间距宜为 2~3m，其深度可根据测试需要确定。

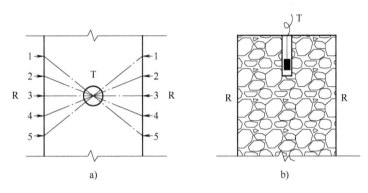

图 5-23　钻孔或预埋管测法换能器布置

a）平面图　b）立面图

检测时可用两个径向振动式换能器分别置于两测孔中进行测试，或用一个径向振动式与厚度振动式换能器分别置于测孔中和平行于测孔的侧面进行测试。根据需要，可以将两个换能器置于同一高度，也可以将二者保持一定的高度差，同步上下移动，逐点读取声时、波幅和频率值，并记下孔中换能器的位置。

4）每一测点的声时、波幅、主频和测距，应按本小节所述方法进行测量。

5）由于混凝土本身的不均匀性、混凝土的原材料品种及用量、混凝土的湿度、测试因素会对声学参数值的影响，一般宜采用统计方法进行不密实区和空洞的测定。

6）测试混凝土声时（或声速）、波幅及频率等声学参数的平均值 m_x 和标准差 S_x 可按式（5-49）和式（5-50）计算。

$$m_x = \frac{1}{n} \sum_{i=1}^{n} x_i \tag{5-49}$$

$$S_x = \sqrt{\frac{\left(\sum_{i=1}^{n} x_i^2 - nm_x^2 \right)}{n-1}} \tag{5-50}$$

式中　x_i——第 i 点某一声学参数的测量值；

n——参与统计的测点数。

7）声学参数观测值中异常值的判别。当测位混凝土中某些测点的声学参数被判为异常值时，可结合异常测点的分布及波形状况，确定混凝土内部不密实区和空洞的位置和范围。

5.5.5　混凝土结合面质量的检测

用超声法检测两次浇筑混凝土结合面的质量时，应先查明结合面的位置及走向，明确被测部位及范围。若构件的被测部位具有声波垂直或斜穿结合面的测试条件，可采用斜测法与对测法进行检测。混凝土结合面质量检测如图 5-24 所示。

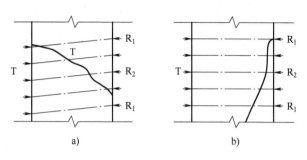

图 5-24 混凝土结合面质量检测

a) 斜测法 b) 对测法

1. 测点布置

1) 使测试范围覆盖全部结合面或存疑的部位。

2) T-R₁（声波传播不经过结合面）和 T-R₂（声波传播经过结合面）换能器连线的倾斜角测距应相等。

3) 测点间距应根据被测结构尺寸和结合面的外观质量情况确定，一般为 100～300mm，间距过大易造成缺陷漏检。

2. 声时、波幅和主频率测量

按布置好的测点分别测出各点的声时、波幅和主频率。

3. 数据处理及判定

1) 将同一测位各点声速波幅和主频分别按式（5-49）和式（5-50）进行统计计算。

2) 当测点数无法满足统计法判断时，可将 T-R₂ 的声速、波幅等声学参数与 T-R₁ 进行比较，若 T-R₂ 声学参数比 T-R₁ 声学参数显著降低，则该点可判为异常测点。

3) 当通过结合面的某些测点的数据被列为异常，并查明无其他因素影响时，可判定混凝土结合面在该部位结合不良。

5.5.6 混凝土表面损伤层的检测

1. 测试部位及测点选择要求

冻害、高温或化学腐蚀会引起混凝土表面层损伤。检测表面损伤层厚度时，被测部位和测点的确定应满足下列要求：

1) 根据构件的损伤情况和外观质量选取有代表性的部位布置测位。

2) 构件被测部位表面应平整并处于自然干燥状态，且无接缝和饰面层。

3) 检测时，为保证检测结果的可靠性，宜做局部破损验证。

2. 测试方法

用超声法检测混凝土表面损伤层厚度的方法有单面平测法和逐层穿透法两种。

（1）单面平测法 此法可应用于仅有一个可测表面的结构，也可应用于损伤层位于两个对应面上的结构或构件。如图 5-25 所示，将发射换能器 T 置于测试面某一点保持不动，再将接收换能器 R 以测距 l_i = 30mm、60mm、90mm……依次置于各点，读取相应的声时值 t_i。每一测位的测点数不得少于 6 个，当损伤厚度较厚时，应适当增加测点数；当构件的损伤层厚度不均匀时，应适当增加测位数量。

（2）逐层穿透法　在损伤结构的一对平行表面上，分别钻出一对不同深度的测试孔，孔径为 50mm 左右，然后用直径小于 50mm 的平面式换能器分别在不同深度的一对测孔中进行测试，读取声时值和测试距离，并计算其声速值，或者在结构同一位置先测一次声速，然后凿开一定深度的测孔，在孔中测一次声速，再将测孔增加一定深度，再测声速，直至两次测得的声速之差小于 2% 或接近于最大值时为止，如图 5-26 所示。

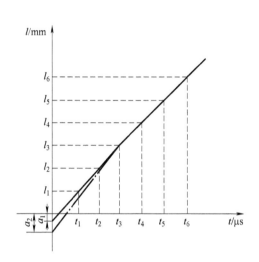

图 5-25　采用平测法检测损伤层厚度　　　　　图 5-26　采用逐层穿透法检测损伤层厚度的 v-h 曲线

表层损伤层平测法检测时，宜选用 30～50kHz 的低频厚度振动式换能器。

3. 数据处理及判断

1）当采用单面平测时，将各测点的声时测值 t_i 和相应的测距值 l_i 绘制时-距坐标图。由图可求得声速改变所形成的转折点，该点前、后分别表示损伤和未损伤混凝土的 l 与 t 相关直线。用回归分析方法分别求出损伤、未损伤混凝土 l 与 t 的回归直线方程式，见式（5-51）和式（5-52）。

损伤混凝土 $$l_f = a_1 + b_1 t_f \tag{5-51}$$

未损伤混凝土 $$l_a = a_2 + b_2 t_a \tag{5-52}$$

式中　　　　l_f——损伤前各测点的测距（mm），对应于图 5-25 中的 l_1、l_2 和 l_3；

t_f——对应于图 5-25 中的 l_1、l_2 和 l_3 的声时 t_1、t_2 和 t_3（μs）；

l_a——损伤后各测点的测距（mm），对应于图 5-25 中的 l_4、l_5、l_6；

t_a——对应于测距 l_4、l_5、l_6 和 l_7 的声时 t_4、t_5、t_6（μs）；

a_1、a_2、b_1、b_2——直线的回归系数，分别为损伤和未损伤混凝土直线的截距和斜率。

2）采用单面平测法检测的损伤层厚度 h_f（mm）可按式（5-53）和式（5-54）进行计算。

$$l_0 = \frac{a_1 b_2 - a_2 b_1}{b_2 - b_1} \tag{5-53}$$

$$h_f = \frac{l_0(b_2 - b_1)}{2(b_2 + b_1)} \tag{5-54}$$

式中 l_0——声时发生突变时的测距（mm）。

3）当采用逐层穿透法检测时，可以每次测量的声速值（v_i）和测孔深度值（h_i）绘制 v-h 曲线，当声速趋于基本稳定的测孔深度，便是混凝土损伤层的厚度 h_f。

5.5.7 混凝土裂缝的检测

1. 混凝土裂缝表观检测

裂缝表观检测的内容应包括裂缝发生的部位、走向、宽度、分布状况、大小、长度及裂缝的变化发展状况等。

裂缝检测宜包括受检桥跨内全部结构受力构件。当不具备全数检测条件时，应对下列构件的裂缝进行检测：重要的构件、裂缝较多或裂缝宽度较大的构件、存在明显变形的构件。

裂缝检测宜符合下列规定：

1）裂缝的最大宽度宜采用裂缝专用测量仪器量测，裂缝长度可采用钢直尺或钢卷尺量测。

2）对构件上存在的裂缝宜进行全数检查，记录每条裂缝的长度、走向和位置，并绘制裂缝分布图。

3）裂缝深度可按《混凝土结构现场检测技术标准》（GB/T 50784—2013）规定的方法检测，或通过钻取芯样验证。

4）处于变化发展中的裂缝宜进行监测。

观测裂缝时，一般采用的仪器有塞尺、手持式读数显微镜（刻度放大镜）、裂缝测宽仪、长标距裂缝应变片、千分表引伸仪等。

现场观测裂缝变化发展情况的简单方法：

1）在裂缝两边设置小标杆，两杆间的距离用卡尺测量，或用读数放大镜直接测量裂缝的宽度。

2）设置两块金属板来量测，一块金属板盖过裂缝并与另一块刻有尺寸的金属板相接触，测量并记下裂缝变化的尺寸。

3）利用水泥浆或石膏做成薄片状的标记贴在裂缝处，或者用玻璃片或较牢固的纸糊在裂缝上，观察其是否继续开裂。具体做法是在裂缝的起点和终点画上与裂缝走向垂直的红油漆线记号，并把裂缝登记编号。观测并记下裂缝的部位走向、宽度分布状况和长度等，用坐标法将裂缝正确详细地记录下来。根据每条裂缝的部位、宽度和长度绘出裂缝展示图。依照编号顺序对每一孔梁和每个墩台的第一条裂缝的长度、宽度等特征进行详细列表。

裂缝宽度应用放大镜测量，有必要检查裂缝深度时，可用注射器在裂缝中注入 0.1% 的酚酞溶液，然后开凿至不显红色为止，其开凿深度即裂缝的深度。观测裂缝的变化情况，裂缝长度可观察裂缝两端是否超出前一次油漆画线。对裂缝是否沿宽度方向继续扩展，可做灰块或玻璃测标（见图 5-27）进行观测。其方法是先将安设测标部位的结构表面凿毛，然后用 1∶2 水泥砂浆或石膏在裂缝上抹成厚 10~15mm 的方形或圆形灰块，也可用石膏将细条状玻璃固定在裂缝两侧圬工表面上，对测标编号并注明安设日期，当裂缝继续扩展时，测标就断裂。一般裂缝宽度都较小，应尽可能采用带刻度的放大镜测量。

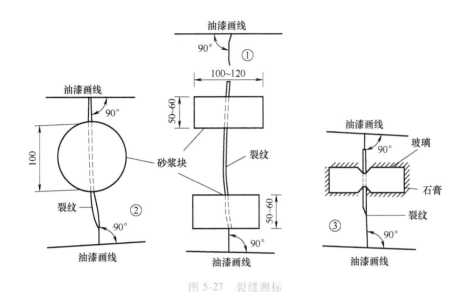

图 5-27　裂缝测标

在观测裂缝时，要记录气温的情况，因为气温降低时，圬工的外层要比内层冷却得快一些，因而外表面收缩较快，这时裂缝宽度较大，当气温增高时，则情况相反。

裂缝一经出现，就有扩展的趋势。因为水渗进裂缝中，在冬季冻冰，可将其胀裂得更长更宽。另外，由于活荷载的作用，引起裂缝一开一合，同样会促使裂缝扩展。裂缝一经查明并确知其不再扩展时，即应进行处理。

2. 混凝土裂缝深度的检测

超声法可用于检测混凝土裂缝的深度。检测时，裂缝中应没有积水和其他能够传声的夹裂物，且附近混凝土应相当匀质。开口垂直裂缝检测分为以下两种情况。

（1）当构件断面不大且可采用对测法时　检测方法如下：

1）在两个测面上等距离布置测点，用对测法逐点测出声时值（见图 5-28a）。

2）绘制测点声时与距离的关系曲线（见图 5-28b）。曲线 A 段的末端与 B 段的首端的相交位置即裂缝所到达的区域。对这一区域再采用加密测点的方法即可准确地确定裂缝深度 H_L。

3）当两探头连线与裂缝平面相交时，随探头的移动，声时逐渐由长变短，未相交时声时不变。实际测量时只要有 3 个不变声时点，即认为声时稳定。

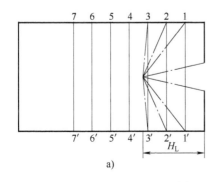

a)

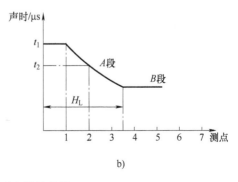

b)

图 5-28　开口垂直裂缝检测

（2）当构件断面很大无法采用对测法时　此时只有一个可测面，无法在测面用对测法检测时，可用平测法检测裂缝的深度。

1）检测方法。当估计裂缝深度不大于 500mm 时，宜采用单面平测法进行检测。检测时应在裂缝的被测部位以不同的测距，按跨缝和不跨缝布置测点。测点布置应避开钢筋。

不跨缝声时测量时，发射换能器 T 和接收换能器 R 置于裂缝附近同一侧，并将 T 耦合好保持不动，以 T、R 两个换能器内边缘间距 l'_i 为 100mm、150mm、200mm 等，依次移动 R 并读取相应的声时值 t_i。以 l' 为纵轴、t 为横轴绘制时-距坐标图（见图 5-29）或用回归分析的方法求声时与测距之间的回归直线方程，见式（5-55）。

$$l'_i = a + bt_i \qquad (5\text{-}55)$$

每一个测点的超声实际传播距离是

$$l_i = l'_i + |a| \qquad (5\text{-}56)$$

式中　l_i——第 i 点的超声波实际传播距离（mm）；

l'_i——第 i 点的 R、T 换能器边缘间距（mm）；

a——时-距图中 l' 轴的截距或回归直线方程的常数项（mm）。

不跨裂缝平测的混凝土声速值为

$$v = \frac{l'_n - l'_1}{t_n - t_1} \qquad (5\text{-}57)$$

或

$$v = b \qquad (5\text{-}58)$$

式中　l'_n、l'_1——第 n 点和第 1 点的测距（mm）；

t_n、t_1——第 n 点和第 1 点读取的声时值（μs）；

b——时-距直线的斜率。

对跨缝声时测量，如图 5-30 所示是单面平测浅裂缝，将 T、R 换能器分别置于以裂缝为对称轴的两侧，l'_i 取 100mm、150mm、200mm 等，分别读取声时值 t_{ci}，同时观察首波相位的变化。

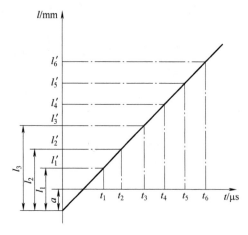

图 5-29　平测法时-距图

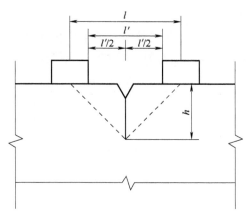

图 5-30　单面平测浅裂缝（深度不大于 500mm）

裂缝深度是

$$h_i = \frac{l_i}{2}\sqrt{\left(\frac{t_{ci}v}{l_i}\right)^2 - 1} \tag{5-59}$$

$$h_m = \frac{1}{n}\sum_{i=1}^{n} h_i \tag{5-60}$$

式中　l_i——不跨缝平测时第 i 点的超声波实际传播距离（mm）；

　　　h_i——以第 i 点计算的裂缝深度（mm）；

　　　t_{ci}——第 i 点跨缝平测时的声时值（μs）；

　　　h_m——各测点计算裂缝深度的平均值（mm）；

　　　n——测点数。

2）裂缝深度的确定方法。跨缝测量中，当在某测距发现首波反相时，可用该测距及两个相邻测距量值按式（5-59）计算 h_i 值，取此三点 h_i 的平均值作为该裂缝的深度值 h。跨缝测量中，如难于发现首波反相，则以不同测距按式（5-59）和式（5-60）计算 h_i 及其平均值 h_m。将各测距 l'_i 与 h_m 作比较，剔除测距 l'_i 小于 h_m 和大于 $3h_m$ 的数据组，然后取下 h_i 的平均值，作为该裂缝的深度值 h。

对于裂缝深度超过 500mm，被检测混凝土允许在裂缝两侧钻测试孔的情形，可采用孔对测法检测裂缝深度，如图 5-31 所示。

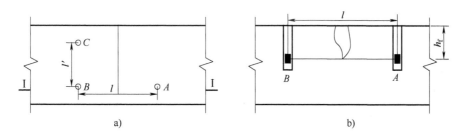

图 5-31　孔对测法检测裂缝深度

a）平面图（C 为比较孔）　b）Ⅰ—Ⅰ剖面图

3. 测试孔钻孔要求

1）所钻测试孔应满下列技术要求：

① 孔径应比所用换能器的直径大 5～10mm。

② 孔深应比被测裂缝的预计深度深 70mm，经测试，如浅于裂缝深度，则应加深钻孔。

③ 对应的两个测孔应始终位于裂缝两侧，且其轴线保持平行。

④ 两个对应测试孔的间距宜为 2m，同一检测对象各对应测孔间距应保持相同。

⑤ 孔中的粉尘碎屑应清理干净。

⑥ 如图 5-31a 所示，宜在裂缝一侧多钻 1 个孔距相同但较浅的孔 C，通过 B、C 两孔测试无裂缝混凝土的声学参数。

⑦ 横向测孔的轴线应具有一定倾斜角。

2）裂缝深度检测应选用频率为 20～60kHz 的径向振动式换能器。

3）测试前首先向测孔内注满清水，并检查是否有漏水现象，如果漏水较快，说明该测孔与裂缝相交，此孔不能用于测试。经检查测孔不漏水，可将 T、R 换能器分别置于裂缝同侧的 B、C 孔中，以相同高度等间距地同步向下移动，并读取相应的声时和波幅值。再将两个换能器分别置于裂缝两侧对应的 A、B 测孔中，以同样方法同步移动两个换能器，逐点读取声时、波幅和换能器所处的深度。换能器每次移动的间距一般为 100 ~ 300mm，当初步查明裂缝的大致深度时，为便于准确判定裂缝深度，当换能器位于裂缝末端附近时，移动的间距应减小，如图 5-31b 所示。

4) 若需确定裂缝末端的具体位置，可按图 5-32 所示的方法，将 T、R 换能器相差一个固定高度，然后上下同步移动，在保持每一个测点的测距相等测线倾角一致的条件下，读取相应声时的波幅值及两个换能器的位置。

5) 采用钻孔对测时，应注意混凝土不均匀性的影响、温度和外力的影响、钢筋的影响。

6) 裂缝深度及末端位置判定。

① 裂缝深度判定主要以波幅测值作为依据。具体对测孔所测得的波幅值和相应的孔深，用图 5-32 所示方法进行判别。以换能器所处深度 h 为纵坐标，对应的波幅值 A 为横坐标，绘制 h-A 坐标图，如图 5-33 所示。随着换能器位置的下移，波幅逐渐增大，当换能器下移至某一位置后，波幅达到最大并基本保持稳定，该位置对应的深度，便是该裂缝的深度 h。

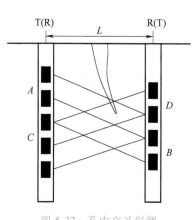

图 5-32 孔中交叉斜测

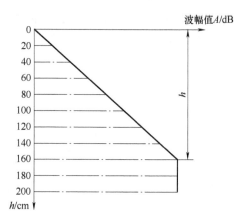

图 5-33 h-A 坐标图

② 裂缝末端位置判定。当两个换能器的连线（测线）超过裂缝末端后，波试幅测值将保持最大值，根据这种情况可以确定达到裂缝末端的两条测线 AB 和 CD 的位置，该两测线的交点便是裂缝末端的位置。

5.5.8 混凝土匀质性检验

结构混凝土的匀质性一般宜采用平面式换能器进行穿透对测法检测。

检测时，要求被测结构应具备一对相互平行的测试表面，并保持平整、干净。先在两个测试面上分别画出等间距的网格，并编上对应的测点序号，网格的间距大小取决于结构的种类和测试要求，一般为 200 ~ 300mm。对于测距较小、质量要求较高的结构，测点间距宜小些，而对于大体积结构，测点间距可适当取大。

然后，使 T、R 换能器在对应的一对测点上保持良好的耦合状态，逐点读取声时值 t_i。超声测距的测量方法可根据构件的实际情况确定。如果各测点的测距完全一致，便可在构件的不同部位抽测几次，取其平均值作为该构件的超声测距值 l。当各测点的测距不尽相同（相差不小于1%）时，应分别进行测量，有条件时最好采用专用工具逐点测量 l_i 值。

最后，根据被测结构混凝土的声速 v-强度 R 关系曲线，先计算出被测构件测位处测点换算强度值 R_i，再计算测位处测点换算强度的平均值 m_R、标准差 S_R 和离差系数（变异系数）C_R。

5.5.9　工程实例

某通道桥 0#台高 4m，宽 30m，为一字形桥台。现场检测时发现 0#台台身存在 1 条竖向裂缝，最宽位置裂缝宽度为 0.29mm。为充分了解裂缝情况，故对该裂缝进行了裂缝深度检测。检测情况如图 5-34 和图 5-35 所示。0#台身裂缝位置分布如图 5-36 所示。

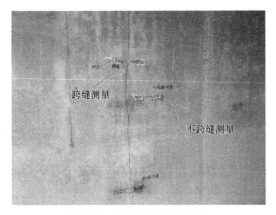

图 5-34　裂缝深度测量位置

图 5-35　裂缝深度检测照片

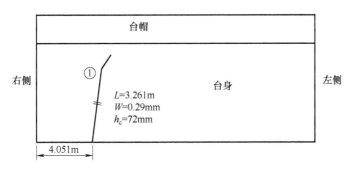

图 5-36　0#台身裂缝位置分布

检测结果见表 5-13。

表 5-13　裂缝深度检测结果

换能器内边缘距离 $l'/$mm	100	150	200	250
不跨缝声时值 t_i/μs	34.00	46.00	58.00	71.00
声时与测距回归方程 $l'=a+bt_i$		$a=-41.67$，$b=4167$		
跨缝声时值 t_i/μs	46.00	59.00	68.00	87.00
首波是否反向	不明确	不明确	不明确	不明确

（续）

计算裂缝深度 h_{ci}/mm	64.55	76.97	73.95	107.63
m_{hc}/mm	80.78			
是否剔除	否	否	否	是
裂缝深度 h_c/mm	72			

注：根据检测数据计算原理中确定裂缝深度的规定，跨缝测量中 $L'_i = 250$mm 时，大于 $3m_{hc}$，故对该数据进行剔除，裂缝深度为剔除后取余下 h_{ci} 的平均值作为该裂缝的深度 h_c。

■ 5.6 混凝土常见病害成因分析及加固

混凝土结构的主要病害表现为混凝土缺陷和钢筋锈蚀两大方面。裂缝是混凝土的主要缺陷，还包括蜂窝、孔洞、露筋、剥落、白化、层析、保护层厚度不够等表层缺陷。钢筋锈蚀主要是普通钢筋、预应力钢筋和预应力锚具等锈蚀。混凝土暴露在自然环境中，长年累月地受到各种因素的影响，病害是逐步产生和发展的。人为因素主要是超高车辆或船只撞击主梁、车辆超载造成主梁产生裂缝，自然环境中的酸性废气、二氧化碳、较大的湿度和过多的雨水等造成混凝土的退化和钢筋的锈蚀。

混凝土中许多缺陷和成因并不是一一对应的，绝大多数情况下是由一个因素诱发，其他因素促进缺陷发展，而且各种病害相互影响、相互促进。因此在发现混凝土缺陷后，必须及时对缺陷进行调查研究，分析缺陷产生的原因、现状、发展趋势，以及混凝土遭受破坏的程度，对运营使用的影响等，以便采取相应措施。

5.6.1 混凝土结构裂缝类型及成因分析

混凝土结构的裂缝是由材料内部的初始缺陷、微裂缝的扩展而引起的。混凝土结构产生裂缝的原因很多，大致可归纳为两大类。

1）由外荷载引起的裂缝，称为结构性裂缝，又称为荷载裂缝。裂缝的分布特征及宽度与外荷载大小有关。

2）由变形引起的裂缝，称为非结构性裂缝，又称为非荷载裂缝。当温度变化、混凝土收缩等因素引起结构变形受到限制时，结构内部产生自应力。当自应力达到混凝土的抗拉强度时，混凝土结构会产生裂缝。裂缝一旦出现，其变形就得到了释放，自应力也就会消失。

调查资料表明，在上述两类裂缝中，由变形引起的裂缝占主导的约为80%，由荷载引起的裂缝占主导的约为20%，有时两类裂缝融合在一起。两类裂缝性质不同，产生的危害也不同。对裂缝原因进行分析，是对其危害性评定和采取修补与加固的依据，若不经过分析研究，就盲目进行处理，不仅达不到预期的效果，还可能潜藏着突发性事故的危险。

1. 结构性裂缝（荷载裂缝）

结构性裂缝是由于结构在荷载作用下，混凝土内部产生的拉应力达到混凝土抗拉强度时产生的裂缝。桥梁工程中大量采用的受弯构件，结构性裂缝主要表现为弯曲裂缝和剪切裂缝两种形式。

（1）弯曲裂缝　弯曲裂缝是指在弯矩作用下，混凝土拉应力过大而产生的裂缝。弯曲裂缝一般出现在承受弯矩较大梁段的受拉区，如简支梁跨中梁段下缘受拉区、连续梁跨中梁段下缘和支座处上缘的受拉区。对纵向受力钢筋配置较少的个别区域，也有可能因拉应力过大产生弯曲裂缝。

对板梁桥（实心板梁、空心板梁）而言，由拉应力过大而产生的弯曲裂缝，一般表现为在板的跨中梁段底面出现若干条大致平行分布的横桥向裂缝。对 T 梁桥（或箱梁桥）而言，由拉应力过大而产生的弯曲裂缝，一般表现为在梁的跨中梁段的腹板（梁肋）上的延伸长度不超过梁高的一半。

图 5-37 所示为钢筋混凝土简支梁的典型结构性裂缝分布情况。图中①为跨中截面附近下缘受拉区拉应力引起的竖向裂缝，是最常见的结构性弯曲裂缝。在正常设计和使用情况下，裂缝宽度不大，间距较密，分布均匀。

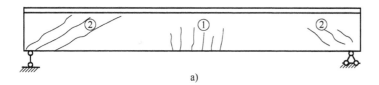

a)   b)

图 5-37　钢筋混凝土简支梁的典型结构性裂缝分布情况

（2）剪切裂缝　剪切裂缝是指在剪力或剪力与弯矩共同作用下，主拉应力过大而在腹板（梁肋）两侧产生的斜裂缝，一般出现在承受剪力较大的支点附近截面，同时承受剪力和弯矩均较大的梁桥腹板也会出现剪切斜裂缝。剪切斜裂缝的特征是在腹板（梁肋）两侧基本上对称分布，倾斜角度为 30°~50°，倾斜方向与主压应力迹线方向一致（即与斜筋布置方向相垂直），大致在梁高一半处裂缝宽度最大，如图 5-37 中的②所示。靠近支点附近截面的斜裂缝向下延伸长度不大，一般不与底面贯通。跨径内梁段受弯矩的影响较大，斜裂缝向下延伸长度较大，有可能与底面贯通，形成弯剪斜裂缝。

另外，钢筋混凝土墩柱受压构件在预应力锚固区会由于纵向压力过大而引起纵向裂缝。而由于局部应力过大引起的劈裂裂缝等也属于结构性裂缝。有些结构性裂缝是由设计不周和施工安装构件所造成的，如钢筋锚固长度不足、计算图式与实际受力不符、构件刚度不足、次内力考虑不全面或施工安装构件支承吊点错误等。

在超静定结构中，基础不均匀沉降也会引起结构的内力变化，从而导致结构出现裂缝。基础不均匀沉降引起的上部结构的裂缝，实质上属于结构性裂缝，裂缝的分布和宽度与结构形式、基础不均匀沉降情况及大小等因素有关。这种裂缝对结构安全性影响很大，应在基础不均匀沉降停止或采用加固地基方法消除后，才能进行下部结构的裂缝处理。

2. 非结构性裂缝

根据混凝土的非结构性裂缝的形成时间可将其分为混凝土硬化前裂缝、硬化过程裂缝和完全硬化后裂缝。非结构性裂缝的产生，多是受混凝土材料组成、浇筑方法、养护条件和使用环境等因素影响所致。

（1）收缩裂缝　混凝土在凝固过程中，由于其内部孔隙水分蒸发，引起的体积缩小称为干燥收缩（又称干缩）。由于水泥和水发生水化作用逐渐硬化而形成的水泥骨架不断紧密、体积缩小，称为凝缩。混凝土的收缩以干缩为主，占总收缩量的 80%~90%。

1）塑性收缩裂缝。塑性收缩裂缝指混凝土浇筑后，在硬化前由于塑性收缩导致的裂缝。由于混凝土表面干燥速度远大于内部，面层混凝土迅速失水结硬，收缩变形受到内部混凝土约束产生拉应力，从而导致混凝土开裂。因此，塑性收缩裂缝均在表面出现，裂缝形状不规则，多为横向，长 50~1000mm，间距 50~90mm，宽 0.5~2mm，细而多且互不贯通。

在体表比小的板式结构中，混凝土塑性收缩裂缝最为普遍。天气炎热、蒸发量大、大风或混凝土本身水化热过高，都是产生塑性裂缝的直接原因。实测结果表明，当混凝土拌合物表面失水速度大于 0.5kg/（m³·h）时，极易产生塑性收缩裂缝。实际施工中，加强覆盖、及时洒水养护都可有效减少塑性收缩裂缝的产生。采取二次搓毛、压平措施，可对已形成的塑性收缩裂缝起到有效愈合作用。

2）干燥收缩裂缝。干燥收缩裂缝指混凝土干燥收缩变形导致的裂缝（见图 5-38）。干燥收缩变形是混凝土凝结硬化后由于含水孔隙失水导致的体积收缩。混凝土成形后，表面水分蒸发，截面上形成湿度梯度，内外干缩量不一样，当混凝土表面收缩变形受到混凝土内部约束或其他约束限制时，即在混凝土中产生拉应力，当拉应力达到混凝土的抗拉强度时，即出现干燥收缩裂缝。

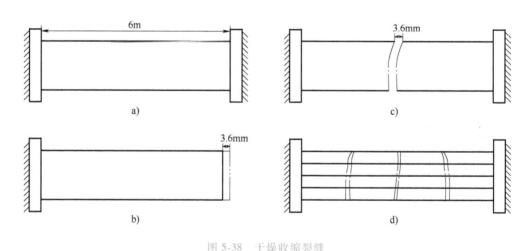

图 5-38 干燥收缩裂缝

a）新浇筑梁体 b）一端无约束梁体收缩 c）两端固定约束素混凝土梁体收缩裂缝

d）两端固定约束钢筋混凝土梁体收缩裂缝

普通混凝土干燥收缩随时间发展存在一定规律，通常半个月可完成收缩终值的 10%~25%，3 个月完成 50%~60%，1 年完成 75%~80%。因此，混凝土结构的干燥收缩裂缝通常约在 1 年后开始出现，而且总是在拉应力集中部位或结构最薄弱部位首先出现，并与拉应力聚集的方向垂直。根据结构约束条件及配筋形式的不同，裂缝一般有两种形状：一种为不规则龟纹状或放射状裂缝，另一种为每隔一段距离出现 1 条的裂缝。其中以后者居多，多为枣核形，最初表现为不贯穿的表面裂缝，随后大部分裂缝都将逐渐演化为贯穿裂缝，其宽度通常在 0.1~0.5mm，严重时可达 0.5~1.5mm。在实际工程中，这种干燥收缩裂缝多出现在纵向长度较大或体积表面积比较大的结构中。

（2）温度裂缝 钢筋混凝土结构随着温度变化将产生热胀冷缩变形，这种温度变形受到约束时，在混凝土内部就会产生拉应力，当其达到混凝土的抗拉强度时，混凝土出现裂缝，这种裂缝称为温度裂缝。按结构的温度场、温度变形、温度应力不同可分为以下3种类型。

1）截面均匀温差裂缝。桥梁结构为细长的杆件体系，遇到温度变化时，构件截面受到均匀温差的作用，可忽略横截面两个方向的变形，只考虑沿长度方向温度变形。一旦这种变形受到约束，在混凝土内部就产生拉应力，当达到混凝土的抗拉强度时，就会出现裂缝（见图5-39）。

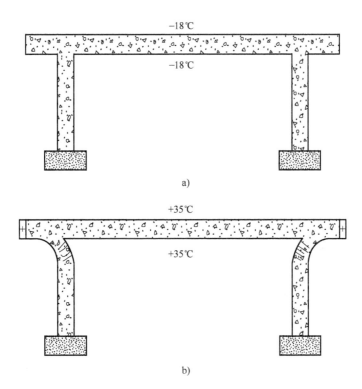

图 5-39　截面均匀温差裂缝

a）整体降温后梁体状态　b）整体升温后梁体状态

另外，在实际工程中，当遇到温度急剧变化时，由于连续梁预留伸缩缝的伸缩量过小、有施工散落的混凝土碎块等杂物嵌入其内、堆集于支座处的杂物没有及时清理使伸缩缝和支座失灵等因素，结构伸长受到约束，在两侧墩台就会出现这种截面均匀温差裂缝，严重时常造成墩台破坏。

2）截面上下温差裂缝。以桥梁结构中大量采用的箱形梁为例，外界温度骤然变化就会造成箱内外的温度差。考虑到桥体为长细结构，可以认为在沿梁长方向箱内外的温差是一致的，沿横向也没有温差，这样可以将二维热传问题简化为沿梁竖向温度梯度来处理，一般假设沿梁截面高度方向温差呈线性变化。在这种温差作用下，梁不但有轴向变形，还伴随产生弯曲变形。在超静定结构中，梁的弯曲变形不但引起结构位移，而且因多余约束存在还会引起结构内部产生温度应力。当上下温差变形产生的应力达到混凝土的抗拉强度时，混凝土就出现裂缝，这种裂缝称为截面上下温差裂缝（见图5-40）。

3）截面内外温差裂缝。水泥在水化过程中产生一定的水化热，其大部分热量是在混凝土浇筑后3天以内放出的。然而大体积混凝土产生的大量水化热不容易散发，内部温度不断上升，而混凝土表层散热较快，使截面内部产生非线性温度差。另外，预制构件采用蒸汽养生时，由于混凝土升温或降温过快，致使混凝土表面剧烈升温或降温，也会使截面内部产生非线性温度差。在这种截面温差作用下，结构将产生弯曲变形，截面纵向纤维因温差的伸长将受到约束，便产生温度应力。混凝土早期强度比较低，很容易出现这种截面内外温差裂缝。

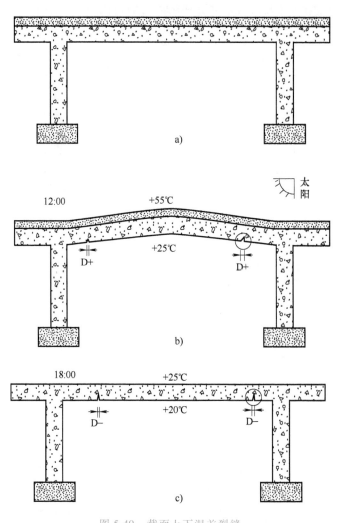

图 5-40　截面上下温差裂缝

a）理论梁体状态　b）中午气温上升后梁体状态　c）傍晚气温降低后梁体状态

　　预防温度裂缝的主要措施是合理设置温度伸缩缝，在混凝土组成材料中掺入适量的磨细粉煤灰等矿物掺合料，减少水化热，加强混凝土养护，严格控制升温和降温速度。

3. 裂缝对混凝土耐久性的影响

1）裂缝与钢筋腐蚀相互作用将导致混凝土结构耐久性陷入进一步退化的恶性循环。应该指出，不论何种原因产生的裂缝，都会对混凝土结构的耐久性造成影响。钢筋腐蚀与混凝土的碳化、氯离子侵蚀及水分、氧气的存在条件是分不开的，而提供这种条件的通道的是毛细孔道和裂缝，其中裂缝对钢筋腐蚀的影响更大。混凝土开裂后，钢筋的腐蚀速度将大大加快，钢筋腐蚀后生成的腐蚀物体积膨胀，产生顺筋裂缝。裂缝的进一步扩展使侵蚀破坏作用逐步升级、混凝土耐久性不断下降。裂缝与钢筋腐蚀相互作用，最终导致混凝土结构耐久性进一步退化，如此恶性循环下去，必然导致结构破坏。

2）混凝土裂缝存在降低表层混凝土的保护作用。混凝土结构的表面，即水泥基复合材料与外界环境的接触区域，是混凝土结构耐久性的第一道防线。由于裂缝的存在，混凝土表层甚至基体内部，可能藏纳或通过的水分会增加。裂缝越深，水分穿透距离越长，各种侵蚀性化学成分都会借助于水的搬运作用深入到混凝土基体内部。混凝土表层的微细裂缝一旦灌入水分，也会由于表面张力的作用而将水分保留在其中。混凝土受冻时，水结冰，体积膨胀，使得原有的裂缝进一步扩张，待温度回升后，结冰融化，扩张后的裂缝可以容纳更多的水。如此反复循环，将导致混凝土损伤破坏，耐久性降低。因此，控制混凝土表面裂缝对提高混凝土结构的耐久性是十分重要的。

5.6.2　钢筋锈蚀成因分析

钢筋混凝土构件是将钢筋置于混凝土中，利用混凝土的高碱性在钢筋表面形成保护层，从而避免钢筋生锈。若因混凝土裂缝使氧气、水分侵入变为氧化铁，即生锈。

一般要求预应力混凝土构件在正常使用状态下不出现裂缝，钢筋和预应力筋一般不易锈蚀，但是由于施工缺陷或严重超载等原因造成混凝土开裂，也会使其发生锈蚀且锈蚀不易被发现，一旦发现锈蚀时，该构件经常已出现严重破坏。所以桥梁检测时，钢筋锈蚀是检测的重点之一，需要进行较为详细的记录。

钢筋锈蚀膨胀使混凝土受拉而裂开，钢筋暴露于大气中加速生锈，并造成外层混凝土的剥落。受力主筋锈蚀后，钢筋横断面积减少，主梁的承载能力也急剧降低，会严重影响结构物的耐久性。

一般来说，造成钢筋锈蚀的主要内因有钢筋受湿气及氧气的作用、混凝土中性化（碳化）和钢筋表面氯离子含量高。造成钢筋锈蚀的主要外因有混凝土构件开裂，主梁受损、混凝土剥落，施工时预留保护层太薄，后张预应力的灌浆和封锚不合格而导致锚下积水或有空洞。

钢筋锈蚀可分两种情况，一种是混凝土开裂后导致的钢筋锈蚀，即先裂后锈；另一种是因为保护层太薄或露筋而引起的钢筋锈蚀，钢筋锈蚀引起钢筋体积膨胀，从而导致混凝土开裂或表面混凝土成块脱落，即先锈后裂。

主梁中的钢筋和预应力筋主要是先裂后锈，混凝土保护层保护作用失去后，锈蚀就很容易发展。主梁中的钢筋和预应力筋发生先锈后裂的情况相对略少，附属结构上比较多见，如防撞墙等。调查显示，有的桥梁防撞墙内侧钢筋网几乎无保护层，在大气环境作用下钢筋锈蚀相当严重。由于钢筋锈蚀导致表面混凝土开裂甚至成块脱落，混凝土开裂或脱落又使原来处于混凝土保护层下的钢筋暴露于空气中，如此恶性循环，如不加以维修养护，此种病害对桥梁的危害也是不可忽视的。保护层太薄或露筋，在桥梁竣工后几年内问题并不突出，甚至一直处于被忽视的状态，而如果直到长期的大气作用导致钢筋严重锈蚀后才引起注意，则要花费大量人力物力进行维修养护。

5.6.3　混凝土其他病害成因分析

对于钢筋混凝土和预应力混凝土梁式桥上部结构中的基本构件，其他病害主要为混凝土的表面缺陷，主要有蜂窝（混凝土局部酥松，砂浆少、石子多，石子之间出现空隙，形成蜂窝状孔洞）、麻面（混凝土表面局部缺浆、粗糙，或有许多小凹坑，但无钢筋外露现象）、孔洞（混凝土内部有空隙，局部没有混凝土，孔洞特别大的现象常发生在钢筋密集处或预留孔洞和预埋件处）、露筋（主梁受到意外撞击造成混凝土的崩落，使得钢筋外露）、剥落（混凝土表面水泥砂浆流失，造成粗集料外露的现象，严重者造成集料松脱，一般发生在混凝土表层品质较差的部位但不会很深）、白化（又称游离石灰，是由内部渗出附在混凝土构件表面的石灰类附着物，通常呈白色）、层析（构件受氯气或盐水侵袭，构件内的钢筋因锈蚀而体积膨胀，导致钢筋与外层钢筋附近的混凝土分离）等。

对于混凝土桥梁，某一缺陷日积月累的变化，加上环境的影响，就会有扩大的危险。例如蜂窝麻面，水的渗入促使混凝材料恶化，引起钢筋锈蚀，钢筋锈蚀物的产生过程伴随体积膨胀，又导致混凝土表面产生锈蚀裂缝，形成恶性循环。

5.6.4 混凝土裂缝维修加固

1. 裂缝维修加固原则

对于结构性受力裂缝应进行粘贴钢板等加固处理。按下述原则进行裂缝处理：当裂缝宽度不小于 0.15mm 时，做压浆封闭处理；当裂缝宽度小于 0.15mm 时，做表面封闭处理，在粘贴钢板范围内可不处理。

施工时首先对裂缝重新进行全桥范围内的检查和标记，并且对照检测报告，对现场裂缝的数量、宽度、长度进行复核。

2. 裂缝封闭

对小于 0.15mm 的裂缝进行封闭处理。裂缝表面封闭施工工艺流程如图 5-41 所示。根据不同裂缝情况，封缝前应先对裂缝部位进行处理或在裂缝处开 V 形槽，然后用封缝材料将裂缝表面或 V 形槽封闭。封缝材料固化后必须能有效地将裂缝封闭，防止水汽侵入，锈蚀钢筋。

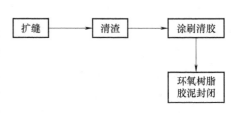

图 5-41　裂缝表面封闭施工工艺流程

采用环氧树脂胶泥进行裂缝封闭。具体措施：先在裂缝处理面（宽 20~30mm）涂一层环氧树脂基液，后抹一层厚约 1mm、宽 20~30mm 的环氧树脂胶泥。刮涂胶泥时防止产生小孔和气泡，刮平整，保证封闭可靠。裂缝表面打磨和封闭处理分别如图 5-42 和 5-43 所示。

图 5-42　裂缝表面打磨

图 5-43　裂缝表面封闭

3. 裂缝压浆

采用化学压浆修补裂缝，一方面是靠黏结剂的黏结力将结构内部组织重新结合为整体，恢复应有的强度；另一方面可以阻断空气和水分进入梁体，避免钢筋腐蚀和混凝土碳化，提高结构耐久性和抗渗性。

（1）灌缝材料要求

1）浆液的黏度小，可灌性好。

2）浆液固化后的收缩性小，抗渗性好。

3）浆液固化后的抗压、抗拉强度高，有较高的黏结强度。

4）浆液固化时间可以调节，灌浆工艺简便。

5）浆液应为无毒或低毒材料。裂缝用结构胶和灌缝胶安全性能指标见表5-14。

表5-14　裂缝用结构胶和灌缝胶安全性能指标

性能项目		性能指标
胶体性能	抗拉/MPa	≥20
	抗拉弹性模/MPa	≥1500
	抗压强度/MPa	≥50
	抗弯强度/MPa	≥30，且不得呈脆性破坏
钢-钢拉伸抗剪强度标准值/MPa		≥10
不挥发物质量（固体量）（%）		≥99
可灌注性		在产品说明书规定的压力下，能注入宽度为0.1mm

（2）施工工艺

1）裂缝的检查和标注。对处理范围内裂缝进行普查，并对裂缝宽度、长度及裂缝数量进行标记和记录。

2）压浆法施工。裂缝构成一个密闭空腔，可以有控制地预留进出口，借助专用压浆泵（灌缝器）将浆液压入缝隙并使之填满。某混凝土结构的裂缝压浆修补示意如图5-44所示。

3）压浆施工工艺流程：裂缝处理→埋设注浆嘴→封缝→封缝检查→配制浆液→压浆→封口处理→检查。

4）压浆前先对裂缝周边进行处理。用磨光机或钢丝刷等工具，清理结构裂缝处混凝土表面的灰尘、白灰、浮渣及松散层等污物。然后用毛刷蘸丙酮、酒精等有机溶液，把裂缝两侧各20~30mm范围擦洗干净并保持干燥。

5）粘贴注浆嘴及封闭裂缝表面。以专用黏结剂将注浆嘴与裂缝对齐粘贴，注浆嘴的间距根据裂缝长度及宽度选择，以30~40cm为宜，一般宽缝可稀布，窄缝宜密布，每一道裂缝至少各有一个注浆嘴和一个出浆嘴。注浆嘴应粘贴牢靠，且必须对中，粘贴过程中应避免堵塞，保证注浆通道畅通。

6）裂缝表面封闭，如图5-45所示封闭裂缝外口。为使混凝土裂缝缝隙内完全充满浆液，并保持压力，同时又保持浆液不大量外渗，必须对已处理过的裂缝（除注浆嘴和出浆嘴）表面用环氧胶泥沿裂缝走向均匀涂刷两遍进行封闭，形成封闭带，宽度约6cm。

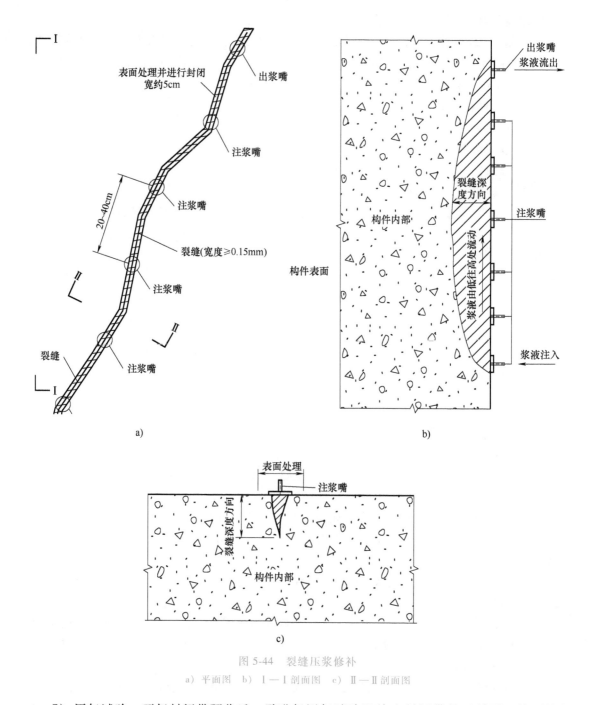

图 5-44　裂缝压浆修补

a）平面图　b）Ⅰ—Ⅰ剖面图　c）Ⅱ—Ⅱ剖面图

7）压气试验。环氧封闭带硬化后，需进行压气试验以检查封闭带是否封严。将压缩气体通过进浆嘴充入裂缝内，气压控制在 0.2～0.4MPa，此时，在封闭带上注浆嘴及出浆嘴周围涂上肥皂水，如发现封闭带上有气泡出现，说明该部位漏气，对漏气部位需再次封闭。试气时沿裂缝由低端向高端进行。

8）裂缝注浆操作，如图 5-46 所示。注浆应由低端向高端进行。从低端开始注浆，另一端的注浆嘴在排出裂缝内的气体后喷出浆液，待喷出的浆液与压入的浆液浓度相同时，即可停止注浆并将注浆嘴封堵。贯通缝必须在一侧表面裂缝外进行封缝处理，从另一表面进行灌缝。对于已注浆的裂缝，待浆液固化后将注浆嘴拆除，并将注浆嘴处用环氧胶泥抹平。

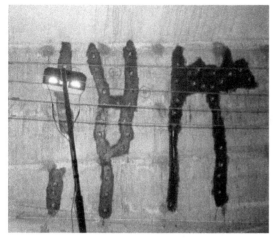
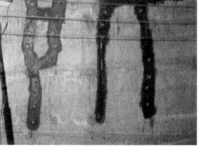

图 5-45　封闭裂缝外口

图 5-46　裂缝注浆操作

9）质量检查。注浆结束后，应检查补强效果和质量，发现缺陷应及时补救，确保工程质量。

（3）施工注意事项

1）施工宜在 5℃以上环境温度条件下进行，并应符合配套树脂的施工使用温度。

2）化学注浆材料为易燃品，应密闭贮存，远离火源。

3）在配置及使用现场，必须保持通风良好，操作人员应做好防护，严禁在现场进餐。

4）工作场地严禁烟火，并必须配备消防设施。

4. 粘贴钢板加固

加固施工用钢板及锚固螺栓应满足设计要求，粘贴钢板材料采用专用粘钢胶，厂家须提供原材的抗剪报告，现场检测 7 天抗剪强度不小于 18MPa。粘贴钢板施工工艺流程如图 5-47 所示。

（1）基面处理　粘贴钢板表面处理包括混凝土黏结面处理及钢板黏合面处理，这是最关键的工序，应认真进行。按照设计尺寸对锚固钢板覆盖范围、植入锚固螺栓孔位、对拉螺杆孔位，进行放样。放样完毕后对混凝土基面进行处理。对于混凝土构件黏结面，应根据构件表面的新旧程度、坚实程度、干湿程度分别按以下四种情况处理。

1）对受污染的混凝土构件的黏结面，应先用硬毛刷蘸高效洗涤剂，刷除表面油垢污物，再进行打磨，除去 2~3mm 厚表层，直至完全露出新面，并用无油压缩空气吹除粉粒。处理后，若表面严重凹凸不平，可用高强树脂砂浆修补。

2）如果混凝土表面受到污染，则可直接对黏结面进行打磨，去掉 1~2mm 厚表层，完全露出新面，用压缩空气除去粉尘或用清水冲洗干净，待完全干燥后用丙酮喷洗表面即可。

3）对于新混凝土黏结面，先用钢丝刷将表面松散浮渣刷去，露出新面，再用硬毛刷蘸洗涤剂洗刷表面，或用清水冲洗，待完全干燥后即可。

4）对于湿度较大的混凝土构件，除满足上述要求外，尚须进行人工干燥处理。

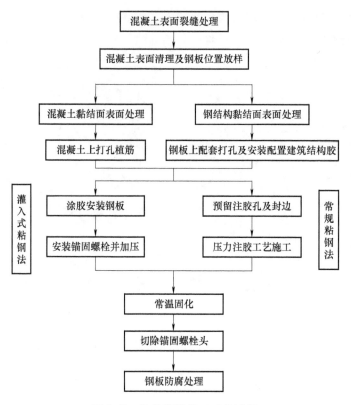

图 5-47 粘贴钢板施工工艺流程

为更好地确保粘贴效果，还应进行表面凿毛处理，使混凝土表面粗糙。

施工时应按图样要求并结合实际测量情况，确保坚硬的混凝土外露，并形成平整的粗糙面，再用钢丝轮清除表面浮渣，剔除表层疏松物。对于混凝土缺陷部位应用环氧结构胶进行修补，固化后再磨平。最后用压缩空气吹净表面尘粒，并用甲苯或工业丙酮擦拭表面数遍后晾干。

基面处理后效果如图 5-48 所示。

（2）植筋　植筋施工工艺流程如图 5-49 所示。

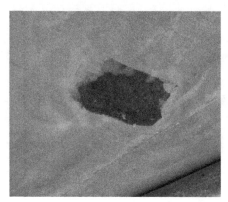

图 5-48　基面处理后效果

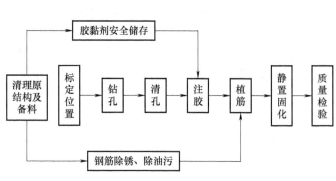

图 5-49　植筋施工工艺流程

1）钻孔。在需安装锚固螺栓的位置用记号笔标出记号，再用钢筋探测仪检查植筋部位的既有混凝土钢筋位置，以确定钻孔位置。然后用冲击钻钻孔，钢筋或螺栓的钻孔直径参照相关的性能指标，标尺设定为成孔深度。初钻时要慢，待钻头定位稳定后，再全速钻进，钻孔时应尽量减少振动，防止造成破坏，但必须用凿毛器将孔壁凿毛。成孔尽量垂直于植筋结构平面，钻孔中若遇到钢筋（螺栓）是主筋时，必须改孔。钻孔现场操作如图 5-50 所示。

图 5-50　钻孔现场操作

2）清孔、吹孔。植筋孔钻到设计深度后，用刷子刷落孔壁灰渣。将气筒导管插入孔底，来回打气吹出灰渣。成孔后，必须等孔内干燥，再用上述方法清孔，并保持孔内干净、干燥至注胶前。按上述工序需进行刷孔及吹孔各三遍，直至孔内清洁干燥为止。

3）注胶。注胶前，须详细阅读植筋（螺栓）胶使用说明书，掌握其正确的使用方法，查看有效期，过期的坚决不能使用。检查植筋（螺栓）孔是否干净、干燥。当环境条件（温度、湿度）不满足时，应停止施工。当上述条件满足后，把植筋胶放入胶枪中，接上混合管（必要时接上延长管）。每支胶最先挤出的胶体颜色不均匀的部分（长约 10cm）应舍弃，见到颜色一致的胶体后再将混合管插入孔底，从孔底向外注入黏结剂，注满孔洞的 2/3，保证植筋（螺栓）后饱满。

4）植入钢筋（螺栓）。将加工好并除锈后的钢筋（螺栓）轻砸击至孔底，钢筋（螺栓）插入要缓慢，防止黏结剂在钢筋（螺栓）的快速挤压下喷出，造成钢筋（螺栓）与肢体之间不能完全紧密结合。钢筋（螺栓）插到孔底后，调整好外露部分位置，用绑丝或其他方法固定好钢筋（螺栓），应用钢板条模板定位钢筋。

由下向上进行植筋（螺栓）施工时，应先将内装结构胶的胶袋或玻璃管埋入植筋（螺栓）孔中，再用电钻将钢筋（螺栓）植入，通过挤压钢筋（螺栓）将胶袋或玻璃管破碎，并使流出的植筋胶填满孔洞，对钢筋（螺栓）紧密包裹。现场植筋施工如图 5-51 所示。

5）养护。植筋后应在不低于5℃的环境温度下养护 30min，固化期间防止振动。

6）植筋锚固材料力学性能要求。植筋锚固材料力学性能指标

图 5-51　现场植筋施工

见表 5-15。

表 5-15　植筋锚固材料力学性能指标

项目	抗压强度/MPa	HRB335 钢筋锚固强度（螺纹钢）	HPB235 钢筋锚固强度（圆钢）
	$3d$	$15d$ 植筋深度	$20d$ 植筋深度
指标	≥30	≥ 钢筋屈服强度	≥ 钢筋屈服强度

（3）粘贴钢板　主要工作内容如下：

1）准备工作。钢板上配套打孔：根据设计图进行钢板下料，并根据混凝土上实际的钻孔位置对所要粘贴的钢板进行配套打孔，打孔完成后，焊接钢板接缝（应在钢板安装前完成，严禁安装钢板后再进行焊接）实现钢板的接长，然后在混凝土和钢板之间垫入 3mm 厚的垫片，将钢板套在螺栓上调整水平和固定，完成钢板安装。

建筑结构胶配置方法：选择满足规范要求的建筑结构胶，按照其配比说明配置建筑结构胶，使用易散热的宽浅软塑料（聚乙烯）盆或筒作为容器，容器内不得有水和油污，保持清洁。先放入已称好的甲组料，然后放入与甲组料相应的已称好的乙组料，充分拌和。拌和可用人工，也可用电动搅拌器拌和，一般采用后者，不仅省力，还易拌均匀。搅拌应按同一方向进行，避免产生气泡，搅拌时，应避免水分进入容器。

2）钢板粘贴面处理。依据施工图及实际情况放样下料。对于钢板黏合面，应根据钢板锈蚀程度处理：

① 钢板未生锈或轻微锈蚀，可用喷砂、砂布或平砂轮打磨，直至出现金属光泽，其后用脱脂棉蘸丙酮将钢板黏合面擦拭干净。打磨粗糙度越大越好，打磨纹路尽量与钢板受力方向垂直。

② 如钢板锈蚀较严重，必须先用适度盐酸浸泡 20min，使锈层脱落，再用石灰水冲洗，最后用平砂轮打磨出纹道。

3）配胶。钢结构胶一般为甲乙双组分，须在现场临时配置。配置时注意严格按使用说明配胶，现场配置称量设备，严格计量，保证配比正确。将甲、乙组分倒入干净容器，采用机械法按同一方向定向搅拌至色泽均匀为止。配胶比例应根据当时当地气候条件及有效时间长短进行适当调整。粘贴钢板用胶黏剂的性能指标见表 5-16。

表 5-16　粘贴钢板用胶黏剂的性能指标

性能项目		性能要求	
		A 级胶	B 级胶
胶体性能	抗拉强度/MPa	≥30	≥25
	抗拉弹性模量/MPa	≥3500（3000）	
	抗弯强度/MPa	≥45	≥35
		且不得呈脆性破坏	
	抗压强度/MPa	≥65	
	伸长率（%）	≥1.3	≥1.0

（续）

性 能 项 目		性 能 要 求	
		A 级胶	B 级胶
黏结能力	钢-钢拉伸抗剪强度标准值/MPa	≥15	≥12
	钢-钢不均匀扯离强度/(kN/m)	≥16	≥12
	钢-钢黏结抗拉强度/MPa	≥33	≥25
	与混凝土正拉黏结抗拉强度/MPa	≥2.5，且为混凝土内聚破坏	
不挥发物质量（固体量）（%）		≥99	

4）粘贴。胶黏剂配制好后，用抹刀同时涂抹在已处理好的混凝土表面和钢板黏合面。先用少量胶于结合面来回刮抹数遍，再添抹至所需厚度（1~3mm），中间厚、边缘薄，然后将钢板贴于预定位置。若是立面粘贴，为防止流淌，可加一层脱蜡玻璃丝布。钢板粘贴后，用手锤沿粘贴面轻轻敲击钢板，如无空洞声，表示已粘贴密实，否则应剥下钢板补胶，重新粘贴。

5）固定与加压。钢板粘贴好后，立即将螺栓固定，加垫片、紧固螺母，交替拧紧，使多余的胶黏剂沿板缝及螺栓孔挤出，加压固定的压力以不小于0.5MPa为宜。同时要不断轻轻敲打钢板并及时检查钢板下胶黏剂饱满度，若发现某些部位胶黏剂不足，有空鼓，应及时松开螺杆，从钢板侧面把胶黏剂填塞到空隙处，使钢板平整密贴。螺栓拧紧次序应按由内向外、由中间向两边进行。灌入式粘贴钢板加固如图5-52所示。

6）固化。固化期间不得对钢板有任何扰动，若气温偏低，可采取人工加温，一般用红外线灯加热，固化时间不少于24h。

7）质量检验。通常采用非破损法进行

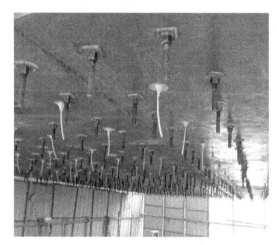

图 5-52　灌入式粘贴钢板加固

检验。主要检验内容有钢板边缘溢胶色泽、硬化程度。以小锤敲击钢板检验钢板的有效黏结面积，从声音判断粘贴固化效果，锚固区有效黏结面积不应小于95%，否则粘贴无效，应剥下重新粘贴。对于横隔板加固，植筋、粘贴结束后可浇筑快速修补料。

5. 钢板及钢结构防腐涂装

钢结构及钢板外露表面必须进行防腐涂装（粘贴面打磨处理达到设计要求即可）。钢板表面防腐涂装施工要点如下：

（1）表面处理　对钢板外露表面进行除锈、打磨及清洁处理，手工除锈应达到St3.0级，喷砂或抛丸除锈应达到Sa2.5级，粗糙度为Rz40~70μm。特别注意钢板表面不得被油、蜡及有机溶剂污染。受污染的部位必须进行彻底除油清洗。

（2）作业环境　不允许在气温5℃以下、相对湿度80%以上、雨天及雾天进行防腐涂装。

（3）涂料、涂装遍数、涂层厚度要求　具体要求均应符合设计和《钢结构工程施工质量验收标准》（GB 50205—2020）。

（4）涂层厚度检测　涂层厚度检测按照两个80%的原则，即80%的测点涂层厚度不低于设计值，另外20%的测点涂层厚度不低于设计值的80%。

（5）检查数量和检验方法　可以参考《铁路钢桥保护涂装及涂料供货技术条件》（Q/CR 730—2019）相关规定执行。

（6）涂装工艺　涂装一般应采用喷涂工艺。

（7）质量管控要点　为保证涂装质量在施工时应做如下控制。

1）涂料供应。涂料必须是正规厂家生产，有相应的产品合格证书、有国家认可的质检机构出具的检验报告、有供应产品的技术手册，所用涂料必须有丰富的实践应用及在我国同类气候条件中的应用经历，所用涂料应该有久远的历史并且已经经过一定时间的实际应用考验。

2）涂料的存放运输。涂料的存放和运输应按照涂料生产厂家的有关规定说明执行。在存放和运输中要特别注意防火、防暴晒，以防止引起涂料爆炸或老化。

3）涂装工艺。涂层的实际使用性能很大程度受涂装工艺的影响，只有合理且科学的涂装工艺才能保证涂装的质量。一般涂料生产厂家都会在产品说明书中全面介绍涂装工艺，现场使用人员应仔细阅读涂装工艺说明，结合施工设备和经验编制详细的施工工艺，并由专职质检人员检查每道工序。

4）涂装现场的质量管理。施工中应对每一道工序都应详细检查，达到设计的要求后方可进行下一道工序的施工。现场人员必须仔细研究涂料的产品说明书和设计文件要求，掌握涂装施工的关键所在，坚决杜绝涂装时赶时间，前一道涂层还没有达到要求的干燥程度即进行下一道涂层的施工，将给涂装质量造成隐患。

5）每喷涂一层必须进行喷涂厚度检测，测量点距离间隔大约1m，未达到防腐设计厚度的应及时补喷。

6）外观检验。所有部位必须达到漆膜均匀、平整、光洁、无起泡、无流挂、无漏涂、无露底、无龟裂、无干喷和无杂物等。

7）漆膜检验。用干膜测厚仪检查，所有测量点必须达到两个80%，即所测点的80%的点必须达到和超过规定的设计膜厚，任何一个点厚度必须达到设计厚度的80%。

8）附着力检测应满足设计要求。

9）涂覆间隔时间应满足设计或材料供应商的技术要求，超过最大涂覆间隔时间时应对涂层进行拉毛处理后涂装。

10）钢结构进行加工焊接组装后，应对构件进行检测，且应符合相关规范要求，主要包括构件尺寸及平整度检测、构件表面缺陷检测、焊缝检测、构件、涂层厚度检测等。

6. 加固案例

某大桥桥梁全长为710m，桥梁跨径布置为20×35m，双幅桥面净宽度为2m×11.5m，荷载等级为：汽车-超20级，挂车-120。上部结构为预应力混凝土小箱梁，下部结构为桩柱式桥墩、肋板式桥台，桩基础及扩大基础。桥面铺装为沥青混凝土，支座采用板式橡胶支座。2019年，在桥梁定期检查过程中发现个别预应力混凝土小箱梁腹板距桥墩6~8m范围内存在1~5条竖向裂缝，个别裂缝延伸至箱梁底板，裂缝宽度为0.04~0.10mm。为确保桥梁耐久性及运营安全，养护管理单位聘请专业加固设计单位对该桥进行了专项加固设计，除对裂缝进行封闭处理外，在腹板位置进行粘贴钢板加固，如图5-53所示。

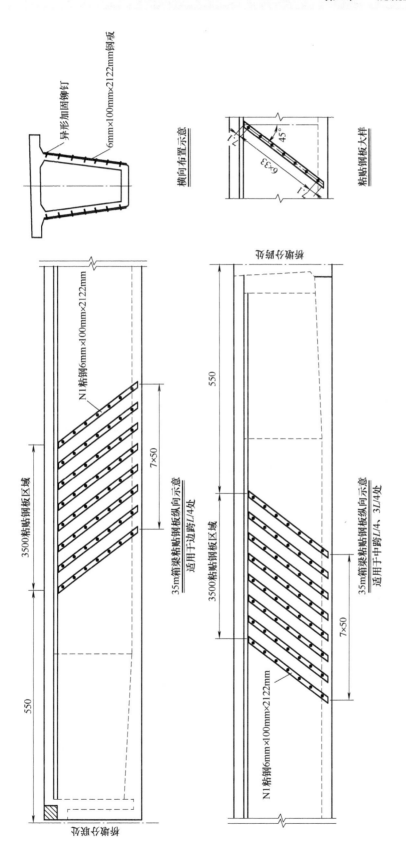

图 5-53　35m 跨箱梁腹板粘贴钢板加固

5.6.5 混凝土其他缺陷维修加固

混凝土缺陷修复流程如图 5-54 所示。混凝土缺陷加固流程如图 5-55 所示。

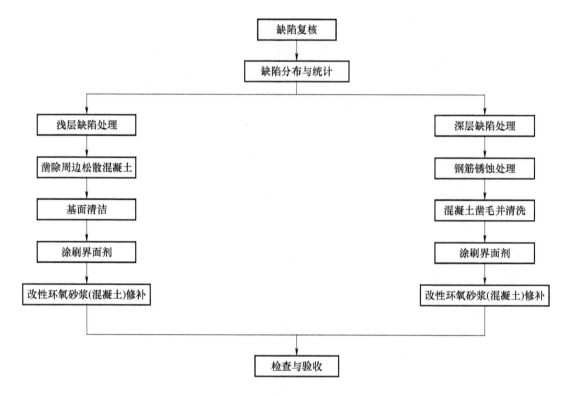

图 5-54　混凝土缺陷修复流程

1. 钢筋外露锈蚀处理

1）用钢钎将钢筋头周边的混凝土凿除，深度 2cm，露出钢筋头。用电动切割机切除钢筋头，使其低于混凝土表面 2cm。

2）混凝土的露筋用电动金刚石磨片打磨除锈，露出金属光泽。

3）在钢筋头及外露钢筋处及外延 20cm 范围涂刷阻锈剂。

4）涂刷混凝土界面剂，用环氧砂浆或环氧混凝土修补。

2. 钢筋锈胀处理

钢筋锈胀修复工艺如图 5-56 所示，主要工艺如下。

1）打掉表面锈胀的混凝土，将剥落面打磨，去除锈胀层，露出新鲜混凝土。

2）将锈蚀钢筋打磨除锈，露出金属光泽。

3）处理钢筋外露部位后，在该部位新鲜的混凝土面及外延 20cm 范围涂刷阻锈剂。

4）涂刷混凝土界面剂，用环氧砂浆或环氧混凝土修补。

3. 混凝土剥落、蜂窝空洞等处理

1）打掉表面松动的混凝土碎渣，将剥落面打磨，去除碳化层，露出新鲜混凝土。

2）若有钢筋外露，需打磨除锈，露出金属光泽。

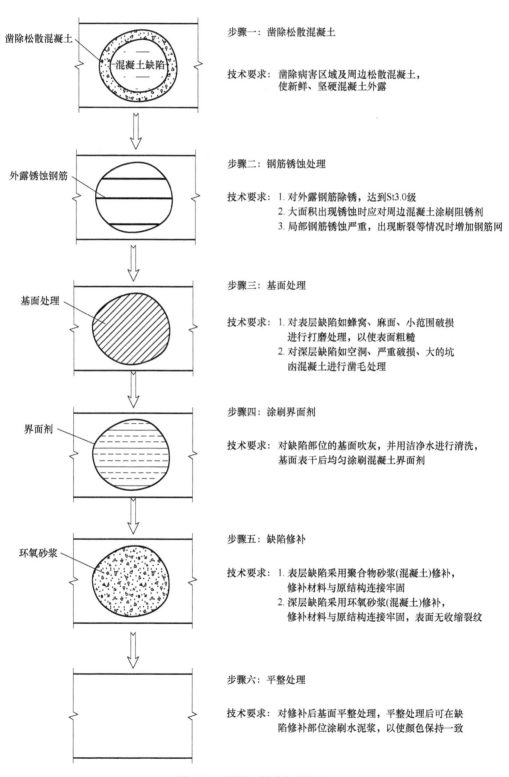

步骤一：凿除松散混凝土

技术要求：凿除病害区域及周边松散混凝土，
使新鲜、坚硬混凝土外露

步骤二：钢筋锈蚀处理

技术要求：1. 对外露钢筋除锈，达到St3.0级
2. 大面积出现锈蚀时应对周边混凝土涂刷阻锈剂
3. 局部钢筋锈蚀严重，出现断裂等情况时增加钢筋网

步骤三：基面处理

技术要求：1. 对表层缺陷如蜂窝、麻面、小范围破损
进行打磨处理，以使表面粗糙
2. 对深层缺陷如空洞、严重破损、大的坑
凹混凝土进行凿毛处理

步骤四：涂刷界面剂

技术要求：对缺陷部位的基面吹灰，并用洁净水进行清洗，
基面表干后均匀涂刷混凝土界面剂

步骤五：缺陷修补

技术要求：1. 表层缺陷采用聚合物砂浆(混凝土)修补，
修补材料与原结构连接牢固
2. 深层缺陷采用环氧砂浆(混凝土)修补，
修补材料与原结构连接牢固，表面无收缩裂纹

步骤六：平整处理

技术要求：对修补后基面平整处理，平整处理后可在缺
陷修补部位涂刷水泥浆，以使颜色保持一致

凿除松散混凝土

混凝土缺陷

外露锈蚀钢筋

基面处理

界面剂

环氧砂浆

图 5-55　混凝土缺陷加固流程

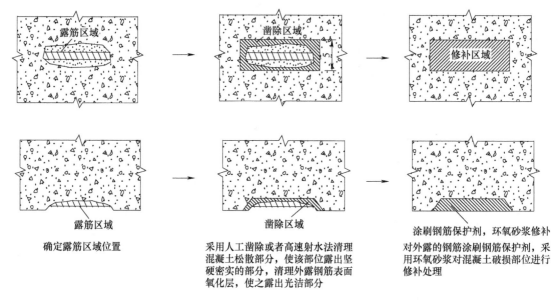

图 5-56 钢筋锈胀修复工艺

3）处理钢筋外露部位后，在该部位新鲜的混凝土面及外延 20cm 范围涂刷阻锈剂。

4）涂刷混凝土界面剂，用环氧砂浆或环氧混凝土修补。

对混凝土缺陷进行现场维修加固施工时，应做到：清理混凝土病害部位时不损伤梁体原有钢筋（尤其是主筋），不剪断外露钢筋；按照桥梁维修养护相关规定及要求，采用环氧砂浆或环氧混凝土（在破损区域过大处使用）对破损区域进行修补，要求修补后结构表面平整密实；修补区域如处于潮湿状态，采取措施使修补位置保持干燥，或选用能在潮湿状态下施工的材料，确保修补质量；修复后根据材料物理化学特性、修补厚度及气候条件等因素做好养护工作。

4. 高聚物修补材料

1）坍落度初始值大于等于 270mm、坍落扩展度初始值大于等于 650mm、30min 坍落度保留值大于等于 240mm、30min 坍落扩展度保留值大于等于 550mm，浇筑后能够均匀扩散、自由流动。

2）不泌水、不离析，不需要振捣，能够依靠自身自重将修补范围填实。

3）早期强度高，能够满足混凝土结构快速修补的要求：3h 抗压强度不小于 30MPa、抗折强度不小于 4.5MPa；1d 抗压强度不小于 40MPa、抗折强度不小于 5.0MPa；28d 抗压强度不小于 60MPa、抗折强度不小于 7.5MPa。

4）修补料中掺入了高效膨胀剂，能够阻止修补料沉浆收缩和失水收缩。

5）属于无机混合料，耐腐蚀、耐老化。

6）无毒、无害、对钢筋无腐蚀、对水质及周围环境无污染。

环氧砂浆（混凝土）原材料质量及性能应满足要求，JN-CE 混凝土修补胶泥技术参数见表 5-17，环氧砂浆（混凝土）力学性能指标应符合表 5-18 要求。

表 5-17 JN-CE 混凝土修补胶泥技术参数

项　　目	技术要求	技术性能	试验方法
25℃下垂流度/mm	≤2.0	0	
可操作时间/min	≥35	60	
密度/(g/cm³)	—	1.70	
抗拉强度/MPa	≥30	42.0	
受拉弹性模量/GPa	≥3.2	6.50	
断裂伸长率（%）	≥1.2	1.70	GB 50728—2011
抗弯强度/MPa	≥45	60.0	
抗压强度/MPa	≥65	95.0	
钢-钢黏结抗剪强度标准值/MPa	≥15	20.0	
钢-混凝土正拉黏结强度/MPa	≥2.5，且为混凝土内聚破坏	4.2，且为混凝土内聚破坏	

表 5-18 环氧砂浆（混凝土）力学性能指标

项　　目	龄期条件	技术要求
抗压强度/MPa	25℃ 1 天	65
	25℃ 3 天	85
	25℃ 7 天	100
抗弯强度/MPa	25℃ 7 天	35
钢-混凝土黏结抗剪强度/MPa	25℃ 7 天	C40 混凝土破坏
钢-混凝土黏结抗拉强度/MPa	25℃ 7 天	≥2.5MPa，且 C40 混凝土破坏

5.6.6　混凝土结构加固方法

1. 加固方法概述

对于既有钢筋混凝土结构，设计缺陷、使用维修不当、施工质量及地震等自然灾害可能导致结构的安全性、适用性或耐久性不能满足规定的要求，应对结构采取加固补强措施。当既有钢筋混凝土结构的使用功能发生变化，造成荷载变化或进行加层改造时，也经常需要对既有结构进行加固。

混凝土结构加固的方法有很多，常用的有加大截面加固法、外包钢加固法、预应力加固法、粘贴碳纤维片材加固法、改变结构传力途径加固法等。具体操作时，应根据被加固结构在承载力、刚度、裂缝或耐久性等方面的问题，结合各种加固方法的特点、适用范围和施工的可行性等因素选择经济合理、技术可靠的加固方案。

2. 加固结构的受力特征

加固结构受力性能与一般未经加固的普通结构的受力性能有较大的差异，主要区别在于所谓的二次受力问题，即加固前既有结构已经承受荷载，若将其称为第一次受力，则加固后属于第二次受力。加固前既有结构已经产生一定的应力和应变，既有结构混凝土的收缩变形也已完成，而加固一般是在不卸载或部分卸载的情况下进行的，加固时新增加的部分只有在荷载增加时,才参与受力。所以,新增加部分的应力和应变滞后于既有结构,当既有结构达到应力极限时,新加部分一般还达不到自身的极限状态,破坏时其承载潜力不能充分发挥,起不到应有的加固效果。

加固结构属于新旧材料二次组合结构,新旧部分的结构存在整体工作共同受力的问题。能否成为一个整体,关键取决于结合面能否充分地传递剪力。实际上,混凝土结合面的抗剪强度总是远低于一次整浇混凝土的抗剪强度,所以二次组合结构承载力一般低于一次整浇结构。加固结构的这些受力特征决定了混凝土结构加固设计的计算、构造及施工等不同于新建混凝土结构。

3. 加大截面加固法

(1)概述 该法是通过在既有结构构件截面外围新浇混凝土,增大截面面积,并加配受力钢筋或构造钢筋,以达到提高原构件承载力、刚度、稳定性和抗裂性的目的。对于受压构件还可降低其长细比和轴压比。因此,该法常用于混凝土结构梁、柱、板的加固(见图5-57)。加大截面加固法具有受力可靠、施工工艺简单、加固费用较低等优点,但也有施工时湿作业工作量大、养护期长、占用建筑空间较多等缺点,使其应用受到一定限制。

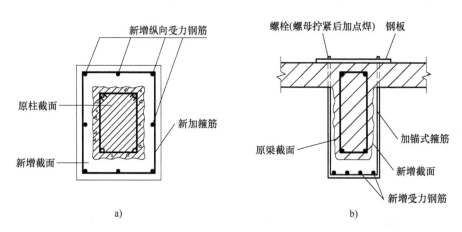

图 5-57 加大截面加固法

a)加固柱 b)加固梁

(2)构造要求

1)加固时,新增混凝土的强度等级不应低于 C20,且应比既有构件混凝土的强度等级高一级;纵向钢筋宜采用 HRB335 级,箍筋可采用 HPB300 级。

2)新增混凝土的最小厚度,加固板时不应小于 40mm,加固梁、柱时不应小于 60mm,用喷射混凝土施工时不应小于 50mm。

3)加固板的受力钢筋直径不应小于 8mm,加固梁时不宜小于 12mm,加固柱时不宜小于 14mm。

4)新增受力钢筋与既有受力钢筋的净间距不应小于 25mm,并应采用短筋或箍筋将其与既有钢筋焊接。当采用短筋焊接时,短筋的直径不应小于 25mm,长度不小于 $5d$(其中 d 为新增纵筋直径),各短筋在纵向间的中距不应大于 500mm(见图5-58)。

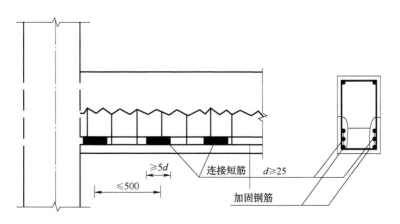

图 5-58　短筋焊接连接构造

5）箍筋应采用封闭箍筋或 U 形箍筋。当用混凝土围套加固时，应设置环形箍筋（见图 5-59）或加锚式箍筋（见图 5-57b），加锚式箍筋直径不宜小于 8mm。当截面受拉区一侧加固时，应设置 U 形箍筋，U 形箍筋直径应与原有箍筋直径相同，一般应焊在原有箍筋上，单面焊缝长度为 10d，双面焊缝为 5d（d 为 U 形箍筋直径）。图 5-60 所示为 U 形箍筋构造。

当受构造限制时，U 形箍筋可焊在增设的锚筋上，也可以直接植入锚孔内锚固，植筋埋设 U 形箍构造如图 5-61 所示。锚筋直径 d 不应小于 10mm，锚筋距构件边缘不小于 3d 且不小于 40mm，锚筋锚固深度不小于 10d，并采用环氧树脂浆或环氧树脂砂浆，将其锚固于既有梁的锚孔内，锚孔直径应大于锚筋直径 4mm。

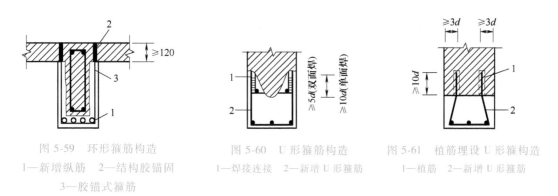

图 5-59　环形箍筋构造
1—新增纵筋　2—结构胶锚固
3—胶锚式箍筋

图 5-60　U 形箍筋构造
1—焊接连接　2—新增 U 形箍筋

图 5-61　植筋埋设 U 形箍构造
1—植筋　2—新增 U 形箍筋

6）梁的纵向加固受力钢筋的两端应可靠锚固，柱的纵向加固受力钢筋的下端应伸入基础并满足锚固要求，上端应穿过楼板与上柱脚连接或在屋面板处封顶锚固。

（3）加大截面加固的设计计算方法　对梁板受弯构件用加大截面法加固时，应根据实际情况采用在受压区或在受拉区新增混凝土加固两种方式，前者多用于板的加固，后者则多用于梁的加固。

受压区新增混凝土加固。根据加固截面新旧混凝土黏结是否可靠，可分为整体工作和非整体工作两种情况。

1）整体工作。对受压区新增混凝土加固的钢筋混凝土梁板（相当于增大受弯构件受压截面面积），若新旧混凝土黏结可靠，可以按整体协同工作考虑。若加固时没有全部卸载，则加固结构属于典型的二次受力结构，其受力过程与二次受力过程的叠合梁（板）相同，对承载力、抗裂度、裂缝宽度及挠度的验算，可依据《混凝土结构设计规范》（2015 年版）（GB 50010—2010）按二次受力叠合梁进行计算。

2）非整体工作。若混凝土板面受污染，不能保证新旧混凝土可靠黏结，则按非整体协同工作考虑，新旧板承受的弯矩按新旧板的刚度进行分配。设既有混凝土厚度为 h_1，新增混凝土厚度为 h_2，则既有混凝土板弯矩分配系数为 $k_1 = \dfrac{h_1^3}{h_1^3 + h_2^3}$，新增板弯矩分配系数为 $k_1 = \dfrac{h_2^3}{h_1^3 + h_2^3}$。

若总弯矩为 M，则既有混凝土板承受的弯矩为 $M_1 = k_1 M$，新增板承受的弯矩为 $M_2 = k_2 M$。计算出新增混凝土板按刚度比分担的弯矩后，再按规范进行承载力验算。另外，考虑既有构件已产生一定的变形，加固后的总变形将大于新浇构件，会提早进入弹塑性变形而使刚度有所降低，在进行弯矩分配系数计算时，对既有构件刚度可以乘折减系数 α 予以考虑，一般取 $\alpha = 0.8 \sim 0.9$。

在受拉区新增混凝土和钢筋加固的钢筋混凝土受弯构件破坏时，一般加固钢筋先达到屈服强度，且既有钢筋应变仍未达到极限。其正截面承载力可按《混凝土结构加固设计规范》（GB 50367—2013）中的规定计算。对于图 5-62 所示的矩形截面，其计算公式为

$$M \leqslant \alpha_s f_y A_s \left(h_0 - \frac{x}{2} \right) + f_{y0} A_{s0} \left(h_{01} - \frac{x}{2} \right) - f'_{y0} A'_{s0} \left(\frac{x}{2} - a' \right) \tag{5-61}$$

$$\alpha_1 f_{c0} b x = f_{y0} A_{s0} + \alpha_s f_y A_s - f'_{y0} A'_{s0} \tag{5-62}$$

$$2a' \leqslant x \leqslant \xi_b h_0 \tag{5-63}$$

式中　M——构件加固后弯矩设计值；

　　　α_s——新增钢筋强度利用系数，取 $\alpha_s = 0.9$；

　　　f_y——新增钢筋的抗拉强度设计值；

　　　A_s——新增受拉钢筋的截面面积；

h_0、h_{01}——构件加固后、加固前的截面有效高度；

　　　x——混凝土受压区高度；

f_{y0}、f'_{y0}——既有钢筋的抗拉、抗压强度设计值；

A_{s0}、A'_{s0}——既有受拉钢筋的和既有受压钢筋的截面面积；

　　　a'——纵向受压钢筋合力点至混凝土受压区边缘的距离；

　　　α_1——受压区混凝土矩形应力图的应力值与混凝土轴心抗压强度设计值的比值，当混凝土强度等级不超过 C50 时，取 $\alpha_1 = 1.0$，当混凝土强度等级为 C80 时，取 $\alpha_1 = 0.94$，其间按线性内插法确定；

　　　f_{c0}——既有构件混凝土轴心抗压强度设计值；

　　　b——矩形截面宽度；

　　　ξ_b——构件增大截面加固后的相对界限受压区高度，按式（5-64）计算。

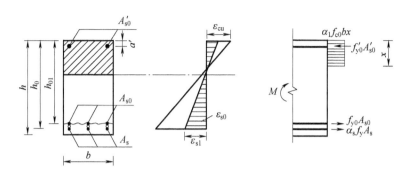

图 5-62　矩形截面受弯构件正截面加固计算简图

由于加固后的受弯构件正截面承载力可以近似地按照一次受力构件计算，试验研究也验证过新增主筋一般能够屈服，因此其相对界限受压区高度是

$$\xi_b = \frac{\beta_1}{1 + \dfrac{\alpha_s f_y}{\varepsilon_{cu} E_s} + \dfrac{\varepsilon_{s1}}{\varepsilon_{cu}}} \tag{5-64}$$

$$\varepsilon_{s1} = \left(1.6\,\frac{h_0}{h_{01}} - 0.6\right)\varepsilon_{s0} \tag{5-65}$$

$$\varepsilon_{s0} = \frac{M_{0k}}{0.85 h_{01} A_{s0} E_{s0}} \tag{5-66}$$

式中　β_1——计算系数，当混凝土强度等级不超过 C50 时，取 0.8，当混凝土强度等级为
　　　　　　C80 时，取 0.74，其间按线性内插法确定；

　　　ε_{cu}——混凝土极限压应变，取 $\varepsilon_{cu} = 0.0033$；

　　　ε_{s1}——新增钢筋位置处，按平截面假设确定的初始应变值，当新增主筋与既有主筋的
　　　　　　连接采用短钢筋焊接时，可近似取 $h_{01} = h_0$，$\varepsilon_{s1} = \varepsilon_{01}$；

　　　M_{0k}——加固前受弯构件验算截面上既有作用的弯矩标准值；

　　　ε_{s0}——加固前，在初始弯矩 M_{0k} 作用下既有受拉钢筋的应变值。

当按式（5-62）和式（5-63）算得的加固后混凝土受压区高度 x 与加固前既有截面有效高度 h_{01} 之比大于既有截面相对界限受压区高度 ξ_{b0} 时，应考虑既有纵向受拉钢筋应力 σ_{s0} 尚达不到 f_{y0} 的情况。此时，应将上述两公式中的 f_{y0} 改为 σ_{s0}，并重新进行验算。验算时，σ_{s0} 值可按式（5-67）确定。

$$\sigma_{s0} = \left(\frac{0.8 h_{01}}{x} - 1\right)\varepsilon_{cu} E_s \leqslant f_{y0} \tag{5-67}$$

若计算结果 $\sigma_{s0} < f_{y0}$，则按此验算结果确定加固钢筋用量。若算得的结果 $\sigma_{s0} \geqslant f_{y0}$，则表示原计算结果无须变动。

受弯构件斜截面加固计算，具体可参考《混凝土结构加固设计规范》第 5.3 条相关规定。受弯构件加固后的斜截面应符合下列条件。

当 $h_w/b \leqslant 4$ 时　　　　　　　　　$V \leqslant 0.25 \beta_c f_c b h_0$ 　　　　　　（5-68）

当 $h_w/b \geqslant 6$ 时　　　　　　　　　$V \leqslant 0.20 \beta_c f_c b h_0$ 　　　　　　（5-69）

当 $4 < h_w/b < 6$ 时，按线性内插法确定。

式中 V——构件加固后的剪力设计值；

β_c——混凝土强度影响系数，按《混凝土结构设计规范》（2015 年版）的规定值采用；

b——矩形截面的宽度，或 T 形、I 形截面的腹板宽度；

h_w——截面高度，矩形截面取有效高度，T 形戴面取有高度减去翼缘高度，I 形截面取腹板净高。

采用增大截面法加固受弯构件时，其斜截面受剪承载力应符合下列公式：

当受拉区增设配筋混凝土层，并采用 U 形箍与既有箍筋逐个焊接时

$$V \leqslant \alpha_{cv}[f_{t0}bh_{01} + \alpha_c f_t b(h_0 - h_{01})] + f_{yv0}\frac{A_{sv0}}{s_0}h_0 \tag{5-70}$$

当增设钢筋混凝土三面围套，并采用加锚式或胶锚式箍筋时

$$V \leqslant \alpha_{cv}(f_{t0}bh_{01} + \alpha_c f_t A_c) + \alpha_s f_{yv}\frac{A_{sv}}{s}h_0 + f_{yv0}\frac{A_{sv0}}{s_0}h_{01} \tag{5-71}$$

式中 α_{cv}——斜截面混凝土受剪承载力系数；

α_c——新增混凝土强度利用系数，取 $\alpha_c = 0.7$；

f_t、f_{t0}——新、旧混凝土轴心抗拉强度设计值；

A_c——三面围套新增混凝土截面面积；

α_s——新增箍筋强度利用系数，取 $\alpha_s = 0.9$；

f_{yv}、f_{yv0}——新箍筋和既有箍筋的抗拉强度设计值；

A_{sv}、A_{sv0}——同一截面内新箍筋各肢截面面积之和及既有箍筋各肢截面面积之和；

s、s_0——新增箍筋或原箍筋沿构件长度方向的间距。

在式（5-71）中，α_{cv} 按如下方式确定：对一般受弯构件取 0.7；对集中荷载作用下（包括作用有多种荷载，其中集中荷载对支座截面或节点边缘所产生的剪力值占总剪力的 75% 以上的情况）的独立梁，取 α_{cv} 为 $\dfrac{1.75}{\lambda + 1}$。其中，$\lambda$ 为计算截面的剪跨比，可取 $\lambda = a/h_0$，a 为集中荷载作用点至支座截面或节点边缘的距离。当 $\lambda < 1.5$ 时，取 $\lambda = 1.5$；当 $\lambda > 3$ 时，取 $\lambda = 3$；

采用加大截面法加固钢筋混凝土柱，一般可根据既有构件截面和荷载作用下的内力情况，在既有柱一侧、双侧或四周采用增大混凝土截面进行加固。

采用加大截面法加固轴心受压柱时，其正截面受压承载力计算公式见式（5-72）。

$$N \leqslant 0.9\varphi[f_{c0}A_{c0} + f'_{y0}A'_{s0} + \alpha_{cs}(f_c A_c + f'_y A'_s)] \tag{5-72}$$

式中 N——加固后混凝土柱的轴向压力设计值；

φ——构件的稳定系数，根据加固后的截面尺寸，按《混凝土结构设计规范》（2015 年版）的规定值采用，可查表 5-19 得到；

A_{c0}、A_c——构件加固前混凝土截面面积和加固后新增部分混凝土截面面积；

f'_y、f'_{y0}——新增纵向钢筋和既有纵向钢筋的抗压强度设计值；

A'_s——新增纵向受压钢筋截面面积；

α_{cs}——综合考虑新增混凝土和钢筋强度利用程度的修正系数，取 $\alpha_{cs} = 0.8$。

（4）提高加大截面加固效果的技术措施 影响加固效果的主要决定因素是新旧混凝土能否做到共同协调变形、共同分担荷载作用。因此，在加大截面加固法中应对以下两方面予以关注。

表 5-19 钢筋混凝土轴心受压构件的稳定系数

l_0/b	≤8	10	12	14	16	18	20	22	24	26	28	30
l_0/d	≤7	8.5	10.5	12	14	15.5	17	19	21	22.5	24	26
l_0/i	≤28	35	42	48	55	62	69	76	83	90	97	104
φ	1.0	0.98	0.95	0.92	0.87	0.81	0.75	0.70	0.65	0.60	0.56	0.52

注：表中 l_0 为构件计算长度；b 为矩形截面短边尺寸；d 为圆形截面直径；i 为截面最小回转半径。

采用增大截面加固钢筋混凝土偏心受压构件时，矩形截面承载力可参考《混凝土结构加固设计规范》第 5.5 条相关规定进行计算，此处不再详细介绍。

1）关于二次受力。加固结构的新加截面部分因应力、应变滞后而不能充分发挥效能，尤其是当既有结构工作的应力、应变值较高时，对于以混凝土承载力为主的受压构件和受剪构件，往往会出现既有结构与后加部分先后破坏的现象，加固效果很不理想或根本不起作用。加固时若进行卸载，情况则完全不同。由于应力、应变滞后现象得以降低，乃至消失。破坏时，新旧两部分就可同时进入各自的极限状态，结构总体承载力可显著提高。卸载对被加固构件承载力的提高，主要取决于既有结构第一次荷载应力水平指标 β（$\beta = S_k/R_k$，S_k 代表作用效果标准值，R_k 代表抗力标准值）的降低程度，β 越小越优。根据有关研究，为保证和提高结构加固的实际效果，加固时既有结构的应力水平指标 β，不得超过表 5-20 的限值 $[\beta_b]$，否则必须进行卸载加固。

表 5-20 既有构件应力水平限值 $[\beta_b]$

受 力 特 征	既有结构构件状况	
	裂缝及变形在规范允许范围之内	裂缝及变形超出规范规定
轴心受压、小偏心受压、斜截面受剪、受扭、局部受压	0.85	0.70
受弯、大偏心受压、轴心受拉、偏心受拉	0.95	0.85

另外，由于二次受力问题，原则上加固所用的钢筋，应优先选用比例极限变形较小的低强度等级钢筋，以充分发挥材料的力学性能。但是随着国家产业政策的调整，要求推广使用高强热轧带肋钢筋，限制并逐步淘汰低等级钢筋，相应的规范在修订时对钢筋等级进行了调整，要求"宜选用 HRB 335 级或 HPB 300 级普通钢筋；当有工程经验时，可使用 HRB 400 级钢筋；也可采用 HRB 500 级和 HRBF 500 级的钢筋。"因此在条件许可的情况下，应尽可能卸除既有结构、构件上的活荷载，降低应力水平指标 β，以保证新增高强度等级钢筋性能的发挥。

2）关于既有构件混凝土表面的处理问题。当采用加大截面法加固时，新旧混凝土整体协同工作的关键是新旧混凝土界面上的剪应力能否有效地传递。《混凝土结构加固设计规范》第 5.5.2 条规定"采用增大截面加固法时，既有构件混凝土表面应经处理，设计文件应对所采用的界面处理方法和处理质量提出要求。一般情况下，除混凝土表面应予打毛外，尚应采取涂布结构界面胶、种植剪切销钉或剪力键等措施，以保证新旧混凝土共同工作。"

大量加固工程的经验表明：对梁柱类构件，只要将既有结构与新混凝土黏结部位的表面打毛后，喷涂界面胶即可满足要求，但对大面积的墙、板，除打毛和喷涂界面胶外，还需种植剪切销钉。剪切销钉的数量一般可按构造要求确定，有的地区的工程经验是纵横向间距均取250~300mm即可，这种种植剪切销钉的处理方法曾在央视大楼火灾后修复工程中试用过，取得了较好效果。

4. 预应力加固法

预应力加固法是通过施加体外预应力，使既有结构整体或构件的受力得到改善或调整的一种间接加固法。其特点是通过对后加的无黏结预应力钢绞线、钢拉杆或型钢撑杆施加预应力，改变既有结构内力分布，消除加固部分的应力滞后现象，使后加部分与既有构件能较好地协调工作，提高既有结构的承载力，减小挠曲变形，缩小裂缝宽度。预应力加固法具有加固、卸载及改变既有结构内力分布的三重效果，尤其适合于在大跨度结构的加固。

针对受弯构件和受压构件的不同，预应力加固法分为预应力拉杆加固、无黏结高强钢绞线施加预应力加固和预应力撑杆加固。预应力拉杆加固和无黏结高强钢绞线施加预应力加固主要用于受弯构件，预应力撑杆加固主要用于受压构件。

预应力拉杆加固和无黏结高强钢绞线施加预应力加固，同一般后张预应力结构的预应力束布置一样，可采用直线式和折线式等形式进行预应力布置（见图5-63）。对于受弯构件，水平直线式布设形式（见图5-63a）适于仅正截面受弯承载力不足的加固，折线式布设形式（见图5-63b、c）适于斜截面受剪和正截面受弯承载力均不足的加固。

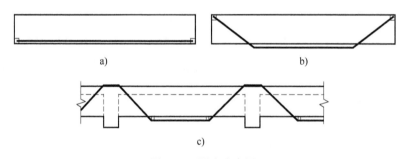

a)　　　　　　　　　　　　　　b)

c)

图5-63　预应力布置

预应力撑杆加固分为双侧撑杆加固（见图5-64a）和单侧撑杆加固（见图5-64b）。双侧撑杆加固适用于轴心受压及小偏心受压柱子的加固；单侧撑杆加固适用于弯矩不变号的大偏心受压柱子的加固。弯矩不变号是指截面受拉和受压边沿全长在同一侧的情况。

加固用预应力拉杆或钢绞线的张拉方法，有中部横向收紧张拉法、竖向张拉法和端部张拉法等。

中部横向收紧张拉法适用于预应力拉杆（钢绞线）或其局部的线形布置低于梁底下表皮的情况。当拉杆两端锚固后，将对称布置于梁两侧的预应力拉杆（钢绞线），卡在C形或U形螺栓收紧装置内（见图5-65a），通过收紧迫使两侧的预应力拉杆（钢绞线）向梁底中部靠拢，拉杆由直变曲，发生弹性伸长变形，从而建立起预应力。图5-65b为梁底单点收紧和两点收紧张示意图。

竖向张拉法一般在梁底安装收紧装置（见图5-66），通过沿梁侧面竖向收紧拉杆（钢绞线），迫使预应力拉杆（钢绞线）从上向下产生拉伸变形，从而建立起预应力。

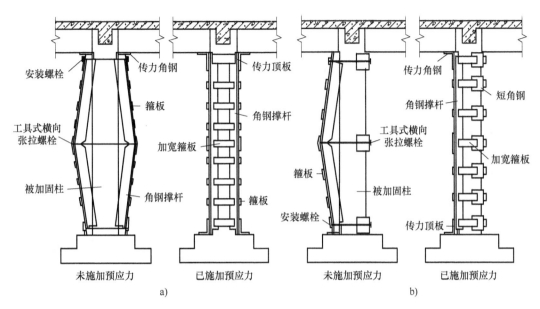

图 5-64　预应力撑杆加固框架柱

a) 双侧撑杆加固　b) 单侧撑杆加固

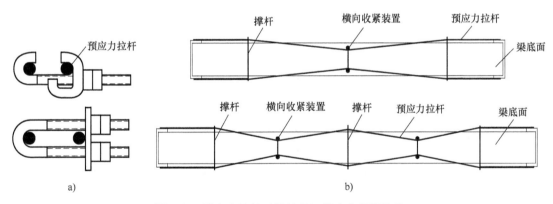

图 5-65　预应力拉杆（钢绞线）横向收紧张拉法

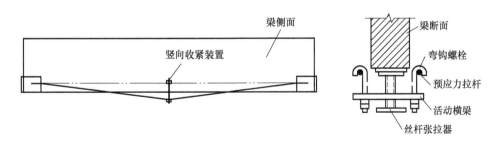

图 5-66　预应力拉杆（钢绞线）竖向张拉

　　端部张拉法是在拉杆（钢绞线）的端部，通过千斤顶张拉锚固法建立预应力的一种方法。当采用粗钢筋作预应力拉杆时，可将拉杆端部加工成螺栓，或者焊接螺丝端杆，通过拧紧螺母进行张拉。采用千斤顶端部张拉，对锚固区的操作空间及锚具有一定要求，适用于预应力值较大的场合。

对于柱子的双侧预应力撑杆加固，撑杆可由四根角钢组成，先用连接板拼成两组，两端焊接传力顶板；既有结构与撑杆抵承传力的部位，应嵌黏锚固承压角钢；撑杆与上下混凝土或基础之间，通过传力顶板和承压角钢传递压力。撑杆张拉前应向外弯曲，张拉点的角钢应剖口，以降低抗弯刚度，便于弯折，剖口后角钢截面被削弱，张拉后应用相同截面的钢板补焊。撑杆预压应力可采用手动螺栓横向收紧，迫使弯折的撑杆变直来实现。张拉后将连接板焊在撑杆的翼缘上，使两组撑杆连在一起。撑杆与柱的结合与外粘型钢加固相同。

5. 外粘型钢加固法

（1）概述　外粘型钢加固，是在既有混凝土构件外粘贴型钢，从而大幅度提高构件承载力的一种加固方法。外粘型钢法多用于柱子加固，也可用于受弯构件的加固。矩形截面柱一般在其四角外包角钢，横向用缀板焊接成整体（见图 5-67）。圆形截面柱多用扁钢加箍套。受弯构件可采用仅在受拉边外包角钢加固，或在受拉和受压边外包角钢或钢板加固。无论是单面加固还是双面加固均需设置横向箍套，箍套可用扁钢、角钢或钢筋焊成。

习惯上，在型钢与既有构件之间留一定间隙，并在其间灌填乳胶水泥浆、环氧砂浆或细石混凝土，使二者黏结成整体，协同工作。

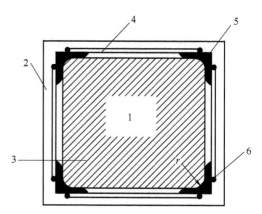

图 5-67　外粘型钢加固
1—既有柱　2—防护层　3—注胶　4—缀板
5—角钢　6—缀板与角钢焊缝

该法的优点是构件的截面尺寸扩大不多，但承载力提高幅度较大，且由于外粘型钢使原柱子混凝土的横向变形受到约束，使构件的延性有较大提高。

（2）截面刚度计算　外粘型钢加固中的后浇填料，因为厚度较薄，且在极限承载力状态下可能首先剥落，所以在加固计算时，略去其承载作用。外粘型钢加固柱的正截面承载力按整体协同工作计算，其截面刚度 EI 可近似按式（5-73）计算。

$$EI = E_{c0}I_{c0} + 0.5E_a A_a a_a^2 \tag{5-73}$$

式中　E_{c0}、E_a——既有构件混凝土和加固型钢的弹性模量；

$\quad\quad I_{c0}$——既有构件截面惯性矩；

$\quad\quad A_a$——加固构件一侧外粘型钢截面面积；

$\quad\quad a_a$——受拉与受压两侧型钢截面形心距。

（3）轴心受压正截面承载力计算方法　考虑后加型钢的应力滞后，型钢的承载潜力不一定得到充分发挥，在进行轴心受压正截面承载力计算时，按加固规范取折减系数 0.9 予以考虑。外粘型钢加固后的轴心受压柱的正截面承载力应按式（5-74）计算。

$$N \leqslant 0.9\varphi(\psi_{sc} f_{c0}A_{c0} + f'_{y0}A'_{s0} + \alpha_a f'_a A'_a) \tag{5-74}$$

式中　N——加固后轴向压力设计值；

$\quad\quad \alpha_a$——新增型钢强度利用系数，除抗震设计取 $\alpha_a = 1.0$ 外，其他取 $\alpha_a = 0.9$；

ψ_{sc}——考虑型钢构架对混凝土约束作用引入的混凝土承载力提高系数，圆形截面柱取 1.15，截面高宽比 $h/b \leqslant 1.5$、截面高度 $h \leqslant 600mm$ 的矩形截面柱取 1.1，不符合上述规定的矩形截面柱取 1.0；

f'_a——新增型钢的抗压强度设计值；

A'_a——新增全部受压型钢的截面面积。

（4）构造规定　外粘型钢加固时，角钢厚度不应小于 5mm。角钢边长，对于梁不应小于 50mm，对于柱不应小于 75mm。沿梁、柱轴线应用扁钢箍或缀板与角钢焊接，焊接应该在胶粘前完成。扁钢箍或缀板截面不应小于 40mm×4mm，间距不宜大于 20r（r 为单根角钢截面的最小回转半径），且不应大于 500mm。在节点区，其间距应适当减小。

外粘型钢须通长、连续，当有楼板时，U 形箍板或其他附加的螺杆应穿过楼板，与另加的条形钢板焊接，或嵌入楼板后予以胶锚。箍板与缀板均应在胶粘前与加固角钢焊接。当钢箍板需穿过楼板或胶锚时，可采用半重叠钻孔法，将圆孔扩成矩形扁孔。待箍板穿插安装、焊接完毕后，再用结构胶注入孔中予以封闭、锚固。

外粘型钢加固梁、柱时，应将既有构件棱角打磨成圆角（半径不小于 7mm），胶缝厚度宜为 3~5mm，除型钢端部 600mm 范围外，局部允许有长度不大于 300mm、厚度不大于 8mm 的胶缝。外粘型钢加固后，型钢表面宜抹 25mm 厚的高强度等级水泥砂浆保护层，也可采用其他饰面防腐材料加以保护。

6. 粘贴钢板加固法

（1）概述　粘贴钢板加固法是用胶黏剂把薄钢板粘贴在混凝土构件表面，使薄钢板与混凝土整体协同工作，以达到加固和增强既有结构强度和刚度的一种加固方法。这类胶黏剂称为结构胶，其黏结强度不应低于混凝土的自身强度。目前常用的结构胶，有环氧树脂加入适量的固化剂、增韧剂、增塑剂配制而成。加固用的钢板，一般以 Q235 或 Q355 钢为宜，钢板厚度一般为 2~6mm，结构胶厚度为 1~3mm。

与其他加固方法相比，粘贴钢板法有许多独特的优点和先进性，如增加的厚度很薄、加固后对既有构件截面影响有限、不会占用更多的空间。另外，粘贴钢板加固法施工速度快，从清理、修补加固构件表面，将钢板粘贴于构件上，到加压固化，仅需 1~2 天。该法钢材利用率高、用量少，却能大幅度提高构件的抗裂性、抑制裂缝的发展，提高承载力。所以被广泛应用于承受静荷载作用的受弯构件、受拉构件和大偏心受压构件的加固。

（2）粘钢加固梁的破坏特征　根据材料性能，既有受拉主筋的极限应变（$\varepsilon_{su} = 0.01$），比 Q235 钢板的屈服应变（$\varepsilon_{sy} = 0.001~0.0025$）大 4~10 倍以上，虽然粘贴钢板较钢筋存在应力滞后，但试验表明：在适筋范围内，随着外荷载的增加，既有钢筋先进入屈服；在加固梁破坏时，受拉区钢板一般也能达到屈服，随后混凝土被压坏。在加固梁试验时，有时也会出现钢板与混凝土黏结突然撕脱而破坏，而受拉区钢板未达到屈服强度的情况，其主要原因是结构胶存在质量问题，或施工质量不良，使黏结强度达不到规定要求。因此，必须严格选用符合规范性能要求的结构胶，并由专门施工队伍进行粘贴钢板加固施工。

（3）粘贴钢板加固受弯构件正截面承载力计算　受弯构件正截面承载力不足时，可在受拉面和受压面粘贴钢板进行加固。图 5-68 所示为矩形截面正截面受弯承载力计算简图，加固后的正截面受弯承载力可按式（5-75）~式（5-78）计算。

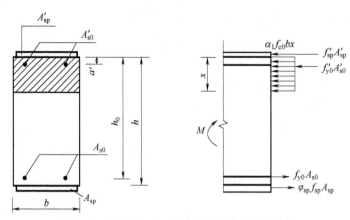

图 5-68　矩形截面正截面受弯承载力计算简图

$$M \leqslant \alpha_1 f_{c0} bx\left(h-\frac{x}{2}\right) + f'_{y0}A'_{s0}(h-a') + f'_{sp}A'_{sp}h - f_{y0}A_{s0}(h-h_0) \tag{5-75}$$

$$\alpha_1 f_{c0} bx = \varphi_{sp} f_{sp} A_{sp} + f_{y0}A_{s0} - f'_{y0}A'_{s0} + f'_{sp}A'_{sp} \tag{5-76}$$

$$\varphi_{sp} = \frac{(0.8\varepsilon_{cu} h/x) - \varepsilon_{cu} - \varepsilon_{sp,0}}{f_{sp}/E_{sp}} \tag{5-77}$$

$$\varepsilon_{sp,0} = \frac{\alpha_{sp} M_{0k}}{E_s A_s h_0} \tag{5-78}$$

式中　M——构件加固后弯矩设计值；

f_{sp}、f'_{sp}——加固钢板的抗拉、抗压强度设计值；

A_{sp}、A'_{sp}——受拉钢板和受压钢板的截面面积；

a'——纵向受压钢筋合力点至截面近边的距离；

h_0——构件加固前的截面有效高度；

φ_{sp}——考虑二次受力影响时，受拉钢板抗拉强度有可能达不到设计值而引用的折减系数，当 $\varphi_{sp}>1.0$ 时，取 $\varphi_{sp}=1.0$；

ε_{cu}——混凝土极限压应变，取 $\varepsilon_{cu}=0.0033$；

$\varepsilon_{sp,0}$——考虑二次受力影响时，受拉钢板的滞后应变；若不考虑二次受力的影响，取 $\varepsilon_{sp,0}=0$；

M_{0k}——加固前受弯构件验算截面上作用的弯矩标准值；

α_{sp}——综合考虑受弯构件裂缝截面内力臂变化、钢筋拉应变不均匀以及钢筋排列影响的计算系数，按表 5-21 采用；

x——混凝土受压区高度；

b、h——矩形截面宽度和高度。

表 5-21　计算系数 α_{sp} 值

ρ_{te}	$\leqslant 0.007$	0.010	0.020	0.030	0.040	$\geqslant 0.060$
单排钢筋	0.70	0.90	1.15	1.20	1.25	1.30
双排钢筋	0.75	1.00	1.25	1.30	1.35	1.40

注：1. 表中 ρ_{te} 为既有混凝土有效受拉截面的纵向受拉钢筋配筋率，$\rho_{te}=A_s/A_{te}$，A_{te} 为有效受拉混凝土截面面积，按《混凝土结构设计规范》（2015 年版）的规定计算。

　　2. 当既有构件钢筋应力 $\sigma_{s0} \leqslant 150$MPa，且 $\rho_{te} \leqslant 0.05$ 时，表中 α_{sp} 值可乘以调整系数 0.9。

（4）钢板锚固长度计算　钢板锚固长度是指在既有梁不需要加固截面以外的粘贴钢板的延伸长度，按式（5-79）计算。

$$l_{sp} = f_{sp} t_{sp} / f_{bd} + 200 \qquad (5\text{-}79)$$

式中　l_{sp}——受拉钢板锚固长度（mm）；

t_{sp}——粘贴钢板的总厚度（mm）；

f_{sp}——粘贴钢板的抗拉强度设计值（N/mm²）；

f_{bd}——钢板与混凝土之间的黏结强度设计值（N/mm²），取 $f_{bd} = 0.5f_t$，f_t 为混凝土抗拉强度设计值，按《混凝土结构设计规范》（2015 年版）的规定值采用，当 $f_{bd} \leq 0.5\text{N/mm}^2$ 时取 $f_{bd} = 0.5\text{N/mm}^2$，当 $f_{bd} \geq 0.8\text{N/mm}^2$ 时取 $f_{bd} = 0.8\text{N/mm}^2$。

若粘贴钢板锚固长度不能满足计算要求，可在钢板端部锚固黏结 U 形箍板（见图 5-69）。箍板数量应根据《混凝土加固设计规范》相关条款通过计算确定。

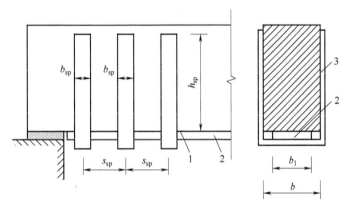

图 5-69　钢板端部锚固黏结 U 形箍板
1—胶层　2—加固钢板　3—U 形箍板

粘贴钢板加固时，要求受拉区不超过 3 层，受压区不超过 2 层，且加固钢板总厚度不应大于 10mm。当加固的受弯构件粘贴不止一层钢板时，相邻两层钢板的截断位置应错开不小于 300mm，并应在截断处加设 U 形箍（对梁）或横向压条（对板）进行锚固。

钢筋混凝土结构构件加固后，其正截面受弯承载力的提高幅度不应超过 40%，并且应验算其受剪承载力，避免受弯承载力提高后而导致构件受剪破坏先于受弯破坏。

（5）斜截面受剪粘贴钢板加固计算　受弯构件加固后的斜截面应满足下列要求。

当 $h_w/b \leq 4$ 时　　　　　　　$V \leq 0.25\beta_c f_{c0} b h_0 \qquad (5\text{-}80)$

当 $h_w/b \geq 6$ 时　　　　　　　$V \leq 0.20\beta_c f_{c0} b h_0 \qquad (5\text{-}81)$

当 $4 < h_w/b < 6$ 时，按线性内插法确定。

式中　V——构件斜截面加固后的剪力设计值；

β_c——混凝土强度影响系数，按《混凝土结构设计规范》（2015 年版）规定取值；

b——矩形截面的宽度，T 形或 I 形截面的腹板宽度；

h_w——截面的腹板高度，矩形截面取有效高度，T 形截面取有效高度减去翼缘高度，I 形截面取腹板净高。

当构件的斜截面受剪承载力不足时，可采用局部粘贴并联 U 形箍板进行加固（垂直于构件轴线方向粘贴）。此时斜截面受剪承载力按式（5-82）验算。

$$V \leqslant V_{b0} + \varphi_{vb} f_{sp} A_{sp} h_{sp}/s_{sp} \tag{5-82}$$

式中　V_{b0}——加固前梁的斜截面承载力，按《混凝土结构设计规范》（2015 年版）计算；

　　　φ_{vb}——与钢板的粘贴方式和受力条件有关的抗剪强度折减系数，按表 5-22 取值；

　　　A_{sp}——配置在同一截面处箍板的全部截面面积，$A_{sp} = 2b_{sp}t_{sp}$，b_{sp}、t_{sp} 分别为箍板宽度和箍板厚度；

　　　h_{sp}——梁侧面粘贴箍板的竖向高度；

　　　s_{sp}——箍板间距。

表 5-22　抗剪强度折减系数 φ_{vb} 值

箍板构造		加锚封闭箍	胶锚或钢板锚 U 形箍	一般 U 形箍
受力条件	均布荷载或剪跨比 $\lambda \geqslant 3$	1.0	0.92	0.85
	剪跨比 $\lambda \leqslant 1.5$	0.68	0.63	0.58

注：当 λ 为中间值时，按线性内插法确定 φ_{vb} 值。

（6）构造要求　由于粘钢加固结合面的黏结强度主要取决于混凝土强度，因此被加固构件的混凝土强度不能太低，强度等级不应低于 C15 级，且混凝土表面的正拉黏结强度不得低于 1.5MPa。

对钢筋混凝土受弯构件进行正截面加固时，其受拉面沿构件轴向连续粘贴的加固钢板宜延长至支座边缘，且应在钢板的端部（包括截断处）及集中荷载作用点的两侧，设置 U 形钢箍板（对梁）或横向钢压条（对板）进行锚固。

粘钢加固的钢板宽度不宜大于 100mm。采用手工涂胶粘贴的钢板厚度不应大于 5mm，采用压力注胶黏结的钢板厚度不应大于 10mm，且应按外粘型钢加固法的焊接节点构造进行设计。钢板越厚所需锚固长度越长，且越硬，不易粘贴，质量不容易保证，所以要对钢板的厚度进行限制。

当钢板全部粘贴在梁底面（受拉面）有困难时，允许将部分钢板对称地粘贴在梁的两侧面。此时，侧面粘贴区域应控制在距受拉边缘 1/4 梁高范围内，且应按规范通过计算确定梁两侧面实际需粘贴的钢板截面面积。

对梁正截面加固时，受拉面沿构件轴向连续粘贴的加固钢板宜延长至支座边缘，在钢板端部和集中力作用点的两侧，应设置 U 形钢箍板。当抗弯加固钢板锚固长度不能满足计算要求时，应在延伸长度范围内均匀设置 U 形箍，箍的高度尽可能达到板的底面。端箍板的宽度不小于加固钢板宽度的 2/3，且不应小于 80mm。中间箍宽度不小于加固钢板宽度的 1/2，且不应小于 40mm。箍板厚度不小于加固钢板厚度的 1/2，且不应小于 4mm。

对板正截面加固时，也应在钢板端部和集中力作用点的两侧设置横向钢压条进行锚固。当加固钢板锚固长度不能满足计算要求时，应在延伸长度范围内通长设置垂直于受力钢板方向的钢压条。压条宽度不应小于加固钢板宽度的 3/5，厚度不应小于加固钢板厚度的 1/2。

连续梁支座负弯矩受拉区的锚固，应按照规范要求根据该区段有无障碍，分别采用不同的粘钢方法。钢板表面须用 M15 水泥砂浆抹面，其厚度对于梁不应小于 20mm，对于板不应小于 15mm。

7. 粘贴纤维复合材加固

（1）概述　外贴纤维复合材加固是以结构胶为黏料，将纤维片材粘贴于被加固构件表面，使纤维片材承受拉应力，并与混凝土变形协调，共同受力达到提高构件承载能力的一种加固方法。目前常用的有纤维材料碳纤维（CFRP）、玻璃纤维（GFRP）和芳纶纤维（AFRP）三种，它们的施工方法基本一致。

粘贴纤维复合材加固法适用于钢筋混凝土受弯、轴心受压、大偏心受压及受拉构件的加固。被加固构件的现场实测混凝土强度等级不得低于 C15 级，且混凝土表面的正拉黏结强度不得低于 1.5MPa。加固后构件的长期使用环境温度不得高于 60℃，当处于特殊环境（如高温、高湿、介质侵蚀、放射等）时，应采取专门的防护措施，并应按专门的工艺要求进行粘贴。

（2）粘贴纤维复合材加固受弯构件破坏形式　很多试验表明，纤维复合材加固梁、板的典型破坏形式可归纳为以下四种：受压区混凝土破坏（见图 5-70a）；既有纵向受拉钢筋首先屈服，随后纤维复合材被拉断（见图 5-70b）；端部保护层混凝土黏结破坏，（混凝土粘贴在纤维复合材上）（见图 5-70c）；混凝土-纤维胶界面剥离破坏（见图 5-70d）。具体出现哪种破坏形式与作用荷载情况，梁的跨高比、剪跨比，混凝土强度，构件配筋率、配箍率，纤维复合材的厚度（层数）和弹性模量、锚固性能以及胶的弹性模量、剪切强度、厚度和极限延伸率等很多因素有关。

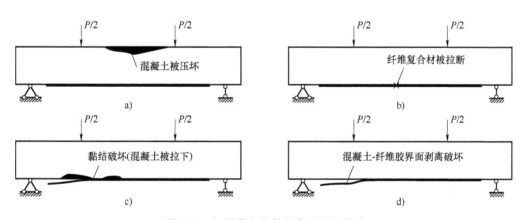

图 5-70　加固受弯构件的典型破坏形式

（3）粘贴纤维复合材加固受弯构件正截面承载能力计算　采用纤维片材对梁、板受弯构件进行加固时，除应遵守《混凝土结构设计规范》（2015 年版）正截面承载力计算的基本假定外，还应遵守下列假定：①纤维片材的应力与应变关系符合线性关系，即拉应力等于拉应变与弹性模量 E 的乘积；②当考虑二次受力影响时，应按构件加固前的初始受力情况，确定纤维复合材的滞后应变；③在达到受弯承载能力极限状态前，加固材料与混凝土之间不出现黏结剥离破坏。

在矩形截面受弯构件的受拉面上粘贴纤维复合材进行受弯加固时（见图 5-71），其正截面受弯承载力按式（5-83）~式（5-87）计算。

$$M \leqslant \alpha_1 f_{c0} bx \left(h - \frac{x}{2} \right) + f'_{y0} A'_{s0} (h - a') - f_{y0} A_{s0} (h - h_0) \tag{5-83}$$

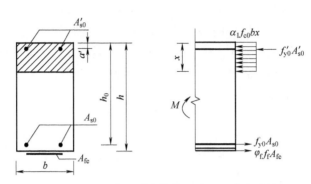

图 5-71 矩形截面受弯构件正截面承载力计算

$$\alpha_1 f_{c0} bx = f_{y0} A_{s0} + \varphi_f f_f A_{fe} - f'_{y0} A'_{s0} \tag{5-84}$$

$$\varphi_f = \frac{(0.8\varepsilon_{cu} h/x) - \varepsilon_{cu} - \varepsilon_{f0}}{\varepsilon_f} \tag{5-85}$$

$$x \geqslant 2a' \tag{5-86}$$

$$\varepsilon_{f0} = \frac{\alpha_f M_{0k}}{E_s A_s h_0} \tag{5-87}$$

式中　M——构件加固后弯矩设计值；

　　　　x——混凝土受压区高度；

　b、h——矩形截面的宽度和高度；

f_{y0}、f'_{y0}——既有截面受拉钢筋和受压钢筋的抗拉、抗压强度设计值；

A_{s0}、A'_{s0}——既有截面受拉钢筋和受压钢筋的截面面积；

　　　a'——纵向受压钢筋合力点至截面近边的距离；

　　　h_0——构件加固前的截面有效高度；

　　　f_f——纤维片材的抗拉强度设计值，按《混凝土结构加固设计规范》规定值采用；

　　　A_{fe}——纤维复合材的有效截面面积；

　　　φ_f——考虑纤维复合材实际抗拉应变达不到设计值而引入的强度利用系数，当 $\varphi_f > 1.0$
　　　　　　时，取 $\varphi_f = 1.0$；

　　　ε_{cu}——混凝土极限压应变，取 $\varepsilon_{cu} = 0.0033$；

　　　ε_f——纤维片材的拉应变设计值，按《混凝土结构加固设计规范》规定值采用；

　　　ε_{f0}——考虑二次受力影响时纤维复合材的滞后应变，若不考虑二次受力的影响，取
　　　　　　$\varepsilon_{f0} = 0$；

　　M_{0k}——加固前受弯构件验算截面上原作用的弯矩标准值；

　　　α_f——综合考虑受弯构件裂缝截面内力臂变化、钢筋拉应变不均匀及钢筋排列影响的
　　　　　　计算系数，取值方法与表 5-21 中 α_{sp} 一致。

（4）延伸长度计算　对梁、板正弯矩区进行受弯加固时，纤维复合材宜伸至支座边缘。在集中荷载作用点两侧宜设置纤维复合材 U 形箍条或横向压条。纤维复合材的切断位置距其充分利用截面的距离不应小于按式（5-88）计算得出的粘贴延伸长度（见图 5-72）。

$$l_c = \frac{f_f A_f}{f_{f,v} b_f} + 200 \tag{5-88}$$

式中　l_c——纤维复合材粘贴延伸长度（mm）；

　　　b_f——对梁为受拉面粘贴的纤维复合材的总宽度（mm），对板为 1000mm 板宽范围内粘贴的纤维复合材总宽度（mm）；

　　　f_f——纤维复合材抗拉强度设计值；

　　　$f_{f,v}$——纤维与混凝土之间的黏结强度设计值（MPa），取 $f_{f,v} = 0.40f_t$，f_t 为混凝土抗拉强度设计值，按《混凝土结构设计规范》（2015 年版）采用，当 $f_{f,v} \leq 0.40$ 时取 $f_{f,v} = 0.40\text{MPa}$，当 $f_{f,v} \geq 0.70$ 时取 $f_{f,v} = 0.70\text{MPa}$。

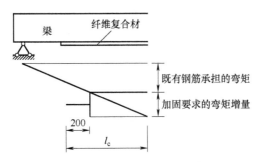

图 5-72　纤维复合材的粘贴延伸长度

（5）受弯构件斜截面加固计算　采用纤维复合材对受弯构件的斜截面受剪承载力进行加固时，应粘贴成垂直于构件轴线方向的环形箍、加锚封闭箍、胶锚 U 形箍或加织压条的一般 U 形箍，不允许只在侧面粘贴条带。当采用条带构成的环形（封闭）箍或 U 形箍对钢筋混凝土梁进行抗剪加固时，其斜截面承载力为

$$V = V_{b0} + \varphi_{vb} f_f A_f h_f / s_f \tag{5-89}$$

式中　V_{b0}——加固前梁的斜截面承载力，应按《混凝土结构设计规范》（2015 年版）计算；

　　　φ_{vb}——与条带加锚方式及受力条件有关的抗剪强度折减系数，按表 5-23 取值；

　　　f_f——受剪加固采用的纤维复合材抗拉强度设计值，按《混凝土结构加固设计规范》规定的抗拉强度设计值乘以调整系数 0.56 确定，当为框架梁或悬挑构件时，调整系数改取为 0.28；

　　　A_f——配置在同一截面处构成环形或 U 形箍的纤维复合材条带的全部截面面积，$A_f = 2n_f b_f t_f$，n_f 为条带粘贴的层数，b_f、t_f 分别为条带宽度和条带单层厚度；

　　　h_f——梁侧面粘贴的条带竖向高度，对环形箍，$h_f = h$；

　　　s_f——纤维复合材条带的间距。

表 5-23　抗剪强度折减系数 φ_{vb} 值

条带加锚方式		环形箍或自锁式 U 形箍	胶锚或钢板锚 U 形箍	加织物压条的一般 U 形箍
受力条件	均布荷载或剪跨比 $\lambda \geq 3$	1.0	0.88	0.75
	剪跨比 $\lambda \leq 1.5$	0.68	0.60	0.50

注：当 λ 为中间值时，按线性内插法确定 φ_{vb} 值。

受弯构件加固后的斜截面应符合式（5-81）和式（5-82）条件要求，此处不再重复列出。

（6）轴心受压构件正截面加固计算　　轴心受压构件正截面可采用沿其全长无间隔地环向连续粘贴纤维织物的方法（通称环向围束法）进行加固。粘贴纤维复合材加固的轴心受压构件正截面破坏形态与其长细比有较大关系，细长柱、长柱与一般混凝土受压构件基本相同，短柱破坏形态有混凝土受压破坏、纤维复合材拉断破坏、混凝土-胶界面黏结破坏等多种可能形式。

采用环向围束的轴心受压构件，其正截面承载力计算公式为

$$N \leqslant 0.9\left[\left(f_{c0}+4\sigma_1\right)A_{cor}+f'_{y0}A'_{s0}\right] \tag{5-90}$$

$$\sigma_1 \leqslant 0.5\beta_c k_c \rho_f E_f \varepsilon_{fe} \tag{5-91}$$

式中　N——加固后轴向压力设计值；

　　　f_{c0}——原构件混凝土轴心抗压强度设计值；

　　　σ_1——有效约束应力；

　　　A_{cor}——环向围束内混凝土面积，圆形截面 $A_{cor}=\pi D^2/4$，正方形和矩形截面 $A_{cor}=bh-(4-\pi)r^2$；

　　　D——圆形截面柱的直径；

　　　b——正方形截面边长或矩形截面宽度；

　　　h——矩形截面高度；

　　　r——截面棱角的圆化半径（倒角半径）；

　　　β_c——混凝土强度影响系数，当混凝土强度等级不大于 C50 及时，$\beta_c=1.0$，当混凝土强度等级为 C80 级时，$\beta_c=0.8$，中间值按线性内插法确定；

　　　k_c——环向围束的有效约束系数，圆形截面柱 $k_c=0.95$；正方形和矩形截面柱

$$k_c=1-\frac{(b-2r)^2+(h-2r)^2}{3A_{cor}(1-\rho_s)}$$，ρ_s 为柱中纵向钢筋的配筋率，图 5-73 所示为环向围束内矩形截面有效约束面积；

　　　ρ_f——环向围束体积比，圆形截面柱 $\rho_f=4n_f t_f/D$，正方形和矩形截面柱 $\rho_f=2n_f t_f(b+h)/A_{cor}$，$n_f$ 和 t_f 分别为纤维复合材的层数及每层厚度；

　　　E_f——纤维复合材的弹性模量；

　　　ε_{fe}——纤维复合材的有效拉应变设计值；重要构件 $\varepsilon_{fe}=0.0035$，一般构件 $\varepsilon_{fe}=0.0045$。

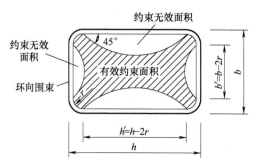

图 5-73　环向围束内矩形截面有效约束面积

采用环向围束加固轴心受压构件仅适用于下列情况：长细比 $l/d \leqslant 12$ 的圆形截面柱；长

细比 $l/b \leqslant 14$、截面高宽比 $h/b < 1.5$、截面高度 $h \leqslant 600mm$，且截面棱角经过圆化打磨的正方形或矩形截面柱。

（7）构造要求　对钢筋混凝土受弯构件正弯矩区进行正截面加固时，其受拉面沿轴向粘贴的纤维复合材应延伸至支座边缘，应在纤维复合材的端部（包括截断处）及集中荷载作用点的两侧设置纤维复合材的 U 形箍（对梁）或横向压条（对板）。

加固后构件受弯承载力的提高幅度不应超过 40%。纤维复合材的加固量，对预成形板不宜超过 2 层；对湿法铺层的织物不宜超过 4 层，超过 4 层时宜改用预成形板，并采取可靠的加强锚固措施。当受弯构件粘贴的多层纤维织物允许截断时，相邻两层纤维织物宜按内短外长的原则分层截断。外层纤维织物的截断点宜越过内层截断点 200mm 以上，并应在截断点加设 U 形箍。

宜选用环形箍或加锚的 U 形箍，当仅按构造需要设箍时，也可采用一般 U 形箍。U 形箍的纤维受力方向应与构件轴向垂直。当环形箍或 U 形箍采用纤维复合材条带时，其净间距不应大于《混凝土结构设计规范》（2015 年版）规定的最大箍筋间距的 0.7 倍，且不应大于梁高的 0.25 倍。U 形箍的粘贴高度应为梁的截面高度，若梁有翼缘或有现浇楼板，应伸至其底面，U 形箍的上端应粘贴纵向压条予以锚固。当梁的高度 $h \geqslant 600mm$ 时，应在梁的腰部增设一道纵向腰压带。采用环形箍、U 形箍或环向围束加固矩形截面构件时，其截面棱角应在粘贴前通过打磨加以圆化，梁的圆化半径 r，对碳纤维不应小于 20mm，对玻璃纤维不应小于 15mm。

对受弯构件负弯矩区的正截面加固时，纤维复合材的截断位置距支座边缘的距离，除应根据负弯矩包络图按公式确定外，尚应在纤维复合材端部采取可靠措施锚固。

当纤维复合材延伸至支座边缘 l_c 不能满足要求时，可采取附加锚固措施予以加强。加固梁时，应在延伸长度范围内均匀设置 U 形箍锚固，并应在延伸长度端部设置一道。U 形箍的粘贴高度应为梁的截面高度，若梁有翼缘或有现浇楼板，应伸至其底面。U 形箍的宽度，对端箍不应小于加固纤维复合材宽度的 2/3，且不应小于 200mm；对中间箍不应小于加固纤维复合材宽度的 1/2，且不应小于 100mm。U 形箍的厚度不应小于受弯加固纤维复合材厚度的 1/2。加固板时，应在延伸长度范围内通长设置垂直于受力纤维方向的压条，压条应在延伸长度范围内均匀布置，压条的宽度不应小于受弯加固纤维复合材条带宽度的 3/5，压条的厚度不应小于受弯加固纤维复合材厚度的 1/2。

8. 改变传力途径加固法

（1）概述　改变结构传力途径加固法是指通过增设支点（柱或托架），使结构受力体系得以改变的加固方法。其目的是调整构件各截面的内力分布，降低构件的内力峰值，从而提高结构的承载力。这里所说的改变传力途径加固法主要指增设支点加固及多跨简支梁的连续化。

（2）按增设支点刚度的分类　按增设的支点的刚度，可以分为刚性支点和弹性支点两种。刚性支点指新增设的支撑件刚度很大，在外荷载作用下的变位很小，或其变位与既有构件支点变位相比很小，甚至可以忽略，图 5-74 所示为刚性支点加固示例。弹性支点指所增设的支杆或托架的相对刚度较小，在外荷载作用下，新支点的变位相对于既有支点的变位较大，不能忽略，应在内力计算时考虑支点变位的影响。在工程中，用弹性支点加固结构的实例也较多，图 5-75 所示为弹性支点加固示例。

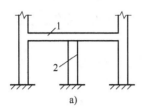

a)

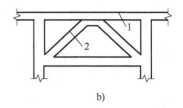

b)

图 5-74　刚性支点加固示例

1—既有构件　2—加固杆件

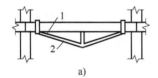

a)

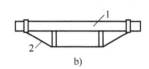

b)

图 5-75　弹性支点加固示例

1—既有构件　2—加固托架

（3）预应力支撑　按增设支点是否预加支反力，可以分为预应力支撑和非预应力支撑两种。预应力支撑是指采用施工手段，对增设的支点预加支反力，使支撑杆件较好地参加工作，并调节加固构件的内力。预加支反力越大，被加固梁的跨中弯矩越小，直至可使梁产生反向弯矩。对预加支反力的大小应进行控制，以使支点上表面不出现裂缝和不需增设附加钢筋为宜。施加支反力的常用方法有两种，即纵向压缩法和横向收紧法，其原理与前述预应力加固柱类似。

（4）多跨简支梁连续化　多跨简支梁的端部衔接部位一般留有间隙，将间隙中密实地填塞混凝土，使之能够传递压力，并在上部受拉部位增配钢筋或粘贴钢板进行加固，以实现传递负弯矩。

思 考 题

1. 简述混凝土强度检测的方法。
2. 混凝土结构裂缝检测的内容有哪些？如何进行检测？
3. 简述混凝土裂缝修补的原则和方法。
4. 简述钢筋混凝土结构的加固方法有哪些？各有何特点？

拓 展 视 频

三峡大坝混凝土芯样

第 6 章　结构纠倾与平移

■ 6.1　概述

　　结构物倾斜是指结构物在外力或地基土不均匀沉降时发生歪斜的现象，一般有局部倾斜与整体倾斜两种表现形式。局部倾斜是指结构物局部沉降量较大发生倾斜，此时会在结构物的主体结构中产生拉应力，一般会使结构物产生裂缝。整体倾斜的表现比较明显，一般通过肉眼会比较清晰地观察到。结构物倾斜是一种常见的工程病害，它常发生于高层建筑或高耸结构物，也可发生在筏形基础上的多层建筑。结构物倾斜会导致结构重心偏移，产生附加的次应力，造成结构的变形、开裂，降低结构的安全度。如果结构物重心偏移过大，还有可能造成结构整体失稳，甚至倒塌。过大的倾斜常是地基破坏的前兆，如不及时治理，会导致灾难性的后果。结构物倾斜如超过规范规定的容许值，则应进行纠倾扶正，对软弱的地基进行加固处理，或将基础进行托换，对开裂的构件补强加固等。本章主要介绍建筑结构纠倾加固方法。

■ 6.2　结构倾斜实例

1. 意大利比萨斜塔倾斜事件

　　比萨斜塔（见图 6-1）位于意大利比萨城奇迹广场，是比萨大教堂的钟楼。比萨斜塔是八层圆柱形建筑，斜塔基础采用石砌厚实圆环状形式，内径 4.5m，外径 19.4m，埋深 3.05m，斜塔高度为 55.863m，共 8 层。塔体共有 213 个由圆柱构成的拱形券门，塔内有螺旋状楼梯 294 级。斜塔通体由大理石建成，重达 1.42 万 t。比萨斜塔是意大利优秀的古代文化遗产，被誉为中世纪七大建筑奇迹之一。

　　比萨斜塔始建于 1173 年 9 月，1372 年完工，前后用时约 197 年，经历了 3 个时期才完成。

　　第 1 个时期：1173—1178 年，完成 29m 塔高的建设，但是在建至第 4 层高度时由于塔身出现了较大程度

图 6-1　比萨斜塔

的倾斜而停工 94 年。

第 2 个时期：1272—1278 年，建至第 7 层，整个塔的建设高度已经达到了 48m，后又再次停工 82 年。

第 3 个时期：1360—1372 年，完成塔的全部建设。

竣工时，塔顶中心线已偏离垂直中心线 2.1m。随着时间的推移，比萨斜塔倾斜也在不断加剧。最大时塔顶离塔心垂线的水平距离达 5.27m，斜率 9.3%，高于规范允许值 18 倍多。其中，1178—1250 年建塔初期倾斜方向向北，1250 年以后开始向南倾斜。比萨斜塔最初设计是垂直的建筑，但是在建造初期就开始出现倾斜，主要是地基下面土层的特殊性造成的，地基土由各种软质粉土的沉淀物和非常软的黏土相间形成，而在深约 1m 的地方则是地下水层。

2. 中国虎丘塔倾斜问题

中国苏州的虎丘塔（见图 6-2）是中国古建筑的代表作之一，建成于公元 961 年，比意大利比萨斜塔还早 200 多年。该塔局部埋深 10m，由南向北基岩埋深变化 2~6m。它是一座 7 层的砖砌结构，高 47.5m，塔底直径 13.66m，塔体重约 63000kN。塔身呈八角形，由外壁、回廊与塔心三部分组成。1956—1957 年对上部结构进行修缮，但使塔重增加了 2000kN，加速了塔体的不均匀沉降。1957 年，塔顶位移为 1.7m，到 1978 年发展到 2.3m，重心偏离基础轴线 0.924m，砌体多处出现纵向裂缝，部分砖墩应力已接近极限状态。后在塔周建造一圈桩排式地下连续墙，并采用注浆法和树根桩加固塔基，基本遏制了塔的继续沉降和倾斜。

图 6-2　虎丘塔

虎丘塔倾斜的根本原因是基础底面积较小，再加上地基土厚度不均匀，使得虎丘塔的地基承受了过大的压力。虎丘塔建于虎丘山顶，其基岩面倾斜，东北低、西南高，塔基础下有厚 1~2m 的西南薄、东北厚的块石人工地基。人工地基下的持力层为粉质黏土，呈可塑至流塑状态，底部为坚硬岩石和风化岩石。在塔底层直径 13.66m 范围内，覆盖层厚度西南为 2.8m，东北为 5.8m，厚度相差达 3.0m。虎丘塔没有扩大基础，只是在人工地基上、地面下用了 8 皮砖（深约 0.5m）作为基础，塔身坐落其上，地基单位面积压力有 430kN/mm², 远远超过地基承载力。20 世纪 60 年代由于对虎丘塔疏于管理，周围排水不畅，造成雨水下渗，粉质黏土层出现了软化，降低了地基的承载力，进一步加剧了地基不均匀沉降。

3. 加拿大特郎斯康谷仓倾倒事故

加拿大特郎斯康谷仓（见图 6-3）平面呈矩形，南北向长 59.44m，东西向宽 23.47m，高 31m，容积 36368m³，容仓为圆筒仓，每排 13 个圆筒仓，5 排共计 65 个圆筒仓。谷仓基础为钢筋混凝土筏形基础，厚度 61cm，埋深 3.66m。该谷仓于 1911 年动工，1913 年完工，空仓自重 20000t，相当于装满谷物后满载总重的 42.5%。1913 年 9 月首次贮存谷物，同年 10 月 17 日当装谷物至 31822m³ 时，发现谷仓 1 小时内竖向沉降达 30.5cm，并向西倾斜，24h 后倾倒，西侧下陷 7.32m，东侧抬高 1.52m，倾斜 27°。但钢筋混凝土筒仓却安然无恙，事后采用 388 只 500kN 千斤顶对其进行顶升纠倾，于 1916 年恢复使用，但位置较原先下降 4m。

图 6-3 加拿大特郎斯康谷仓

倾斜倒塌的原因：设计时未对谷仓地基承载力进行调查研究，而采用了邻近建筑地基 352kPa 的承载力，事后于 1952 年的勘察试验与计算表明，该地基的实际承载力为 193.8～276.6kPa，远小于谷仓地基破坏时 329.4kPa 的地基压力，地基因超载而发生强度破坏。

4. 地下水位变化引发的下沉问题

若土层中地下水位下降，会使土体有效应力增高，进而导致地基沉降加剧，墨西哥城是一个典型的例子。该城约自 1850 年开始抽取地下水，在 1940—1974 年达到高峰，共有 3000 眼浅水井和 200 眼深水井（大于 100m），抽水速度约为 12m³/s。墨西哥城的墨西哥黏土是一种高压缩性土，由于过度抽水，在 1891—1973 年，整个老城下沉达 8.7m，并造成地面道路、建筑及其他基础设施的破坏。1951 年后，当地政府开始采取措施控制地下水的抽取，使沉降速度由 460mm/年降到了 50～70mm/年。图 6-4 是墨西哥城的一座圣母教堂，因地表不均匀下沉使其发生严重倾斜，并成为危房。

图 6-4 墨西哥城倾斜的圣母教堂

5. 100m 高烟囱倾斜事故

山西某 100m 高钢筋混凝土烟囱建于 1986 年，采用独立基础，底板直径 14m，埋深 4m，地面直径为 7.44m，顶部直径为 3.44m，重 2600t，地基土为 Ⅱ 级自重湿陷性黄土，采用强夯处理。

1993 年 5 月发现烟囱向北倾斜，6 月 10 日测量北倾 1.42m，7 月 23 日测量北倾 1.53m。随后采取减少北侧地面荷载、南侧拉缆风绳及在南侧基础上部堆载 425t 等应急措施，以减缓北倾速度。根据实测结果，该烟囱的倾斜量已超过规范规定值的 3 倍，已属于危险构筑物，随时都有倒塌的危险，必须及早处理。倾斜原因是地基土浸水后造成承载力下降和不均匀沉降所致。

■ 6.3 结构倾斜原因

房屋倾斜本质上都可视为地基基础承载力不足、建筑发生不均匀沉降引起的。建筑发生不均匀沉降，当基础和上部结构刚度较大时，根据地基基础与上部结构相互作用原理，建筑趋向于发生整体倾斜，刚度较小时，趋向于发生局部倾斜。导致地基基础承载力不足的技术原因可分为勘察设计原因、施工原因、环境及外部因素影响或这三种因素综合。

6.3.1 勘察设计因素

1）荷载偏心作用。荷载偏心是造成结构物倾斜的一个重要原因。对于一些内部有起重机或荷载分布不均匀的大型厂房，如果没有按照偏心荷载进行计算，出现计算不当、漏算荷载或后期使用时施加给结构太大的偏心荷载等，结构物均可能发生倾斜。

2）结构不对称。在结构设计中，为了美学要求或使用功能而将结构物设计成非对称结构时，上部结构对地基施加的荷载作用不均匀，从而导致地基应力不均匀，甚至较大差异。结构重心与荷载中心偏离、沉降缝布置欠妥、基础形式选择不当或后期使用不当等很容易引发不均匀沉降，而导致结构物倾斜。

3）结构有外在偏心作用。在一些季风性比较强的地区，较高层结构物或长度比较长的结构物容易受到偏心风荷载的作用，可能导致基础发生倾斜。此外，如果两座结构物间距太小，地基上的附加应力叠加，也会导致地基局部沉降增加，结构物向相邻内侧倾斜。如图6-5所示，加拿大两谷仓建在红河谷的 Lake Agassiz 黏土层上，由于两筒体之间的距离过近，在地基中产生的应力发生叠加，使得两筒体之间地基土层的应力水平较高，从而导致内侧沉降大于外侧沉降，仓筒向内倾斜。

图 6-5　相邻筒仓倾斜

4）结构物基础设计时未能准确掌握地基土特性或勘察与设计有误，过高地估计地基土的承载能力也会引起倾斜。对于软土地基、可塑性黏土、高压缩性淤泥质土等土质条件，荷载对其沉降的影响较大。

5）地基承载能力不均匀。在地质比较复杂的地区，同一结构物地基土的薄厚不均匀或地基土的承载能力存在明显差异。如某结构物基础的一部分在开挖区，而另一部分在填方区。地基土的软硬不均匀会使结构物基础产生不均匀沉降。同一栋结构物上选用两种以上基础形式或将基础置于刚度不同的地基土层上，易发生严重事故。如在山区或丘陵地区，当有大面积回填时，地基的软硬土层不均匀，会导致结构物倾斜甚至开裂。

6）地基非均质而未探明。按照《建筑地基基础设计规范》（GB 50007—2011）要求，岩土勘察孔应该每隔30m布置一个，当每两个勘察孔之间区段有不明地质情况时应当设置补勘孔进行补勘。然而，现实中一些尺度小于 30m 的坚硬与软弱结构面、塘、沟谷不能被勘察到，从而使基础坐落在其上，当结构物建成投入使用时，很容易使结构产生较大的附加内力，导致结构物发生倾斜或破坏。

7）黄土地基局部湿陷、软土地基土不均匀、冻土地基有热源、地基土局部有可液化土层及膨胀土地基局部膨胀或收缩等特殊地基土，由于工程地质性质特殊，当勘察不全面或地基处理不当的时候，也会造成结构物的倾斜。

8）在河岸、湖泊和池塘建造的结构物，如果地基土层中的淤泥和软土夹层在压缩后发生横向流动挤压，会导致地基下沉，结构物倾斜或损坏。

9）基础设计不合理。如设计的桩长过短、基础扩基不当等。结构物整体布置上存在缺陷，如结构物过于狭长，沉降缝设置又不合理，就会造成"磕头"现象。过于追求建筑立体效果，追求房型奇特，结构物高度差距悬殊，或者整体布置不合理，相邻结构物间距太小，忽略了相邻结构物作用在地基土上的荷载叠加的影响等均会带来风险。

6.3.2　施工因素

1）隆起导致沉陷。在软弱黏土层中开挖，土方移除后，因卸载作用，开挖区内外两侧覆土压力不平衡，挡土壁背侧的土体极易产生塑性流动，从挡土壁的下端滑动至开挖面内，造成开挖底面隆起，而挡土壁背侧土体产生下陷现象。

2）施工降水。工程开挖时，若开挖深度低于地下水位，即需要降水以保持开挖面干燥。如果挡土壁止水性不好、贯入深度不足或抽水位置不当，开挖区周围的地下水位下降，导致土壤有效应力增加，将会造成开挖区外地表压密沉陷。

3）在淤泥质或饱和软黏土地区，由于拆除建筑群中的部分老旧建筑，产生局部卸载，在周围结构物的侧向挤压作用下，就可能导致相邻结构物发生倾斜。如汕头市一座古建筑拆除后周围结构物出现严重倾斜。

4）施工造成地质构造发生变化。矿山的大量开采、地下空间开发、深基坑工程开挖及抽水也常使临近地面结构物发生不均匀下沉，造成地面结构物开裂、倾斜等。如广州东风路大厦 17.5m 深基坑由于支护结构的破坏，导致三座相邻两层结构物相继倾斜倒塌。

5）施工质量低劣、工程施工错误或偷工减料等的影响。如由于明沟暗浜处理不当、地基处理方案不合理、施工队伍施工质量不稳定或偷工减料都会造成人工地基不均匀。

6.3.3　环境及外部因素

1）地面渗水对地基土的软化作用。由于管道渗漏、地表水积聚、室外污水井回灌等原因，使结构物基础浸没湿陷、结构物倾斜，这种情况在填土或湿陷性黄土地基中经常发生，地面渗水对土体的软化作用比较明显。另外，水对湿陷性膨胀土的作用也比较敏感。

2）滑坡、地震等自然灾害引起的影响。滑坡是指斜坡上的土体或者岩体，受河流冲刷、地下水活动、雨水浸泡、人工切坡、地震等因素影响，在重力作用下，沿着一定的软弱面或者软弱带，整体或分散地顺坡向下滑动的自然现象。滑坡是一种严重的、能够引起较大损失的灾害，可能造成结构物被掩埋、被冲毁和被腐蚀等，如日本神户地震破坏了山坡上的大量结构物。地震时可能造成地基土液化、软土震陷，产生地裂缝等，会直接导致地基承载能力急剧下降，造成结构物下沉、变形或整体倾斜，甚至坍塌。

3）石灰岩洞、土洞、墓穴、地下巷道、地铁工程等地下洞室可能沉降，导致结构物倾斜甚至开裂。

4）在结构物附近新建房屋时，基础之间距离太近会对既有结构基础产生影响。特别是浅埋基础结构物在前，而深埋基础的结构物在后时，其影响更为显著。

5）季节性气候变化或环境温差效应的影响。其中地基土的冻胀是最典型的一类。在气候周期变化过程中，地基土会经历反复冻融循环，对结构物的不均匀沉降和移位有明显的影响。如青藏铁路施工时桥墩就曾经出现移位和倾斜。另外，结构物阴阳面的温度差，会造成阳面冻土浅，阴面冻土厚，冻土较厚一侧的基础会被抬高，从而造成基础产生不均匀沉降。

6）结构物室内外堆载或填土的影响。在结构物附近进行大面积长期堆载，使地基下沉，会造成结构物倾斜下沉等。如南京某小区四幢桩基住宅楼，由于基坑开挖时大面积堆载及桩基设计不当，致使住宅楼屋顶的偏移量高达 300mm。2009 年 6 月，上海某小区一栋在建的 13 层住宅楼，由于紧贴该楼的北侧，短期内堆土过高（最高处达 10m），该楼南侧又存在地下车库基坑开挖（开挖深度 4.6m）及降水，造成楼体两侧压力差过大使土体产生水平位移，超过了预应力管桩的抗侧能力，导致该楼整体倾倒。

此外，如果软土地基上的荷载加载速率过快，也可能导致地基突然塌陷，出现结构物倾斜。当使用桩基时，桩端承载层在软硬上不均匀也会造成桩基不均匀沉降，出现结构物倾斜。或当上述原因综合作用时，会导致结构物的倾斜或破坏。

■ 6.4 结构沉降倾斜检测方法

6.4.1 建筑物沉降倾斜允许变形值

《危险房屋鉴定标准》（JGJ 125—2016）中明确规定如下。

1）对单层或多层房屋地基，当出现下述现象之一时应评为危险状态。

① 当房屋处于自然状态，地基沉降速率连续 2 个月大于 4mm/月，或当房屋处于相邻地下工程施工影响时，地基沉降速率大于 2mm/d，且短期内无收敛趋向。

② 因地基变形引起砌体结构房屋承重墙体产生单条宽度大于 10mm 的沉降裂缝，或产生最大裂缝宽度大于 5mm 的多条平行沉降裂缝，且房屋整体倾斜率大于 1%。

③ 因地基变形引起混凝土结构房屋框架梁、柱出现开裂，且房屋整体倾斜率大于 1%。

④ 两层及两层以下房屋整体倾斜率超过 3%，3 层及 3 层以上房屋整体倾斜率超过 2%。

2）对于高层房屋地基，当出现下列现象之一时应评为危险状态。

① 不利于房屋整体稳定性的倾斜率增速连续两个月大于 0.05%，且短期内无收敛趋向。

② 上部结构承重构件及连接节点因沉降变形产生裂缝，且房屋的开裂损坏仍在发展。

③ 整体倾斜率若 $24m \leqslant H_g \leqslant 60m$ 时，大于 0.7%；当 $60m \leqslant H_g \leqslant 100m$ 时，大于 0.5%。其中，H_g 为室外地面起算的建筑物高度（m）。

3）砌体结构的墙、柱产生倾斜，其倾斜率大于 0.7%，或相邻墙体连接处成通缝，出现该现象的砌体结构构件应评为危险点。

4）混凝土结构的柱、墙产生倾斜、位移，其倾斜率超过高度的 1%，侧向位移量大于 $h/300$，出现该现象的混凝土构件应评为危险点。

5）钢结构的钢柱顶位移，平面内大于 $h/150$，平面外大于 $h/500$ 或大于 40mm，出现该现象的钢结构构件应评为危险点。

不同行业规范或同一行业不同类型的规范对房屋倾斜限值规定存在一定差别，一般来说，对建筑结构若倾斜值不超过《建筑地基基础设计规范》的规定值，在其可靠性能得到保证的前提下，也可不必纠倾至垂直，否则需要进行整体纠倾，纠倾后的房屋整体倾斜目标值越接近垂直越好。建筑的倾斜限值是根据建筑物的沉降及结构体系来确定的，具体规定见表 6-1，这里倾斜是指基础倾斜方向两端点的沉降差与其距离的比值。

表 6-1　建筑物变形允许值

变形特征			地基土类别	
			中、低压缩性土	高压缩性土
砌体承重结构基础的局部倾斜			0.002	0.003
工业与民用建筑相邻柱基的沉降差				
（1）框架结构			0.002L	0.003L
（2）砌体墙填充的边排柱			0.0007L	0.001L
（3）当基础不均匀沉降时不产生附加应力的结构			0.005L	0.005L
单层排架结构（柱距 6m）柱基的沉降量/mm			（120）	200
桥式起重机轨面倾斜（按不调整轨道考虑）		纵向	0.004	
		横向	0.003	
多层和高层建筑物的整体倾斜		$H_g \leqslant 24$	0.004	
		$24 < H_g \leqslant 60$	0.003	
		$60 < H_g \leqslant 100$	0.0025	
		$H_g > 100$	0.002	
体型简单的高层建筑基础的平均沉降量/mm			200	
高耸结构基础的倾斜		$H_g \leqslant 20$	0.008	
		$20 < H_g \leqslant 50$	0.006	
		$50 < H_g \leqslant 100$	0.005	
		$100 < H_g \leqslant 150$	0.004	
		$150 < H_g \leqslant 200$	0.003	
		$200 < H_g \leqslant 250$	0.002	
高耸结构基础的沉降量/mm		$H_g \leqslant 100$	400	
		$100 < H_g \leqslant 200$	300	
		$200 < H_g \leqslant 250$	200	

注：1. 本表数值为建筑物地基实际最终变形允许值。

　　2. 有括号者仅适用于中压缩性土。

　　3. L 为相邻柱基的中心距离（mm）。

　　4. H_g 为自室外地面起算的建筑物高度（m）。

　　5. 局部倾斜指砌体承重结构沿纵向 6~10m 内基础两点的沉降差与其距离的比值。

6.4.2　建筑物倾斜检测的目的和内容

建筑倾斜检测的目的是掌握建筑倾斜发展历史及建筑倾斜现状，确定建筑物倾斜及结构受损程度，确定当前沉降速率及发展趋势，查明建筑倾斜原因，对建筑安全性进行定性判断等。

建筑物纠倾工程检测的主要项目包括沉降检测、倾斜检测、地基检测和结构检测等，具体内容和目标如下：

（1）现场调查　目的是掌握倾斜发展历史，包含建筑物使用状况，有无改、扩建情况，荷载使用情况，排水情况，周边环境状况，有无振动、施工等情况，走访住户、用户，初步了解、掌握倾斜发生的时间、速度等。

（2）收集资料　尽可能收集地质勘察、结构、建筑设计图及监理、施工详细资料，为确定纠倾设计方案提供基础资料。

（3）沉降检测　确定房屋是局部不均匀沉降还是整体倾斜，确定各部位沉降速率并根据沉降速率确定纠倾时机，是否应采取紧急措施等。

（4）倾斜检测　检测房屋各部分倾斜率及倾斜方向。

（5）基础检测　检测基础材料强度，检查基础形式，为确定地基基础加固方案提供资料。

（6）结构检测　掌握结构受损详细情况，与不均匀沉降和整体倾斜观测结果对比、印证，发现并掌握结构受损规律，确定纠倾时重点需加强部位。主要内容包括屋构件受损情况普查，绘制裂缝分布图，分析受损构件的受力情况，确定沉降位置、纠倾前后上部结构需加固部位，抽检结构构件材料强度等。

6.4.3　建筑物倾斜检测方法

建筑主体倾斜观测应测定建筑顶部观测点相对于底部固定点、上层相对于下层观测点的倾斜度、倾斜方向及倾斜速率。刚性建筑的整体倾斜可通过测量顶面或基础的差异沉降来间接确定。建筑物的倾斜观测有两类方法：一类是直接测定法，该方法多用于基础面积过小的超高建筑物；另一类是通过测定建筑物基础相对沉陷的方法来计算建筑物的倾斜，也简称为间接法。

1. 建筑物主体倾斜观测网布设方法

（1）建筑物主体倾斜观测点和测站点的布设

1）当从建筑外部观测时，测站点的点位应选在与倾斜方向成正交的方向线上距照准目标 1.5~2.0 倍目标高度的固定位置。当利用建筑内部竖向通道观测时，可将通道底部中心点作为测站点。

2）对于整体倾斜，观测点及底部固定点应沿着对应测站点的建筑主体竖直线，在顶部和底部上下对应布设；对于分层倾斜，观测点应按分层部位上下对应布设。

3）按前方交会法布设的测站点，基线端点的选设应顾及测距或长度丈量的要求。按方向线水平角法布设的测站点，应设置好定向点。

（2）建筑物主体倾斜观测点位的标志设置

1）建筑顶部和墙体上的观测点标志可采用埋入式照准标志，有特殊要求时应专门设计。

2）不便埋设标志的塔形、圆形建筑及竖直构件可以照准视线所切同高边缘确定的位置或用高度角控制的位置作为观测点位。

3）位于地面的测站点和定向点，可根据不同的观测要求，使用带有强制对中装置的观测墩或混凝土标石。

4）对于一次性倾斜观测项目，观测点标志可采用标记形式或直接利用符合位置与照准要求的建筑特征部位，测站点可采用小标石或临时性标志。

2. 建筑物主体倾斜观测的周期及频率

根据相关规范，待基准点、观测点埋好稳固后，即可进行首次观测（首次观测应尽量在二层楼板浇筑前进行）。以后的施工期每增加 1~5 层观测一次，施工过程中若暂时停工，在停工时及重新开工时应各观测一次，停工期间可每隔 2~3 个月观测一次。建筑物封顶后，第一年每隔 3 个月观测一次，第二年每半年观测 1~2 次，第三年后每年观测一次，直到稳定为止（若最后所测各点的沉降速率均小于 0.01mm/d，说明基础沉降已趋于稳定，即可停止观测）。

使用阶段建筑物主体倾斜观测的周期可视倾斜速度每 1~3 个月观测一次。当遇基础附近因大量堆载或卸载、场地降雨长期积水等而导致倾斜速度加快时，应及时增加观测次数。倾斜观测应避开强光日照和风荷载影响大的时间段。

3. 直接法测定建筑物的倾斜

直接测定建筑物倾斜方法中最简单的是悬吊垂球的方法，根据其偏差值可直接确定建筑物的倾斜。但是由于有时候在建筑物上面无法固定悬挂垂球的钢丝，因此对于高层建筑、水塔、烟囱等建筑物，通常采用经纬仪投影、测水平角、前方交会法来测定它们的倾斜。

（1）经纬仪投影法 欲观测某高层建筑的倾斜度，可事先在建筑物基础底部的横梁上布设一观测标志，要求该标志有明显的竖向照准标志线，再使用精密测角仪器（经纬仪或全站仪）向上投测竖向轴线，在建筑物的顶部横梁上再设置一个观测标志，如图 6-6 所示。

如果建筑物发生倾斜，BA 将由垂直线变为倾斜线 BA'，如图 6-7a 所示。观测时，经纬仪距离建筑物的位置应大于建筑物的高度。每次倾斜观测时，在观测点上安置精密测角仪器，先精确照准建筑物底部观测标志中心再上调望远镜，依次观测标志 B 和 A，用十字丝竖丝在各个观测标志上读出偏离值，如果 A 点倾斜量为 a，即可求出该位置的倾斜斜率为

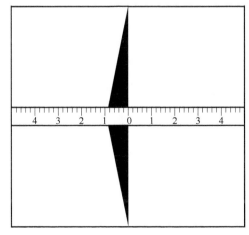

图 6-6 倾斜观测标志

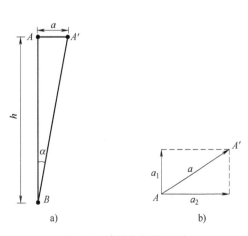

图 6-7 建筑物倾斜观测

$$i = \tan\alpha = \frac{a}{h} \qquad (6-1)$$

式中　h——两观测点 BA 的垂直距离。

在每测站安置经纬仪投影时，应按正倒镜法测出每对上下观测点标志间两个垂直方向的水平位移分量（偏离值），如图 6-7b 所示，分别为 a_1 和 a_2，然后按矢量相加求得水平位移 a（倾斜量）和位移方向（倾斜方向）。

（2）测水平角法　塔形、圆锥形构筑物可采用测水平角的方法。如图 6-8 所示，在地面上标定两个固定标志 A、B 作为测站，两者与烟囱中心的连线相互垂直，离烟囱的距离不小于烟囱高度的 2 倍。P_1 和 P_2 分别为其顶部和底部中心。在测站 A 上测得建筑物的底部和顶部两侧边缘线与基准线 AB 之间的夹角分别为 ∠1、∠4、∠2、∠3，计算出（∠2+∠3）/2 和（∠1+∠4)/2，它们分别表示烟囱上部中心和底部基础中心的方向。已知测站 A 至烟囱中心的距离即可计算出烟囱上部中心相对于底部基础中心的位移 a_1。同样，在测站 B 上测得 ∠5、∠8、∠6、∠7，计算出（∠6+∠7）/2 和（∠5+∠8)/2，即可算出测站 B 上测出的烟囱上部中心相对于底部基础中心的位移 a_2。将 a_1 和 a_2 用矢量相加的方法，即可得到烟囱上部中心相对于基础底部中心的相对位移值，如图 6-9 所示。

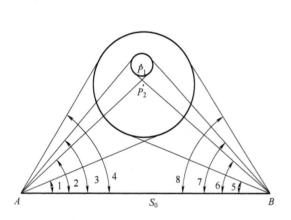

图 6-8　测水平角法

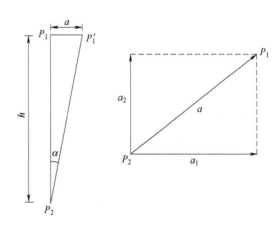

图 6-9　矢量相加法

每测站的观测应以定向点作为零方向，测出各观测点的方向值和至底部中心的距离，计算顶部中心相对底部中心的水平位移分量。对矩形建筑，可在每测站直接观测顶部观测点与底部观测点之间的夹角或上层观测点与下层观测点之间的夹角，以所测角值与距离值计算整体的或分层的水平位移分量和位移方向。

（3）前方交会法　当测定偏距 a 的精度要求较高时，可以采用角度前方交会法。如图 6-10 所示，首先在圆形建筑物周围标定 A、B、C 三点，观测其转角和边长，则可求得其坐标。然后分别设站于 A、B、C 三点，观测圆形建筑物顶部两侧切线与基线的夹角，并取其平均值。以同样的方法观测圆形建筑物底部，按角度前方交会定点的原理，即可求得圆形建筑物顶部圆心 O' 和底部圆心 O 的坐标。然后用式（6-2）计算出偏移距 a，最后用式（6-1）即可求出建筑物的倾斜值。

$$a = \sqrt{(xO'-xO)^2 + (yO'-yO)^2} \qquad (6-2)$$

所选基线应与观测点组成最佳构形，交会角宜为 60°~120°。水平位移计算可采用直接由两周期观测方向值之差计算坐标变化量的方向差法，也可采用按每周期计算观测点坐标值，再以坐标差计算水平位移的方法。

当利用建筑或构件的顶部与底部之间的竖向通视条件进行主体倾斜观测时，宜选用下列观测方法：

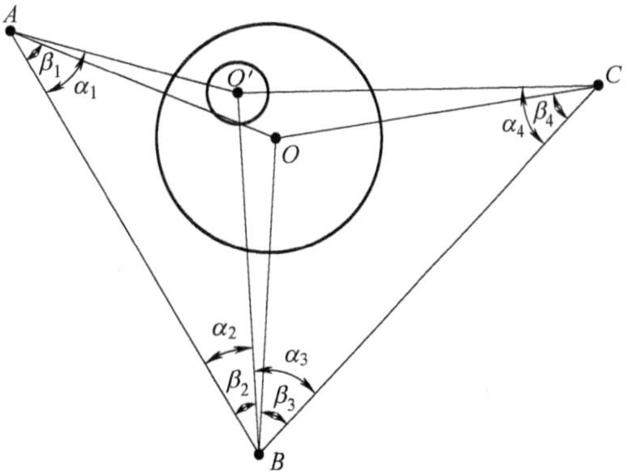

1）激光铅锤仪法。在顶部适当位置安置接收靶，在其垂线下的地面或地板上安置激光铅直仪或激光经纬仪，按一定周期观测，在接收靶上直接读取或量出顶部的水平位移量和位移方向。作业中，仪器应严格对中整平，旋转 180°观测两次取其中位数。对超高层建筑，当仪器设在楼体内部时，应考虑大气湍流影响。

图 6-10　前方交会法

2）激光位移计自动记录法。位移计宜安置在建筑底层或地下室地板上，接收装置可设在顶层或需要观测的楼层，激光通道可利用未使用的电梯井或楼梯间隔，测试室宜选在靠近顶部的楼层内。当位移计发射激光时，从测试室的光线示波器上可直接获取位移图像及有关参数，并自动记录成果。

3）正、倒垂线法。垂线宜选用直径为 0.6mm 的不锈钢丝或铟瓦丝，并用无缝钢管保护。采用正垂线法时，垂线上端可锚固在通道顶部或所需高度处设置的支点上。采用倒垂线法时，垂线下端可固定在锚块上，上端设浮筒。用来稳定重锤、浮子的油箱中应装有阻尼液。观测时，由观测墩上安置的坐标仪、光学垂线仪、电感式垂线仪等量测设备，按一定周期测出各测点的水平位移量。

4）吊垂球法。吊垂球法是在建筑物顶部或需要的高度处观测点位置上，直接悬挂或者支出一点悬挂适当质量的垂球，在垂线的底部固定读数设备（如毫米格网读数板），直接读取或量出上部观测点相对底部观测点的水平位移量和位移方向。吊垂球法的优点是量测方法简单，读数直观，但缺点是受风速影响大，一般超过 10m 的高层建筑不适合使用。

6.4.4　建筑物基础相对沉降测试方法

如果建筑物是刚性的，则可以通过测定基础不同部位的相对沉降来间接求得建筑物的倾斜度。目前我国测定基础沉降常用的是水准测量法、液体静力水准测量法和气泡式倾斜仪测量法等。

1. 水准测量法

水准测量方法的原理是用水准仪测出两个观测点之间的相对沉降，由相对沉降与两点之间距离之比，可计算出倾斜角。

2. 液体静力水准测量法

该法主要是利用液体连通器的基本原理，即相连通的两个容器中盛有均匀液体时，液体的表面处于同一水平面上，利用两容器内液面的读数可求得两观测点间的高差，两点高差与两点间距离之比，即为倾斜度。要测定建筑物倾斜度的变化，可进行周期性的观测。这种仪器不受距离限制，并且距离越长，测定倾斜度的精度越高。

根据以上原理，实践中还有使用水管进行监测的简易方法，称水管监测法。如图 6-11 所示，在建筑墙体上布置管径 3cm 左右的透明塑料软管，在软管中灌水。根据液体连通器原理，软管中两端液面应始终保持相同高度。纠倾前根据整体倾斜率及目标倾斜率计算沉降高差，在墙面弹出当前水平线及目标水平线，通过观察、测量下沉一端软管中液面和目标水平线的距离可掌握房屋倾斜情况及纠偏进展情况。建筑开始下沉时，右侧软管液面会上升，期间应适当注水，使左侧水管液面始终与水准线交点持平，可在右侧固定钢直尺方便读数。该法安装及读数都很简单，费用很低，在建筑纠偏期间都可以使用，因此可以作为施工期监测的一种方法。

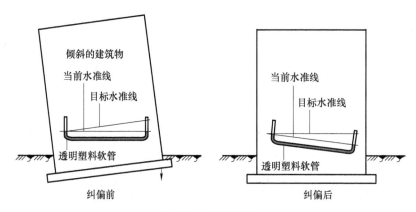

图 6-11　水管监测法

3. 气泡式倾斜仪测量法

气泡式倾斜仪由一个高灵敏度的气泡水准管和一套精密的测微器组成。将倾斜仪安置在需要的位置后，转动读数盘，使测微杆向上或向下移动，直至水准气泡居中为止。此时读数盘上读数为该处的倾斜度。

我国某单位制造的气泡式倾斜仪，灵敏度为 2″，总的观测量程为 1°。气泡式倾斜仪适用于观测较大的倾斜角或量测局部位置的变形，如测定设备基础和平台的倾斜。在自动化监测中，可利用电子水准器代替水准管，从而实现对动态变形的监测。目前，使用量程为 200″ 的电子水准器，其倾斜测定误差可控制在 ±0.2″ 以内。

倾斜仪和电子水准器虽有明显的优点，但当建筑物变形范围很大或工作测点很多时，这类仪器就不如水准仪灵活。因此，变形监测的常用方法仍是水准测量。

6.4.5　建筑物倾斜检测示例

1. 基本概况

按规范要求对某小学的综合楼的东、西、南、北四个房角位置进行了倾斜观测。采用经纬仪（全站仪）投影法进行测试，使用的仪器设备为日本索佳公司 SET2100 型精密全站仪和该厂配套的精密弯管目镜和平面反射片。

2. 测量结果

所有点位的偏移量均为楼房最上面点相对于最下面点（勒角处）沿南北向（x 方向）

和东西向（y方向）的偏移量。楼房四周点位编号及坐标系设定如图 6-12 所示，各点高度注于图上。

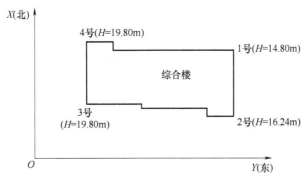

图 6-12　综合楼四周点位编号及坐标系设定

倾斜测量结果见表 6-2，根据表中数据可以计算得到各测线位置的倾斜角度和倾斜方向。

表 6-2　倾斜测量结果

点　　号	测点高度/m	偏移量 Δx/mm	偏移量 Δy/mm
1 号	14.80	−18	−7
2 号	16.24	−15	+20
3 号	19.80	−44	−41
4 号	19.80	−64	−25

■ 6.5　结构纠倾与加固方法

6.5.1　纠倾方法概述

结构纠倾可以采用让较高一侧（简称高侧）下沉，或让较低的一侧（简称低侧）上升的方法使结构物回倾，前者习惯称为迫降法纠倾（见图 6-13），后者习惯称为顶升法纠倾（见图 6-14）。

迫降法纠倾是指对发生倾斜的结构物的地基、基础进行加固，使不均匀沉降停止，对结构高侧的地基进行处理，加大高侧沉降，从而使结构物逐步被扶正所采取的一系列工程技术手段和方法。

顶升法纠倾是指对发生倾斜的结构物的地基、基础进行加固，使不均匀沉降停止，在结构低侧对结构进行顶升，从而使结构物逐步被扶正所采取的一系列工程技术手段和方法。

除此之外，还有将迫降法和顶升法相结合的综合法纠倾（见图 6-15），其工艺是先在结构低侧用顶升法进行顶升，以减少沉降差，降低基底压力，防止在以后或在促沉过程该侧下沉，然后在结构高侧采用迫降法方法进行促沉，直到结构物被扶正为止。

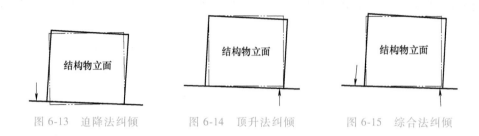

图 6-13　迫降法纠倾　　　　图 6-14　顶升法纠倾　　　　图 6-15　综合法纠倾

6.5.2　纠倾工程设计

1. 准备工作

在进行建筑物纠倾工作前，应进行的主要准备工作如下：

1）深入了解工程地质勘察资料，包括土层分布、各土层的物理力学性质、地下水位等。如现有工程地质勘察资料不能满足纠倾设计要求，或难以解释建筑物倾斜原因时，应按相关规范要求及时进行补勘。

2）进行现场调查和收集相关资料与信息。熟悉工程设计施工图，掌握工程施工资料，特别是基础工程沉降观测资料，同时进行现场察看。测出建筑物垂直偏差值、水平偏差值、倾斜度、裂缝分布范围和裂缝宽度，必要时增设沉降、位移、倾斜、开裂观测点，并进行必要的拍摄记录。如有条件，还可走访当时的工程施工方、监理和业主方管理人员，获取工程施工的第一手资料。

3）结合建筑物的现状，一方面对建筑物倾斜的原因做出判定，并评定桩基质量、基础和主体工程质量；另一方面对后期变形做出预测，并对纠倾工程与周边环境间的相互影响进行评估。

4）在确保工程及施工操作安全的前提下，提出一个造价低、工期短、可行性较高的纠倾技术方案。

2. 纠倾工程设计内容

纠倾工程设计文件应包括倾斜建筑物现状、工程地质条件、倾斜原因分析、纠倾方案比选、纠倾设计、施工方法、观测点的布置及监测要求、结构改造及加固设计、防复倾加固设计、施工安全及防护技术措施、环境及相邻建筑物的保护措施等。

纠倾设计时应对所选用的纠倾方案进行程序和参数优化，其主要参数为沉降速率、回倾速率、回倾时间等。纠倾设计计算内容一般应包括：

1）根据倾斜建筑物的倾斜值、倾斜率和倾斜方向，确定纠倾设计迫降量或抬升量、回倾方向。

2）计算倾斜建筑物的基础形心位置和偏心距，进而确定基础底面压应力，根据基底压应力验算地基承载力，并进行地基变形估算。

3）确定纠倾转动轴位置，根据确定的回倾方向布置纠倾部位。如迫降孔的位置和数量或顶升位置和机具数量及相关参数等。

4）在纠倾前后根据建筑物倾斜情况，进行防复倾加固设计，确保建筑物的纠倾前后和纠倾过程中的安全。

3. 纠倾迫降量或抬升量计算

根据纠倾技术和相关地基基础规范中明确规定的纠倾合格标准，可以计算建筑物设计沉降量或者抬升量，见式（6-3）和式（6-4）。图6-16和图6-17所示为迫降法纠倾和顶升法纠倾示意图。

$$S_V = \frac{(S_{H1} - S_H) b}{H_g} \tag{6-3}$$

$$S_V' = S_V \pm a \tag{6-4}$$

式中　S_V——建筑物设计沉降量、抬升量（mm）；

　　　S_V'——建筑物纠倾需要调整的沉降量、抬升量（mm）；

　　　S_{H1}——建筑物水平偏移值（mm）；

　　　H_g——建筑物纠倾前自室外地面起算的建筑物高度；

　　　S_H——建筑物纠倾水平变位设计控制值（mm）；

　　　b——纠倾方向建筑物宽度（mm）；

　　　a——预留沉降值（mm）。

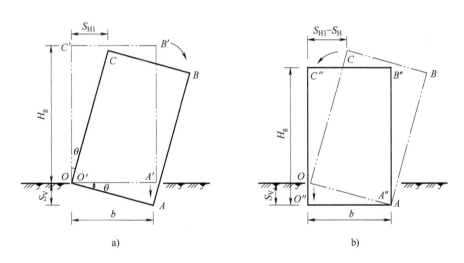

图 6-16　迫降法纠倾
a）纠倾前　b）纠倾后

式（6-3）为建筑物设计迫降量（或抬升量）的理论计算公式，考虑到纠倾结束后建筑物尚有一定量的不均匀沉降，所以需要按式（6-4）对其进行微调，抬升法纠倾时，取"+"号。迫降法纠倾时，取"−"号。建筑物回倾方向应取倾斜建筑物水平变位合成矢量的反方向。

6.5.3　迫降法

1. 迫降法纠倾原理

迫降法是通过加大沉降较小一侧的地基变形来纠倾，常见的迫降纠倾法包括掏土法、加压法、水处理法、桩基卸载法等多种迫降工艺。

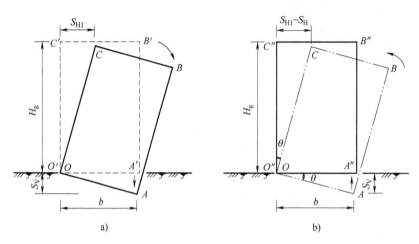

图 6-17　顶升法纠倾

a）纠倾前　b）纠倾后

（1）掏土法　掏土法是从建筑物沉降较小的一侧选择某种取土方式造成地基下方应力增大或侧向应力解除，从而加速地基沉降，以达到纠倾的目的。掏土卸载是地基应力释放的一种快速有效方法，它适用于软土或砂土地基且纠偏数值不大的情况。这种方法应注意控制取土速度、深度和取土量，以免失控。

从掏土方式上分为钻孔取土、人工掏土和水冲掏土三种。一般砂性土地基宜采用水冲掏土，黏性土和碎卵石地基宜采用人工掏土或人工掏土与水冲掏土相结合的方法。若建筑物底面积较大，可在基础底板上钻孔取土。建筑物对直接在其基础下掏土反应敏感，故掏土时应严加监测，利用监测结果及时调整施工顺序和掏土数量。

值得注意的是掏土迫降具有滞后性。通过掏土解除地基应力以达到促沉的目的，沉降的出现、发展和稳定有一个传递与滞后的过程。当迫切希望促沉迫降出现时，它却姗姗来迟；而当终止工作，认为一切已经稳定时，后期过量沉降却不期而至。迫降的速率应该根据结构物的类型及结构物的刚度综合确定。一般情况下，沉降速率应当控制在 $5 \sim 10\text{mm/d}$ 的范围内。纠倾开始及纠倾结束时应该选择下限，并且在迫降接近设计控制值时，应该留有一定的惯性余量，大约为 1‰，以防止过倾现象。

根据掏土孔的方向，掏土纠倾法又可以分为以下三种。

1）水平钻孔掏土纠倾法。根据建筑物不均匀沉降的状况，在基础下浅部硬土层内，水平钻孔掏土，如图 6-18 所示，钻孔后，钻孔产生压扁变形，孔壁土体局部将发生破坏，建筑物产生相应的沉降，达到纠倾的目的。

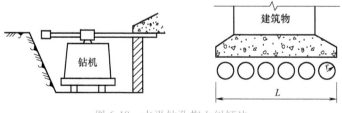

图 6-18　水平钻孔掏土纠倾法

2）倾斜钻孔掏土纠倾法。倾斜钻孔掏土（见图6-19）是在建筑物沉降较小的一侧，按一定的角度打斜孔，深入到建筑物宽度的1/3~1/2处，将基础底下和孔中的土掏出，掏空后进行排水，然后土体在上部结构和土体的自重作用下促进局部加速下沉以达到纠倾的目的。

3）垂直掏土纠倾法。垂直掏土纠倾法（见图6-20）不同于浅层掏土法，是一种软纠倾方法，即在倾斜建筑物既有沉降较小的一侧设置密集的地基应力解除孔，各孔上部设有护壁套管（长度视土质情况而定），依靠大型螺旋钻旋入一定深度，分期分批地在钻孔适当深度掏出软弱地基土，并依靠螺旋钻上拔荷载来造成孔底真空环境，使地基应力在局部范围内得到解除或转移，促使软土向该侧移动，增大其沉降量，最终达到纠倾的目的。这种方法也被称为地基应力解除法或钻孔排泥纠倾法。该法特别适用于建造在厚度较大的软土（如淤泥、淤泥质土、泥炭、泥炭质土、冲填土等）地基上的建筑物的纠倾。

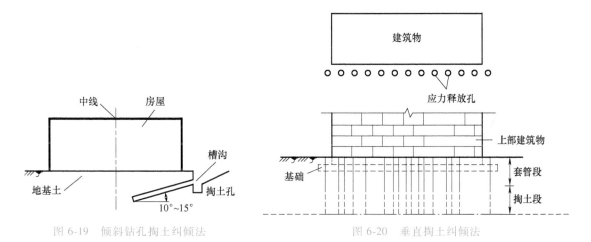

图6-19　倾斜钻孔掏土纠倾法　　　　　　　图6-20　垂直掏土纠倾法

应力解除法与一般掏土法有所区别，它的原则是掏下不掏上、掏软不掏硬、掏（基底）外不掏（基底）里等。工程实践表明，用应力解除法进行建筑物纠倾，一旦封孔，建筑物沉降速率衰减比纠倾前快得多，达到稳定沉降的时间将大大缩短。应力解除法的最大优点是完全可控，不怕矫枉过正，只怕纠而不动。纠倾到位封孔后，纠倾建筑物的回倾率和沉降速度都会迅速趋于停止。另外，应力解除法纠倾还能有效地减小对邻近建筑物影响，施工时对环境影响小，对施工场地要求较宽松，具有工期短、效率高、费用较低等优点。

（2）加压纠倾法　可以分为堆载加压纠倾法、卸载加压和增荷加压纠倾法、悬臂压重迫降纠倾法等几种情况。

1）堆载加压纠倾法。堆载加压纠倾法是通过在沉降较小侧堆载来纠倾，对于浅基础就是使其产生附加沉降（见图6-21a），对于桩基础则是使桩产生桩身负摩阻力（见图6-21b）。由于该方法产生附加沉降或桩身负摩阻力需要堆载较大，而且纠倾时间较长，所以在具体的纠倾工程中常与其他纠倾方法联合使用，如比萨斜塔纠倾中将堆载加压与掏土纠倾法联合使用。

2）卸载加压和增荷加压纠倾法。卸载加压纠倾是通过对沉降较大一侧基础卸载和在沉降较小一侧堆载的联合方式进行纠倾（见图6-22a），而增荷加压法则是通过改变上部荷载分布的方式，即增加沉降较小一侧荷载来进行纠倾（见图6-22b）。

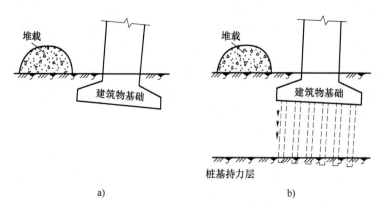

图 6-21　堆载加压纠倾法

a）浅基础　b）桩基础

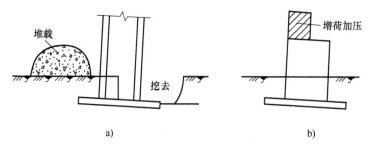

图 6-22　卸载加压和增荷加压纠倾法

a）卸载加压纠倾　b）增荷加压法

3）悬臂压重迫降纠倾法。由偏心荷载引起的建筑物倾斜和桩身倾斜，采用悬臂压重迫降纠倾法最有效，如图 6-23 所示。压重荷载可以通过理论计算求得，该方法可操作性强，便于质量监控。为了保证长久有效，在纠倾任务完成和临时压重卸除以前，还得采取锚杆斜拉或斜压桩顶撑等固定措施来稳定桩身，抵抗偏心荷载引起的偏心力矩。

（3）水处理纠倾法　又可以划分为降水纠倾法和浸水纠倾法两种。

1）降水纠倾法。降水纠倾法就是通过降低建筑物沉降较小一侧的地下水位，促进该侧的地基土体固结下沉，从而起到迫降纠倾的作用。降水纠倾法较适用于筏形、基础、箱形基础等浅基础的建筑物纠倾，且当土层的渗透系数必

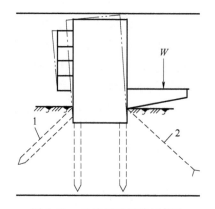

图 6-23　悬臂压重迫降纠倾法

1—纠倾后斜压顶撑桩　2—纠倾后增加预应力锚杆

须达到某一程度时才有效。另外，应注意降水引起周围建筑物的不均匀沉降影响，当距离周围建筑物比较近时应慎用。

2）浸水纠倾法。浸水纠倾法就是在沉降小的一侧基础边缘开槽、坑或钻孔，有控制地将水注入地基内，使土产生湿陷变形，从而达到纠倾的目的。该纠倾方法适用于湿陷性黄土地区多层砖混结构、框架结构、高耸构筑物及其刚度较大的建筑物的纠倾。一般来说，当黄土含水量小于10%、湿陷系数大于0.05时可以采用浸水纠倾法。当黄土含水量在17%～23%、湿陷系数在0.03～0.05时，可以采用浸水和加压相结合的方法。对于含水量大、湿陷系数较小的黄土，单靠浸水效果有限，则辅以加压，同时要求注水一侧土中的压力超过湿陷土层的湿陷起始压力。

需要注意的是，水处理迫降尽管是一种最廉价的纠倾方法，但也存在较大的风险。如海口的一栋采用混凝土灌注桩基础的七层框架办公楼出现倾斜以后，采用强制性深层抽水迫降纠倾见效缓慢。最后虽然勉强取得了纠倾效果，却引发了惊人的区域性地裂，对建筑物本身及邻近已有建筑造成了严重的损害。对湿陷性黄土用钻孔注水进行地基湿陷迫降，也具有一定的风险。在黄土层较厚情况下，由于水在黄土中的传递速度与分布情况不可能均匀，很难掌握注水分寸。注水纠倾过程中，对建筑物的结构损坏很大，注水纠倾封孔不严，还会产生其他不利影响。

（4）桩基卸载纠倾法　该法是通过人为方法使沉降较小一侧的桩或承台产生沉降，从而达到纠倾的目的，具体分为桩顶卸载、桩身卸载、桩尖卸载等纠倾方法。

1）桩顶卸载纠倾法　即截桩法（见图6-24a），是在建筑物沉降量较小的一侧，截去基础承台下面一部分桩体，达到调整差异沉降的目的。此法适用于埋深较浅的独立或条形承台，采用端承桩（或桩端土为中密的砂质粉土和中细砂土端承摩擦桩）基础的建筑物。纠倾原理：在拟定的掏土区将基底土掏空，原基底反力转化为桩顶荷载，通过截断部分桩体，使桩与承台完全脱离，从而产生桩基荷载重分布，迫使承台下沉。纠倾完毕后，在桩头破坏处设加强钢箍与承台一起浇筑混凝土，形成扩大桩头（见图6-24b）。

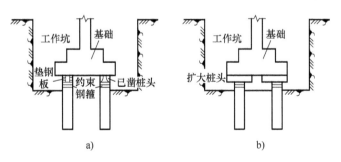

图6-24　桩顶卸载纠倾法
a）截断部分桩体　b）桩头扩大

2）桩身卸载纠倾法。对于摩擦桩宜采用桩身卸载，即通过对沉降较小一侧的土方开挖暴露该部位桩体上部（见图6-25），增加桩体下部和桩端的荷载，从而引起沉降达到纠倾的目的。由于采用该方法纠倾需要较长时间，且工作量比较大，常需要与其他方法联合使用。

3）桩尖卸载纠倾法。对于桩长比较短的桩基础，可以采用桩尖卸载纠倾法，通过在沉降较小一侧桩基础周围打斜孔（见图 6-26），掏出桩尖下部土体，促使桩基沉降进行纠倾。

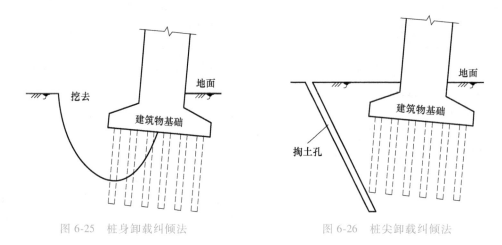

图 6-25　桩身卸载纠倾法　　　　　　　图 6-26　桩尖卸载纠倾法

2. 迫降法纠倾加固

结构物纠倾之后，应该立即进行加固处理。加固程序的流向是纠倾程序的逆流方向，加固原则是不论地基、基础，还是结构构件，加固后的强度或承载能力必须不小于结构物原设计要求。

掏土法和浸水处理法纠倾后的加固，主要是对水平孔或竖向孔的夯填，夯填的材料以四合土（石灰∶黄土∶砂石∶水泥＝4∶3∶2∶1）为宜。解除应力法纠倾后的加固，主要是对槽或井的夯填，夯填材料可用原来的挖土，也可以用灰土、三合土或碎石土。截桩法纠倾后的加固，主要是对截断构件的连接与加固，钢筋可以用植筋与焊接相结合的方法处理，并加密箍筋，接茬处用黏结剂处理后，再用强度高一级的细石微膨胀高流动性混凝土浇筑。

6.5.4　顶升法

倾斜结构物的顶升纠倾法有截断顶升、压密注浆顶升、膨胀材料顶升三种。

1. 截断顶升纠倾法

截断顶升纠倾技术是将建筑物基础和上部结构沿某一特定位置分离，在分离区设置若干个支承点，通过安装在支承点的顶升设备，使倾斜建筑物做竖向转动得到扶正。顶升法适用于基础沉降过大而上部结构整体刚度较好的建筑物。顶升纠倾技术的一般做法：顶升纠倾法将千斤顶设置在基础梁的顶部或圈梁底下，再用千斤顶将整个建筑物顶升纠倾。常见的顶升法有托梁顶升纠倾法（见图 6-27）和静压桩顶升纠倾法（见图 6-28）。顶升纠倾设计关键在于托换体系的设计、顶升荷载和顶升点的确定，保证在顶升过程中整体结构的安全。

由于顶升纠倾法需要克服上部荷载作用，实施时往往困难比较大，所以规范明确规定顶升纠倾适用于上部结构荷载较小、不均匀沉降较大及特殊工程地质条件的建筑物纠倾，砖混结构建筑物顶升不宜超过 7 层，框架结构建筑物顶升不宜超过 8 层。

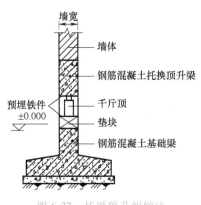

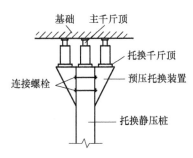

图 6-27　托梁顶升纠倾法　　　　　图 6-28　静压桩顶升纠倾法

2. 压密注浆顶升纠倾法

该技术是指通过钻孔在土中注入浓浆，在注浆点使土体压密而形成浆泡。当浆泡的直径较小时，注浆压力基本上沿钻孔的径向即水平向扩展。随着浆泡尺寸逐渐增大，浆泡对土体的挤压力上升，浆泡在土体中发生水平劈裂，对土体的作用以竖向挤压为主，宏观表现就是浆泡对土体产生了较大的向上顶升力。如果合理地布置注浆孔和注浆压力，能对已出现不均匀沉降建筑物起到抬升的效果。该法在软弱土体中具有较好的效果，常用于中砂地基，有适宜的排水条件的黏土地基也可采用。若排水不畅可能在土体中引起高孔隙水压力，此时就必须采用很低的注浆速率。

3. 膨胀材料顶升纠倾法

膨胀材料顶升纠倾法是用机械或人工的方法成孔，然后将不同比例的生石灰（块或粉）、掺合料（粉煤灰、炉渣、矿渣、钢渣等）及少量附加剂（石膏、水泥等）灌入，并进行振密或夯实形成石灰桩桩体，然后利用石灰桩遇水膨胀机理进行纠倾。

石灰桩法具有施工简单、工期短和造价低等优点，混合膨胀材料的方法对于湿陷性黄土地区偏移建筑物的纠倾和地基加固，具有明显的技术效果和经济效益，目前已在一些纠倾工程中应用。

6.5.5　特殊建筑物的纠倾

1. 烟囱纠倾

烟囱的特点在于高度高、平面面积小、整体刚度大。由于烟囱重心比较高，纠倾施工时偏心效应可能使得回倾速度较快，这一点在施工时应特别注意，否则可能导致纠倾量大。根据场地条件和烟囱基础情况，烟囱的纠倾常采用多种方法综合施工，如堆载法、降水法、掏土法等。

2. 高层建筑物纠倾

高层建筑物荷载大，基础形式一般采用筏形基础、箱形基础或者桩基础。高层建筑物纠倾，应首先对建筑物的现状进行检查和鉴定，考虑该建筑物是否具备纠倾的技术条件和经济价值，切勿盲目施工。高层建筑物常见的纠倾方法有掏土、截桩、断柱等。

3. 古建筑物纠倾

古代建筑物最常见的就是古塔、庙宇、楼阁、民居、古堡等，其特点是建造年代久远，先天性不足或者人为、自然破坏导致地基不均匀沉降，从而导致塔体倾斜。由于古建筑物整体刚度和基础刚度比较差，所以在纠倾之前需要对其进行结构和基础加固，如意大利比萨斜塔、都江堰奎光塔、眉县净光寺、兰州白塔等古建筑物的纠倾。古建筑物最常见纠倾方法为掏土（砖）纠倾，当然大多都需要与其他纠倾方法联合，如局部顶升法等。无论采用何种方法对古建筑物纠倾，都必须遵循以下原则。

1）应保证在纠倾过程中古建筑物变形协调，不产生附加应力，避免古建筑物的进一步破坏。

2）在纠倾过程中回倾速度、方向可控，不应产生突然下沉，影响建筑物的安全。

3）应满足古建筑物的纠倾精度要求，并保持其长期稳定。

■ 6.6　工程实例

6.6.1　迫降纠倾

1. 工程概况

某 6 层砖混结构住宅楼，总高 16.8m，采用浅埋筏形基础，基础平面如图 6-29 所示。该楼建于 20 世纪 80 年代，后出现不均匀沉降，造成东南倾斜，其中西南角向东倾斜 27mm，向南倾斜 100mm，向南倾斜率约 6‰。西南角不均匀沉降差最大约 67mm。依据岩土工程勘察报告，场地内土层分布欠稳定，上部杂填土变化较大。地基土层及综合评价见表 6-3。

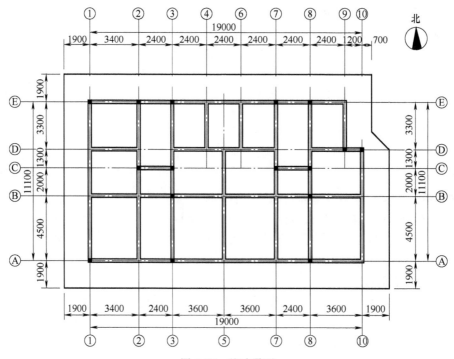

图 6-29　基础平面

表 6-3 地基土层及综合评价

层 号	土层分布 特 性	土层分布 层厚/m	综合评价	桩侧极限阻力/kPa 钻孔桩	桩侧极限阻力/kPa 深搅桩
①₁	杂填土	1.1	物质组成繁杂、低强度非物质	—	—
②₁	淤泥质粉质黏土	5.5	高压缩性、低强度地基土	20	10
②₂	粉质黏土	4.5	高压缩性、低强度地基土	22 (端阻 2100)	11
②₃	粉质黏土	2.3	中高压缩性、低强度地基土	24	12
②₄	中细砂	8.2	中高压缩性、低强度地基土	36	18
②₅	中细砂	—	中等压缩性、中等强度地基土	40	20

该楼为 6 层住宅楼，荷载 $15 \times 1.25 \times 6kN/m^2 = 112.5kN/m^2$，单层平面面积 $19 \times 11.7m^2 = 222.3m^2$。

2. 检测鉴定

现场检测，结构材料强度及施工符合设计要求，结构基本没有因倾斜出现的结构性裂缝。根据现场调查情况、检测结果、地质勘察资料、设计图、施工资料等对倾斜原因进行分析鉴定，给出原因如下：

该建筑采用浅埋筏形基础，地基承载力较低，地基土层压缩性高，固结时间长，随使用时间增长，地基变形增加，进而出现不均匀沉降，其根本原因是地基承载力不足。从规范角度看，设计存在一定缺陷，但在当时经济条件下，设计是合理的。

3. 纠偏设计

（1）概念设计 该建筑为 6 层砖混结构，浅埋筏形基础，建筑为点式建筑，上部结构和筏板基础组合后刚度大，可近似看作刚体，纠偏敏感度低。该建筑位于老建筑小区，与周围建筑距离较近，可优先考虑浅层掏土，提高纠偏效率，减少对周围建筑的影响。经综合分析，最终确定采用螺旋钻浅层掏土方法。掏土纠偏方向主要为南北向，北侧为掏土迫降侧，东西向有一定倾斜，但不超标，可在方案中适度考虑东西向纠偏，纠偏中建筑主旋转轴线为Ⓐ轴线。

（2）地基加固方案 采用锚杆静压桩加固地基基础，预制桩截面尺寸 200mm×200mm，混凝土强度 C30 级，每节桩长 2.0m，设计桩长 10m。锚杆静压桩总桩数为 122 根，单桩承载力特征值为 190kN；压桩采用压桩力和桩长双控的原则，压桩力控制为主，桩长控制为辅，压桩力为 380kN，桩端进入②₂粉质黏土层。因浅埋筏形基础位于杂填土层，偏于安全考虑，杂填土承载力基本忽略，新增静压桩基承担了上部结构近 90%的荷载，加固纠偏平面布置如图 6-30 所示。

（3）掏土纠偏方案 结合现场实际情况，采用螺旋钻。暂定 28 孔，孔投影长度 8.5m，向下倾斜 15°。钻孔初始孔径 100mm，钻孔掏土遵循循序渐进、逐步推进原则，先在墙体下（轴线处）钻孔，然后依次按等分方法掏两孔中间位置的孔直至钻完所有孔。钻孔期间沉降观测随钻随测，及时分析观测数据，根据观测结果指导下步施工，最大日均沉降量控制在 5mm/d 以内。若 28 孔全部施工后，仍不能达到目标沉降值，在原钻孔位置重复之前工序清孔。

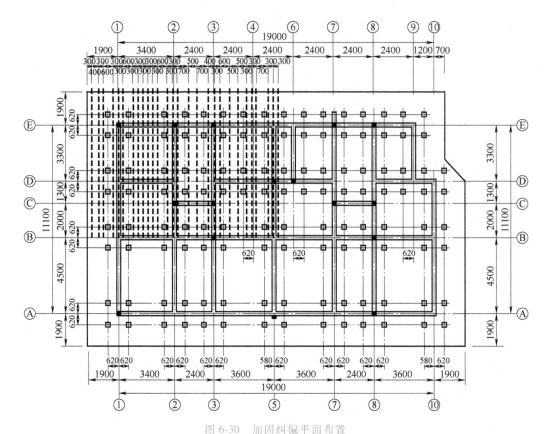

图 6-30　加固纠偏平面布置

注：图中粗虚线为螺旋钻掏土孔，□为锚杆静压桩。

（4）防护措施　利用压入的钢管及锚杆静压桩作为建筑陡降时的防护桩。

（5）观测方案　房屋四角及中部共布置 8 个沉降观测点，四角布置倾斜观测点。

4. 施工概况

（1）锚杆静压桩施工

1）先集中施工图 6-30 中粗黑线部分的桩，利用压桩尽可能扰动此部分的地基土，使该部位产生较大附加沉降，使房屋产生少量回倾（对纠偏有利）。原则上，压桩顺序由房屋中间部位向角部推进，四台压桩机同时施工。

2）其余部位桩，间隔跳打，避免同一部位同时施工，减小附加沉降影响。

3）压桩后，仅⑩轴—Ⓐ轴临时封桩，需等建筑纠偏后再进行封桩，在压桩后至封桩前这一阶段应采取可靠措施，保证桩身不回弹。

（2）钻孔掏土施工　施工流程依次为：螺旋钻机位置开挖沟槽、安装螺旋钻机、钻孔掏土、沉降观测、达到纠偏目标、掏土孔回填、封桩、结束。一轮钻孔结束后根据沉降观测分析结果确定是否进行下一轮掏土，每轮掏土中是否进行下一孔掏土也根据沉降观测分析结果确定。

钻孔掏土第一批为最外侧及墙下孔共计 6 孔，第二批为前 6 孔等分的中间部位 5 孔，第三批为按完成的 11 孔等分中间部位 10 孔，第四批为剩余 7 孔。施工达 23 孔时，建筑开始显著沉降，后期通过施工剩余孔及清孔维持沉降速率。钻孔掏土25d后，建筑西北角最大沉降达60mm，停止钻孔掏土，用三合土回填孔洞并用木棍捣实、塞紧。将锚杆静压桩永久封桩。纠偏后，建筑西南角向东倾斜12mm，倾斜率0.7‰；向南倾斜8mm，倾斜率0.5‰。建筑东北角纠偏沉降值最大，该点沉降观测曲线如图6-31所示。

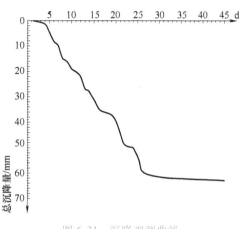

图6-31 沉降观测曲线

5. 小结

该住宅采用螺旋钻孔机钻孔纠偏比较顺利，纠偏阶段工期仅25d。钻孔后孔内大都存在坍孔现象。在纠偏工程中，这种坍孔有助于建筑加速沉降，清孔相当于不断掏土，后期坍孔现象减少，孔内坍孔土量也逐渐减少，为保持清孔出土量（保持沉降速率）可继续扰动孔内土体，具体仍采用孔内注水、高压射水及其他机械扰动办法，本例采用了孔内高压冲水方法，效果较好。

6.6.2 顶升纠倾

1. 工程概况

某县政府办公前楼为三层砖混结构，局部四层，混合承重，层高3m，建筑面积约1500m²，纵横墙均为240mm，厚现浇楼板，无构造柱，无圈梁，于1982年建成使用。采用毛石条形基础，基础宽为1200mm，高为2500mm，埋深标高为−3.0m，基础下三合土垫层厚500mm，三合土下为天然黄土层。现无勘察、设计及施工技术档案资料。楼体平面布置如图6-32所示。

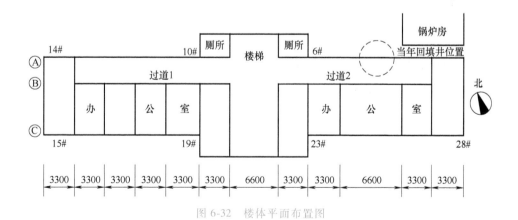

图6-32 楼体平面布置图

2004年6月初，对该结构进行了检测，检测内容为地面变形量、墙体倾斜量及墙体裂缝等。地面竖向沉降检测布置了28个测点。对于Ⓐ轴线，以14#点为基准，14#~10#沉降量为10mm，10#~6#沉降量为10mm，6#~1#沉降量为91mm。检测结果表明，1#测点相对于6#

测点沉降显著,基础局部倾斜率达 5.5‰,大于 3‰的规范要求。Ⓑ轴线地面沉降与Ⓐ轴线沉降趋势基本一致,沉降量较小,Ⓒ轴线地面沉降不显著,地面倾斜率仅为 1.0‰,小于 3‰的规范要求。6#~1#范围的地面散水断裂并离开墙面。

结构物东段向北倾斜,倾斜量 46mm,倾斜率为 5.1‰。结构物向北存在扭转作用。结构物Ⓐ轴线东段墙体的窗间墙均产生 8 条裂缝,最大裂缝宽度达 8mm,墙体内外透光,远大于砌体结构安全使用的允许值。

根据检测结果,对照《危险房屋鉴定标准》,该结构物为危楼,建议纠倾并加固。

2. 沉降原因

(1) 管理不善 该结构Ⓐ轴线在院子内侧,Ⓒ轴线在院子外侧,排水沟截面为 200mm×200mm,尺寸偏小,加之管理不到位,容易被堵塞。

(2) 雨水作用 2000 年住户将院子原黄土面层用毛石沥青混凝土覆盖,破坏了院子雨水的漫渗作用,使雨水聚积于Ⓐ轴线东段院内排水沟口一带,渗于地下。2001 年发现Ⓐ轴线东段墙体基础被雨水浸泡产生沉降,窗间墙产生裂缝。一般情况下,该地区地基黄土含水量在 12%~18%,而该结构地基下沉量最大处黄土的含水量高达 28%。

(3) 回填水井的影响 根据调查,为修建办公大楼,曾将原来一口水井填埋。水井的位置正好处在东段Ⓐ轴线基础正下方。散水产生裂缝后,大量雨水渗入水井回填土层,使水井回填土下陷,相应位置的基础则下沉。如此越渗越沉,越沉越渗,出现恶性循环,渗入的大量雨水使该结构物东半段地基土体软化。

(4) 地震的影响 2003 年 10 月 13 日,发生 5.2 级地震,该结构所在地与震中距离约 60km。地震促使结构物Ⓐ轴线东段地基下沉,相应墙体开裂,新增裂缝 3 条。2004 年 9 月 21 日,发生 5.0 级地震,该结构所在地与震中距离约 50km,促使结构物Ⓐ轴线东段基础继续下沉,墙体裂缝显著增大,三楼窗间墙出现裂缝。

3. 方案设计

(1) 概念设计 鉴于结构物的现状,需要对其进行纠倾、纠扭及抗震加固三者相结合的技术处理。该结构物为立面严格对称形结构,中间的四层部分与两边的三层部分在长度方向近似为三等份。该结构物的 2/3 完好,1/3 基础下沉,且墙体开裂,出现了纵横双向倾斜。所以不宜用迫降法处理完好的 2/3 段,而应将下沉的 1/3 段进行顶升。

顶升方法有压密注浆顶升、膨胀材料顶升和截断顶升等方法。三种方法各有优劣,前两种应用存在实施困难等问题,为此选用截断顶升法进行纠倾,该法的主要特点包括只在墙体上凿洞,不破坏地面;前期准备工作量大,但顶升时间短;设备操作必须同步,技术难度高;不需要地下工作面,施工操作高度可以在±0.00~0.80m。

(2) 托换设计

1) 托梁布置。托梁由槽钢制成,托梁的作用在于加固墙体,增大墙体的整体性,使墙体同步被顶升。托梁平面布置如图 6-33 所示。

2) 千斤顶布置。千斤顶是顶升墙体的动力源。每个顶升点设置 1 个千斤顶。千斤顶布置如图 6-33 黑色圆点所示。该结构物上部结构被顶升的总荷载约 4000kN,用 20 个 500kN 千斤顶顶升,千斤顶底座尺寸为 230mm×190mm,每个千斤顶的底座应力为 4.6MPa。为防止千斤顶底座下的墙体被局部压碎,采用 300mm×300mm×12mm 的竹胶合板并用 20mm 厚坐浆找平,此时的局压应力平均值为 2.2MPa,局压应力最大值不超过 4MPa,满足工程安全要求。千斤顶、托梁、墙体及基础的空间关系如图6-34所示。

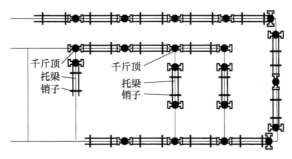

图6-33　千斤顶、托梁及销子布置

3）销子设置。销子的作用在于保证托梁对墙体的托换效果和加固效果。每对托梁上设置2个销子，布置在托梁的顶部。销子、托梁及墙体的关系如图6-33所示。

（3）控制设计

1）顶升量控制比例图设计。根据Ⓐ轴线基础与墙体变形特点，拟定其顶升量控制比例，如图6-35的 A 区所示。根据Ⓒ轴线基础与墙体变形特点，拟定其顶升量控制比例，如图6-35的 C 区所示。根据变形协调关系，可得横墙顶升量控制比例，如图6-35的 B 区所示。

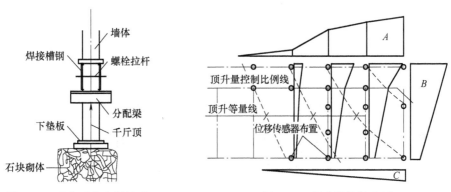

图6-34　千斤顶等空间关系　　　　　　　　图6-35　顶升量控制比例

以 A 区与 B 区交点处的顶升量作为控制单位量1，根据图6-35的几何正比例关系求得各个控制点的顶升量。假定千斤顶油缸内油的体积不可压缩，根据千斤顶加油手柄的垂直位移量与千斤顶活塞进油量成正比例关系，求得各千斤顶手柄加油时的旋转角度。将各旋转角度绘制在三合板上，编号登记，供千斤顶操作人员依口令按所绘制旋转角度进行同步操作。

2）顶升量检测。各控制点的位移量用位移传感器配合静态应变仪进行检测，检测精度为±0.02mm。位移传感器的布置如图6-35小圆圈所示。

3）顶升力检测。顶升力的大小用自制的矮小型压力传感器配合静态应变仪进行检测。

4. 方案实施效果

Ⓐ轴线 6#~1#沉降剩余量为 36mm，使基础最大倾斜率达到 2.2‰，小于 3‰的规范要求。结构物东段向南回倾 35mm，倾斜剩余量 11mm，倾斜率为 1.1‰。Ⓐ轴线东段墙体的窗

间墙裂缝最大宽度剩余量为 3mm，墙体内外已经不能够透光，8 条裂缝的宽度均显著缩小，其中有 2 条裂缝压合。墙体及楼板没有出现新的裂缝，表明这次顶升纠倾成功。

纠倾工作完成后，进行必要的加固处理，主要包括：顶升空当用微膨胀干拌细石高砂率混凝土人工锤填，细小缝隙用扩孔挤浆方法填缝，浆体材料为水泥、膨胀剂、减水剂、单粒径筛砂与水。墙洞及墙面复原，Ⓐ轴线东段窗间墙外侧设 5 根抗震柱，重做散水，加大排水容量。

5. 小结

1）当结构物层数少、顶升荷载不大时，采用单排千斤顶进行顶升，成本低，操作简单。

2）半幢楼在顶升过程中，其受力相当于悬臂梁，有受拉区与受压区之分，受拉区将会伸长，本工程的最大顶升量为 55mm，伸长量达 2.3mm。这是半幢楼顶升纠倾难以克服的现象。

3）千斤顶的同步顶升是墙体不出现新裂缝的技术保障之一。

6.6.3 综合纠倾

1. 工程概况

某厂新建一幢集商业、娱乐、住宅为一体的 10 层综合楼，总高 32.2m，长宽分别为 47.4m、9.3m，建筑面积 4919m²。该楼底层为 3.6m 层高的半地下室，下 3 层为混凝土框架、上 7 层为砖混结构。基础采用混凝土反梁式筏板，梁高 1.2m，筏板厚 0.5m，其下还设有 0.1m 厚混凝土垫层及 0.5m 厚砂垫层，基础平面及静压桩位置如图 6-36 所示。

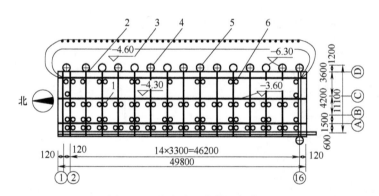

图 6-36 基础平面及静压桩位置

1—锚杆静压桩　2—静力压入桩　3—操作坑　4—压桩导坑　5—掏砂井　6—挡土墙

该楼始建于 1996 年 4 月。1997 年 3 月主体结构完工作外装饰时，发现房屋从Ⓓ轴线往Ⓐ轴线倾斜。8 月 1 日测试，房屋最大的倾斜值为 261mm，倾斜率 8.1‰，超过《危险房屋鉴定标准》中规定的 7‰的危房限值，且倾斜仍在继续发展，遂决定进行纠倾前的准备工作，对房屋进行纠倾施工。

由于该楼的基础刚度及结构的整体性较好，除顶层靠山墙端间Ⓒ轴纵墙产生有一条宽为 0.3mm 的温度斜裂缝外，上部的住宅各层墙面刷层仅存在着一些无规则的细小的收缩裂缝。

2. 事故原因分析

根据地质勘察、倾斜观测及结构荷载计算得出综合楼发生严重倾斜的原因如下：地基土质差异较大，场地土质构成较复杂，状态较软，⑩轴基础持力层以可塑土夹少许硬塑土为主，而Ⓐ轴、Ⓑ轴基底下只有很薄的可塑土，以软塑土居多，且下部还有一层质地特别差的泥炭质土。由于地基土质的差异，房屋基础便发生了不均匀沉降，土质差的Ⓐ轴、Ⓑ轴必然比土质较好的⑩轴基础沉降量大得多，因此，房屋便从东往西方向倾斜。

1）结构体形心与重心不重合，综合楼设计中基础筏板四周的外扩长度，未能按调整形心与上部结构荷载合力点相重合的计算方法来确定，在⑩轴线往外扩长 1.2m，而Ⓐ轴线往外仅扩长 0.6m。从该楼平面横向布置分析，不难看出荷载偏重于西面，各层荷载较重的厨厕、楼梯间均布置在中心线西侧，计算得横向偏心距为 78mm，偏心力矩达 7527kN·m，致使房屋向偏重的西面倾斜增大。

2）地基承载力能力不足，在没有勘察资料情况下，主观采用地基承载力 180kPa 进行设计，但补地勘后实际基底持力层Ⓒ轴、⑩轴承载力为 120kPa，Ⓐ轴、Ⓑ轴仅达 100kPa，且其下卧层仅有 60~80kPa，均不满足要求，加上基底压应力不均，Ⓒ轴比⑩轴大 12.2kPa，使房屋基础不均匀沉降和往西倾斜更明显。

3）挡土墙的水平推力影响，⑩轴线上地下室挡土墙的挡土高度为 2.9m，由土侧压力引起的水平推力有 1299kN，引起的附加力矩 1188kN·m，也对房屋倾斜产生了不利影响。

3. 纠倾设计

采用综合纠倾法，主要包括：利用该楼混凝土筏形基础刚度好的条件，在筏板上下分别实施锚杆静压桩和静力压入桩来加固地基及作安全防护；应用预压封桩顶升力、用土加载反压、竖井抽水、水平掏土等方法来实现房屋纠倾；用压力灌浆稳定基础，并用线锤方格坐标法及测量仪器进行施工观测。

4. 纠倾原理

在筏形基础沉降大的一侧，对压入桩实施预压力混凝土封桩，使房屋基础沉降得以终止，并略有抬升出现。在沉降量较小的一侧压入防护桩，以防止房屋出现"纠枉过正"的事故，再在这一侧采取用土加载反压、靠近房屋基础外缘挖竖井排水、在筏形基础下水平掏土等综合措施，迫使持力层土体截面削弱，地基应力增大，直至大于土的临界抗剪强度，呈现土的剪切变形，导致深层土体蠕变，使结构物沿着与倾斜相反方向转动，对基础产生旋转力矩和集中应力，强制原址沉降量小的一侧基础连同土体下沉。当房屋回倾达到预定要求，楔紧防护桩，并将基础下水平掏土缝隙进行压力灌满砂浆，使建筑纠倾缓冲惯性在短期内很快稳定下来，达到纠倾要求。

5. 纠倾施工

（1）锚杆生根　固定压桩架和封桩架用锚杆，采用 CGM-2 型高强无收缩灌浆料锚固。该材料只要钻孔比锚杆周边大 10mm 左右，便可以自流灌实，1d 抗压强度可达 22~27kPa，锚固深度要求 12~15d，可在潮湿环境下施工。锚杆具有锚固长度短、方便施工、费用较低等优点。

工程锚杆用 φ28 钢筋制作，采用 Z1Z-100 型金刚石钻机钻孔，孔径为 46mm，该机装机架后总质量仅 22kg，可直接放到自制的可调平台上对位钻孔，既大大缩短了放样时间，又方便操作，质量也有保证。锚杆系先放到钻孔内，并安装到钢固定架，上好螺母固定后，再倒入灌浆料锚固生根,这种工艺可保证合格率达100%。

（2）凿桩位孔及挖压桩导坑　锚杆静压桩的桩位孔的位置布置在6根锚杆中央,是个上小下大的正方棱台体,一般用人工开凿混凝土筏板而成,然后按孔洞下口的尺寸,将其下砂垫层掏掉,以利于首节桩安装就位时能插入足够深度。

静力压入桩的操作导坑,布置在筏形基础外缘的横向地梁下,长宽为1.4m×1.0m,深1.5m,导坑土挖完后,为防止砂垫层及粉土垮塌,应用砖砌好护壁,并应边砌边将护壁外侧与土间的空隙用砂土填实,便可进入压桩阶段。

（3）压桩与预压封桩　锚杆静压桩的压桩架及封桩架的设计,关键在于确保在压桩过程中每根锚杆的拉力必须相等。压桩前,先把压桩架安装就位,上紧锚杆螺母,将首节桩用倒链吊入压桩架内的桩位孔中并校正,在桩顶安装千斤顶及反力梁后,即可压桩。一般电动液压千斤顶的行程只有180mm,要利用加垫工具垫块及转换反力梁高度,才能压桩入土,然后接桩,依次将中节桩、顶节桩压入土中。

（4）水平掏土　为进行静力压入桩和水平掏土施工,在①轴基础外缘每个横向轴线地梁端下挖好压桩导坑和直径为1.2m,深为1.5m的掏砂操作井,并砌砖护壁保护。上述两种坑、井兼作集水井,用于抽水。

水平掏土应根据基础沉降大小对每次倾斜读值进行分析,做出掏土进尺指令。掏土顺序应从①轴沉降少的一侧往沉降大的一侧进行,并力求均衡、平衡、渐进。在倾斜值较大的一端多掏些,反之则少掏些。一般要求纠倾时的回倾速度应是先期慢（小于10mm/d）、中期快（小于25mm/d）、后期慢（小于10mm/d）。

在施工中还应尽量防止出现突倾现象,即回倾速度过快,主要是掏土地基应力增加过快所致,应通过严格控制掏土数量及范围来解决。只掏不倾现象是因为基底应力控制不当,部分地段还处于稳定状态,短期内无法回倾到预定目标。这时要通过安排好掏土顺序,避免集中只掏某些部位来调整。

（5）加载反压与抽水　根据标高±0.00m楼板的承载能力,在ⓒ轴~①轴间用土均布加载860kN作反压,待纠倾结束,①轴外操作坑回填土时,便可卸载。

地下水位的变化可加速地基沉降变形。在纠倾施工前,在Ⓐ轴外所设的集水井抽水发现,引起房屋加大倾斜达3~10mm/d。因此,在纠倾施工时,在反方向即沉降量较小的①轴外侧,利用压桩导坑及掏土操作竖井作集水井抽水,以加速房屋回倾。

（6）灌浆稳定基础　在纠倾工程结束后,由于掏土部位的砂垫层已掏空,与筏板底存在空隙,虽然采用人工回塞砂粒,但这时因掏土部位相当于新地基,要发生压密固结和压缩沉降,进而会影响纠倾效果,甚至导致房屋复倾。因此,必须对扁平的掏砂层进行压浆处理。采用UBJ1.8型灰浆泵,每间隔约1.8m插入压浆管,将水平掏土缝隙进行压力灌满砂浆,不但使结构物纠倾缓冲惯性在短期内很快稳定下来,也使基底土固结,增强了地基的稳定性,进而巩固纠倾成果。

6. 小结

纠倾前综合楼最大倾斜348mm,倾斜率10.8‰,平均倾斜315.5mm,倾斜率为9.8‰。纠倾后最大倾斜降至64mm,倾斜率1.99‰,平均倾斜降至50.9mm,倾斜率为1.58‰,符合现行技术标准不大于3‰的要求。纠倾竣工后100天复测,房屋倾斜基本不变,一直保持稳定状态。

■ 6.7　结构整体平移技术

6.7.1　概述

整体平移技术就是在不破坏房屋建筑造型和整体结构的前提下，将建筑整体从原地址平移到所需位置，并仍然能保证结构正常使用的技术总称。近些年，随着旧城改造和大型市政工程建设项目逐渐增多，在规划用地内经常存在一些珍贵的文物建筑和优秀建筑。由于这些建筑有相当的历史文物价值或其他特殊价值，如何对其保护和合理利用至关重要，采用建筑整体平移技术是个很好地解决途径。一方面，通过平移可以相对完整地将建筑保存下来，使该建筑继续发挥功能；另一方面，也有利于用地的整体规划和科学合理地进行设计布局，充分发挥土地的经济价值及社会效应。房屋整体平移技术 20 世纪初在国外出现，20 世纪 80 年代，我国开始应用此项技术，目前，我国整体平移建筑结构的总数已超过国外的总和，结构整体平移对我国的建筑产业来说意义是巨大的。

6.7.2　整体平移分类

根据平移方向来划分，可以划分为横向平移、纵向平移和平移并旋转三种类型。

（1）横向平移　横向平移是沿着既有建筑物的横轴方向后退或前进平移一段距离，对于用横墙和带形基础承重的建筑，进行横向平移很是有利，难度不大，费用也不高。但是对于用纵墙和带形基础承重的建筑，进行横向平移的技术难度就要大得多，费用也要高得多。选用何种平移方法要根据平移后街区改造的需要、基础类型和建筑结构的承重体系综合考虑。为满足道路拓宽的需要，著名的南京江南饭店就是采用横向平移，与原位置相比后退了整整 26m。

（2）纵向平移　纵向平移是沿既有建筑物的长轴方向平移一段距离。如果纵移距离有限，移动后未完全超出既有建筑基础范围的，需要考虑新旧基础之间如何相互结合及沉降不一致的问题，还会有墙轴线与基础轴线错位的情况。另外，对于层高不同的建筑，平移以后会出现墙基承载力增加或减少的变化，这给既有基础的处理或加固带来很多困难。如果纵向平移距离大，原址基础全部废弃而由新建基础取代，有时处理起来更方便。

（3）平移并旋转　因为建筑物抵抗扭转的能力相对极低，所以一般来说，只考虑平移，不提倡旋转。如在不得已的情况下要进行平移加旋转时，则必须对结构进行临时性或永久性的抗扭加固，但是这样代价较高，而且风险很大。

根据平移距离来划分，可以划分为局部挪移和远距离平移两种类型。

（1）局部挪移　局部挪移是指建筑物的平移距离较小的情况。移位后的建筑一部分仍在原址基础上，一部分则落在新址基础上。

（2）远距离平移　为了调整总平面，有时要对建筑物进行远距离平移。这种情况，一般需要根据场地条件先横移再纵移，或者先纵移再横移，分两步到达预定位置。

6.7.3　结构整体平移设计

建筑物平移过程一般包括被迁移建筑结构的加固，从原基础到新基础间铺设滑轨，把建筑结构与原基础切割分离，用千斤顶将其顶推或牵引到新址基础上等几个步骤。涉及的主要处理技术：将建筑物在某一水平面切断，使其与基础分离变成一个可搬动的重物；在建筑物切断处设置托换梁，形成一个可移动托梁；在就位处设置新基础；在新旧基础间设置行走轨道梁；安装行走机构，施加外加动力将建筑物移动；就位后拆除行走机构进行上下结构连接，至此平移完成。建筑物整体平移布置示意如图6-37所示。

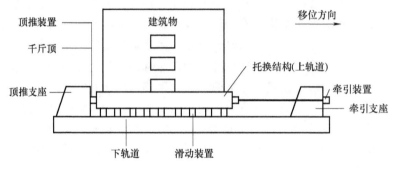

图6-37　建筑物整体平移布置

1. 基础处理

（1）原基础处理　原基础处理是指如何将被迁移的建筑物在同一水平面上切断，使其与原基础分离以便移动。其主要步骤和技术要点如下。

1）先把原基础两侧的填土挖去，让全部基础暴露出来。

2）在原墙和柱两侧的切口水平面以下浇筑钢筋混凝土梁，这个梁称为下轨道梁。下轨道梁一直沿平移方向延伸到新基础。

3）待下轨道梁达到一定强度后，在下轨道梁上安装行走机构，包括敷设钢板、安装滚轴等。

4）在原墙和柱两侧的切口水平面以上，浇筑钢筋混凝土梁，该梁沿平移方向，与下轨道梁相对应存在时，称上轨道梁，按上轨道梁设计。若与平移方向正交、下面没有下轨道梁时，则只起托梁作用，按托梁设计。其中承重墙常采用梁式托换，可分为双夹墙梁式与单梁式两种形式，轨道梁及托换构造形式如图6-38所示。

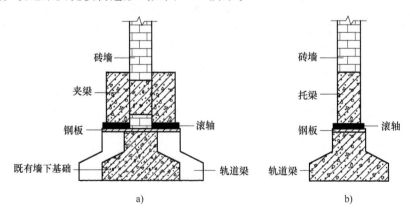

图6-38　轨道梁及托换构造形式
a）双夹墙梁式　b）单梁式

5）待上轨道梁（或托换梁）、下轨道梁达到计算强度后，再在上、下轨道梁之间适当位置把上部结构与原基础切断。这样上部结构就与原基础脱离，切开的上部结构通过滚轴支撑在下轨道梁上，在牵引或推拉作用下就可以移动。要求轨道梁必须保持表面水平，以减少运动阻力，并且要有足够的强度承受移动过程的作用力。

另外，建筑物移动过程中，轨道梁下地基与基础所承受的作用力远大于原本承受的荷载，因此必须关注其允许提供承载力的条件。对于局部挪移，还要部分利用原址基础，应根据荷载变化确定是否需要对原址基础进行加固处理。

（2）新址基础设置　新址基础设置是指在建筑物移动的最终位置，综合考虑地质、移动结构的荷载及原基础形式和尺寸进行新址基础的设计。一般来说，新址基础的顶部标高应低于原基础切断处标高100～200mm，且基础能够承受整体平移荷载，并有足够抵抗水平力的能力。

在局部挪移的情况下，还要考虑新基础施工对旧基础的干扰，以及新旧两部分混凝土的结合面能否有效传递剪力，能否共同工作，应加强结合部分的构造措施，严格施工管控。

待房屋移至新址基础位置之后，可以将行走机构以及上下轨道（或托换梁）连接成整体，增强结构的整体性，发挥较大刚度作用，有效抑制基础的不均匀沉降。

（3）新旧基础的沉降差控制　为避免新旧基础沉降不一致造成墙体、梁、柱开裂等质量问题，设计时可以通过采取适当加大新基础面积、对新地基进行加固、在新旧基础交接面处加设地梁或加大旧基础刚度来调整沉降等措施，使二者的沉降差控制在允许范围内。

（4）过渡段轨道梁下的地基处理　若新位置与原位置之间有一定的距离，则过渡段的下轨道梁位置的地基必须进行加固处理，以满足结构平移行走过程中的承载力要求，防止沉降过大，造成房屋开裂甚至坍塌。具体加固处理方案，应结合地质情况，采取浅桩加固、砂石桩及石灰桩挤密加固等措施。

2. 平移轨道体系

平移轨道体系在建筑物平移工程中主要的作用是将上部结构荷载传递到地基，同时作为连接原址与新址之间的移动轨道。因为平移轨道体系需承担建筑物的全部荷载，所以在设计时既要保证平移轨道体系的承载力，又要控制平移轨道的平整度，平整度对减小行走装置阻力有重要影响。此外，减小平移轨道下部地基的沉降及增加平移轨道的整体刚度，也可以减小对行走装置的阻力。

平移轨道体系主要包括轨道基础、平移轨道、轨道钢板。轨道基础形式通常采用条形基础、筏形基础及桩基础等。平移轨道可采用钢筋混凝土梁，这样可以与建筑原基础形成一个整体。轨道钢板作为平移的行走轨道，铺设时要注意钢板与平移轨道之间的牢固度及钢板的平整度，可采用在平移轨道梁顶批抹2～3cm高强度等级水泥砂浆（细石混凝土）做找平层处理，整体高差控制在3mm以内，待强度达到要求后再进行钢板铺垫。

3. 平移行走体系

（1）平移走形方式　建筑物整体平移的方式取决于行走装置的选择，按行走装置的不同可分为滚动式、滑动式、轮动式三种。

滚动式指在上下轨道之间摆放滚轴，通过动力的施加使得建筑物在滚轴上移动。其行走装置由滚轴和上下轨道钢板组成，根据工程需求，钢管（内充高强膨胀混凝土或工程塑料）、实心钢轴等均可作为滚轴材料。一般情况下质量较大的结构物迁移优先采用实心钢轴作为滚轴材料。钢管混凝土滚轴不适于远距离平移。因为在远距离平移中，钢管中的混凝土经反复碾压后容易被破坏，且两端由于反复敲打将产生变形。滚动式行走装置的移动阻力的影响因素包括单个滚轴的竖向荷载、轨道平整度和滚轴的直径尺寸，有关试验证明大直径滚轴比小直径滚轴更能有效降低阻力。这种方式结构简单、取材容易、移动阻力相对较小、承载力高，适用于荷载较大的直线平移，是目前国内使用最普遍的方式。

滑动式是指在上下轨道之间摆放滑块，经施加动力使得建筑物通过滑块与轨道产生滑移，从而达到平移目的，其行走装置由滑块和滑道组成。滑块的选择是滑动摩擦的系数越小越优，而滑道的选择是根据滑块来决定的，滑块与滑道间的摩擦阻力越小越好。这种方式优点是平移稳定、抗振动性能好、辅助工作少，比较适于旋转或转向平移。

轮动式是指使用特殊的平板拖车作为载体，把建筑物坐落于平板拖车上，利用平板拖车的自带动力或使用汽车拖拽无自行功能的平板拖车进行移动，其行走装置即平板拖车。这种方式一般必须对建筑物进行顶升，成本较高，目前在国内鲜有使用。

当房屋从原基础上脱离之后，整栋楼房就支撑在下轨道梁的滚轴上。在上轨道梁（或托换梁）上施加水平力，当足以克服上轨道梁（或托换梁）和下轨道梁与滚轴之间的滚动摩擦力时，房屋即可水平移动。行走体系要考虑移动装置、动力设备的选用与设计。

（2）滚动装置的设计　如前所述，目前我国的多数工程采用滚轴作为滚动装置。滚轴与上部结构和下轨道梁的相对关系如图 6-39 所示。滚轴装置有两种摆放方式：一种是在整个下轨道梁上均匀摆放，其特点是单个滚轴设计荷载小，使用中变形小；另一种是只在支撑点处摆放滚轴，其特点是单个滚轴设计荷载较大，强度要求高。

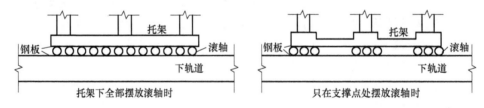

图 6-39　滚轴与上部结构和下轨道梁的相对关系

滚轴上、下支撑钢板厚度一般为 10~20mm，需要有一定的刚度，主要作用是防止结构和滚轴直接接触时，由于压力过大而造成局部损伤或变形，足够的刚度可以保证上下轨道具有足够的平整度，减小平移阻力。

滚轴强度和变形控制非常重要。滚轴的长度一般比轨道板宽度长 150~200mm，当出现偏位时，可通过斜放滚轴进行调整，同时外露一定长度以便工人用锤敲击滚轴端头，对滚轴进行矫正。通常情况下，墙体厚度为轨道板宽度。滚轴直径与移位力有关，随着直径的增大，移位力将减小，但滚轴直径过大在平移时稳定性不易控制，因此建议滚轴直径取值：钢管滚轴直径 100~150mm，圆钢滚轴直径 50~100mm 为宜。当用空心钢管填充膨胀混凝土作为滚轴时，钢管壁厚一般为 5~6mm，填充混凝土可采用 C30 级以上的微膨胀混凝土，并在两端进行封口处理。对于结构物平移，滚轴个数为

$$n = k \frac{\sum N}{F} \qquad (6\text{-}5)$$

式中　n——滚轴个数；

$\sum N$——上部荷载总和；

k——安全系数，为保证平移中滚轴不破坏，取值不宜小于 3；

F——单个滚轴平均受压承载力。

滚轴的平均压力为

$$F = r\pi d l f_t \tag{6-6}$$

式中 r——综合系数，与长度、混凝土强度有关，可取 $4\sim 5$；

d——滚轴直径；

l——滚轴长度；

f_t——内填混凝土的抗拉强度标准值。

4. 移位力的施加方法

移位力是指结构物平移时所需要施加的外力。它一般可分解成若干个平移分力，其总和等于或大于平移需要的动力。力的作用点应尽可能降低，以利移动。在建筑结构平移过程中，水平力的施加方式有顶推式（见图 6-40）、牵拉式（见图 6-41）和推拉结合式三种。

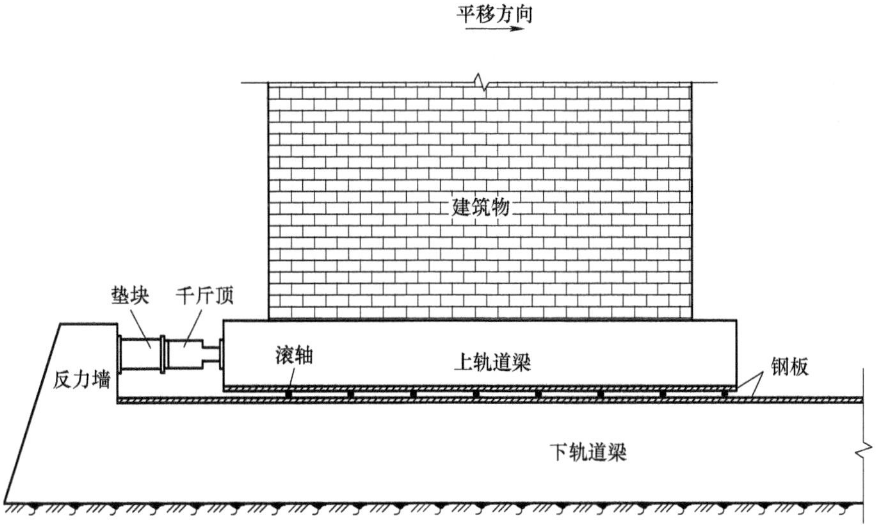

图 6-40 顶推式牵引

（1）顶推式 顶推式是指在结构物移动方向后面的基础上制作反力架，在反力架上安装千斤顶，通过千斤顶进行动力施加及千斤顶的行程变化达到推动结构前移。这种方式施加的推力作用于结构物平移方向的后端，其优点是比较稳定，平移产生的偏位容易调整。其缺点是千斤顶的行程有限，每移动一段距离，就需重新安装反力支座，平移效率将降低，给施工带来一定困难。推力一般由油压式千斤顶或机械式千斤顶提供。

（2）牵拉式 牵拉式是指在结构物移动方向前侧的基础上制作反力架，把动力装置安装在反力架上，将传力拉杆一端固定在动力装置上，另一端锚固在结构上，通过施加动力达到牵拉结构前移的目的。该方式拉力施加于平移结构前方，其优点是在远距离单向平移中，只要设置一个反力装置即可实现平移，千斤顶及反力装置无须反复移动，其动力可由油压千斤顶提供。拉力要求较小时，也可以考虑由手拉葫芦或卷扬机等设备提供动力。传力拉杆可选用大直径钢筋、钢丝绳或钢绞线。这种方式拉杆受力后变形较大，应保证其受力均匀。

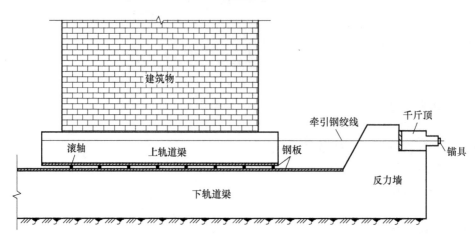

图 6-41　牵拉式牵引

（3）推拉结合式　推拉结合式是指结合顶推式与牵拉式的特点，在建筑物所需移动方向前、后方的基础上均制作反力架和安装千斤顶，通过前、后方千斤顶同时进行动力施加使建筑前移。这种方法综合了顶推式和牵拉式两种方法的优点，特别适于重结构物远距离平移，具有施工效率较高、施力点布置方便灵活、易于控制等优势。其缺点是使用两套系统施力必然增加临时设施成本。

5. 移位力的计算

移位力的大小与结构自重、行走机构材料等有关，所需施加移位力为

$$N = K\frac{Q(f+f')}{d} \tag{6-7}$$

式中　N——移位力；

$\quad\quad K$——因轨道板与滚轴表面不平及滚轴方向偏位不正等原因引起的阻力增大系数，一般 K 的值取 2.5～5.0，当轨道板与滚轴均为钢材时，K 可取 2.5；

$\quad\quad Q$——结构总重；

$\quad f、f'$——上轨道板（托架板）、下轨道板的摩擦系数，取值参见表 6-4；

$\quad\quad d$——滚轴直径。

表 6-4　摩擦系数（钢与钢）

摩擦条件	起动时		运动中	
	无　油	涂　油	无　油	涂　油
压力较小时	0.15	0.15	0.11	0.10～0.08
压力≥100MPa	0.15～0.25	0.11～0.12	0.07～0.09	—

6. 辅助措施

结构物实际平移过程中，在水平移位力和摩擦力共同作用下始终处于变速运动状态，这会导致房屋前后倾斜摇摆。尤其是砖混结构，房屋抗剪能力比较差，如果加速度过大可能产

生附加剪应力，甚至会造成结构物出现水平裂缝，还可能导致结构物发生前后倾倒，使平移失败。因此，应严格控制平移加速度在一定范围内，且宜小不宜大。具体可采取的辅助措施包括：增加移位力和放慢房屋平移速度，避免突然加卸荷载；设计缓冲制动装置，减少结构物的晃动；在结构顶部设置防倾斜的稳绳，控制结构变位等。

思 考 题

1. 结构倾斜的原因有哪些？

2. 结构纠倾有哪些途径？其主要方法有哪些？

3. 结构纠倾的核心问题是什么？结构纠倾应该注意哪些事项？

4. 如何防止纠倾过程中出现的建筑物裂损？

5. 阅读实例后，请谈谈你的感想。

6. 你认为建筑物纠倾与整楼平移两种技术哪一种技术的难度更大？风险更大？试举例说明。

 拓 展 视 频

绿色抉择：被动屋、
自行车、生态城（下）

见证江河安澜的
经纬仪

第7章 桥梁检测及常用加固方法

■ 7.1 桥梁技术状况检测

7.1.1 概述

桥梁是贯通道路的重要设施，由于反复承受车辆荷载且受到环境因素影响和交通事故的侵害，尤其是交通量和重载汽车的不断增长及设计施工中遗留的某些缺陷令桥梁的质量状况日渐恶化，耐久性下降。如果桥梁的缺陷和损伤不能及时发现和维修，任其发展，将会逐渐丧失原有的通行能力，难以保证行车安全和公路的畅通。因此，《公路桥涵养护规范》（JTG H11—2004）中规定必须对桥梁进行检查和维修。

通过对桥梁的技术状况、缺陷和损伤的性质、部位、严重程度及发展趋势进行检查，可以弄清出现缺陷和损伤的主要原因，以便分析和评价既存缺陷和损伤对桥梁质量和使用承载能力的影响，并为桥梁维修和加固设计提供可靠的技术数据和依据。因此，桥梁检查是进行桥梁养护、维修与加固的先导工作，是决定维修与加固方案是否可行和是否正确的可靠保证，是桥梁评定、养护、维修与加固工作中必不可少的重要组成部分。一般来说，桥梁检查需要收集如下技术资料。

1）设计资料：包括桥梁设计图、计算书、桥位地质钻探资料等。

2）施工资料：包括施工记录和材料试验报告、桥梁竣工图等。

3）维修及养护资料：包括历次桥梁检查记录、维修养护记录及加固图。

4）交通量调查和使用荷载调查资料：包括经常通过车辆的车型、载重量及交通量资料，历史上通过特殊车辆的记录。另外，有些桥梁还应调查桥梁周围环境、桥跨水流状态和通航的资料等。

《公路桥涵养护规范》中将桥梁检查分为经常检查、定期检查和特殊检查。

1）经常检查：主要指对桥面设施、上部结构、下部结构及附属构造物的技术状况进行的检查。

2）定期检查：为评定桥梁使用功能，制订管理养护计划提供基本数据，对桥梁主体结构及其附属构造物的技术状况进行全面检查，可以为桥梁养护管理系统搜集结构技术状态的动态数据。

3）特殊检查：主要是查清桥梁的病害原因、破损程度、承载能力、抗灾能力，确定桥梁技术状况。

特殊检查又分为专门检查和应急检查。

1）专门检查。根据经常检查和定期检查的结果，对需要进一步判明损坏原因、缺损程度或使用能力的桥梁，进行专门的现场试验检测、验算与分析等鉴定工作。

2）应急检查。当桥梁受到灾害性损伤后，为了查明破损状况，采取应急措施，组织恢复交通，对结构进行的详细检查和鉴定工作。

7.1.2　经常检查

经常检查的周期根据桥梁技术状况而定，一般每月不得少于一次，汛期应加强不定期检查。

经常检查采用目测方法，也可配以简单工具进行测量，当场填写桥梁经常检查记录表，现场登记所检查项目的缺损类型，估计缺损范围及养护工作量，提出相应的小修保养措施，为编制辖区内的桥梁养护计划提供依据。

经常检查应包括下列内容：

1）外观是否整洁、有无杂物堆积及杂草蔓生等。构件表面的涂装层是否完好，有无损坏、老化变色、开裂、起皮、剥落及锈迹等。

2）桥面铺装是否平整，有无裂缝、局部坑槽、积水、沉陷、波浪及碎边等。混凝土桥面是否有剥离、渗漏，钢筋是否露筋、锈蚀，缝料是否老化、损坏，桥头有无跳车。

3）排水设施是否良好，桥面泄水管是否堵塞和破损。

4）伸缩缝是否堵塞卡死，连接部件有无松动、脱落、局部破损。

5）人行道、缘石、栏杆、扶手、防撞护栏和引道护栏（柱）有无撞坏、断裂、松动、错位、缺件剥落及锈蚀等。

6）观察桥梁结构有无异常变形，异常的竖向振动、横向摆动等情况，然后检查各部件的技术状况，查找异常原因。

7）支座是否有明显缺陷，活动支座是否灵活，位移量是否正常。支座的经常检查一般可以每季度一次。

8）桥位区段河床冲淤变化情况。

9）基础是否受到冲刷损坏、外露、悬空、下沉，墩台及基础是否受到生物腐蚀。

10）墩台是否受到船只或漂浮物撞击而受损。

11）翼墙（侧墙、耳墙）有无开裂、倾斜、滑移、沉降、风化剥落和异常变形。

12）锥坡、护坡、调治构造物有无塌陷、铺砌面有无缺损、勾缝脱落、灌木杂草丛生。

13）交通信号、标志、标线、照明设施及桥梁其他附属设施是否完好。

14）其他显而易见的损坏或病害。

7.1.3　定期检查

1. 检查周期

定期检查的周期根据技术状况确定，最长不得超过三年，新建桥梁交付使用一年后，应进行第一次全面检查，临时桥梁每年检查不少于一次。在经常检查中发现重要部（构）件缺损明显达到3、4、5类技术状况时，应立即安排一次定期检查。

2. 检查工作内容

定期检查以目测观察结合仪器观测进行，必须仔细检查各部件缺损情况。对于特大型、大型桥梁应设立永久性观测点，定期进行控制检测。定期检查的主要工作有：

1）现场校核桥梁基本数据。

2）当场填写桥梁定期检查记录表，记录各部件缺损状况并做出技术状况评分。

3）实地判断缺损原因，确定维修范围及方式。

4）对难以判断损坏原因和程度的部件，提出特殊检查（专门检查）的要求。

5）对损坏严重、危及安全运行的危桥，提出限制交通或改建的建议。

6）根据桥梁的技术状况，确定下次检查时间。

3. 桥面系构造的检查

1）桥面铺装层纵、横坡是否顺适，有无严重的裂缝（龟裂、纵横裂缝）、坑槽、波浪、桥头跳车、防水层漏水。

2）伸缩缝是否有异常变形、破损、脱落、漏水，是否造成明显的跳车。

3）人行道构件、栏杆、护栏有无撞坏、断裂、错位、缺件、剥落、锈蚀等。

4）桥面排水是否顺畅，泄水管是否完好、畅通，桥头排水沟功能是否完好，锥坡有无冲蚀、塌陷。

5）桥上交通信号、标志、标线、照明设施是否损坏、老化、失效，是否需要更换。

6）桥上避雷装置是否完善，避雷系统性能是否良好。

7）桥上航空灯、航道灯是否完好，能否保证正常照明。结构物内供养护检修的照明系统是否完好。

8）桥上的路用通信、供电线路及设备是否完好。

几种常见桥面系检查缺陷如图7-1～图7-6所示。

图7-1　沥青混凝土桥面坑槽

图7-2　沥青混凝土桥面龟裂

4. 钢筋混凝土和预应力混凝土梁桥的检查

1）梁端头、底面是否损坏，箱形梁内是否有积水，通风是否良好。

2）混凝土有无裂缝、渗水、表面风化、剥落、露筋和钢筋锈蚀，有无碱集料反应引起的整体龟裂现象，混凝土表面有无严重碳化。

3）预应力钢束锚固区段混凝土有无开裂，沿预应力筋方向的混凝土表面有无纵向裂缝。

图 7-3 伸缩缝型钢断裂缺失

图 7-4 锚固混凝土破损开裂

图 7-5 护栏缺损

图 7-6 钢护栏缺损

4）梁（板）式结构的跨中、支点及变截面处，悬臂端牛腿或中间铰部位，刚构的固接处和桁架节点部位，混凝土是否开裂、缺损或出现钢筋锈蚀情况。

5）装配式梁桥应注意检查连接部位的缺损状况。

几种常见钢筋混凝土和预应力混凝土梁桥系检查缺陷如图 7-7 和图 7-8 所示。

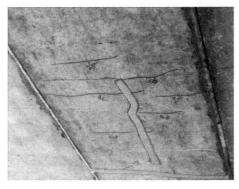

图 7-7 空心板底横向裂缝

图 7-8 小箱梁腹板斜向裂缝

5. 拱桥的检查

1）主拱圈的拱板或拱肋是否开裂、钢筋混凝土拱有无露筋、钢筋锈蚀。圬工拱桥砌块有无压碎、局部掉块，砌缝有无脱离或脱落、渗水，表面有无苔藓、草木滋生，拱铰工作是否正常。空腹拱的小拱有无较大的变形、开裂、错位，立墙或立柱有无倾斜、开裂。

2）拱上立柱（或立墙）上下端、盖梁和横系梁的混凝土有无开裂、剥落、露筋和钢筋锈蚀。中下承式拱桥的吊杆上下锚固区的混凝土有无开裂、渗水，吊杆锚头附近有无锈蚀现象，外罩是否有裂纹，锚头夹片、模块是否发生滑移，吊杆钢索有无断丝。采用型钢或钢管混凝土芯的劲性骨架拱桥，混凝土是否沿骨架出现纵向或横向裂缝。

3）拱的侧墙与主拱圈之间有无脱落，侧墙有无鼓突变形、开裂，实腹拱拱上填料有无沉陷，肋拱桥的肋间横向连接是否开裂、表面脱落、钢筋外露及锈蚀等。

4）双曲拱桥拱脚有无压裂，拱肋 $L/4$、$3L/4$ 处、顶部等是否开裂、破损、露筋锈蚀，拱肋间横向连接拉杆是否松动、开裂、破损和错位，拱波与拱肋结合处是否开裂、脱开，拱波之间砂浆有无松散脱落，拱波顶是否开裂、渗水等。

5）薄壳拱桥壳体纵、横向及斜向是否出现裂缝及系杆是否开裂。

6）系杆拱的系杆是否开裂，无混凝土包裹的系杆是否有锈蚀。

7）钢管混凝土拱桥裸露部分的钢管及构件检查参见钢桥检查有关内容，同时还应检查管内混凝土是否填充密实。

几种常见拱桥检查缺陷如图 7-9 和图 7-10 所示。

图 7-9　钢套管防水密封材料开裂　　　　　图 7-10　下锚头锈蚀状况检测

6. 钢桥的检查

1）构件（特别是受压构件）是否扭曲变形、局部损伤。

2）铆钉和螺栓是否松动、脱落或断裂，节点是否滑动、错裂。

3）焊缝边缘（热影响区）有无裂纹或脱开。

4）油漆层有无裂纹、起皮、脱落，构件有无锈蚀。

5）钢箱梁封闭环境中的湿度是否符合要求，除湿设施是否工作正常。

钢箱梁锈蚀缺陷如图 7-11 所示。

7. 通道、跨线桥与高架桥的检查

通道、跨线桥与高架桥的结构检查同其他一般公路桥梁。通常还应检查通道内有无积水，机械排水的泵站是否完好，排水系统是否畅通。跨线桥、高架桥还应检查防抛网、隔声墙是否完好。通道、跨线桥与高架桥下的道面是否完好，有无非法占用情况等。

通道桥检查如图 7-12 所示。

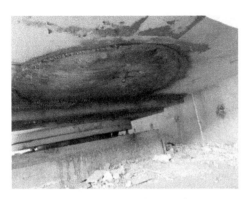

图 7-11 钢箱梁锈蚀缺陷　　　　　　　　　图 7-12 通道桥检查

8. 悬索桥和斜拉桥的检查

1）检查索塔高程、塔柱倾斜度、桥面高程及梁体纵向位移，注意是否有异常变位。

2）检测索体振动频率、索力有无异常变化，索体振动频率观测应在多种典型气候下进行，每观测周期不超过 6 年。

3）主梁或加劲梁的检查按预应力混凝土及钢结构检查的相应要求进行。

4）悬索桥的锚碇及锚杆有无异常的拔动，锚头、散索鞍有无锈蚀破损，锚室（锚洞）有无开裂变形、积水，温湿度是否符合要求。

5）主缆、吊杆及斜拉索的表面封闭、防护是否完好，有无破损、老化。

6）悬索桥的索鞍是否有异常的错位、卡死、辊轴歪斜，构件是否有锈蚀、破损，主缆索跨过索鞍部分是否有挤扁现象。

7）悬索桥吊杆上端与主缆索的索夹是否有松动、移位和破损，下端与梁连接的螺栓有无松动。

8）逐束检测索体是否开裂、膨胀及变形，必要时可剥开护套检查索内干湿情况和钢索的锈蚀情况。检查后应做好保护套剥开处的防护处理。

9）逐个检查锚具及周围混凝土的情况，锚具是否渗水、锈蚀，是否有锈水流出的痕迹，周围混凝土是否开裂。必要时可打开锚具后盖抽查锚杯内是否积水、潮湿，防锈油是否结块、乳化失效，锚杯是否锈蚀。

10）逐个检查索端出索处钢护筒、钢管与索套管连接处的外观情况。检查钢护筒是否松动脱落、锈蚀、渗水，抽查连接处钢护筒内防水垫圈是否老化失效，筒内是否潮湿积水。

11）索塔的爬梯、检查门、工作电梯是否可靠安全，塔内的照明系统是否完好。

9. 支座检查

1）支座组件是否完好、清洁，有无断裂、错位、脱空。

2）活动支座是否灵活，实际位移量是否正常，固定支座的锚销是否完好。

3）支承垫石是否有裂缝。

4）简易支座的油毡是否老化、破裂或失效。

5）橡胶支座是否老化、开裂，有无过大的剪切变形或压缩变形，各夹层钢板之间的橡胶层是否均匀。

6）四氟滑板支座是否脏污、老化，四氟乙烯板是否完好，橡胶块是否滑出钢板。

7）盆式橡胶支座的固定螺栓是否剪断，螺母是否松动，倒盆外露部分是否锈蚀，防尘罩是否完好。

8）组合式钢支座是否干涩、锈蚀，固定支座的锚栓是否紧固，销板或销钉是否完好。

9）摆柱支座各组件相对位置是否准确，受力是否均匀。

10）辊轴支座的辊轴是否出现不允许的爬动、歪斜。

11）摇轴支座是否倾斜。

12）钢筋混凝土摆柱支座的柱体有无混凝土脱皮、开裂、露筋，钢筋及钢板有无锈蚀。

几种常见支座检查缺陷如图 7-13 和图 7-14 所示。

图 7-13　支座老化开裂　　　　　　　　　　　图 7-14　支座脱落缺失

10. 墩台与基础的检查

1）墩台及基础有无滑动、倾斜、下沉或冻拔。

2）台背填土有无沉降或挤压隆起。

3）混凝土墩台及帽梁有无冻胀、风化、开裂、剥落、露筋等。

4）石砌墩台有无砌块断裂、通缝脱开、变形，砌体泄水孔是否堵塞，防水层是否损坏。

5）墩台顶面是否清洁，伸缩缝处是否漏水。

6）基础下是否发生不许可的冲刷或掏空现象，扩大基础的地基有无侵蚀。桩基顶段在涨落、干湿交替变化处有无冲刷磨损、颈缩、露筋，有无环状冻裂，是否受到污水、咸水或生物的腐蚀。必要时对大桥、特大桥的深水基础应派潜水员潜水检查。

11. 检查记录

定期检查应对构造物是否完好、功能是否适用、桥位段河床是否有明显的冲淤或漂浮物进行记录。几种常见墩台与基础检查缺陷如图 7-15~图 7-18 所示。

桥梁检查中发现的各种缺损均应在现场用油漆等将其范围及日期标记清楚。对 3 类以上桥梁及有严重缺损和难以判明损坏原因和程度的桥梁，应进行影像记录，并附病害状况说明。

桥梁定期检查后应提交下列文件。

1）桥梁定期检查数据表。

2）典型缺损和病害的照片及说明。

图 7-15 盖梁钢筋锈蚀

图 7-16 立柱钢筋锈蚀

图 7-17 桩基冲刷外露

图 7-18 翼墙开裂

3）两张总体照片。一张桥面正面照片，一张桥梁上游侧立面照片。

4）桥梁清单。

5）桥梁基本状况卡片。

6）定期检查报告。

7.1.4 特殊检查

桥梁特殊检查是采用特定的物理、化学或无破损检测手段对桥梁一个或多个组成部分进行的全面察看、测强、测伤或测缺，旨在找出损坏的明确原因、程度和范围，分析损坏所造成的后果及潜在缺陷可能给桥梁结构带来的危险，为评定桥梁耐久性和承载能力及确定维修加固工作的实施提供依据。桥梁特殊检查分为应急检查和专门检验。

1. 应急检查

应急检查是指桥梁遭受地震、洪水、风灾、车辆撞击或超重车辆自行通过等紧急情况或发生突发性严重病害时，为及时得到构筑物状态的信息而进行的检查。应急检查由上级管理机构的专职桥梁养护工程师主持。应急检查应首先进行现场勘察，根据桥梁是否破损，必要时采用专门的仪器设备或试验等特殊手段和科学分析方法，查明桥梁病害原因、破损程度和承载能力，以便采取相应的加固、改造措施。

2. 专门检查

专门检查是对桥梁结构及部件的材料质量和工作性能所存在的缺损状况进行详细检测、试验、判断和评价的过程。桥梁遇下列情况，应进行专门检查。

1）定期检查中难以判明桥梁损坏程度和原因的桥梁。

2）不能确定承载能力和要求提高载重等级的桥梁。

3）桥梁技术状况为第 4、5 类的桥梁。

4）超过设计年限，需延长使用的桥梁。

5）常规定期检查发现退化加速的桥梁构件，需要补充检测的桥梁。

专门检查的准备工作应收集以下资料：竣工文件、历次桥梁定期检查和应急检查报告、历次维修资料及交通统计资料等。当原资料不全或有疑问时，可现场测绘构造尺寸，测试构件材料组成及性能，勘察水文地质情况。

特殊检查一般由现场检测和实验室测试分析两大部分构成。现场检测可分为一般检查和详细检查两个阶段，一般检查同定期检查类似，对结构及其附属设施的所有构件或部位进行彻底和系统的检查，记录所有损坏的部位、范围和程度。一般检查的结果是构成是否进行详细检查的依据，详细检查主要是用一些专门技术和设备对重点部位或典型桥孔进行深入而细致的检测。

7.1.5 桥梁技术状况评定

公路桥梁技术状况评定包括桥梁构件、部件、桥面系、上部结构、下部结构和全桥评定。公路桥梁技术状况评定应采用分层综合评定与 5 类桥梁单项控制指标相结合的方法，先对桥梁各构件进行评定，然后对桥梁各部件进行评定，再对桥面系、上部结构和下部结构分别进行评定，最后进行桥梁总体技术状况的评定。桥梁技术状况评定指标如图 7-19 所示。

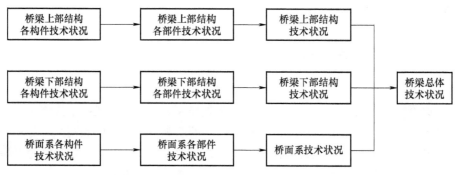

图 7-19　桥梁技术状况评定指标

当单个桥梁存在不同结构形式时，可根据结构形式的分布情况划分评定单元，分别对各评定单元进行桥梁技术状况的等级评定。

1. 桥梁技术状况等级分类

1）桥梁总体技术状况评定等级分为 1 类、2 类、3 类、4 类、5 类。桥梁总体技术状况评定等级见表 7-1。

表 7-1　桥梁总体技术状况评定等级

技术状况评定等级	桥梁技术状况描述
1 类	全新状态、功能完好
2 类	有轻微缺损，对桥梁使用功能无影响
3 类	有中等缺损，尚能维持正常使用功能
4 类	主要构件有大的缺损，严重影响桥梁使用功能，或影响承载能力，不能保证正常使用
5 类	主要构件存在严重缺损，主要构件不能正常使用，危及桥梁安全，桥梁处于危险状态

2）桥梁主要部件技术状况评定标度分为 1 类、2 类、3 类、4 类、5 类。桥梁主要部件技术状况评定标度见表 7-2。

表 7-2　桥梁主要部件技术状况评定标度

技术状况评定标度	桥梁技术状况描述
1 类	全新状态、功能完好
2 类	功能良好，材料有局部轻度缺损或污染
3 类	材料有中等缺损或出现轻度功能性病害，但发展缓慢，尚能维持正常使用功能
4 类	材料有严重缺损，或出现中等功能性病害，且发展较快；结构变形小于或等于规范值，功能明显降低
5 类	材料严重缺损，出现严重的功能性病害，且有继续扩展现象；关键部位的部分材料强度达到极限，变形大于规范值，结构的强度、刚度、稳定性不能达到安全通行的要求

3）桥梁次要部件技术状况评定标度分为 1 类、2 类、3 类、4 类。桥梁次要部件技术状况评定标度见表 7-3。

表 7-3　桥梁次要部件技术状况评定标度

技术状况评定标度	桥梁技术状况描述
1 类	全新状态，功能完好；功能良好，材料有轻度缺损、污染等
2 类	有中等缺损或污染
3 类	材料有严重缺损，出现功能降低，进一步恶化将不利于主要部件、影响正常交通
4 类	材料有严重缺损，失去应有功能，严重影响正常交通；原无设置，而调查需要补设

2. 桥梁技术状况评定流程

桥梁技术状况评定工作流程如图 7-20 所示。

3. 桥梁技术状况评定

（1）桥梁技术状况评定计算

1）桥梁构件的技术状况评分，按式（7-1）计算。

$$\text{PMCI}_l(\text{BMCI}_l 或 \text{DMCI}_l) = 100 - \sum_{x=1}^{k} U_x \qquad (7\text{-}1)$$

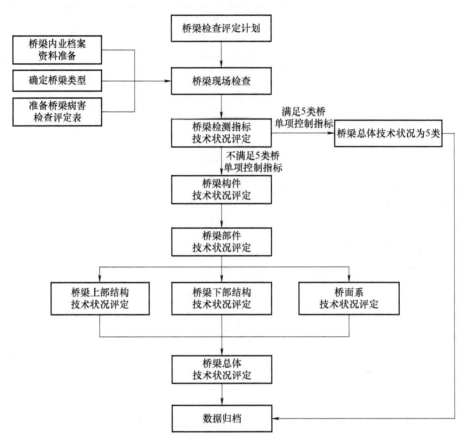

图 7-20 桥梁技术状况评定工作流程

当 $x=1$ 时 $\qquad$ $U_1 = \mathrm{DP}_{i1}$

当 $x \geqslant 2$ 时 $\quad U_x = \dfrac{\mathrm{DP}_{ij}}{100 \times \sqrt{x}} \times \left(100 - \sum\limits_{y=1}^{x=1} U_y \right)$ $(j=x,\ x$ 取 $2,\ 3,\ 4,\ 5,\ \cdots,\ k)$

当 $k \geqslant 2$ 时，$U_1,\ \cdots,\ U_x$ 公式中的扣分值 DP_{ij} 按照从大到小的顺序排列。

当 $\mathrm{DP}_{il} = 100$ 时 PMCI_l（BMCI_l 或 DMCI_l）$= 0$

式中 $\quad \mathrm{PMCI}_l$——上部结构第 i 类部件的 l 构件的得分，值域为 $0\sim100$ 分；

$\qquad \mathrm{BMCI}_l$——下部结构第 i 类部件的 l 构件的得分，值域为 $0\sim100$ 分；

$\qquad \mathrm{DMCI}_l$——桥面系第 i 类部件的 l 构件的得分，值域为 $0\sim100$ 分；

$\qquad k$——第 i 类部件 l 构件出现扣分的指标的种类数；

$\quad U_x$、U_y——引入的中间变量；

$\qquad i$——部件类别，例如 i 表示上部承重构件、支座、桥墩等；

$\qquad j$——第 i 类部件 l 构件的第 j 类检测指标；

$\quad \mathrm{DP}_{ij}$——第 i 类部件 l 构件的第 j 类检测指标的扣分值，根据构件各种检测指标扣分值进行计算，扣分值按表 7-4 规定取值。

表 7-4　构件各检测指标扣分值

检测指标所能达到的最高标度类别	指标标度				
	1 类	2 类	3 类	4 类	5 类
3 类	0	20	35	—	—
4 类	0	25	40	50	—
5 类	0	35	45	60	100

2）桥梁部件的技术状况评分，按式（7-2）计算。

$$PCCI_i = \overline{PMCI} - (100 - PMCI_{min})/t \tag{7-2}$$

$$或 \quad BCCI_i = \overline{BMCI} - (100 - BMCI_{min})/t \tag{7-3}$$

$$或 \quad DCCI_i = \overline{DMCI} - (100 - DMCI_{min})/t \tag{7-4}$$

式中　$PCCI_i$——上部结构第 i 类部件的得分，值域为 0~100 分；当上部结构中的主要部件中的某一构件评分值 $PMCI_i$ 在 ［0，60）区间时，其相应的部件评分值 $PCCI_i = PMCI_i$；

　　　$\overline{PMCI}$——上部结构第 i 类部件各构件的得分平均值，值域为 0~100 分；

　　　$BCCI_i$——下部结构第 i 类部件的得分，值域为 0~100 分；当下部结构中的主要部件某一构件评分值 $BMCI_i$ 在 ［0，60）区间时，其相应的部件评分值 $BCCI_i = BMCI_i$；

　　　$\overline{BMCI}$——下部结构第 i 类部件各构件的得分平均值，值域为 0~100 分；

　　　$DCCI_i$——桥面系第 i 类部件的得分，值域为 0~100 分；

　　　$\overline{DMCI}$——桥面系第 i 类部件各构件的得分平均值，值域为 0~100 分；

　　　$PMCI_{min}$——上部结构第 i 类部件中分值最低的构件得分值；

　　　$BMCI_{min}$——下部结构第 i 类部件中分值最低的构件得分值；

　　　$DMCI_{min}$——桥面系第 i 类部件分值最低的构件得分值；

　　　t——随构件的数量而变的系数（表中未列出的 t 值采用内插法计算取得），见表 7-5，表中 n 为第 i 类部件的构件总数。

3）桥梁上部结构、下部结构、桥面系的技术状况评分按式（7-5）计算。

$$SPCI(SBCI 或 BDCI) = \sum_{i=1}^{m} PCCI_i(BCCI_i 或 DCCI_i) \times W_i \tag{7-5}$$

式中　SPCI——桥梁上部结构技术状况评分，值域为 0~100；

　　　SBCI——桥梁下部结构技术状况评分，值域为 0~100；

　　　BDCI——桥面系技术状况评分，值域为 0~100；

　　　m——上部结构（下部结构或桥面系）的部件种类数；

　　　W_i——第 i 类部件的权重，按《公路桥梁技术状况评定标准》（JTG/T H21—2011）规定取值，对于桥梁中未设置的部件，应根据此部件的隶属关系，将其权重值分配给各既有部件，分配原则按照各既有部件权重在全部既有部件权重中所占比例进行分配。

表 7-5 *t* 值

n（构件数）	t	n（构件数）	t
1	∞	20	6.6
2	10	21	6.48
3	9.7	22	6.36
4	9.5	23	6.24
5	9.2	24	6.12
6	8.9	25	6.00
7	8.6	26	5.88
8	8.5	27	5.76
9	8.3	28	5.64
10	8.1	29	5.53
11	7.9	30	5.4
12	7.7	40	4.9
13	7.5	50	4.4
14	7.3	60	4.0
15	7.2	70	3.6
16	7.08	80	3.2
17	6.96	90	2.8
18	6.84	100	2.5
19	6.72	≥200	2.3

4）桥梁总体技术状况评分，按式（7-6）计算。

$$D_r = \mathrm{BDCI} \times W_D + \mathrm{SPCI} \times W_{SP} + \mathrm{SBCI} \times W_{SB} \qquad (7\text{-}6)$$

式中　D_r——桥梁总体技术状况评分，值域为 0~100；

W_D——桥面系在全桥中的权重，按 0.2 取值；

W_{SP}——上部结构在全桥中的权重，按 0.4 取值；

W_{SB}——下部结构在全桥中的权重，按 0.4 取值。

5）桥梁技术状况分类界限宜按表 7-6 规定。

表 7-6　桥梁技术状况分类界限表

技术状况评分	技术状况等级（D_j）				
	1 类	2 类	3 类	4 类	5 类
D_r （SPCI、SBCI、BDCI）	［95，100］	［80，95）	［60，80）	［40，60）	［0，40）

6）在桥梁技术状况评定时，当满足 5 类桥梁技术状况单项控制指标中规定的任一情况时，桥梁总体技术状况应评为 5 类。

7）当上部结构和下部结构技术状况等级为 3 类、桥面系技术状况等级为 4 类，且桥梁总体技术状况评分为 $40 \leqslant D_r < 60$ 时，桥梁总体技术状况等级可评定为 3 类。

8）全桥总体技术状况等级评定时，当主要部件评分达到 4 类或 5 类且影响桥梁安全时，可按照桥梁主要部件最差的缺损状况评定。

（2）5 类桥梁技术状况单项控制指标　在桥梁技术状况评价当中，有下列情况之一时，整座桥应评为 5 类桥。

1）上部结构有落梁或梁、板断裂现象。

2）梁式桥上部承重构件控制截面出现全截面开裂或组合结构上部承重构件结合面开裂贯通，造成截面组合作用严重降低。

3）梁式桥上部承重构件有严重的异常位移，存在失稳现象。

4）结构出现明显的永久变形，变形大于规范值。

5）关键部位混凝土出现压碎或杆件失稳倾向或桥面板出现严重塌陷。

6）拱式桥拱脚严重错台、位移，造成拱顶挠度大于限值或拱圈严重变形。

7）圬工拱桥拱圈大范围砌体断裂，脱落现象严重。

8）腹拱、侧墙、立墙或立柱产生破坏造成桥面板严重塌落。

9）系杆或吊杆出现严重锈蚀或断裂现象。

10）悬索桥主缆或多根吊索出现严重锈蚀、断丝。

11）斜拉桥拉索钢丝出现严重锈蚀、断丝，主梁出现严重变形。

12）扩大基础冲刷深度大于设计值，冲空面积达 20% 以上。

13）桥墩（桥台或基础）不稳定，出现严重滑动、下沉、位移、倾斜等现象。

14）悬索桥、斜拉桥索塔基础出现严重沉降或位移或悬索桥锚碇有水平位移或沉降。

（3）桥梁结构裂缝最大限值　裂缝缝宽限值见表 7-7，裂缝超过表列数值时应进行修补，以保证结构耐久性。

表 7-7　裂缝缝宽限值

结 构 类 型	裂 缝 种 类	允许最大缝宽/mm	其 他 要 求
钢筋混凝土梁	主筋附近竖向裂缝	0.25	—
	腹板斜向裂缝	0.30	—
	组合梁结合面	0.50	不允许贯通结合面
	横隔板与梁体端部	0.30	—
	支座垫石	0.50	—
预应力混凝土梁	梁体竖向裂缝	不允许	—
	梁体纵向裂缝	0.20	—
砖、石、混凝土拱	拱圈横向	0.30	裂缝高度小于截面高度一半
	拱圈纵向	0.50	裂缝长度小于跨径的 1/8
	拱波与拱肋结合处	0.20	—

7.1.6 工程实例

1. 桥梁概况

某高速公路通道桥,桥梁全长13m,交角80°,跨径组合为1×6m。分左右两幅,桥面全宽为28m,车行道宽23.5m。上部结构由10片钢筋混凝土板梁组成,板梁采用C30级混凝土。桥台采用重力式U形桥台,扩大基础,台帽采用C30级混凝土,台身为砌石台身。桥面铺装采用9cm厚C40级水泥混凝土加10cm厚的沥青混凝土,采用波形钢护栏,伸缩缝为QMF-80型伸缩缝。桥梁部构件划分及构件数量见表7-8。

表7-8 桥梁部构件划分及构件数量

序号	桥梁结构	桥梁部件	构件数量	备注
1	上部结构	上部承重构件	10	10片钢筋混凝土板梁
2		上部一般构件	9	9条铰缝
3		支座	80	板式橡胶支座
4	下部结构	翼墙、耳墙	4	4个翼墙
5		锥坡、护坡	2	2个锥坡
6		桥墩	0	—
7		桥台	6	2个台身+2个台背+2个台帽
8		墩台基础	2	2个桥台基础
9		河床	0	—
10		调治构造物	0	—
11	桥面系	桥面铺装	1	1孔桥面
12		伸缩缝装置	2	0#台、1#台伸缩缝
13		人行道	0	—
14		栏杆、护栏	2	—
15		排水系统	1	—
16		照明、标志	1	—

桥梁检测时对构件编号规则及检查顺序如下。

1)按路线里程增长方向,从右至左顺序检查。

2)上部承重构件:本桥共10片板梁,从右至左依次为1#梁至10#梁。

3)上部一般构件:本桥共9道铰缝,从右至左依次为1#铰缝至9#铰缝。

4)支座:本桥共2排支座,每排共20个支座,从右至左依次为0#台1#支座至0#台20#支座、1#台1#支座至1#台20#支座。

5)其他:对于构件任一面上的损坏位置,可以采用跨中、支点处、中部、端部、顶部、底部等加以详细说明。

2. 检查结果

(1)上部结构 分为上部承重构件、一般构件、支座等。

1)上部承重构件。桥既有裂缝均已封闭,新发现5#~8#板梁各1条短小裂缝,缝宽最大为 0.1mm，未超限。检查结果见表 7-9，上部承重构件现场裂缝如图 7-21~图 7-23 所示。

表 7-9　上部承重构件外观检查结果表

序号	病害构件	病害种类	病害描述	图片	病害标度	病害扣分 DP_{ij}	构件得分 PMCI
1	5#板梁	裂缝	底板距 1#台 1.0m 处，1 条横向裂缝，$L=0.3m$，$W=0.05mm$	—	2	35	65.00
2	6#板梁	裂缝	底板距 0#台 2.0m 处，1 条横向裂缝，$L=0.2m$，$W=0.1mm$	图 7-21	2	35	65.00
3	7#板梁	裂缝	底板距 0#台 2m 处，1 条横向裂缝，$L=0.8m$，$W=0.08mm$	图 7-22	2	35	65.00
4	8#板梁	裂缝	底板距 0#台 2.0m 处，1 条横向裂缝，$L=0.3m$，$W=0.1mm$	图 7-23	2	35	65.00

图 7-21　6#板梁横向裂缝

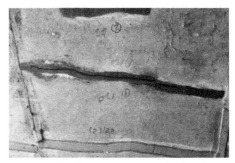

图 7-22　7#板梁横向裂缝

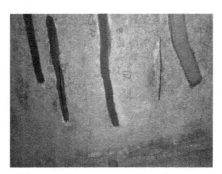

图 7-23　8#板梁横向裂缝

2）上部一般构件。经检查，4#铰缝存在局部勾缝脱落现象，无渗水，详情见表 7-10。

表 7-10　上部一般构件外观检查结果表

序号	病害构件	病害种类	病害描述	图片	病害标度	病害扣分 DP_{ij}	构件得分 PMCI
1	4#铰缝	—	距 0#台 1.0m 处，1 处勾缝脱落，$L=2.0cm$	图 7-24	—	—	100.00

3）支座。本桥支座无明显病害。

（2）下部结构　经检查，该桥翼墙、耳墙、锥坡、护坡、桥台等下部构件未发现明显病害，技术状况良好。

（3）桥面系　经检查，该桥无人行道，桥面铺装、护栏、排水系统及标志等未见明显病害，如图 7-25 所示，桥面铺装无明显病害，技术状况良好。

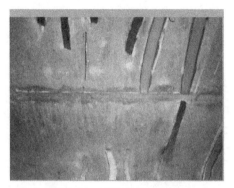

图 7-24　4#铰缝勾缝脱落

图 7-25　桥面铺装无明显病害

（4）伸缩缝装置　经检查，伸缩缝存在局部堵塞现象，如图 7-26 和图 7-27 所示，检查结果如表 7-11 所示。

表 7-11　伸缩缝装置外观检查结果表

序号	病害构件	病害种类	病害描述	图片	病害标度	病害扣分 DP_{ij}	构件得分 PMCI
1	1#伸缩缝装置	失效	局部槽口堵塞	图 7-26	2	25	75.00
2	2#伸缩缝装置	失效	局部槽口堵塞	图 7-27	2	25	75.00

图 7-26　1#伸缩缝装置局部堵塞

图 7-27　2#伸缩缝装置局部堵塞

3. 桥梁技术状况评定

桥梁技术状况评定依据《公路桥梁技术状况评定标准》规定的方法进行评定。

（1）权重重分配　桥梁部件权重重分配采用的方法是将缺失部件权重值按其在全部既有部件权重中所占比例进行分配，权重重分配计算表见表 7-12。

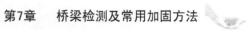

表 7-12 权重重分配计算表

部位	类别	部件名称	权重	重新分配后权重
上部结构	1	上部承重构件	0.70	0.70
	2	上部一般构件	0.18	0.18
	3	支座	0.12	0.12
下部结构	4	翼墙、耳墙	0.02	0.03
	5	锥坡、护坡	0.01	0.02
	6	桥墩	0.30	0.00
	7	桥台	0.30	0.49
	8	墩台基础	0.28	0.46
	9	河床	0.07	0.00
	10	调治结构物	0.02	0.00
桥面系	11	桥面铺装	0.40	0.44
	12	伸缩缝装置	0.25	0.28
	13	人行道	0.10	0.00
	14	栏杆、护栏	0.10	0.11
	15	排水系统	0.10	0.11
	16	照明、标志	0.05	0.06

（2）上部结构技术状况得分 上部结构技术状况得分见表 7-13。

表 7-13 上部结构技术状况得分表

桥梁部件	构件数量	构件得分 PMCI	t 值	部件评分 PCCI	上部结构评分 SPCI
上部承重构件	6	100.00	8.10	81.7	87.2
	4	65.00			
上部一般构件	9	100.00	8.30	100.0	
支座	80	100.00	3.20	100.0	

（3）下部结构技术状况得分 下部结构技术状况得分见表 7-14。

表 7-14 下部结构技术状况得分表

桥梁部件	构件数量	构件得分 BMCI	t 值	部件评分 BCCI	下部结构评分 SBCI
翼墙、耳墙	4	100.00	9.50	100.0	100.0
锥坡、护坡	2	100.00	10.00	100.0	
桥墩	—	—	—	—	
桥台	6	100.00	8.90	100.0	
墩台基础	2	100.00	10.00	100.0	
河床	—	—	—	—	
调治构造物	—	—	—	—	

（4）桥面系技术状况得分　桥面系技术状况得分见表7-15。

表7-15　桥面系技术状况得分表

桥梁部件	构件数量	构件得分 DMCI	t 值	部件评分 DCCI	桥面系评分 BDCI
桥面铺装	1	100.00	∞	100.0	
伸缩缝装置	2	75.00	10.00	72.5	
人行道	—	—	—	—	92.3
栏杆、护栏	2	100.00	10.00	100.0	
排水系统	1	100.00	∞	100.0	
照明、标志	1	100.00	∞	100.0	

（5）全桥技术状况得分　全桥技术状况得分见表7-16。

表7-16　全桥技术状况得分表

上部结构	权重	技术状况评分	结构技术状况等级	全桥技术状况评分	技术状况等级
上部结构	0.4	87.2	2		
下部结构	0.4	100.0	1	93.3	2
桥面系	0.2	92.3	2		

■ 7.2　桥梁荷载试验

7.2.1　概述

桥梁荷载试验是最直接、可靠的判断桥梁实际承载能力的一种方法。通过对加载后的结构性能进行观测和对测量参数（如位移、应力、振幅、频率等）进行分析，可以了解桥梁实际工作状态，对结构物的工作性能做出评价，对桥梁结构的承载能力和使用条件做出正确估计，并为发展桥梁结构的计算、评定理论提供可靠依据。

在实际工作中，根据不同的试验目的，桥梁结构试验可分为鉴定性试验和研究性试验。

（1）鉴定性试验　鉴定性试验以直接生产为目的，一般以真实结构为试验对象，通过试验鉴定对实际结构做出技术结论。鉴定性试验常用来解决以下几方面的问题。

1）检验结构质量，说明工程的可靠性。对一些比较重要的结构物或采用新计算理论、新材料及新工艺的结构物，在建成之后要求通过试验综合鉴定其质量的可靠程度。对于成批生产的预制构件，则在出厂或安装之前，需要按照试验规程抽样试验以推断成批产品的质量。

2）判断结构的实际承载能力和使用条件，为改建和扩建工程提供数据。当旧桥梁结构需要拓宽或需要提高其使用荷载等级时，往往要求通过荷载试验来确定这些旧桥梁结构的承载潜力和使用条件，对于那些缺乏技术资料的旧桥梁结构来说尤为必要。

3）处理工程质量事故，提供技术依据。对于在建造或使用过程中产生严重缺损或遭受地震、火灾、爆炸等灾害而损伤的桥梁结构，常需通过荷载试验，分析桥梁缺损产生的原因、掌握变化规律，了解实际承载能力，为进行后续处理提供依据。

鉴定性试验通常是在比较成熟的设计理论基础上进行的，同时它本身也具有重要的科学价值，因为鉴定性试验所获取的大量数据资料也是发展和充实结构设计理论的一条重要途径。

（2）研究性试验　其任务是验证结构设计理论，验证各种科学判断、推理、假设和概念的正确性，并为设计计算提供必要的参数。研究性试验常按事先周密考虑的计划进行。所研究问题的核心一般从表面上看起来似乎与具体结构没有共同之处，但往往通过系统的试验研究，可以揭示出具有普遍意义的规律。如在研究多层钢筋混凝土框架的变形能力时，需设计 X 形节点模型试件。因为钢筋混凝土框架在塑性阶段的变形主要取决于塑性铰的转动能力，节点变形是研究的关键，X 形节点试件是框架的核心构件，而进行 X 形节点试件的试验设备较进行整体框架试验的设备简单得多，这样大大简化了试验规模。模型试件的尺寸一般根据试验室的加载设备条件和场地大小而定，不一定和实际结构一样，但为了避免尺寸效应的影响，试件尺寸应尽可能和实际结构接近。如果条件可能，特别是由砖石或混凝土等材料变异较大的材料制成的结构，同样的试件应重复试验 2 个以上，以免试验结果带有偶然性。

研究性试验的规模和试验方法根据研究目的和任务的不同，可以有很大的差别。一般先通过小比例尺的弹性模型试验验证弹性工作时的内力计算方法是否可靠，结构内部的应力或变形是否异常，并取得结构自振频率等动力特性的资料，为实际结构的设计提供依据，然后经过必要的修改，再做小尺寸的结构试验，研究结构的弹塑性工作、动力特性和具体构造等方面的问题。

根据试验荷载作用性质的不同，桥梁结构试验可分为静载试验和动载试验。静动载试验在试验目的和测试内容等方面虽然不同，但对于承受以车辆荷载为主的桥梁结构来说，这两种性质的荷载试验，对于全面分析和了解桥梁的工作状态是同等重要的。静载试验可布置较多的测点，便于较全面分析结构的受力状态，而动载试验则是研究桥梁结构在车辆荷载或其他动力荷载作用下的振动响应所产生的后果。

桥梁结构试验又可分为破坏性试验和非破坏性试验两种。一般地，鉴定性试验多为非破坏性试验；而研究性试验，往往为了了解试验结构在逐渐增加的荷载作用下的骨架曲线，需进行破坏性试验。

按照结构试验持续的时间长短，可分为长期观测试验和短期观测试验。鉴定性试验与一般研究性试验都采用短期观测的方法，只有那些必须进行长期观察的对象才采用长期观测方法，如混凝土结构的徐变性能等。此外，对于特殊的大型结构和新型结构也常采用长期观测或组织定期检验。

总之，结合不同的试验目的和要求，可选用一种或几种试验方法。短期观测的静载试验是最基本的结构试验。在选择试验种类上应讲求经济效益，一般尽量用模型来替代，避免大规模的原型试验；尽可能用非破坏性试验，避免进行破坏性试验。

7.2.2 桥梁静载试验

1. 概述

桥梁静载试验是按照预定的试验目的与试验方案，将静荷载作用在桥梁上的指定位置上，再根据有关规范，观测桥梁结构的静力位移、静力应变、沉降等参数的试验项目，最后结合有关规范和规程的评价指标，判断桥梁结构的承载能力及使用性能。

桥梁静载试验可以是生产鉴定性试验或科学研究性试验，组成桥梁的主要构件试验或全桥整体试验，实桥现场检测或桥梁结构模型的室内试验。桥梁一般分为梁桥、拱桥、刚构桥、斜拉桥、悬索桥等各种结构形式。通常根据各种结构形式的受力特点，结合病害特征或静载试验的主要目的，按照技术上可行、经济上合理、测试上可靠的原则，设计桥梁静载试验的加载方案与测试方法。为了能够客观地反映桥梁结构的工作性能，桥梁检测多采用原位现场检测。一般桥梁静载试验主要是解决以下问题：

1）检验桥梁结构的设计与施工质量，验证结构的安全性与可靠性。对于大、中跨度桥梁，相关规范规程都要求在竣工之后，通过试验来具体地、综合地鉴定其工程质量的可靠性，并将试验报告作为评定工程质量优劣的主要依据之一。此外，既有桥梁在运营若干年后或遭受各种突发灾害后，必须通过静载试验来确定其承载能力与使用性能，并以此作为继续运营或加固改造的主要依据。

2）验证桥梁结构的设计理论与计算方法，可以充实、完善桥梁结构的计算理论与结构构造，积累工程技术资料。随着交通事业的不断发展，采用新结构、新材料、新工艺的桥梁结构日益增多，这些桥梁在设计、施工中必然会遇到一些新问题，其设计计算理论或设计参数需要通过桥梁试验予以验证或确定。在大量试验检测数据积累的基础上，可以逐步建立或完善这类桥梁的设计理论与计算方法。

3）掌握桥梁结构的工作性能，判断桥梁结构的实际承载能力。目前，我国已建成了超过87.8万座各种形式的公路桥梁，在使用过程中，有些桥梁已不能满足当前通行荷载的要求，有些桥梁由于各种自然原因而产生不同程度的损伤与破坏，有些桥梁由于设计或施工差错而产生各种缺陷。对于这些桥梁，常采用静载试验判定其承载能力和使用性能，并由此确定限载方案或加固改造方案，特别是对于那些原始设计施工资料不全的既有桥梁，通过静载试验确定其承载能力与使用性能非常必要。

2. 静载试验的程序

桥梁静载试验可分为三个阶段，即桥梁结构的考察与试验工作准备阶段、加载试验与观测阶段、测试结果的分析总结阶段。桥梁结构的考察与试验工作准备阶段是桥梁检测顺利进行的必要条件。桥梁检测与桥梁设计计算、桥梁施工状况关系十分密切。准备工作包括技术资料的收集、桥梁现状检查、理论分析计算、试验方案制订、现场实施准备等。因此，这一阶段工作是大量而细致的。实践证明，检测工作的顺利与否很大程度上取决于检测前的准备工作。

桥梁结构考察与试验工作准备阶段的工作内容如下：

（1）技术资料的收集　桥梁技术资料包括桥梁设计文件、施工记录、监理记录、验收文件、既有试验资料、新梁养护与维修加固记录、环境因素的影响及其变化、现有交通量及重载车辆的情况等方面，掌握了这些资料，能使我们对试验对象的技术状况有一个全面的了解。

（2）桥梁现状检查　桥梁检查是指按照有关养护规范的要求，对桥梁的外观进行系统而细致的检查评价，具体包括桥面平整度、排水情况、纵横坡的检查，承重结构开裂与否及裂缝分布情况、有无露筋现象及钢筋锈蚀程度、混凝土碳化剥落程度等情况的检查，支座是否老化、河流冲刷情况、基础病害等方面的检查。通过桥梁检查，对试验桥梁的现状做出宏观的判断，对试验对象的结构反应做到心中有数。

（3）理论分析计算　理论分析计算包括设计内力计算和试验荷载效应计算两个方面。设计内力计算是按照试验桥梁的设计图与设计荷载等级，根据有关设计规范，采用专用桥梁计算软件或通用分析软件，计算出结构的设计内力。试验荷载效应计算是根据实际加载等级、加载位置及加载量，计算出各级试验荷载作用下桥梁结构各测点的反应，如位移、应变等，以便与实测值进行比较。

（4）试验方案制订　试验方案的制订包括确定测试内容、设计加载方案及观测方案、选用仪器仪表等方面。试验方案是整个检测工作技术纲领性文件，因此，必须具备全面、详实、可操作性强等基本特点。

（5）现场实施准备　现场准备工作包括搭设工作脚手架、设置测量仪表支架、测点放样及表面处理、布置测试元件、安装调试测量仪器仪表等一系列工作。

加载与观测阶段是整个检测工作的中心环节。这一阶段的工作量大，工作条件复杂，是整个检测工作比较重要的一个环节。它是在各项准备工作就绪的基础上，按照预定的试验方案与试验程序，利用适宜的加载设备进行加载，运用各种测试仪器观测试验结构受力后的各项性能指标，如挠度、应变、裂缝宽度等，并采用人工记录或仪器自动记录的方法获取各种观测数据和资料。需要强调的是，对于静载试验，应根据当前所测得的各种指标与理论计算结果进行现场分析比较，以判断受力后结构行为是否正常，是否可以进行下一级加载，以确保试验结构、仪器设备及试验人员的安全，这对于病害比较严重的既有桥梁结构至关重要。

分析总结阶段是对原始测试资料进行综合分析的过程。原始测试资料包括大量的观测数据文字记载和图片记录等各种原始材料。受各种因素的影响，原始测试数据一般显得缺乏条理性与规律性，未必能直接揭示试验结构的内在行为。因此，应对它们进行科学的分析与处理，去伪存真、去粗存精、由表及里，从中提取有价值的资料，揭示结构受力特征，对于一些数据或信号，有时还需采用数理统计或其他方法进行分析，或依靠专门的分析仪器和分析软件进行分析处理，或按照有关规程的方法进行计算。这一阶段的工作，直接反映整个检测工作的质量。测试数据经分析处理后，按照检测的目的要求，依据相关规范规程，对检测对象做出科学准确的判断与评价。

目前，桥梁荷载试验主要按照我国《公路桥梁荷载试验规程》（JTG/T J21—01—2015）和《公路桥梁承载能力检测评定规程》（JTG/T J21—2011）等相关规范进行，必要时，可参考借鉴国内外其他相关或相近技术规范进行评价。

3. 静载试验的方案设计

试验方案设计是桥梁静载试验的重要环节，是对整个试验过程进行全面规划和系统安排。一般说来，试验方案的制订应根据试验目的，在充分考察和研究试验对象的基础上，分析与掌握各种有利条件与不利因素，进行理论分析计算后，对试验的方式、方法、具体操作等方面做出全面规划。试验方案设计包括试验对象的选择、理论分析计算、加载方案设计、观测内容确定、测点布置及测试仪器选择等方面。

（1）试验对象的选择 试验准备工作耗时最长，工作量最大。试验准备工作的好坏及充分与否，直接影响到试验能否顺利进行和获得的试验结果。特别是在现场鉴定性试验中，试验准备工作很复杂，工作条件也很差，即使极小的疏忽大意也会使试验不能取得预期的结果或使试验结果不够理想，因此切勿低估准备工作阶段的复杂性和重要性，应细致、认真地做好每一项准备工作。

桥梁静载试验既要能够客观全面地评定结构的承载能力与使用性能，又要兼顾试验费用、试验时间的制约等因素。因此，应进行必要的简化，科学合理地从全桥中选择具体的试验对象。一般说来，对于结构形式与跨度相同的多孔桥跨结构，可选择具有代表性的一孔或几孔进行静载试验；对于结构形式不同的多孔桥跨结构，应按不同的结构形式分别选取具有代表性的一孔或几孔进行试验；对于结构形式相同但跨度不同的多孔桥跨结构，应选取跨度最大的一孔或几孔进行试验；对于预制梁，应根据不同跨度及制梁工艺，按照一定的比例进行随机抽查试验。

除了这几点之外，试验对象的选择还应考虑以下条件：

1）试验孔或试验墩台的受力状态最为不利。

2）试验孔或试验墩台的病害或缺陷比较严重。

3）试验孔或试验墩台便于布设仪器设备。

（2）理论分析计算 理论分析计算是加载方案、观测方案及试验桥跨性能评价的基础与依据。因此，理论分析计算应采用先进可靠的计算手段和工具，以使计算结果准确可靠。一般理论分析计算包括试验桥跨的设计内力计算和试验荷载效应两个方面。设计内力计算是依据试验桥梁的设计图与设计荷载，选取合理可靠的计算图式，按照设计规范，运用结构分析方法，采用专用桥梁计算软件或通用分析软件，计算出桥梁结构的设计内力。常用的有Midas/Civil、桥梁博士等有限元分析软件。一般情况下，由于永久作用（如结构重力）已作用在桥梁结构上，设计内力计算通常是对可变荷载作用下的内力进行计算，即按照《公路桥涵设计通用规范》（JTG D60—2015）计算由汽车荷载、人群荷载或挂车荷载所产生的各控制截面最不利活载内力。对于常见桥型，控制截面的数量要满足准确地绘制出内力包络图的需求，控制截面最不利活载内力计算的一般方法是先求出该截面的各类影响线，然后进行影响线加载，最后按照车道数、冲击系数及车道折减系数计算出该截面的最不利活载内力。此外，对于存在病害或缺陷的桥梁还应计算其恒载内力，按照公路桥涵相关设计规范进行内力组合，验算控制截面强度，以确保试验荷载达到或接近活载内力时桥梁结构的安全性。

控制截面不仅出现设计内力峰值，也往往是进行观测量测的主要部位，把握住控制截面，就可以较为宏观全面地了解试验桥梁承载能力和工作性能。在进行静载试验时，常见桥型静载试验工况及测试截面见表7-17。

表 7-17　常见桥型静载试验工况及测试截面

桥　　型		试　验　工　况	测　试　截　面
简支梁桥	主要工况	跨中截面主梁最大正弯矩工况	跨中截面
	附加工况	① L/4 截面主梁最大正弯矩工况 ② 支点附近主梁最大剪力工况	① L/4 截面 ② 梁底距支点 h/2 截面内侧向上 45° 斜线与截面形心线相交位置
连续梁桥	主要工况	① 主跨支点位置最大负弯矩工况 ② 主跨跨中截面最大正弯矩工况 ③ 边跨主梁最大正弯矩工况	① 主跨（中）支点截面 ② 主跨最大正弯矩截面 ③ 边跨最大正弯矩截面
	附加工况	主跨（中）支点附近主梁最大剪力工况	计算确定具体截面位置
悬臂梁桥	主要工况	① 墩顶支点截面最大负弯矩工况 ② 锚固孔跨中最大正弯矩工况	① 墩顶支点截面 ② 锚固孔最大正弯矩截面
	附加工况	① 墩顶支点截面最大剪力工况 ② 挂孔跨中最大正弯矩工况 ③ 挂孔支点截面最大剪力工况 ④ 悬臂端最大挠度工况	① 计算确定具体截面位置 ② 挂孔跨中截面 ③ 挂孔梁底距支点 h/2 截面内侧向上 45°斜线与截面形心线相交位置 ④ 悬臂端截面
三铰拱桥	主要工况	① 拱顶最大剪力工况 ② 拱脚最大水平推力工况	① 拱顶两侧 L/2 梁高截面 ② 拱脚截面
	附加工况	① L/4 截面最大正弯矩和最大负弯矩工况 ② L/4 截面正负挠度绝对值之和最大工况	① 主拱 L/4 截面 ② 主拱 L/4 截面及 3L/4 截面
两铰拱桥	主要工况	① 拱顶最大正弯矩工况 ② 拱脚最大水平推力工况	① 拱顶截面 ② 拱脚截面
	附加工况	① L/4 截面最大正弯矩和最大负弯矩工况 ② L/4 截面正负挠度绝对值之和最大工况	① 主拱 L/4 截面 ② 主拱 L/4 截面及 3L/4 截面
无铰拱桥	主要工况	① 拱顶最大正弯矩及挠度工况 ② 拱脚最大负弯矩工况 ③ 系杆拱桥跨中附近吊杆（索）最大拉力工况	① 拱顶截面 ② 拱脚截面 ③ 典型吊杆（索）
	附加工况	① 拱脚最大水平推力工况 ② L/4 截面正负挠度绝对值之和最大工况 ③ L/4 截面最大正弯矩和最大负弯矩工况	① 拱顶截面 ② 主拱 L/4 截面 ③ 主拱 L/4 截面及 3L/4 截面
门式刚架桥	主要工况	① 跨中截面主梁最大正弯矩工况 ② 锚固端最大或最小弯矩工况	① 跨中截面 ② 锚固端梁或立墙截面
	附加工况	锚固端截面最大剪力工况	锚固端梁截面
斜腿刚架桥	主要工况	① 跨中截面主梁最大正弯矩工况 ② 斜腿顶主梁截面最大负弯矩工况	① 中跨最大正弯矩截面 ② 斜腿顶中主梁截面或边主梁截面
	附加工况	① 边跨主梁最大正弯矩工况 ② 斜腿顶最大剪力工况 ③ 斜腿脚最大或最小弯矩工况	① 边跨最大正弯矩截面 ② 斜腿顶中或边主梁截面或斜腿顶截面 ③ 斜腿脚截面

（续）

桥　型		试　验　工　况	测　试　截　面
T 形刚构桥	主要工况	① 墩顶截面主梁最大负弯矩工况 ② 挂孔跨中截面主梁最大正弯矩工况	① 墩顶截面 ② 挂孔跨中截面
	附加工况	① 墩顶支点附近主梁最大剪力工况 ② 挂孔支点截面最大剪力工况	① 计算确定具体截面位置 ② 挂孔梁底距支点 $h/2$ 截面内侧向上 45° 斜线与截面形心线相交位置
连续刚构桥	主要工况	① 主跨墩顶截面主梁最大负弯矩工况 ② 主跨跨中截面主梁最大正弯矩及挠度工况 ③ 边跨主梁最大正弯矩及挠度工况	① 主跨墩顶截面 ② 主跨最大正弯矩截面 ③ 边跨最大正弯矩截面
	附加工况	① 墩顶截面最大剪力工况 ② 墩顶纵桥向最大水平位移工况	① 计算确定具体截面位置 ② 墩顶截面
斜拉桥	主要工况	① 主梁中孔跨中最大正弯矩及挠度工况 ② 主梁墩顶最大负弯矩工况 ③ 主塔塔顶纵桥向最大水平位移与塔脚截面最大弯矩工况	① 中跨最大正弯矩截面 ② 墩顶截面 ③ 塔顶截面（位移）及塔脚最大弯矩截面
	附加工况	① 中孔跨中附近拉索最大拉力工况 ② 主梁最大纵向飘移工况	① 典型拉索 ② 加劲梁两端（水平位移）
悬索桥	主要工况	① 加劲梁跨中最大正弯矩及挠度工况 ② 加劲梁 $3L/8$ 截面最大正弯矩工况 ③ 主塔塔顶纵桥向最大水平位移与塔脚截面最大弯矩工况	① 中跨最大弯矩截面 ② 中跨 $3L/8$ 截面 ③ 塔顶截面（位移）及塔脚最大弯矩截面
	附加工况	① 主缆锚跨索股最大张力工况 ② 加劲梁两端最大纵向飘移工况 ③ 吊杆（索）活载张力最大增量工况 ④ 吊杆（索）张力最不利工况	① 主缆锚固区典型索股 ② 加劲梁两端（水平位移） ③ 典型吊杆（索） ④ 最不利吊杆（索）

（3）试验荷载确定　根据《公路桥梁荷载试验规程》规定，对交、竣工验收荷载试验，静载试验荷载效率系数 η_q 宜取 $0.85 \sim 1.05$；其他荷载试验，η_q 宜取 $0.95 \sim 1.05$。

静载效率系数 η_q 为

$$\eta_q = \frac{S_s}{S \times (1+\mu)} \tag{7-7}$$

式中　S_s——静载试验荷载作用下，某一加载试验项目对应的加载控制截面内力或位移的最大计算效应值；

　　　S——标准设计荷载产生的同一加载控制截面内力或位移的最不利效应计算值；

　　　μ——按规范取用的冲击系数值。

实际工程中，选用车辆荷载进行加载时，要综合考虑试验荷载效率 η_q、设计荷载的等效性及车辆的机动性等因素。

（4）加载方案设计　加载是桥梁静载试验重要的环节之一，包括加载设备的选用，加载、卸载程序的确定及加载持续时间三个方面。实践证明，合理地选择加载设备及加载方法，对于顺利完成试验工作和保证试验质量，有很大的影响。

桥梁静载试验的加载设备应根据试验目的要求、现场条件、加载量和经济方便的原则进行选用。对于现场静载试验，常用的加载设备主要有三种，即利用车辆荷载加载、利用重物加载及利用反力架等专用设备加载。用车辆荷载进行加载具有便于运输、加卸载方便迅速等优点，是桥梁静载试验较常用的一种方法。通常选用重载汽车（见图 7-28 和图 7-29）或施工机械车辆。利用车辆荷载加载需注意两点：一是对于加载车辆应严格称重，保证试验车辆的质量、轴距与理论计算的取用值相差不超过 5%；二是尽可能采用与标准车相近的加载车辆。同时，应准确测量车轴之间的距离，当轴距与标准车辆差异较大时，则应按照实际轴距与质量重新计算试验荷载所产生的结构内力与结构重物加载内力。

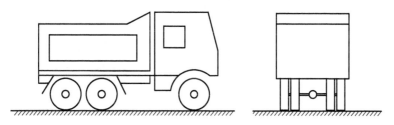

图 7-28　常用加载车辆

利用重物加载（见图 7-30）是将重物（如铸铁块、预制块、沙包、水箱等）施加在桥面或构件上，通过重物逐级增加以实现控制截面的设计内力，达到加载效果。采用重物加载时通常选用同一材质重物，以便进行质量检查，如条件允许可以选择统一标准的铸铁块、混凝土块等标准块。采用重物直接加载的准备工作量较大，且加卸载时间较长，实际应用受到一定限制，因此重物加载一般仅用于单片梁体及人行景观桥梁的静载试验。

图 7-29　某高速桥梁车辆荷载加载

图 7-30　某人行景观吊桥重物加载

利用反力梁等专用设备加载（见图 7-31）是根据试验梁体加载所需吨位设计专用反力梁，在试验梁体与专用反力梁间安装千斤顶等，通过千斤顶提供的内部力使试验梁体承受一端的反力以达到试验的目的。反力架一般设计为地锚式、桁架式等。利用反力架等专用设备加载的方式通常适用于梁场等需要大批量进行单片梁体静载试验的项目。

4. 静载试验的实施

在进行静载试验时，首先应按照试验方案布设仪器设备。常用的应力测试仪器有电阻应变片、振弦式应变传感器、磁电式应变传感器及光纤式应变传感器。常用的挠度和位移测试仪器有百分表、千分表、位移计、连通管、精密水准仪、高精度全站仪及光电挠度仪等。仪器设备应根据测试精度要求，并结合现场实际情况、按易于操作的原则选用。

图 7-31　某梁场临时反力加载装置

仪器设备安装调试完成且道路保通实施到位后就可以按程序进行加载试验。正式加载试验是静载试验的核心工作。实桥静载试验一般安排在夜间进行，以避免加载过程中温度变化过大对测试结果产生影响，而且晚上封闭道路加载对社会影响较小。当白天温度变化较小且无强烈日照时，也可选择在白天进行加载试验。静载试验正式开始前应对桥梁进行预压试验，预压时间通常不少于 15min，预压荷载一般为正式加载荷载的 50% 左右。

预压完成后，清除桥面上所有不必要的设备及人员后，可以进行静载初读数。静载初读数指试验正式开始时的零荷载读数，即单个工况的试验基准值。从初读数开始整个测试系统就开始运作，测量、读数记录人员进入工作状态。

根据《公路桥梁荷载试验规程》要求，试验荷载应分级施加，加载级数应根据试验荷载总量和荷载分级增量确定，可分成 3~5 级。当桥梁的技术资料不全时，应增加分级。重点测试桥梁在荷载作用下的响应规律时，可适当加密加载分级。

加载过程中，应保证非控制截面内力或位移不超过控制荷载作用下的最不利值，当试验条件限制时，附加控制截面可只进行最不利加载，加载时间间隔应满足结构反应稳定的时间要求。在前一荷载阶段内结构反应相对稳定、进行了有效测试及记录后方可进行下一荷载阶段。当进行主要控制截面最大内力（变形）加载试验时，分级加载的稳定时间不应少于 5min。对尚未投入营运的新桥，首个工况的分级加载稳定时间不宜少于 15min。

根据《公路桥梁荷载试验规程》要求，应根据各工况的加载分级，对各加载过程结构控制点的应变（变形）、薄弱部位的破损情况等进行观测与分析，并与理论计算值对比。当试验过程中发生下列情况之一时，应停止加载，查清原因，采取措施后再确定是否进行试验：

1）控制测点应变值已达到或超过计算值。

2）控制测点变形（或挠度）超过计算值。

3）构件裂缝的长度、宽度或数量明显增加。

4）实测变形分布规律异常。

5）桥体发出异常响声或发生其他异常情况。

6）斜拉索或吊索（杆）索力增量实测值超过计算值。

一个试验工况结束，荷载退出桥面，应对各测点读取回零值。在读取回零值前结构也要有一个稳定的过程，通常应在卸载完成不少于 5min 后再读取回零值。回零值即结构的残余变形或残余应变值。如结构变形或应变截面残余值过大，反映出结构可能存在承载能力不足或存在其他原因，应进行仔细分析。

试验过程中必须时时关注控制点数据情况，一旦发现问题（数据本身规律差或仪器故障等）应对该工况重新进行加载，以便分析原因。对于特殊结构桥梁或特大型桥梁的主要试验工况也应进行重复加载，以保证数据的准确性。

5. 静载试验数据整理

整理桥梁现场试验数据，不仅要求有一份完整的原始记录，还要求整理者有数据处理方面知识和桥梁专业方面的知识。从试验总体上说，它还是每个试验程序的结束环节，必须予以充分重视。

通过静载试验得到的原始数据，曲线和图像是最重要的第一手资料，应该特别强调现场试验数据原始记录的重要性，对每一份现场记录（无论是数据还是信号）都要求完整、清晰和可靠。另一方面，有些原始数据数量大也不直观，不能直接用来进行结构评估，所以必须对它进行处理分析。

试验数据分析时，应根据温度变化、支点沉降及仪表标定结果的影响对测试数据进行修正。当影响小于1%时，可不修正。温度影响修正可按式（7-8）进行计算。

$$\Delta S_t = \Delta S - \Delta t K_t \tag{7-8}$$

式中　ΔS_t——温度修正后的测点加载测值变化量；

ΔS——温度修正前的测点加载测值变化量；

Δt——相应于 ΔS 观测时间段内的温度变化量（℃），对应变宜采用构件表面温度，对挠度宜采用气温；

K_t——空载时温度上升1℃时测点测值变化量，如测值变化与温度变化关系较明显时，可采用多次观测的平均值，$K_t = \dfrac{\Delta S_L}{\Delta t_L}$，其中 ΔS_L 为空载时某一时间区段内测点测值变化量，Δt_L 为相应于 ΔS_L 同一时间区段内温度变化量。

当支点有沉降发生时，支点沉降修正量可按式（7-9）计算。

$$C = \frac{L-x}{L}a + \frac{x}{L}b \tag{7-9}$$

式中　C——测点的支点沉降修正量；

x——挠度测点到 A 支点的距离；

L——A 支点到 B 支点的距离；

a——A 支点沉降量；

b——B 支点沉降量。

测点位移或应变可按式（7-10）~式（7-12）计算。

$$S_t = S_u - S_i \tag{7-10}$$

$$S_e = S_l - S_u \tag{7-11}$$

$$S_p = S_t - S_e = S_l - S_i \tag{7-12}$$

式中　S_p——试验荷载作用下测量的结构残余位移（应变）值；

S_t——试验荷载作用下测量的结构总位移（总应变）值；

S_e——试验荷载作用下测量的结构弹性位移（应变）值；

S_u——加载达到稳定时的测值；

S_1——卸载后达到稳定时的测值；

S_i——加载前的测值。

测点校验系数应按式（7-13）计算。

$$\eta = \frac{S_e}{S_s} \qquad (7\text{-}13)$$

式中　η——校验系数；

　　　S_s——试验荷载作用下理论计算位移（应变）值。

校验系数 η 是评定结构工作状况，确定桥梁结构承载能力的一个重要指标，通过校验系数可以判定桥梁结构承载能力的工作状态。实测结构校验系数是试验实测值与理论计算值的应力或挠度之比，它反映结构的实际工作状态。当 $\eta \leqslant 1$ 时，说明理论计算偏于安全，结构尚有一定的安全储备，这种情况说明桥梁结构的工作状况良好。η 值越小说明结构的安全储备越大，但 η 值不宜过大或过小，如 η 值过大可能说明组成结构的材料强度较低，结构各部分连接性能较差、刚度较低等。η 值过小可能说明组成结构材料的实际强度及弹性模量较大，梁桥的混凝土铺装及人行道等与主梁共同受力，支座摩擦力对结构受力的有利影响及计算理论或简化的计算图式偏于安全等。另外，试验加载物的称量误差、仪表的观测误差等对 η 值也有一定的影响。

测点相对残余位移（应变）系数为

$$\Delta S_p = \frac{S_p}{S_t} \times 100\% \qquad (7\text{-}14)$$

式中　ΔS_p——相对残余位移（应变）。

量测的最大 ΔS_p 应满足《公路桥梁承载能力检测评定规程》不大于 20% 的要求，据此可判断在正常使用情况下结构是否处于弹性工作状态。

测点在控制荷载工况作用下的相对残余变位 S_p/S_t 越小，说明结构越接近弹性工作状况。一般要求 S_p/S_t 值不大于 20%，当 S_p/S_t 大于 20% 时，应查明原因。如确是桥梁强度不足，应在评定时酌情降低桥梁的承载能力。

7.2.3　桥梁动载试验

1. 概述

桥梁结构的动载试验是研究桥梁结构的自振特性和车辆动力荷载与桥梁结构的联合振动特性的试验，其测试数据是判断桥梁结构运营状况和承载特性的重要指标。动载对公路和桥梁设计非常重要，它是影响公路和桥梁使用寿命的主要因素之一。动载对桥面产生附加的动压力和动应变，尽管作用机理还不是十分清楚，但它会加速桥面的损坏，因此研究动荷载对桥梁设计和维护都有重要的意义。

桥梁结构振动周期（或频率）与结构的刚度有确定的关系，在设计时要避免引起桥跨结构共振的强迫振动振源（车辆）的频率与桥跨结构自振频率相等或相近，危及桥梁的使用安全。

通过动载试验主要达到以下目的：

1）了解桥跨结构的固有振动特性及其在长期使用荷载阶段的动力性能。

2）结合理论计算分析，对桥梁承载能力及其工作状况做出综合评价。

3）为桥梁维护提供依据，指导桥梁的正确使用、养护和维修。

动力测试主要包括自振特性测试和行车响应试验。自振特性测试参数主要包括结构自振频率、阻尼比及振型等。行车响应试验测试参数主要包括动挠度、动应变、振动加速度、速度及冲击系数等。

桥梁动载试验工况选择应根据具体的测试参数和采集的激振方法确定。激振方法一般根据结构特点、测试的精度要求及经济方便原则确定。通常采用环境随机激振法、行车激振法和跳车激振法，也可以采用起振机激振法或其他激振方法。

环境随机激振法（脉动法）是在桥面无任何交通荷载及桥址附近无规则振源的情况下，通过测定桥梁由风荷载、地脉动、水流等随机激励引起的微幅振动来识别结构自振特性参数的方法。该方法需对采集的长样本信号进行能量平均，以便消除随机因素的影响。对悬索桥、斜拉桥等自振频率较低的桥型，为保证频率分辨率和提高信噪比，采集时间一般不少于30min；对于小跨径桥梁，采集时间可以酌情减少。环境激振法更适合大跨柔性桥梁。

行车激振法自振特性测试是利用车辆驶离桥面后引起的桥梁结构余振信号来识别结构自振特性参数，对小阻尼比桥梁效果较好。为提高信噪比，获取尽可能多的余振信号，可采用不同的车速进行多次试验，或在桥跨特征截面设置弓形障碍物进行激振（有障碍行车激振）。通常结合行车动力响应试验统筹考虑获取余振信号。

跳车激振法是通过让单辆载重汽车的后轮在指定位置从三角形垫块上突然下落对桥梁产生冲击作用，激起桥梁的振动。该方法更适用于不宜采用其他方法激振的、刚度较大的桥梁，如石拱桥、小跨径梁式桥等。

起振机激振法是利用起振机采用可控的定点正弦激励或正弦扫描激励使结构产生稳态振动。该方法测试精度高，但需要较大的起振机设备，运输不方便，同时安装起振机会对桥面产生一定的损伤。在需要高精度识别桥梁结构动力特性时，可采用此方法。

2. 动载试验方案设计与实施

桥梁动载试验的测试截面应根据桥梁结构振型特征和行车动力响应最大的原则确定。一般根据桥梁结构规模按跨径的 8 等分或 16 等分简化布置。桥塔或高墩宜按高度分 3~4 个节段分段布置。对常见的简支梁桥及连续梁桥，可根据具体情况选择测试截面。

在测试桥梁结构行车响应时，应选择桥梁结构振动响应幅值最大部位为测试截面。简单结构宜选择跨中 1 个测试截面，复杂结构应增加测试截面。每个截面应至少布置 1 个用于冲击效应分析的动挠度测点，采用动应变评价冲击效应时，每个截面在结构最大活载效应部位的测点数不宜少于 2 个。

动力响应试验工况宜选择无障碍行车试验，有障碍行车试验和制动试验可根据实际情况选择。无障碍行车试验宜在 5~80km/h 范围内取多个大致均匀分布的车速进行行车试验。车速在桥上应保持恒定，每个车速工况应进行 2~3 次重复试验。有障碍行车试验可设置 5~7cm 高的弓形障碍物模拟桥面坑洼进行行车试验，车速宜取 5~20km/h，障碍物宜布置在结构冲击效应显著部位。制动试验车速宜取 30~50km/h，制动部位应为动态效应较大的位置。对漂浮体系桥梁应测试主梁纵向位移等项目。

桥梁自振特性试验应包括竖平面内弯曲、横向弯曲及扭转自振特性的测试。根据试验目的和需要确定测试纵桥向竖平面内弯曲自振特性。因此对于简支梁桥测试阶次应不少于 1

阶，非简支梁桥和拱桥应不少于3阶，斜拉桥及悬索桥应不少于9阶。

对于行车试验通常采用与静载试验相同的加载车辆实施，当采用单辆车的动载试验响应偏低时，行车试验宜每个车道布置一辆试验车，横向并列一排同步行驶，在行驶过程中宜保持车辆的横向间距不变。

动载试验所采用的仪器设备应满足试验对量程、精度、分辨率、稳定性、幅频特性、相频特性的要求。传感器安装应与主体结构保持良好接触，无相对振动。用于冲击系数计算分析的动挠度、动应变信号的幅值分辨率不应大于最大实测幅值的1%。

进行数据采集和频谱分析时，应合理设置采样、分析参数，频率分辨率不宜大于实测自振频率的1%。采样频率宜取10倍以上的最高有用信号频率。信号采集时间宜保证频谱分析时谱平均次数不小于20次。

在试验数据分析时，应对测试信号进行检查和评判，并进行异常数据剔除、消除趋势项、数字滤波等必要的预处理。结构自振频率可采用频谱分析法、波形分析法或模态分析法得到。自振频率宜取用多次试验、不同分析方法的结果相互验证。单次试验的实测值与均值的偏差不应超过±3%。

桥梁结构阻尼可采用波形分析法、半功率带宽法或模态分析法得到。结构阻尼参数宜取用多次试验所得结果的均值，单次试验的实测结果与均值的偏差不应超过±20%。

振型参数宜采用环境激振等方法进行模态参数识别。宜采用专用软件进行分析，可同时得到振型、固有频率及阻尼比等参数。

计算冲击系数时应优先采用桥面无障碍行车下的动挠度时程曲线计算。对小跨径桥梁的高速行车试验，当直接求取法误差较大时，应根据实际情况采用数字低通滤波法求取最大静挠度或应变。对特大跨径桥梁，受现场条件限制无法测定动挠度时，可采用动应变时程曲线计算冲击系数。冲击系数宜取同截面多个测点的均值，进行多次试验时可取该车速下的最大值。

当实测频率大于计算频率时，可认为结构实际刚度大于理论刚度，反之则认为实际刚度小。对于实测频率等有历史数据的参数，应将其和历史数据进行对比分析，从而判断桥梁的技术状况是否发生变化。实测冲击系数比设计所用冲击系数大时应分析原因。

■ 7.3 桥梁荷载试验工程实例

7.3.1 工程概况

1. 桥梁基本情况

某大桥全长1120m，全桥共7跨，跨径布置为［3×(5×30)+5×40+6×30+(60+110+60)+2×30］m，桥面净宽12m。上部结构采用预应力混凝土T形梁和预应力混凝土变截面箱梁，主桥为26～29墩，采用预应力混凝土连续刚构桥。下部结构采用柱式墩和空心墩。基础采用摩擦桩和嵌岩桩基础。设计荷载为公路—I级。

为检验桥梁通车前成桥状态是否满足规范和设计要求，2020年8月2日—4日选取该桥(60+110+60)m主桥右幅桥进行了荷载试验，桥梁桥面和桥梁立面分别如图7-32和图7-33所示，检测时天气以多云为主，气温范围是25～28℃，试验过程顺利无异常。

图 7-32 桥梁桥面

图 7-33 桥梁立面

2. 试验依据

1)《公路桥梁荷载试验规程》（JTG/T J21—01—2015）。

2)《公路桥梁承载能力检测评定规程》（JTG/T J21—2011）。

3)《公路桥涵设计通用规范》（JTG D60—2015）。

4)《公路钢筋混凝土及预应力混凝土桥涵设计规范》（JTG 3362—2018）。

5）设计图及施工资料等。

7.3.2 动静载试验方案

1. 试验孔和测试截面的确定

由于该桥主桥为预应力混凝土连续刚构桥，因此选择主桥中跨跨中、支点及边跨 0.4L 截面作为内力和挠度的关键控制测试截面。

对该桥试验跨选择时综合考虑了以下因素：该跨受力最不利；便于设置测点或便于实施加载。最终选择主桥右幅桥 27 跨和 28 跨作为本次静载试验的加载孔。

2. 荷载试验前的准备工作

荷载试验前的计划和准备工作是顺利进行桥梁荷载试验的必要条件，这一阶段的工作是大量而细致的，整个试验工作是否顺利很大程度上取决于试验前的准备工作。荷载试验前的计划和准备工作的内容主要有：收集、研究试验桥梁的有关技术文件；考察试验桥梁的现状和试验的环境条件，拟定试验方案及试验程序；确定试验组织及人员组成；测试系统的构成，仪器的组配及标定等工作。

（1）安装测试仪器 利用桥梁检测车在中跨跨中（横向裂缝位置处）、边跨 0.4L 断面底部安装应变传感器，在墩顶支座中心线附近腹板安装应变传感器。

（2）静载试验加载位置的放样和卸载位置的安排 静载试验前应在桥面上对加载位置进行定位，以便于加载试验的顺利进行。桥梁的荷载试验由于加载工况较多，需预先定位，且用不同颜色的标志区别不同加载工况时的荷载位置。卸载位置的选择考虑到加载和卸载的方便，既要离加载位置近，又要使车辆荷载不影响试验孔跨。

3. 静载试验方案设计

（1）测试项目 根据《公路桥梁承载能力检测评定规程》关于加载测试项目的规定及

该桥主要试验目的，对下行桥主要选取以下控制截面和测试项目进行静载试验：

1）中跨跨中最大正弯矩效应加载，分对称加载和右侧偏载工况，测试挠度和应变。

2）边跨最大正弯矩效应加载，分对称加载和右侧偏载工况，测试挠度和应变。

3）主跨墩顶负弯矩效应加载，分对称加载和右侧偏载工况，测试应变。

根据活载作用下的内力包络图，可确定各测试控制截面，具体如图 7-34 所示，各测试截面及测试项目见表 7-18。

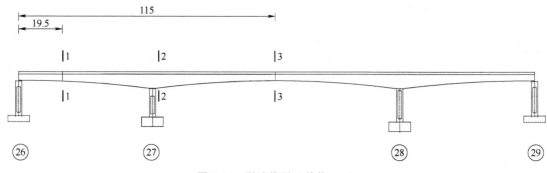

图 7-34　测试截面（单位：m）

表 7-18　各测试截面及测试项目

截 面 编 号	位　　　置	测 试 项 目
1—1	边跨最大正弯矩截面	挠度、应力
2—2	中跨墩顶负弯矩截面	应力
3—3	中跨跨中最大正弯矩截面	挠度、应力

（2）理论计算分析　利用桥梁结构分析专用程序 Midas Civil 2019 对该桥进行结构计算分析。采用公路—Ⅰ级荷载对桥梁进行计算，横向 3 个车道，该桥共计 130 个单元，133 个节点，模拟支座和墩底固接约束条件见表 7-19，刚构部分采用桥梁节点与墩节点的刚性连接，主梁混凝土强度采用 C55 级混凝土，弹性模量 $E = 3.55 \times 10^4$ MPa。整桥有限元模型如图 7-35 所示，主梁在汽车荷载作用下的弯矩包络图如图 7-36 所示。

表 7-19　模拟支座和墩底固接约束条件

墩　号	约束条件					
	D_x	D_y	D_z	R_x	R_y	R_z
26#	0	1	1	1	0	1
27#、28#	1	1	1	1	1	1
29#	0	1	1	1	0	1

注：D_x、D_y、D_z 代表位移约束，R_x、R_y、R_z 代表转角约束，后面字母代表坐标轴方向。

通过有限元模型根据实际车重进行计算，在汽车试验荷载布置方式作用下的各工况弯矩静载效率系数见表 7-20。

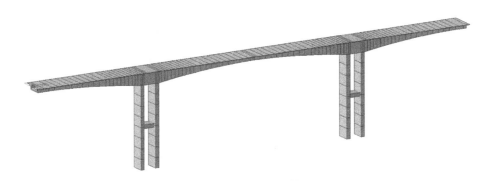

图7-35　整桥有限元模型

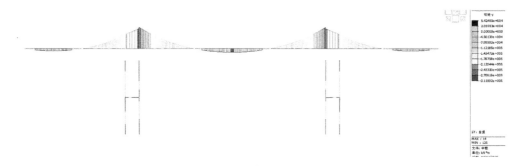

图7-36　主梁在汽车荷载作用下的弯矩包络图

表7-20　各工况弯矩静载效率系数一览表

加载工况	弯矩/(kN·m)		加载效率	控制位置
	设计荷载 （考虑冲击影响）	加载车辆		
工况一：对称加载	11923.4	11541.2	0.97	1—1截面
工况二：右侧偏载	11923.4	11541.2	0.97	1—1截面
工况三：对称加载	−38057.5	−32400.1	0.85	2—2截面
	12919.2	11889.5	0.92	3—3截面
工况四：右侧偏载	−38057.5	−32400.1	0.85	2—2截面
	12919.2	11889.5	0.92	3—3截面

（3）测点布置　测点类型有应力测点、挠度测点、沉降测点和温度测点等。

1）应力测点布置。主梁各截面的混凝土表面应力采用稳定性好、精度高并适合于野外环境的HY65型应变计进行测量，主要测试控制截面的应力分布规律和受力性能。各测点应变传感器布置如图7-37～图7-39所示。

2）挠度测点。箱梁各截面的挠度采用高精度水准仪进行测量，在1—1、3—3截面的桥面位置设置挠度测点，截面挠度测点布置如图7-40所示。

3）支座沉降测点。在桥墩位置附近布置沉降测点。支座沉降测点布置如图7-41所示。

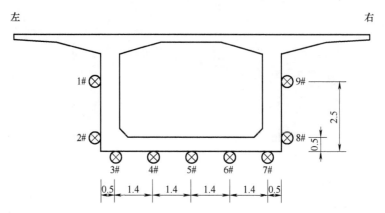

图 7-37　箱梁 1—1 截面测点布置（单位：m）

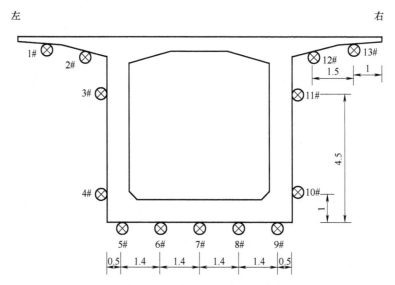

图 7-38　箱梁 2—2 截面测点布置（单位：m）

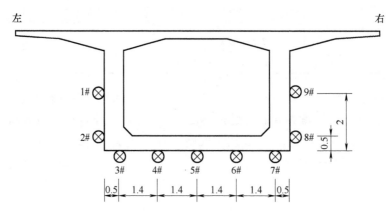

图 7-39　箱梁 3—3 截面测点布置（单位：m）

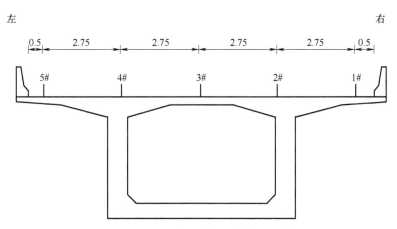

图 7-40 1—1、3—3 截面挠度测点布置（单位：m）

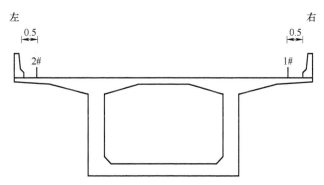

图 7-41 支座沉降测点布置（单位：m）

4）温度影响观测。当测试周期较长时，温度变化引起的结构内力和变形就会对测试结果产生影响。通常采取缩短加载时间，选择温度变化较稳定的时间段进行试验等办法，尽量减小温度对测试精度的影响。利用加载试验前进行的温度稳定性观测数据建立温度变化和测点测值变化的关系曲线，进行温度修正。本桥荷载试验选取温度较为稳定的时间段进行荷载试验，并且在加载试验之前对测试系统进行不少于 15min 的测试数据稳定性观测，建立温度变化和测点测值变化的关系曲线，以进行温度修正。

（4）加载工况及试验荷载布置方式

1）加载车型。静载试验采用 6 辆 35t 后八轮汽车进行等效加载，重车加载车型如图 7-42 所示，加载车实际质量见表 7-21。车队纵向位置按 Midas Civil 软件计算的影响线进行布设，为保证试验效果，对于某一特定荷载工况，试验荷载的大小和加载位置的选择采用静载试验效率系数 η_d 进行控制。静力试验荷载的效率系数为试验施加荷载产生的作用效应和设计荷载作用效应（考虑冲击影响）的比值，宜取 0.95～1.05；对交（竣）工验收荷载试验宜取 0.85～1.05。

静载试验效率 η_d 为

$$\eta_d = \frac{S_s}{S(1+\mu)} \tag{7-15}$$

式中　S_s——静载试验荷载作用下控制截面的内力计算值；

$\quad\quad S$——控制荷载（标准设计荷载）作用下控制截面最不利内力计算值；

$\quad\quad \mu$——按规范取用的冲击系数；

$\quad\quad \eta_d$——静力试验荷载的效率系数。

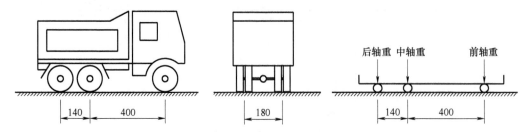

图 7-42　重车加载车型图（单位：cm）

表 7-21　加载车实际质量表

加载车编号	前轴质量/t	中轴质量/t	后轴质量/t	总质量/t
加载车 1	63.4	144.4	144.4	352.2
加载车 2	65.0	148.1	148.1	361.2
加载车 3	64.5	146.9	146.9	358.3
加载车 4	62.7	142.9	142.9	348.5
加载车 5	62.9	143.2	143.2	349.3
加载车 6	64.2	146.1	146.1	356.4

2）加载工况及其荷载纵向布置。共划分为 4 个控制工况，具体工况及测试项目如下。

工况一：1—1 截面最大正弯矩（公路—Ⅰ级）对称加载，分 3 级进行加载。1—1 截面正弯矩影响线如图 7-43。

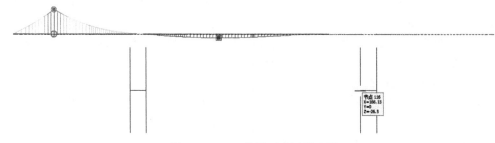

图 7-43　1—1 截面正弯矩影响线

工况二：1—1 截面最大正弯矩（公路—Ⅰ级）右侧偏载加载，分 3 级进行加载。

测试项目：加载前、加载后及卸载后 1—1 截面的应变和挠度，加载图如图 7-44～图 7-49 所示。

工况三：3—3 截面最大正弯矩及 2—2 最大负弯矩对称加载，分 3 级进行加载。2—2 截面负弯矩影响线如图 7-50 所示，3—3 截面正弯矩影响线如图 7-51 所示。

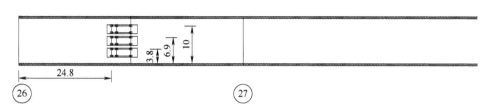

图 7-44　工况一分级 1 车辆对称加载（单位：m）

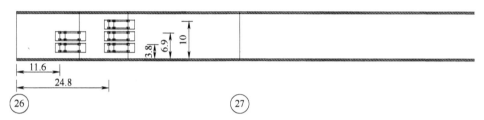

图 7-45　工况一分级 2 车辆对称加载（单位：m）

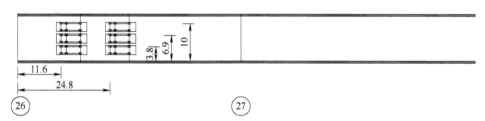

图 7-46　工况一分级 3 车辆对称加载（单位：m）

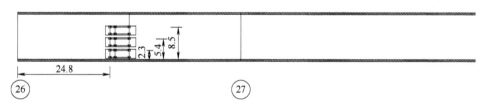

图 7-47　工况二分级 1 车辆偏载加载（单位：m）

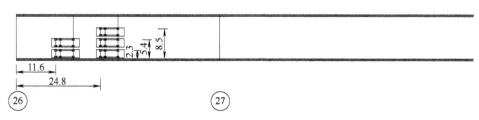

图 7-48　工况二分级 2 车辆偏载加载（单位：m）

图 7-49 工况二分级 3 车辆偏载加载（单位：m）

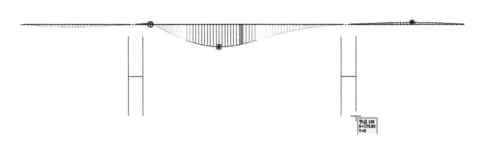

图 7-50 2—2 截面负弯矩影响线

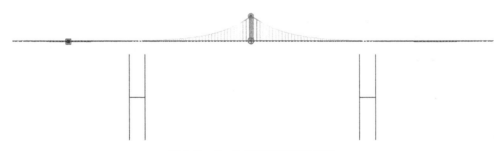

图 7-51 3—3 截面正弯矩影响线

工况四：3—3 截面最大正弯矩及 2—2 最大负弯矩对称加载右侧偏载加载工况，分 3 级进行加载。

测试项目：加载前、加载后及卸载后 2—2 截面的应变；3—3 截面应变和挠度，加载图见图 7-52~图 7-57 所示。

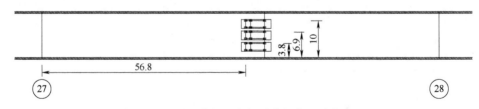

图 7-52 工况三分级 1 车辆对称加载（单位：m）

（5）静载试验加载程序

1）试验时间。原则上应选择在气温变化不大于 2℃ 和结构温度趋于稳定的时间间隔内进行，本桥选择在气温较稳定的夜间 10：00 到凌晨 4：00 之间进行试验进行。

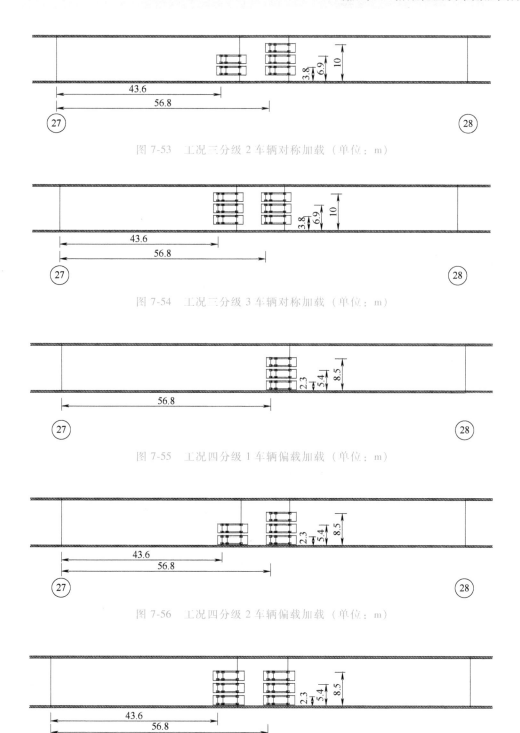

图 7-53 工况三分级 2 车辆对称加载（单位：m）

图 7-54 工况三分级 3 车辆对称加载（单位：m）

图 7-55 工况四分级 1 车辆偏载加载（单位：m）

图 7-56 工况四分级 2 车辆偏载加载（单位：m）

图 7-57 工况四分级 3 车辆偏载加载（单位：m）

2）预加载。正式加载试验前，用一辆试验重车分别对加载幅桥梁进行预加载，按结构最不利受力特点，预加荷载分别对称停在试验跨跨中、支点附近及相邻跨的跨中，每个截面停留 30min。预加载的目的为使结构能进入正常工作状态，同时检查整个试验、测试系统能否正常运行。

3）加载分级和重复加载。正式加载试验时按分级加载，分级加载分成 6 级，每个主要加载工况均重复一次，但重复工况不进行分级加载，每个工况加载前，桥上车辆荷载必须驶离桥外。

4）加载控制。按表 7-19 工况进行加载时，每个工况均要稳定读数和回零读数。加载的读数控制原则上均以挠度值控制，具体每个工况的加载稳定读数和卸载零恢复的读数控制方法和要求如下：在每级加载后立即测读一次，计算其与加载前测读值之差值 S_g，然后每隔 2min 测读一次，计算 2min 前后读数的差值 ΔS，并按下式计算相对读数差值 m

$$m = \frac{\Delta S}{S_g} \tag{7-16}$$

当 m 小于 1% 或小于量测仪器的最小分辨值时即认为结构基本稳定，可进行各测点读数，记录所有测点读数。但当进行主要控制截面最大内力加载程序时，荷载在桥上稳定时间应不少于 5min，之后进入下一加载工况。卸载回零读数控制，原则上与加载读数一样。

正式开始后，静载加载试验流程如图 7-58 所示。

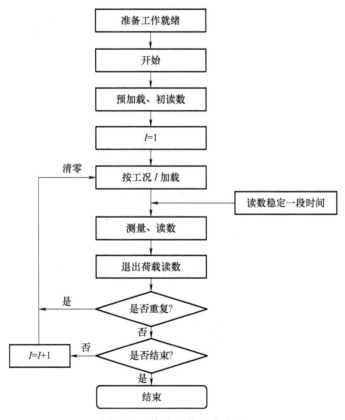

图 7-58 静载加载试验流程

（6）静载试验卸载程序 每个试验工况完成后，应按分级进行卸载，分级卸载分成 6~7 级，按照先上后卸、后上先卸的顺序进行，避免卸载时箱梁出现偏心受力现象。

（7）荷载试验终止加载条件　为了获取该桥主桥的结构试验荷载与变位的相关曲线及防止结构意外损伤，对主要控制截面试验荷载的施加应分级进行。加载级数应根据加载车辆数量而定，本次试验分 6~7 级加载，加载过程中应随时观测数据变化，防止出现意外。

终止加载的控制条件：

1）控制测点变位（或挠度）达到或超过计算的控制应力值，挠度超过理论值 1.1 倍且有继续增加趋势时，应立即停止加载。

2）由于加载使结构裂缝的长度、宽度急剧增加，加载后缝宽增加超过 0.2mm，且呈加速扩展趋势时，应立即停止加载。

4. 动载试验方案设计

（1）跑车试验测试方法与测点布置　跑车试验的测试截面一般选择在活载作用下结构应变最大的位置，根据本桥结构的弯矩包络图特点，车辆激励试验观测断面布置在中跨跨中位置（见图 7-59），布置两个动应变计（见图 7-60）。

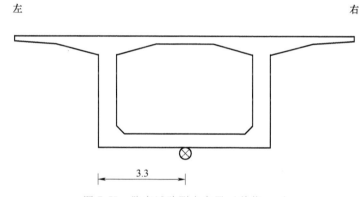

图 7-59　跑车试验测点布置（单位：m）

图 7-60　动应变计

加载车型：车辆激励试验加载车型同静载试验。试验加载工况。车辆激励试验各加载工况见表 7-22。

表 7-22　车辆跑车试验加载工况一览表

工况序号	工况类型	车速/(km/h)	工况描述
工况一	1 辆加载车行车试验	10	试验时，加载车以车速为 10~60km/h 匀速通过桥跨结构，由于在行驶过程中对桥面产生冲击作用，从而使桥梁结构产生振动。通过动力测试系统测定测试截面处的动挠度与动应变时间历程曲线，以测得在行车条件下的振幅响应、动应变
工况二		20	
工况三		30	
工况四		40	
工况五		50	
工况六		60	

（2）脉动试验测试方法与测点布置　在桥面无任何交通荷载及桥址附近无规则振源的情况下，通过高灵敏度拾振器测定桥址处风荷载、地脉动、水流等随机荷载激振而引起桥跨结构的微幅振动响应，测得结构的自振频率、振型和阻尼比等动力学特征。

加速度传感器在桥面横向布置在桥面两侧，脉动试验拾振器桥面纵向布置如图 7-61 所示，脉动试验拾振器如图 7-62 所示。

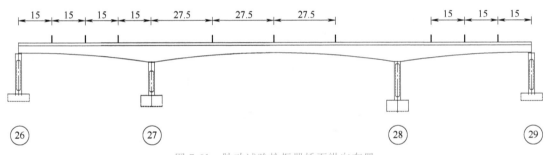

图 7-61　脉动试验拾振器桥面纵向布置

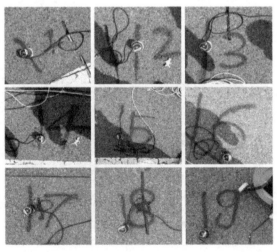

图 7-62　脉动试验拾振器

5. 投入的人员和主要测试仪器

本次荷载试验，共投入现场检测、理论计算及报告编制人员 5 人，现场辅助人员 5 人，采用主要检测仪器见表 7-23。

表 7-23　荷载试验主要检测仪器表

序　号	仪 器 名 称	工作内容或用途	数量
1	精密水准仪	挠度量测	1 套
2	数码应变计	应力量测	12 个
3	拾振器	自振特性	5 个
4	INV 智能信号采集处理分析仪	自振特性	1 套
5	动态应变测试与采集分析系统	跑车试验	1 套
6	动应变计	冲击系数	2 个
7	动位移计	冲击系数	2 个
8	光电式结构裂缝观测仪	裂缝量测	1 台
9	IBM 计算机	数据采集	4 台
10	钢卷尺	放线定位	2 套
11	加载车	试验加载	7 辆

6. 试验流程及计划安排

各加载工况工作流程如下。

1）桥梁空载，根据总指挥的指令，几何测量组读取桥梁在空载下的初始读数，加载车辆在停车场待命。

2）各测量组读取完初始数据后，向总指挥汇报，然后总指挥向车辆调度组下指令，第一级加载车辆进入指定位置。

3）第一级加载车辆全部到位后，向总指挥报告，总指挥待控制点读数稳定后，下达指令，各个测量小组开始测量。

4）各个测量小组完成本级加载各自的测量任务后，向总指挥报告。

5）根据各个测量小组汇报的测量结果，总指挥判断试验是否正常。如果测量结果有异常，则命令相应的小组重新测量，并判断结构受力是否异常。如果一切正常，则命令进入下一级加载。

6）本工况荷载均加载测量完成后，车辆撤离，本工况结束，各测量小组读取卸载读数。

7）进入下一加载工况，直至试验结束。

7.3.3　荷载试验结果整理与分析

荷载试验报告除一般性的内容外，主要根据静载和动载的试验结果进行评价。桥梁工作性能评定内容主要有：

1）桥梁结构的试验加载效率是否满足《公路桥梁承载能力检测评定规程》的要求，试验加载是否有效。

2）挠度校验系数与应力校验系数是否满足《公路桥梁承载能力检测评定规程》的要求，如校验系数小于 1，则说明桥梁实际工作状况好于理论状况，桥梁承载能力满足设计要求。

3）静载试验荷载作用下，主桥各控制截面的挠度和应力实测值与理论计算结果的变化规律是否基本一致。

4）量测的最大残余变形系数（量测的残余变形与量测的总变形值的比值）应满足《公路桥梁承载能力检测评定规程》不大于 20% 的要求，据此可判断在正常使用情况下结构是否处于弹性工作状态。

5）根据对称加载和偏心加载实测结果及与理论计算值的对比，判断偏心加载时的扭转效应和箱梁的抗扭刚度。

6）根据行车试验测定桥梁的实际行车冲击系数，判定桥梁行车舒适度。

7）根据自振特性试验分析桥梁结构整体性能，评价桥梁工作状况。

1. 静载试验结果整理分析

（1）挠度数据分析 对桥梁测试截面的挠度进行了数据测试和采集，表 7-24 给出各工况实测挠度和理论挠度分析，图 7-63～图 7-66 给出了各工况的实测挠度与理论挠度对比图。

表 7-24 各工况实测挠度和理论挠度分析表

工况号	控制截面	测点编号	理论值/mm	分级 1 实测值/mm	分级 2 实测值/mm	分级 3 实测值/mm	实测弹性位移值/mm	校验系数
工况一	1—1 截面	1#	-6.321	-1.968	-3.010	-3.715	-3.543	0.56
		2#	-6.321	-1.693	-2.911	-3.379	-3.206	0.51
		3#	-6.321	-1.799	-3.023	-3.616	-3.382	0.54
		4#	-6.321	-2.112	-3.208	-3.855	-3.611	0.57
		5#	-6.321	-2.072	-3.341	-3.894	-3.755	0.59
工况二	1—1 截面	1#	-7.269	-2.069	-3.386	-4.039	-3.877	0.53
		2#	-6.795	-1.972	-3.320	-3.828	-3.654	0.54
		3#	-6.321	-1.790	-2.979	-3.606	-3.360	0.53
		4#	-5.847	-1.638	-2.713	-3.224	-3.197	0.55
		5#	-5.373	-1.643	-2.512	-3.040	-2.802	0.52
工况三	3—3 截面	1#	-16.306	-4.408	-7.174	-8.691	-8.451	0.52
		2#	-16.306	-4.481	-7.261	-8.846	-8.622	0.53
		3#	-16.306	-5.008	-8.066	-9.927	-9.756	0.60
		4#	-16.306	-4.944	-8.032	-9.603	-9.543	0.59
		5#	-16.306	-4.801	-7.842	-9.287	-9.075	0.56
工况四	3—3 截面	1#	-18.752	-5.735	-8.594	-10.587	-10.512	0.56
		2#	-17.529	-5.343	-8.540	-9.879	-9.675	0.55
		3#	-16.306	-4.030	-6.914	-8.153	-7.916	0.49
		4#	-15.083	-3.918	-6.709	-7.896	-7.820	0.52
		5#	-13.860	-3.776	-6.354	-7.529	-7.469	0.54

注：挠度实测值均已考虑温度影响修正。

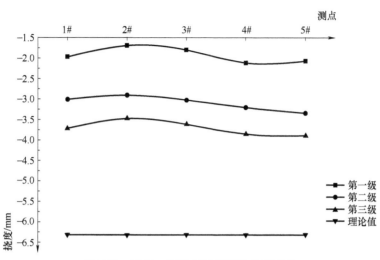

图 7-63 工况一实测挠度与理论挠度对比

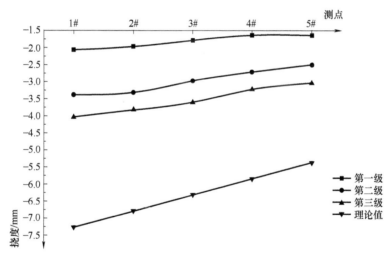

图 7-64 工况二实测挠度与理论挠度对比

由以上各工况图表比较可以看出，桥梁试验跨测点的实测挠度值均小于理论挠度值，主要测点的挠度校验系数在 0.49~0.60 之间，满足《公路桥梁承载能力检测评定规程》中校验系数不大于 1 的规定。

（2）残余挠度分析 表 7-25 列出了各工况残余挠度分析，从表中可以看出，相对残余挠度在 0.6%~7.8% 之间，均满足《公路桥梁承载能力检测评定规程》不大于 20% 的要求，说明桥梁试验跨受力后，变形基本能恢复到初始状态，处于弹性工作状态。

（3）应变数据分析 表 7-26 给出了桥梁试验跨测试截面各工况实测应变和理论应变对比，图 7-67~图 7-72 给出了各工况的实测应变与理论应变对比。由各工况的图表比较可以看出，桥梁试验跨在试验荷载作用下测试截面的实测应变值均未超出理论应变值，应变的校验系数在 0.44~0.67 之间，满足《公路桥梁承载能力检测评定规程》中校验系数不大于 1 的规定。

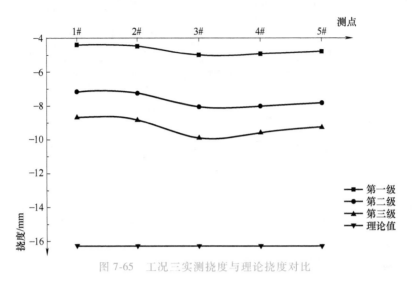

图 7-65　工况三实测挠度与理论挠度对比

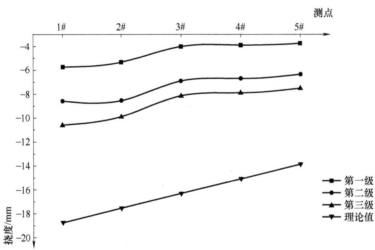

图 7-66　工况四实测挠度与理论挠度对比

表 7-25　各工况残余挠度分析表

工况号	控制截面	测点编号	残余值/mm	实测值/mm	相对残余挠度/%
工况一	1—1 截面	1#	−0.172	−3.715	4.6%
		2#	−0.173	−3.379	5.1%
		3#	−0.234	−3.616	6.5%
		4#	−0.244	−3.855	6.3%
		5#	−0.139	−3.894	3.6%
工况二	1—1 截面	1#	−0.162	−4.039	4.0%
		2#	−0.174	−3.828	4.5%
		3#	−0.246	−3.606	6.8%
		4#	−0.027	−3.224	0.8%
		5#	−0.239	−3.040	7.8%

（续）

工况号	控制截面	测点编号	残余值/mm	实测值/mm	相对残余挠度/%
工况三	3—3 截面	1#	-0.239	-8.691	2.8%
		2#	-0.224	-8.846	2.5%
		3#	-0.171	-9.927	1.7%
		4#	-0.060	-9.603	0.6%
		5#	-0.212	-9.287	2.3%
工况四	3—3 截面	1#	-0.076	-10.587	0.7%
		2#	-0.204	-9.879	2.1%
		3#	-0.236	-8.153	2.9%
		4#	-0.076	-7.896	1.0%
		5#	-0.060	-7.529	0.8%

注：挠度实测值均已考虑温度影响修正。

表 7-26　各工况实测应变和理论应变对比

工况号	控制截面	测点编号	测点位置	理论值	分级1实测值	分级2实测值	分级3实测值	实测弹性应变	校验系数
工况一	1—1 截面	1#	左腹板上	-20.3	-6.2	-9.7	-11.9	-10.8	0.53
		2#	左腹板下	42.8	12.6	20.2	23.5	21.6	0.50
		3#	底板 1#	58.6	17.1	26.7	32.7	30.5	0.52
		4#	底板 2#	58.6	15.0	25.1	30.4	28.9	0.49
		5#	底板 3#	58.6	15.4	24.5	29.3	28.7	0.49
		6#	底板 4#	58.6	14.3	24.5	28.5	27.3	0.47
		7#	底板 5#	58.6	14.8	25.4	30.4	29.0	0.49
		8#	右腹板下	42.8	9.9	17.0	20.1	19.2	0.45
		9#	右腹板上	-20.3	-6.1	-10.0	-11.6	-10.8	0.53
工况二	1—1 截面	1#	左腹板上	-22.3	-6.3	-11.0	-12.8	-11.7	0.52
		2#	左腹板下	41.8	10.7	17.3	20.7	18.7	0.45
		3#	底板 1#	57.8	16.4	28.3	32.8	30.6	0.53
		4#	底板 2#	58.2	15.0	26.4	31.0	29.3	0.50
		5#	底板 3#	58.6	14.3	25.2	29.0	28.4	0.48
		6#	底板 4#	58.9	15.4	24.5	29.2	28.0	0.48
		7#	底板 5#	59.2	17.4	27.8	33.0	31.6	0.53
		8#	右腹板下	43.4	10.2	16.6	19.8	19.2	0.44
		9#	右腹板上	-19.7	-5.5	-9.4	-11.3	-10.4	0.53
工况三	2—2 截面	1#	左翼板 1#	26.5	8.7	15.2	18.0	17.2	0.65
		2#	左翼板 2#	26.5	9.0	15.0	17.6	16.4	0.62
		3#	左腹板上	20.5	7.1	12.0	14.1	13.2	0.64
		4#	左腹板下	-21.5	-8.5	-13.0	-15.7	-14.5	0.67
		5#	底板 1#	-33.5	-12.0	-18.9	-22.8	-22.0	0.66
		6#	底板 2#	-33.5	-10.3	-18.1	-21.4	-20.6	0.61
		7#	底板 3#	-33.5	-11.5	-17.9	-21.7	-20.5	0.61

（续）

工况号	控制截面	测点编号	测点位置	理论值	分级1实测值	分级2实测值	分级3实测值	实测弹性应变	校验系数
工况三	2—2 截面	8#	底板 4#	-33.5	-11.2	-17.6	-21.4	-20.3	0.61
		9#	底板 5#	-33.5	-12.7	-19.9	-23.6	-22.5	0.67
		10#	右腹板下	-21.5	-6.6	-11.4	-13.3	-12.5	0.58
		11#	右腹板上	20.5	6.1	10.3	12.2	11.6	0.57
		12#	右翼板 1#	26.5	8.7	15.3	17.8	16.9	0.64
		13#	右翼板 2#	26.5	7.8	13.3	15.8	14.9	0.56
	3—3 截面	1#	左腹板上	-21.1	-5.0	-8.7	-10.2	-9.4	0.45
		2#	左腹板下	44.8	10.1	16.9	20.8	19.7	0.44
		3#	底板 1#	66.8	16.2	28.5	33.7	32.2	0.48
		4#	底板 2#	66.8	16.4	27.0	32.2	31.2	0.47
		5#	底板 3#	66.8	18.5	30.5	37.0	35.4	0.53
		6#	底板 4#	66.8	16.4	27.2	33.6	32.6	0.49
		7#	底板 5#	66.8	15.7	25.3	30.9	29.5	0.44
		8#	右腹板下	44.8	10.6	18.2	21.9	21.1	0.47
		9#	右腹板上	-21.1	-5.3	-8.8	-10.7	-9.9	0.47
工况四	2—2 截面	1#	左翼板 1#	26.4	9.4	15.4	18.5	17.8	0.67
		2#	左翼板 2#	26.4	8.2	13.0	15.9	15.1	0.57
		3#	左腹板上	20.4	6.1	10.3	12.3	11.7	0.57
		4#	左腹板下	-21.7	-6.3	-11.0	-13.2	-12.5	0.58
		5#	底板 1#	-33.7	-11.6	-17.8	-21.2	-19.8	0.59
		6#	底板 2#	-33.6	-11.1	-18.6	-22.3	-21.2	0.63
		7#	底板 3#	-33.5	-9.8	-17.1	-20.1	-18.9	0.56
		8#	底板 4#	-33.5	-11.9	-18.6	-21.7	-21.0	0.63
		9#	底板 5#	-33.4	-11.1	-18.7	-22.9	-22.5	0.67
		10#	右腹板下	-21.4	-7.8	-12.7	-15.0	-14.1	0.66
		11#	右腹板上	20.8	7.5	11.2	13.6	12.3	0.59
		12#	右翼板 1#	26.8	9.0	15.3	18.1	17.3	0.65
		13#	右翼板 2#	26.8	8.8	14.1	16.7	15.5	0.58
	3—3 截面	1#	左腹板上	-21.2	-6.3	-10.3	-12.4	-11.8	0.56
		2#	左腹板下	44.6	13.5	21.5	25.0	23.5	0.53
		3#	底板 1#	66.6	17.5	27.9	32.5	30.5	0.46
		4#	底板 2#	66.7	18.8	29.6	35.9	34.4	0.52
		5#	底板 3#	66.8	17.3	28.7	33.6	33.0	0.49
		6#	底板 4#	66.9	15.9	27.6	32.6	31.4	0.47
		7#	底板 5#	67.0	20.1	31.0	37.5	36.6	0.55
		8#	右腹板下	45.2	11.6	18.4	21.5	20.3	0.45
		9#	右腹板上	-20.4	-5.2	-8.9	-10.6	-9.8	0.48

注：应变实测值均已考虑温度影响修正。

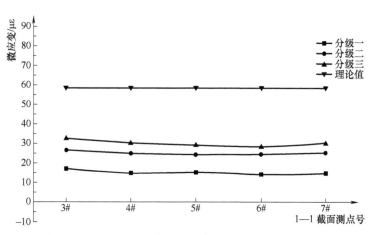

图 7-67 工况一 1—1 截面底板实测应变与理论应变对比

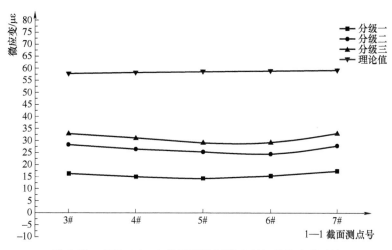

图 7-68 工况二 1—1 截面底板实测应变与理论应变对比

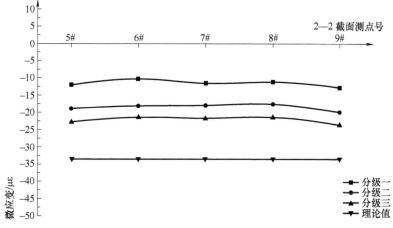

图 7-69 工况三 2—2 截面底板实测应变与理论应变对比

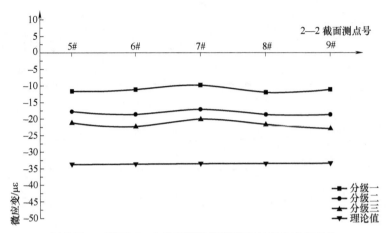

图 7-70 工况四 2—2 截面底板实测应变与理论应变对比

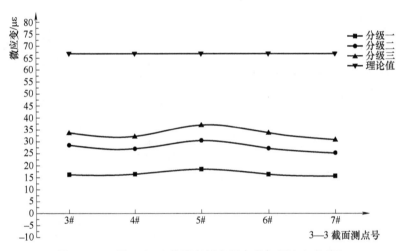

图 7-71 工况三 3—3 截面底板实测应变与理论应变对比

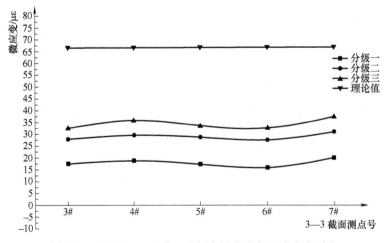

图 7-72 工况四 3—3 截面底板实测应变与理论应变对比

（4）残余应变分析 桥梁试验跨测试截面各工况残余应变分析见表7-27，由表可以看出，测试截面的相对残余应变为1.6%～9.7%，相对残余应变满足《公路桥梁承载能力检测评定规程》不大于20%的要求，说明桥梁试验跨受力后，应变基本能恢复到初始状态，处于弹性工作状态。

表 7-27 各工况残余应变分析

工况号	控制截面	测点编号	测点位置	残余值/με	实测值/με	相对残余应变（%）
工况一	1—1截面	1#	左腹板上	−1.1	−11.9	9.2
		2#	左腹板下	1.9	23.5	8.1
		3#	底板1#	2.2	32.7	6.7
		4#	底板2#	1.5	30.4	4.9
		5#	底板3#	0.6	29.3	2.0
		6#	底板4#	1.2	28.5	4.2
		7#	底板5#	1.4	30.4	4.6
		8#	右腹板下	0.9	20.1	4.5
		9#	右腹板上	−0.8	−11.6	6.9
工况二	1—1截面	1#	左腹板上	−1.1	−12.8	8.6
		2#	左腹板下	2.0	20.7	9.7
		3#	底板1#	2.2	32.8	6.7
		4#	底板2#	1.7	31.0	5.5
		5#	底板3#	0.6	29.0	2.1
		6#	底板4#	1.2	29.2	4.1
		7#	底板5#	1.4	33.0	4.2
		8#	右腹板下	0.6	19.8	3.0
		9#	右腹板上	−0.9	−11.3	8.0
工况三	2—2截面	1#	左翼板1#	0.8	18.0	4.4
		2#	左翼板2#	1.2	17.6	6.8
		3#	左腹板上	0.9	14.1	6.4
		4#	左腹板下	−1.2	−15.7	7.6
		5#	底板1#	−0.8	−22.8	3.5
		6#	底板2#	−0.8	−21.4	3.7
		7#	底板3#	−1.2	−21.7	5.5
		8#	底板4#	−1.1	−21.4	5.1
		9#	底板5#	−1.1	−23.6	4.7
		10#	右腹板下	−0.8	−13.3	6.0
		11#	右腹板上	0.6	12.2	4.9
		12#	右翼板1#	0.9	17.8	5.1
		13#	右翼板2#	0.9	15.8	5.7

（续）

工况号	控制截面	测点编号	测点位置	残余值 /με	实测值 /με	相对残余应变 （%）
工况三	3—3 截面	1#	左腹板上	-0.8	-10.2	7.8
		2#	左腹板下	1.1	20.8	5.3
		3#	底板1#	1.5	33.7	4.5
		4#	底板2#	1.0	32.2	3.1
		5#	底板3#	1.6	37.0	4.3
		6#	底板4#	1.0	33.6	3.0
		7#	底板5#	1.4	30.9	4.5
		8#	右腹板下	0.8	21.9	3.7
		9#	右腹板上	-0.8	-10.7	7.5
工况四	2—2 截面	1#	左翼板1#	0.7	18.5	3.8
		2#	左翼板2#	0.8	15.9	5.0
		3#	左腹板上	0.6	12.3	4.9
		4#	左腹板下	-0.7	-13.2	5.3
		5#	底板1#	-1.4	-21.2	6.6
		6#	底板2#	-1.1	-22.3	4.9
		7#	底板3#	-1.2	-20.1	6.0
		8#	底板4#	-0.7	-21.7	3.2
		9#	底板5#	-0.4	-22.9	1.7
		10#	右腹板下	-0.9	-15.0	6.0
		11#	右腹板上	1.3	13.6	9.6
		12#	右翼板1#	0.8	18.1	4.4
		13#	右翼板2#	1.2	16.7	7.2
	3—3 截面	1#	左腹板上	-0.6	-12.4	4.8
		2#	左腹板下	1.5	25.0	6.0
		3#	底板1#	2.0	32.5	6.2
		4#	底板2#	1.5	35.9	4.2
		5#	底板3#	0.6	33.6	1.8
		6#	底板4#	1.2	32.6	3.7
		7#	底板5#	0.9	37.5	2.4
		8#	右腹板下	1.2	21.5	5.6
		9#	右腹板上	-0.8	-10.6	7.5

注：应变实测值均已考虑温度影响修正。

（5）挠度、应变增长分析 图7-73～图7-78为各工况下控制截面主要测点挠度或应变增长曲线，由图可知梁底挠度和应变随荷载基本呈线性增长，且曲线基本平顺，无明显增大趋势，表明控制截面受力在线性工作状态范围内。

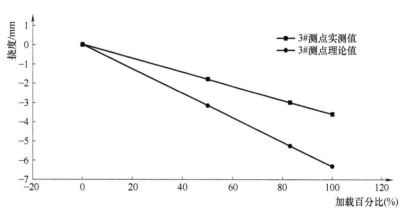

图 7-73　工况一 1—1 截面 3#测点挠度增长曲线

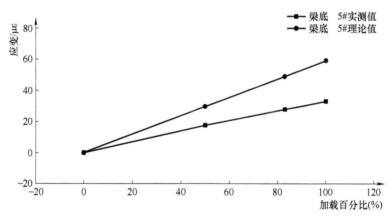

图 7-74　工况二 1—1 截面梁底 5#应变增长曲线

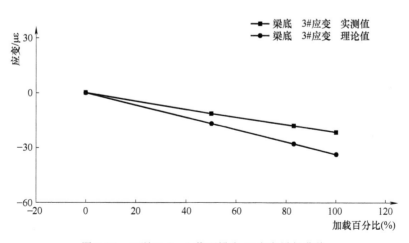

图 7-75　工况三 2—2 截面梁底 3#应变增长曲线

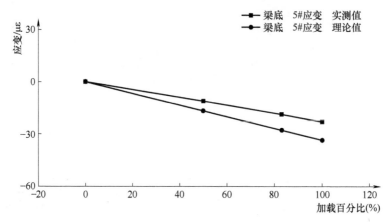

图 7-76　工况四 2—2 截面梁底 5#应变增长曲线

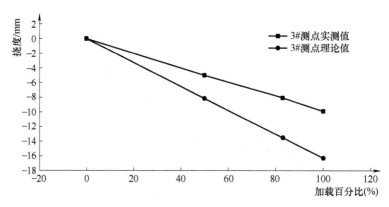

图 7-77　工况三 3—3 截面 3#挠度增长曲线

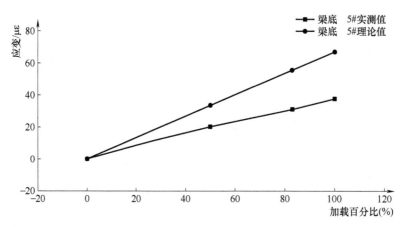

图 7-78　工况四 3—3 截面梁底 5#应变增长曲线

（6）应变沿梁高分布分析　图 7-79～图 7-84 为各工况下，控制截面右侧腹板各测点应变沿梁高的分布。图中显示各控制截面应变沿梁高均接近直线变化，基本符合平截面假定。

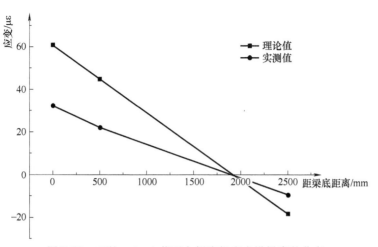

图 7-79 工况一 1—1 截面右侧腹板应变沿梁高的分布

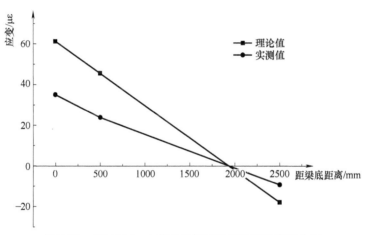

图 7-80 工况二 1—1 截面右侧腹板应变沿梁高的分布

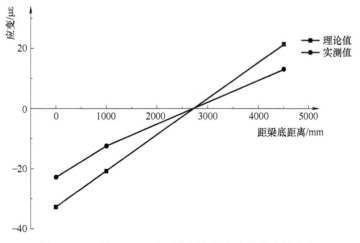

图 7-81 工况三 2—2 截面右侧腹板应变沿梁高的分布

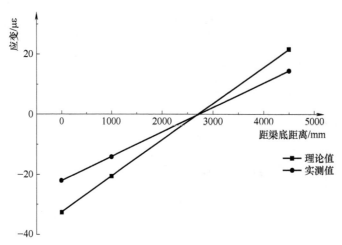

图 7-82　工况四 2—2 截面右侧腹板应变沿梁高的分布

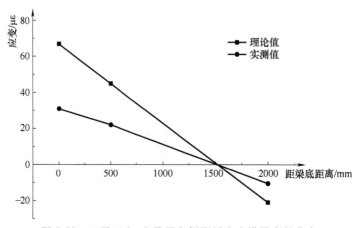

图 7-83　工况三 3—3 截面右侧腹板应变沿梁高的分布

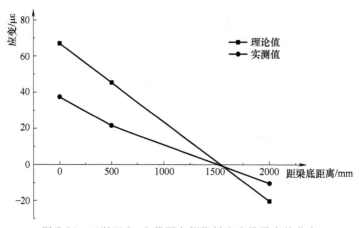

图 7-84　工况四 3—3 截面右侧腹板应变沿梁高的分布

2. 动载试验结果整理分析

（1）自振特性试验结果　利用 INV 智能信号采集处理分析系统在自然环境振动下采集时域全程波形及振动频谱图如图 7-85 和图 7-86 所示。

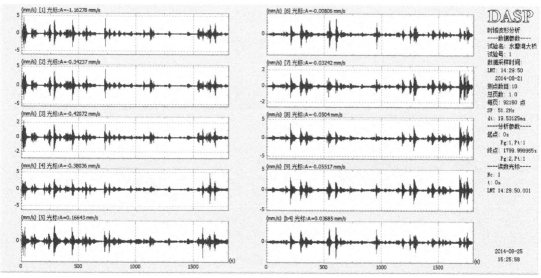

图 7-85　采集时域全程波形

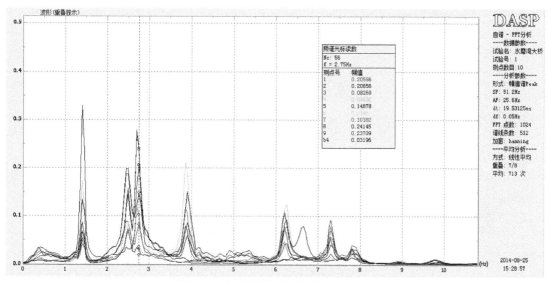

图 7-86　振动频谱（各测点重叠显示）

（2）模态分析结果　根据实测数据利用分析系统中随机子空间（SSI）法对该桥振型进行拟合，前四阶固有频率值见表 7-28，前四阶实测振型如图 7-87～图 7-90 所示。

表 7-28　前四阶固有频率值

阶　　数	第 1 阶	第 2 阶	第 3 阶	第 4 阶
频率值/Hz	1.409	2.478	2.727	3.875
阻尼比（%）	1.083	1.430	1.180	0.838

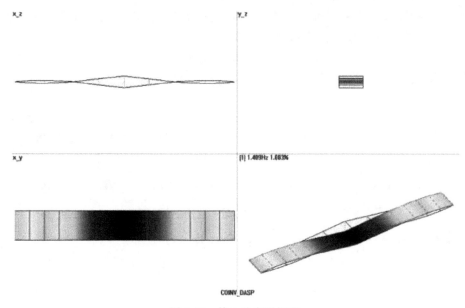

图 7-87　第 1 阶实测振型

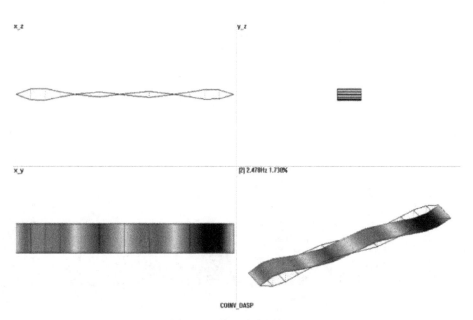

图 7-88　第 2 阶实测振型

（3）阻尼比分析　在动态响应计算分析中，桥梁结构的阻尼信息较为重要。实测阻尼比的大小反映了桥梁结构耗散外部能量输入的能力，阻尼比大，说明桥梁结构耗散外部能量输入的能力强，振动衰减得快；阻尼比小，说明桥梁结构耗散外部能量输入的能力差，振动衰减得慢。但是，过大的阻尼比则说明桥梁结构可能存在开裂或支座工作状况不正常等现象。实测阻尼比为 0.838% ~ 1.430%，在常规桥梁阻尼比的正常范围内。

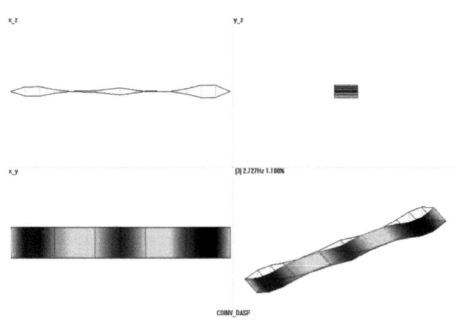

图 7-89 第 3 阶实测振型

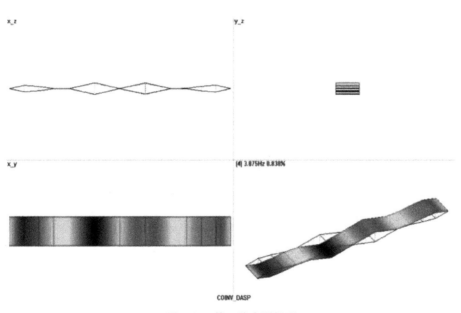

图 7-90 第 4 阶实测振型

（4）冲击系数分析结果 采用动态信号采集分析系统进行跑车试验测得的动应变时程曲线图（见图 7-91～图 7-93），分析计算的各个工况下桥梁的冲击系数测试结果见表 7-29，该桥实测最大冲击系数为 0.02 小于《公路桥涵设计通用规范》中计算的 0.083，说明该桥行车条件较好。

表 7-29　各个工况下桥梁的冲击系数测试结果

工况序号	工况类型	车速/(km/h)	冲击系数
工况一	1辆加载车行车试验	10	0.01
工况四		40	0.02
工况六		60	0.01

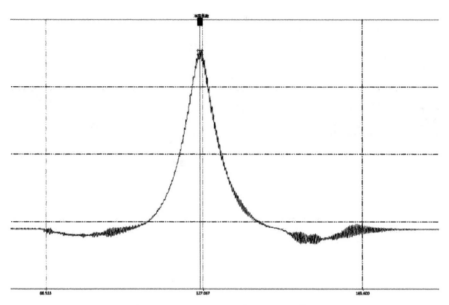

图 7-91　10km/h 工况动应变时程曲线

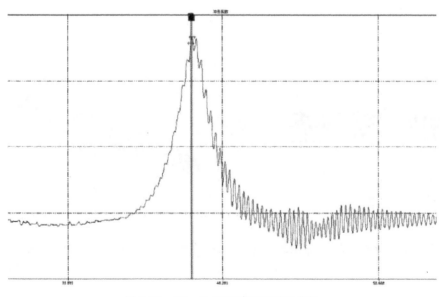

图 7-92　40km/h 工况动应变时程曲线

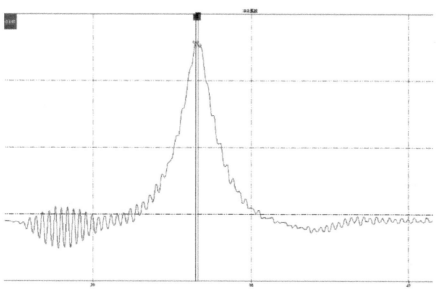

图 7-93 60km/h 工况动应变时程曲线

7.3.4 结论

1. 静载试验结论

通过桥梁试验跨的挠度、应变、校验系数、残余挠度、残余应变等桥梁工作性能指标的分析，静载试验小结如下：

1）各工况实测挠度值均小于理论挠度值，挠度校验系数在 0.49~0.60 之间，满足《公路桥梁承载能力检测评定规程》中校验系数不大于 1 的规定。

2）各工况相对残余挠度在 0.6%~7.8% 之间，均满足《公路桥梁承载能力检测评定规程》不大于 20% 的要求，说明桥梁试验跨受力后，变形基本能恢复到初始状态，处于弹性工作状态。

3）桥梁试验跨在试验荷载作用下测试截面的实测应变值均未超出理论应变值，应变的校验系数在 0.44~0.67 之间，满足《公路桥梁承载能力检测评定规程》中校验系数不大于 1 的规定。

4）各工况相对残余应变在 1.7%~9.7% 之间，相对残余应变满足《公路桥梁承载能力检测评定规程》不大于 20% 的要求，说明桥梁试验跨受力后，应变基本能恢复到初始状态，处于弹性工作状态。

5）桥梁试验跨各工况下控制截面主要测点的挠度和应变均表现为随荷载增加而增长，并接近线性变化。

6）主要工况下各控制截面应变沿梁高均接近直线变化，基本符合平截面假定。

7）在各工况加载过程中，未发现桥梁有异常振动、声响及新增裂缝出现。

2. 动载试验结论

1）通过竖向振动频率分析可知，该桥第 1 阶竖向弯曲振动频率 1.41Hz，为理论计算值 1.38Hz 的 1.02 倍，说明该桥动刚度与理论计算基本吻合。

2）实测桥梁第 1 阶竖向振型与理论计算的第 1 阶竖向振型接近，说明该桥的动力特性良好。

3）该桥的阻尼比为 0.838~1.430%，属于桥梁阻尼比的正常范围。

4）桥梁最大冲击系数为 0.02，小于《公路桥涵设计通用规范》的计算结果 0.083，说明该桥行车条件较好。

综上所述，该桥静载试验及动载试验测试结果表明：该桥满足设计荷载的通行要求。

■ 7.4 桥梁承载力评定

《公路桥梁承载能力检测评定规程》对桥梁承载能力检测评定是依据检测结果通过检算方式来评定桥梁承载力。前述桥梁荷载试验也可以用来评定桥梁承载力。桥梁荷载试验虽然结果最直接、有效，但其费用相对较高。桥梁承载能力检测评定相对费用更低，它通过对桥梁进行技术状况检查，然后依据检查结果引入分项检算系数，用其修正极限状态设计表达式，从而对桥梁实际承载能力进行评定的一种方法。

根据《公路桥梁承载能力检测评定规程》的规定，在用桥梁有下列情况之一时，应进行承载能力检测评定：

1）技术状况等级为四、五类的桥梁。

2）拟提高荷载等级的桥梁。

3）需通过特殊重型车辆荷载的桥梁。

4）遭受重大自然灾害或意外事件的桥梁。

在用桥梁应按承载能力极限状态和正常使用极限状态两类极限状态进行承载能力检测评定。桥梁承载能力检测评定主要工作内容包括结构构件缺损状况调查、材质状况与状态参数检测、实际运营荷载状况调查、承载能力检算、承载力评定。结构构件缺损状况调查即桥梁技术状况检测，材质状况与状态参数检测，主要包括桥梁几何形态参数检测评估、桥梁恒载变异状况调查评估、桥梁材质强度检测评定、混凝土桥梁钢筋锈蚀点位检测评定、混凝土桥梁氯离子含量检测评定、混凝土桥梁电阻率检测评定、混凝土桥梁碳化状况检测评定、混凝土桥梁钢筋保护层厚度检测评定、桥梁结构自振频率检测评定、拉索索力检测评定及桥梁基础与地基检测评定。材质状况与状态参数检测内容大部分已在前述章节介绍，本节不做重点介绍。

7.4.1 承载力检算

在用桥梁结构检算宜遵循桥梁设计规范，在规范无明确规定的情况下，在用桥梁结构检算也可采用科研所证实的其他可靠方法。桥梁结构检算主要依据竣工资料或设计资料，并现场与桥梁实际情况进行核对校正后进行。对缺失资料的桥梁，可根据桥梁材质状况与状态参数检测结果，参考同年代类似桥梁设计资料或标准图进行检算。桥梁结构检算应针对结构主要控制截面、薄弱部位和出现严重缺损部位。对受力复杂的构件或部位，应进行空间结构检算。

结构重力、附加重力应根据现场实际检测情况进行修正。当桥梁需要临时通过特殊重型车辆荷载时，应按实际车辆荷载进行检算。对预应力作用，应根据预应力锚固、压浆、漏张、断丝或滑丝等的检测情况及桥梁结构表面开裂和几何参数变化情况，结合结构拟合计算分析综合推定实际有效预应力。对基础变位作用，应根据桥梁墩台与基础变位及几何形态参数的检测结果，综合确定基础变位最终值，计算基础变位产生的结构附加内力。温度作用宜按《公路桥涵设计通用规范》规定取用，对大跨预应力混凝土箱形结构或复杂受力结构，也可采用结构温度场实测结果进行检算。

1. 钢结构桥梁检算要点

钢板梁结构应检算以下主要内容。

1）弯矩：跨中点、腹板接头处、盖板叠接处（叠接盖板第一行铆钉或螺栓截面处）、翼缘板接头处及连续梁支点。

2）剪力：支点中性轴及支点上下翼板铆距、栓距或焊缝强度。

3）稳定性：受压翼板、支点加劲立柱及腹板。

4）桥面系梁：除按上述各项检算外，尚应进行纵梁与横梁、横梁与主梁的连接检算及纵梁与主梁间的横梁区段在最弱截面处的剪应力检算。

钢桁梁结构应检算以下主要内容：杆件截面的强度与稳定性，连接及接头的强度，承受反复应力杆件的疲劳强度，连系的强度与稳定性。

在进行钢桁梁结构检算时，应考虑如下偏心连接及杆件损伤的影响。

1）在节点处如杆件重心线不交于一点而产生偏心，当偏心量不大于杆件高度的5%时，应检算因偏心而产生的附加应力，此时允许应力可提高15%。

2）受压杆件的初始弯曲度超过1/500时，应计算弯曲影响。

3）在计算杆件的有效面积时，应考虑杆件的穿孔、缺口、裂缝及锈蚀对截面的削弱，并应计入偏心影响。

4）由两个或两个以上分肢组成的杆件，其中一肢弯曲矢度大于1/2毛截面的回转半径时，杆件的有效面积只计不弯曲的分肢面积。

5）杆件的边缘或翼板角钢伸出肢弯曲或压凹，其弯曲矢度超过杆件损伤部分的回转半径时，在计算中应予考虑，此时有效面积只计不弯曲部分。

钢箱梁应检算以下主要内容：正交异性桥面板分别检算整体结构体系和桥面结构体系的强度、稳定性和疲劳强度，翼缘板横向、纵向刚度，腹板强度和稳定性，横隔板强度和稳定性，横向连接系横向抗弯、纵向扭转刚度。

钢管结构应检算以下主要内容：钢管杆件强度与稳定性，结构焊缝强度，节点强度及变形。

2. 混凝土梁桥检算要点

混凝土梁桥应检算板（梁）跨中正弯矩、支点附近最不利剪力、跨径1/4截面附近最不利弯剪组合效应、连续梁墩顶负弯矩和桥面板局部强度。变截面连续梁桥和T形刚构桥，除应进行上述检算外，还应检算梁高较小的腹板厚度变化区截面弯剪组合效应和牛腿处的剪力效应。对少设或不设横隔板的宽箱薄壁梁，应检算畸变应力和横向弯曲应力。对多梁结构，应根据桥梁横向连系实际情况计算荷载横向分布。混凝土桥面铺装与梁体结合较好，且缺损状况评定标度小于3时，在检算中可考虑混凝土桥面铺装扣除表面2cm磨耗层后参与梁体共同受力。

3. 拱桥检算要点

拱桥应检算主拱圈最大轴力和弯矩、主拱的稳定性、立柱抗剪和桥面板局部强度。检算时应依据检测结果考虑拱轴线变化、基础变位、拱圈和立柱系梁开裂等结构状态变化的不利影响。当缺乏技术资料时，混凝土收缩产生的内力计算可等效为温度额外降低引起拱圈内力，并按下列规定取值：整体浇筑的混凝土拱，收缩影响相当降温 20~30℃；整体浇筑的钢筋混凝土拱，收缩影响相当于降温 15~20℃；分段浇筑的混凝土拱和钢筋混凝土拱，收缩影响相当于降温 10~15℃。

4. 墩（台）检算要点

墩（台）应检算截面强度和总体稳定性，对有环形裂缝的截面，还应检算抗倾覆和抗滑动稳定性。若墩（台）发生倾斜，检算墩（台）身截面和基底应力、偏心与抗倾覆稳定性时，尚应考虑斜度影响。冻土地基中墩（台）和基础，应检算抗冻拔稳定性和薄弱断面的抗拉强度。对冲刷严重的河段，检算时应考虑冲刷对墩（台）和基础的影响。摩擦桩群桩基础应按整体基础检算桩端平面处土层的承载力。当桩端平面以下有软弱土层时，尚应检算该土层的承载力。

7.4.2　承载能力评定

对在用桥梁，应从结构或构件的强度、刚度、抗裂性和稳定性四个方面进行承载能力检测评定。圬工结构桥梁在计算桥梁结构承载力极限状态的抗力效应时，应根据桥梁试验检测结果，采用引入检算系数 Z_1 或 Z_2、截面折减系数 ξ_c 的方法进行修正计算。配筋混凝土桥梁在计算桥梁结构承载力极限状态的抗力效应时，应根据桥梁试验检测结果，采用引入检算系数 Z_1 或 Z_2、承载能力恶化系数 ξ_e、截面折减系数 ξ_s 和 ξ_c 的方法进行修正计算。钢结构桥梁在计算桥梁结构承载能力极限状态的抗力效应时，应根据桥梁试验检测结果，采用引入检算系数 Z_1 或 Z_2 的方法进行修正计算。

荷载效应 S 按承载力检算部分要求计算。对交通繁忙和重载车辆较多的桥梁，汽车荷载效应可根据实际运营荷载状况，通过活载影响修正系数 γ_q 进行修正计算。

桥梁地基评定时，经久压实的桥梁地基上，在墩（台）与基础无异常变位的情况下可适当提高其承载能力，最大提高系数不得超过 1.25。当桥头填土经久压实时，填土内摩擦角 φ 可根据土质情况适当放大 5°~10°，但提高后的最大取值不得超过 50°。

1. 圬工桥梁承载能力评定

圬工桥梁承载能力极限状态，应根据桥梁检测结果按式（7-17）进行计算评定。

$$\gamma_0 S \leqslant R(f_d, \xi_c, a_d) Z_1 \tag{7-17}$$

式中　γ_0——结构的重要性系数；

　　　　S——荷载效应函数；

　　$R(\cdot)$——抗力效应函数；

　　　　f_d——材料强度设计值；

　　　　ξ_c——配筋混凝土截面的折减系数；

　　　　a_d——构件混凝土几何参数值；

　　　　Z_1——承载能力检算系数。

抗力效应值按现行设计规范进行计算，Z_1、ξ_c 按规范取用。圬工桥梁正常使用极限状

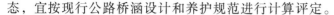

态，宜按现行公路桥涵设计和养护规范进行计算评定。

2. 配筋混凝土桥梁承载能力评定

配筋混凝土桥梁承载能力极限状态，应根据桥梁检测结果按式（7-18）进行计算评定。

$$\gamma_0 S \leq R(f_d, \xi_c a_{dc}, \xi_s a_{ds}) Z_1 (1-\xi_e) \tag{7-18}$$

式中　γ_0——结构的重要性系数；

　　　S——荷载效应函数；

　　$R(\cdot)$——抗力效应函数；

　　　f_d——材料强度设计值；

　　　ξ_c——配筋混凝土截面的折减系数；

　　　a_{dc}——构件混凝土几何参数值；

　　　ξ_s——钢筋截面折减系数；

　　　a_{ds}——构件钢筋几何参数值；

　　　Z_1——承载能力检算系数；

　　　ξ_e——承载能力恶化系数。

配筋混凝土桥梁正常使用极限状态，宜按现行公路桥涵设计和养护规范及检测结果分以下三方面进行计算评定。

1）限制应力

$$\sigma_d < Z_1 \sigma_L \tag{7-19}$$

式中　σ_d——计入活载影响修正系数的截面应力计算值；

　　　σ_L——应力限值。

2）荷载作用下的变形

$$f_{dl} < Z_1 f_L \tag{7-20}$$

式中　f_{dl}——计入活载影响修正系数的荷载变形计算值；

　　　f_L——变形限值。

3）各类荷载组合作用下裂缝宽度

$$\delta_d < Z_1 \delta_L \tag{7-21}$$

式中　δ_d——计入活载影响修正系数的短期荷载变形计算值；

　　　δ_L——变位限值。

桥梁结构或构件在持久状况下裂缝宽度应小于表 7-30 的裂缝限值。

表 7-30　裂缝限值

结构类别	裂缝部位	允许最大缝宽度/mm	其他要求
钢筋混凝土梁	主筋附近竖向裂缝	0.25	—
	腹板斜向裂缝	0.30	—
	组合梁结合面	0.50	不允许贯通结合面
	横隔板与梁体端部	0.30	—
	支座垫石	0.50	—

（续）

结 构 类 别	裂缝部位			允许最大缝宽度/mm	其 他 要 求
全预应力混凝土梁	梁体竖向裂缝			不允许	—
	梁体横向裂缝			不允许	—
	梁体纵向裂缝			0.20	—
A 类预应力混凝土梁	梁体竖向裂缝			不允许	—
	梁体横向裂缝			不允许	—
	梁体纵向裂缝			0.20	—
B 类预应力混凝土梁	梁体竖向裂缝			0.15	—
	梁体横向裂缝			0.15	—
	梁体纵向裂缝			0.20	—
砖、石、混凝土拱	拱圈横向			0.30	裂缝高度小于截面高一半
	拱圈纵向			0.50	裂缝长小于跨径 1/8
	拱波与拱肋结合处			0.20	—
墩（台）	墩（台）帽			0.30	不允许贯通墩台身截面一半
	墩（台）身	经常受侵蚀性环境水影响	有筋	0.20	
			无筋	0.30	
		常年有水，但无侵蚀性影响	有筋	0.25	—
			无筋	0.35	
		干沟或季节性有水河流		0.40	
	有冻结作用部分			0.20	

注：表中所列允许最大缝宽适用于一般条件。对于潮湿和空气中含有较多腐蚀性砌体等条件下的裂缝限值应要求更严格一些。

3. 钢结构桥梁承载能力评定

钢结构桥梁结构构件强度、总体稳定性和疲劳强度验算应按公路桥涵设计相关规范执行，其应力限值取值为 $Z_1[\sigma]$。

钢结构荷载作用下的变形应按式（7-22）计算评定。

$$f_{dl} < Z_1[f] \tag{7-22}$$

式中 f_{dl}——计入活载影响修正系数的荷载变形计算值；

$[f]$——容许变形值；

Z_1——承载能力检算系数。

4. 承载能力检算系数 Z_1 的确定

承载能力检算系数 Z_1 是根据结构或构件的实际技术状况，对结构或构件的抗力进行折减或提高。

圬工与配筋混凝土桥梁的承载能力检算系数 Z_1，应综合考虑桥梁结构或构件表观缺损状况、材质强度和桥梁结构自振频率的检测评定结果，按下列规定加以确定。

1）根据桥梁缺损状况检测结果、混凝土强度回弹检测结果、结构自振频率三项指标，取表 7-31 推荐值用于确定桥梁承载能力检算系数的检测指标权重，按下式计算确定结构构

件技术状况评定值

$$D = \sum \alpha_j D_j \qquad (7\text{-}23)$$

式中　α_j——某一项检测指标的权重，$\sum\limits_{j=1}^{3} \alpha_j = 1$，见表 7-31 所示；

　　　D_j——结构或构件某项检测指标的评定标度值，见《公路桥梁承载能力检测评定规程》。

表 7-31　推荐用于确定桥梁承载能力检算系数的检测指标权重

检测指标名称	缺损状况	混凝土强度	结构自振频率
权重 α_j	0.4	0.3	0.3

　　2）根据结构或构件技术状况评定值，按表 7-32 选用砖、石及混凝土与配筋混凝土结构桥梁承载能力检算系数 Z_1。

表 7-32　砖、石及混凝土与配筋混凝土结构桥梁承载能力检算系数 Z_1

结构或构件技术况评定值 D	受弯构件	轴心受压	轴心受拉	偏心受压	偏心受拉	受扭构件	局部承压
1	1.15	1.20	1.05	1.15	1.15	1.10	1.15
2	1.10	1.15	1.00	1.10	1.10	1.05	1.10
3	1.00	1.05	0.95	1.00	1.00	0.95	1.00
4	0.90	0.95	0.85	0.90	0.90	0.85	0.90
5	0.80	0.85	0.75	0.80	0.80	0.75	0.80

注：1. 小偏心受压可参照轴心受压取用承载能力检算系数 Z_1。

　　2. 检算系数 Z_1 可按技术状况评定值 D 线性内插。

　　钢结构桥梁承载能力检算系数 Z_1 按表 7-33 取值。

表 7-33　钢结构桥梁承载能力检算系数 Z_1

缺损状况评定标度	性 状 描 述	Z_1
1	焊缝完好，各节点铆钉、螺栓无松动；构件表面完好，无明显损伤，防护涂层略有老化、污垢	(0.95，1.05]
2	焊缝完好，少数节点有个别铆钉、螺栓松动变形；构件表面有少量锈迹，防护涂层油漆变色、起泡剥落，面积在 10% 以内	(0.90，0.95]
3	少数焊缝开裂，部分节点有铆钉、螺栓松动变形；构件表面有少量锈迹，防护涂层油漆明显老化变色并伴有大量起泡剥落，面积在 10%～20%。个别次要构件有异常变形，行车稍感振动或摇晃	(0.85，0.90]
4	焊缝开裂，并造成截面削弱，连接部位铆钉、螺栓松动变形，10%～30% 已损坏；构件表面锈迹严重，截面损失在 3%～10%，防护涂层油漆明显老化变色并普遍起泡剥落，面积在 50% 以上；个别主要构件有异常变形，行车有明显振动或摇晃并伴有异常声音	(0.80，0.85]
5	焊缝开裂严重，造成截面削弱在 10% 以上；连接部位 30% 以上铆钉、螺栓已损坏；构件表面锈迹严重，截面损失在 10% 以上，材质特性明显退化；防护涂层油漆完全失效；主要构件有异常变形，行车振动或摇晃显著并伴有不正常移动	≤0.80

5. 承载能力恶化系数 ξ_e 的确定

考虑到评定期内桥梁结构质量状况进一步衰退恶化产生的不利影响，通过承载能力恶化系数 ξ_e 可以反映这一不利影响可能造成的结构抗力效应的降低。

1）根据桥梁的具体情况，从混凝土表观缺损、钢筋自然电位、混凝土电阻率、混凝土碳化深度、混凝土保护层厚度、氯离子含量、结构混凝土强度推定值等各项耐久性恶化检测指标，选取适合桥梁的检测指标，应用表 7-34 推荐的配筋混凝土桥梁结构或构件检测指标影响权重及其恶化状况评定方法计算出构件恶化状况评定值 E。

2）根据恶化状况评定标度 E 及桥梁所处的环境条件，按表 7-35 确定配筋混凝土桥梁的承载能力恶化系数 ξ_e。

表 7-34 推荐的配筋混凝土桥梁结构或构件检测指标影响权重及其恶化状况评定方法

序号	检测指标名称	权重 α_j	综合评定方法
1	混凝土表观缺损	0.32	构件恶化状况评定值 E 按下式计算
2	钢筋自然电位	0.11	$$E = \sum_{j=1}^{7} E_j \alpha_j$$
3	混凝土电阻率	0.05	
4	混凝土碳化状况	0.20	式中 E_j——结构或构件某一检测评定指标的评定标度值
5	混凝土保护层厚度	0.12	
6	氯离子含量	0.15	α_j——某一检测评定指标的影响权重，$\sum_{j=1}^{7} \alpha_j = 1$
7	混凝土强度	0.05	

注：对混凝土电阻率、混凝土碳化状况、氯离子含量三项检测指标，按《公路桥梁承载能力检测评定规程》规定不需要进行检测评定时，应评定标度值取 1。

表 7-35 配筋混凝土桥梁的承载能力恶化系数 ξ_e

恶化状况评定值 E	环境条件			
	干燥不冻无侵蚀性介质	干、湿交替不冻无侵蚀性介质	干、湿交替冻无侵蚀性介质	干、湿交替冻有侵蚀性介质
1	0.00	0.02	0.05	0.06
2	0.02	0.04	0.07	0.08
3	0.05	0.07	0.10	0.12
4	0.10	0.12	0.14	0.18
5	0.15	0.17	0.20	0.25

注：恶化系数 ξ_e 按结构或构件恶化状况评定值线性内插。

6. 截面折减系数 ξ_c 的确定

截面折减系数主要是考虑砖、石及混凝土结构与配筋混凝土结构由于材料风化、碳化、物理与化学损伤及由于钢筋腐蚀剥落造成的钢筋有效面积损失对结构构件截面抗力效应的影响。

1）首先对桥梁进行无损检测，要依据结构材料风化、碳化、物理与化学损伤三项检测指标的评定标度进行。砖、石及混凝土结构与配筋混凝土结构材料风化的评定标度见表 7-36，砖、石及混凝土结构与配筋混凝土结构物理与化学损伤的评定标度见表 7-37。

表 7-36 砖、石及混凝土结构与配筋混凝土结构材料风化评定标度

评定标度	材料风化状况	性 状 描 述
1	微风化	手搓构件表面，无砂粒滚动摩擦的感觉，手掌上粘有构件材料粉末，无砂粒。构件表面直观较光洁
2	弱风化	手搓构件表面，有砂粒滚动摩擦的感觉，手掌上附着物大多为构件材料粉末，砂粒较少。构件表面砂粒附着不明显或略显粗糙
3	中度风化	手搓构件表面，有较强的砂粒滚动摩擦的感觉或粗糙感，手掌上附着物大多为砂粒，粉末较少。构件表面明显可见砂粒附着或明显粗糙
4	较强风化	手搓构件表面，有强烈的砂粒滚动摩擦的感觉或粗糙感，手掌上附着物基本为砂粒，粉末很少。构件表面可见大量砂粒附着或有轻微剥落
5	严重风化	构件表面可见大量砂粒附着，且构件部分表层剥离或混凝土已露粗骨料

注：未做检测的构件，其评定标度值取 1。

表 7-37 砖、石及混凝土结构与配筋混凝土结构物理与化学损伤评定标度

评 定 标 度	性 状 描 述
1	构件表面较好，局部表面有轻微剥落
2	构件表面剥落面积在 5% 以内，或损伤最大深度与截面损伤发生部位构件最小尺寸之比小于 0.02
3	构件表面剥落面积在 5%~10%，或损伤最大深度与截面损伤发生部位构件最小尺寸之比小于 0.04
4	构件表面剥落面积在 10%~15%；或损伤最大深度与截面损伤发生部位构件最小尺寸之比小于 0.10
5	构件表面剥落面积在 15%~20%，或损伤最大深度与截面损伤发生部位构件最小尺寸之比大于 0.10

注：未做检测的构件，其评定标度值取 1。

2）根据各检测指标的评定标度，按下式计算确定结构或构件截面损伤的综合评定值

$$R = \sum_{j=1}^{N} R_j \alpha_j \qquad (7\text{-}24)$$

式中 R_j——某项检测指标的评定标度值；

α_j——某项检测指标的权重值，$\sum_{j=1}^{N} \alpha_j = 1$，见表 7-38；

N——对砖、石结构，$N=2$，对混凝土及配筋混凝土结构，$N=3$。

表 7-38 推荐的配筋混凝土结构材料风化、碳化及物理与化学损伤影响权重

结 构 类 别	检测指标名称	权重 α_j
砖、石结构	材料风化	0.20
	物理与化学损伤	0.80
混凝土及配筋混凝土结构	材料风化	0.10
	碳化	0.35
	物理与化学损伤	0.55

注：对混凝土碳化，按本规程规定不需要进行检测评定时，其评定标度值应取 1。

3）依据截面损伤的综合评定值，按表 7-39 取用砖、石及混凝土结构与配筋混凝土结构的截面折减系数 ξ_c。

表 7-39   砖、石及混凝土结构与配筋混凝土结构的截面折减系数 ξ_c

截面损伤综合评定值 R	截面折减系数 ξ_c
$1 \leqslant R < 2$	$(0.98 \sim 1.00]$
$2 \leqslant R < 3$	$(0.93 \sim 0.98]$
$3 \leqslant R < 4$	$(0.85 \sim 0.93]$
$4 \leqslant R < 5$	$\leqslant 0.85$

7. 钢筋截面折减系数（ξ_s）的确定

配筋混凝土的钢筋截面折减系数 ξ_s，按表 7-40 取用。

表 7-40   配筋混凝土的钢筋截面折减系数 ξ_s

评定标度	性 状 描 述	截面折减系数 ξ_s
1	沿钢筋出现裂缝，宽度小于限值	$(0.98 \sim 1.00]$
2	沿钢筋出现裂缝，宽度大于限值，或钢筋锈蚀引起混凝土发生层离	$(0.95 \sim 0.98]$
3	钢筋锈蚀引起混凝土剥落，钢筋外露，表面有膨胀薄锈层或坑蚀	$(0.90 \sim 0.95]$
4	钢筋锈蚀引起混凝土剥落，钢筋外露、表面膨胀性锈层显著，钢筋断面损失在 10% 以内	$(0.80 \sim 0.90]$
5	钢筋锈蚀引起混凝土剥落，钢筋外露、出现锈蚀剥落，钢筋断面损失在 10% 以上	$\leqslant 0.80$

8. 活载影响修正系数 ξ_q 的确定

活载影响系数考虑了实际桥梁所承受的汽车荷载与标准汽车荷载之间的差异。引入活载影响修正系数的目的：使频繁通行大吨位车、超重运输严重及交通量严重超限的重载交通桥梁考虑实行运营荷载状况对结构承载能力所造成的不利影响。在进行荷载效应组合时可引入活载影响修正系数 ξ_q 适当提高汽车检算荷载效应，以反映桥梁实际承受荷载情况。

1）通过实际调查重载交通桥梁的典型代表交通量、大吨位车辆混入率、轴荷分布，按下式确定活载影响修正系数

$$\xi_q = \sqrt[3]{\xi_{q1}\xi_{q2}\xi_{q3}} \tag{7-25}$$

式中 ξ_{q1}——对应于交通量的活载影响修正系数；

　　　　ξ_{q2}——对应于大吨位车辆混入率的活载影响修正系数；

　　　　ξ_{q3}——对应于轴荷分布的活载影响修正系数。

2）根据实际调查的典型代表交通量 Q_m 与设计交通量 Q_d 之比，按表 7-41 取用对应于交通量的活载影响修正系数 ξ_{q1}。

表 7-41　对应于交通量的活载影响修正系数 ξ_{q1}

Q_m/Q_d	活载影响修正系数 ξ_{q1}
$1<Q_m/Q_d\leqslant1.3$	$[1.00\sim1.05)$
$1.3<Q_m/Q_d\leqslant1.7$	$[1.05\sim1.10)$
$1.7<Q_m/Q_d\leqslant2.0$	$[1.10\sim1.20)$
$2.0<Q_m/Q_d$	$[1.20\sim1.35)$

3）依据实际调查的质量超过汽车检算荷载主车的大吨位车辆的交通量与实际交通量之比，即大吨位车辆混入率 α。按表 7-42 取用对应于大吨位车辆混入率的活载影响修正系数 ξ_{q2}。

表 7-42　对应于大吨位车辆混入率的活载影响修正系数 ξ_{q2}

α	活载影响修正系数 ξ_{q2}
$\alpha<0.3$	$[1.00\sim1.05)$
$0.3\leqslant\alpha<0.5$	$[1.05\sim1.10)$
$0.5\leqslant\alpha<0.8$	$[1.10\sim1.20)$
$0.8\leqslant\alpha<1.0$	$[1.20\sim1.35)$

注：α 为大吨位车辆混入率，ξ_{q2} 可按 α 值线性内插。

4）根据实际调查的轴荷分布，确定后轴重超过汽车检算荷载之最大轴荷所占的百分数 β，按表 7-43 取用对应于轴荷分布的活载影响修正系数 ξ_{q3} 值。

表 7-43　对应于轴荷分布的活载影响修正系数 ξ_{q3}

β	活载影响修正系数 ξ_{q3}
$\beta<5\%$	1.00
$5\%\leqslant\beta<15\%$	1.15
$15\%\leqslant\beta<30\%$	1.30
$\beta\geqslant30\%$	1.40

7.4.3　工程实例

1. 概况

某淮河大桥右幅为预应力混凝土空心板和 T 梁组成，桥梁全长 621.6m，桥梁宽 15.5m，净宽 15m。跨径组合为 28×22m，上部结构为预应力混凝土空心板和 T 梁，下部结构形式为柱式墩和柱式台、框架台，桥墩基础采用钻孔灌注桩，桥台基础采用钻孔灌注桩，伸缩缝为 D60 模数式伸缩缝，支座为板式橡胶支座。设计荷载：汽—20 级。

2. 桥梁材质状况与状态参数检测

（1）混凝土强度检测结果　本次检测共选取右幅 16-6#板、17-7#板、16-2#板、8-5#板、

8-2#板、7-2#板、7-5#板、7-6#板 8 个构件。每个构件选择 10 个测区，每个测区 16 个测点。混凝土强度评定结果见表 7-44，本桥设计图缺失，空心板强度参考邻近甘岸淮河桥按 C40 级考虑。

表 7-44　混凝土强度评定结果

构件位置	混凝土抗压强度/MPa					推定强度匀质系数	平均强度匀质系数	评定标度
	设计等级	实测平均值	实测标准差	实测最小值	实测推定值			
16-6#板底	C40	>60	—	>60	—	>1	>1	1
17-7#板底	C40	—	—	59	59	>1	—	1
16-2#板底	C40	—	—	58	58	>1	—	1
8-5#板底	C40	—	—	55.3	55.3	>1	—	1
8-2#板底	C40	—	—	54.8	54.8	>1	—	1
7-2#板底	C40	—	—	58.5	58.5	>1	—	1
7-5#板底	C40	—	—	54.8	54.8	>1	—	1
7-6#板底	C40	—	—	57.1	57.1	>1	—	1

从表中可以看出，各构件混凝土强度推定值均大于设计强度值，混凝土评定标度为 1，强度状况良好。

（2）钢筋保护层厚度检测结果　钢筋保护层厚度设计值参考甘岸淮河桥空心板，钢筋保护层厚度检测及评定结果见表 7-45。

表 7-45　钢筋保护层厚度检测及评定结果

构件位置	保护层厚度/mm				特征值 D_{ne}	设计值 D_{nd}	D_{ne}/D_{nd}	评定
	最小值	最大值	平均值	标准差				
16-6#板底	22	37	29.4	5.0	21.2	34.5	0.62	4
17-7#板底	23	37	30.2	4.8	22.3	34.5	0.65	4
16-2#板底	22	35	29.6	4.6	22.1	34.5	0.64	4
8-5#板底	23	36	31.0	4.2	24.1	34.5	0.70	4
8-2#板底	22	36	28.9	4.3	21.8	34.5	0.63	4
7-2#板底	22	36	30.9	4.5	23.5	34.5	0.68	4
7-5#板底	22	37	29.2	4.8	21.3	34.5	0.62	4
7-6#板底	22	36	28.5	5.2	19.8	34.5	0.57	4

由抽检结果可以看出，主梁钢筋保护层厚度平均值为 28.5～31.0mm，按《公路桥梁承载能力检测评定规程》，主梁钢筋保护层厚度最低评定标度为 4，对结构钢筋耐久性有较大影响。

（3）钢筋锈蚀状况检测　钢筋锈蚀电位检测结果见表 7-46。

表 7-46　钢筋锈蚀电位检测结果

序号	构件位置	实测值/mV				
1	16-6#板底	-163	-134	-149	-105	-102
		-102	-159	-157	-189	-109
		-124	-192	-140	-204	-204
		-174	-174	-186	-201	-112
		-124	-151	-162	-134	-199
2	17-7#板底	-183	-203	-167	-120	-111
		-111	-172	-154	-196	-143
		-115	-105	-113	-158	-100
		-176	-102	-192	-202	-200
		-158	-101	-158	-156	-183
3	7-5#板底	-196	-177	-124	-164	-130
		-166	-181	-118	-107	-177
		-200	-195	-102	-126	-164
		-207	-198	-192	-127	-196
		-172	-128	-188	-201	-135
4	7-6#板底	-152	-182	-186	-154	-187
		-207	-130	-121	-175	-204
		-162	-138	-101	-175	-199
		-126	-120	-127	-118	-207
		-189	-141	-171	-165	-140

　　由抽检结果可看出，部分测点电位水平为 -200～-300mV，按《公路桥梁承载能力检测评定规程》评定标度为 2，有锈蚀活动性，但锈蚀状态不确定，可能坑蚀。

　　（4）混凝土电阻率检测结果　混凝土电阻率反映了混凝土的导电性能，通常混凝土电阻率越小，混凝土导电的能力越强，钢筋锈蚀发展速度越快。混凝土电阻率检测采用四电极法检测，按规范要求，被测部位的测点数量不宜少于 30 个。混凝土电阻率检测结果见表 7-47。

表 7-47　混凝土电阻率检测结果

序号	构件位置	实测值/(kΩ·cm)					
1	16-6#板底	73	37	41	34	61	26
		79	46	36	61	65	25
		73	41	55	79	21	55
		44	19	50	33	49	74
		68	27	72	34	30	40
2	7-5#板底	25	36	41	79	42	78
		50	41	25	26	61	57
		36	72	58	51	46	61
		46	52	77	51	38	55
		59	29	23	76	73	73

由抽检结果可以看出，抽检测区电阻率最小值为 $21k\Omega \cdot cm$，电阻率大于 $20\ k\Omega \cdot cm$，按《公路桥梁承载能力检测评定规程》评定标度为 1，可能的锈蚀速率很慢。

（5）混凝土碳化检测结果　本次对混凝土碳化深度的检测采用现场钻孔，然后喷酚酞试剂的方法测试。混凝土碳化深度检测及评定结果见表 7-48。

表 7-48　混凝土碳化深度检测及评定结果

构 件 位 置	混凝土碳化深度实测平均值/mm	混凝土保护层厚度实测平均值/mm	碳化深度/保护层厚度 K_c	评定标度值
16-6#板底	1.5	29.4	<0.5	1
17-7#板底	1.5	30.2	<0.5	1
16-2#板底	1.5	29.6	<0.5	1
8-5#板底	1.5	31.0	<0.5	1
8-2#板底	1.5	28.9	<0.5	1
7-2#板底	1.5	30.9	<0.5	1
7-5#板底	1.5	29.2	<0.5	1
7-6#板底	1.5	28.5	<0.5	1

由检测结果可以看出，抽检测区碳化深度与保护层厚度比值均小于 0.5，按《公路桥梁承载能力检测评定规程》评定标度为 1。

（6）自振频率检测结果　采用 Midas Civil 建立该桥右幅有限元模型进行模态分析，1 阶竖向振型如图 7-94 所示。根据现场采集的时域信号，进行频谱分析，实测 1 阶自振频率分析情况如图 7-95~图 7-97 所示。该桥右幅 1 阶竖向振动频率实测值为 4.40Hz，理论计算值为 3.44Hz，实测值为理论计算值的 1.28 倍，表明该桥右幅桥梁整体竖向动刚度较好。

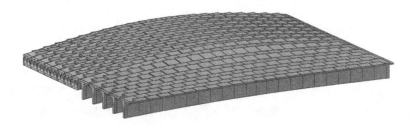

图 7-94　1 阶竖向振型

由抽检结果可以看出，第 9 跨上部结构实测自振频率与理论自振频率的比值为 1.28，按《公路桥梁承载能力检测评定规程》判断该桥右幅自振频率评定标度为 1。

3. 桥梁承载能力分项系数计算

基于检查结果的桥梁承载能力评定的基本方法及工作流程：选择最不利、有代表性的桥跨结构或构件作为承载能力检测评定的对象，并通过结构计算分析，初步确定桥梁结构或构件的承载能力；然后对初步确定的承载能力检测评定对象，开展深入细致的桥梁检查和检测工作；根据桥梁结构或构件的实际检测结果，对分项检测指标做出评判；最后根据桥梁结构或构件的设计或竣工技术资料，通过结构检算分析，评定桥梁结构或构件的承载能力。本次检算分别采用公路—Ⅰ级、汽—20 级进行承载能力检算。

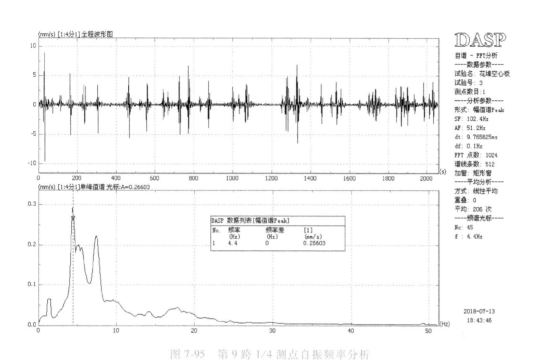

图 7-95　第 9 跨 1/4 测点自振频率分析

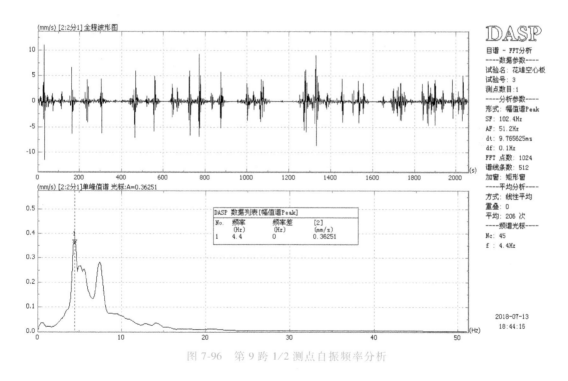

图 7-96　第 9 跨 1/2 测点自振频率分析

（1）桥梁承载能力分项系数计算　根据该桥右幅外观检查、材质状况与状态参数检测结果，对该桥右幅的分项系数进行了计算，计算结果见表 7-49~表 7-53。

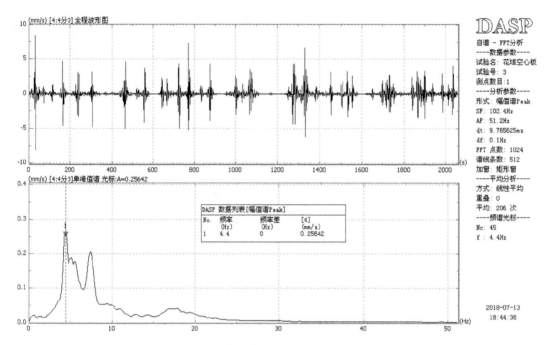

图 7-97　第 9 跨 3/4 测点自振频率分析

表 7-49　结构技术状况评定度 *D* 值及 *Z* 值

检测指标名称	权重值 α_j	评定标定值 D_j	综合评定度 D	检算系数 Z_1
桥梁外观质量	0.4	4		
混凝土强度	0.3	1	2.2	1.08
自振频率	0.3	1		

表 7-50　检测指标影响权重及其恶化状况评定

检测指标名称	权重值 α_j	评定标定值 E_j	综合评定度 E	ξ_e
混凝土表观缺损	0.32	4		
钢筋锈蚀电位	0.11	2		
混凝土电阻率	0.05	1		
混凝土碳化深度	0.20	1	2.43	0.085
混凝土保护层厚度	0.12	4		
氯离子含量	0.15	1		
结构混凝土强度推定值	0.05	1		

表 7-51　钢筋截面折减系数 ξ_s 值

评定标度	性状描述	钢筋截面折减系数 ξ_s
1	沿钢筋出现裂缝，宽度小于限值	0.98

表7-52　配筋混凝土结构材料风化、碳化及物理与化学损伤影响权重值

结 构 类 别	检测指标名称	权重值 α_j	标度值 R_j	标度值	ξ_c
混凝土及配筋 混凝土构件	材料风化	0.1	2	1.65	0.98
	碳化	0.35	1		
	物理与化学损伤	0.55	2		

表7-53　左幅桥活载影响修正系数 ξ_q

结 构 参 数	修正系数取值	活载影响修正系数 ξ_q
活载影响修正系数 ξ_{q1}	1.1	
活载影响修正系数 ξ_{q2}	1.1	1.163
活载影响修正系数 ξ_{q3}	1.3	

由于桥址处交通量大，重车过桥较多，因此考虑汽车检算荷载的活载影响修正系数时，交通量影响修正系数 ξ_{q1} 取为 1.10，大吨位车辆混入影响修正系数 ξ_{q2} 取为 1.10，轴荷分布影响修正系数 ξ_{q3} 均取为 1.30。

（2）检算分项系数的汇总　检算分项系数的汇总见表7-54所示。

表7-54　检算分项系数汇总表

检测指标名称	分项系数计算结果
检算系数 Z_1	1.08
恶化系数 ξ_e	0.085
截面折减系数 ξ_c	0.98
钢筋截面折减系数 ξ_s	0.98
活载影响修正系数 ξ_q	1.163

4. 承载能力检算

（1）计算依据

1）设计技术标准。桥梁结构的重要性系数：$\gamma_0 = 1.0$；验算荷载：公路—Ⅰ级、汽—20级。

2）材料。T形梁混凝土按C30级计算，空心板混凝土按C40级考虑，主筋、箍筋分别采用 HRB335 级、Q235 级钢筋，预应力钢绞线采用 Φ15.2，强度等级 1860MPa。

3）主要结构尺寸。该桥设计图缺失，参考同年代淮河大桥设计图并结合现场实测，T形梁高 1.25m，腹板厚 0.18m，翼板宽度 1.5m，翼板厚 0.08m，梁腹板中心间距 1.5m，梁长 22.16m，计算跨径 21.7m，空心板高 0.75m，宽度 0.99m，如图 7-98 和图 7-99 所示。

（2）计算方法

1）计算模型。本次检算分析采用 Midas Civil 软件，建立梁格法模型按 A 类部分预应力构件进行分析，T形梁与T形梁之间、T形梁与空心板之间横向采用刚性连接，空心板与空心板之间采用铰接，模型分为 606 个单元、367 个节点，该桥右幅计算模型如图 7-100 所示。

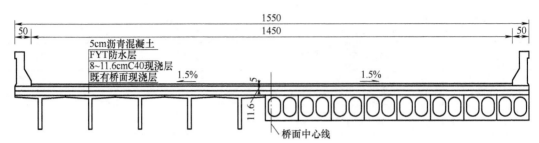

图 7-98　桥梁横向断面布置（单位：cm）

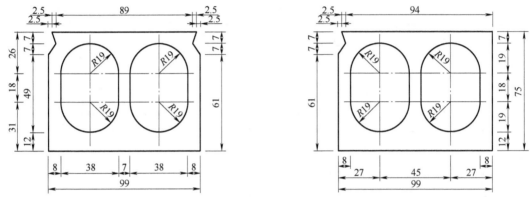

图 7-99　空心板截面尺寸（单位：cm）

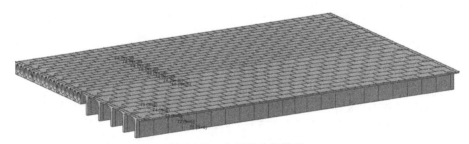

图 7-100　右幅桥计算模型

2）荷载取值。恒载包括：①结构重力，混凝土重度取 26kN/m³，桥面铺装混凝土重度取 26kN/m³，护栏自重按 8.3kN/m 取用；②预应力，空心板预应力钢绞线张拉力取 1149MPa。

活载包括：①汽车荷载取公路—Ⅰ级、汽—20级，车道荷载按四车道布置，分别按对称布置，左侧（T形梁侧）偏载，右侧（空心板侧）偏载进行计算；②汽车冲击力 $m = 0.20$；③温度梯度按《公路桥涵设计通用规范》第4.3.10条进行计算。

3）计算内力值。各片梁板在荷载作用下内力计算汇总表见表7-55。

表 7-55　内力计算汇总表

荷　　载	位置	跨中剪力 /kN	跨中弯矩 /(kN·m)	支点附近剪力 /kN	支点附近弯矩 /(kN·m)
恒载	8#板	-0.17	988.65	-19.92	339.34
恒载	7#板	0.14	981.62	-18.56	333.08

（续）

荷　载	位置	跨中剪力 /kN	跨中弯矩 /(kN·m)	支点附近剪力 /kN	支点附近弯矩 /(kN·m)
恒载	6#板	0.2	989.17	−21.48	332.58
恒载	5#板	0.23	998.21	−26.05	332.15
恒载	4#板	0.34	1009.22	−32.14	331.23
恒载	3#板	0.61	1022.43	−39.88	329.57
恒载	2#板	1.05	1037.03	−47.17	328.06
恒载	1#板	−3.36	1062.63	−32.84	337.10
梯度升温	8#板	0.55	27.82	37.49	4.78
梯度升温	7#板	0.76	27.00	21.37	3.10
梯度升温	6#板	0.55	23.13	15.11	1.44
梯度升温	5#板	0.31	19.85	11.22	1.57
梯度升温	4#板	0.11	17.25	8.46	2.14
梯度升温	3#板	−0.01	15.41	6.41	2.40
梯度升温	2#板	−0.01	14.34	4.75	1.67
梯度升温	1#板	0.14	9.79	3.17	−5.69
梯度降温	8#板	−0.31	−1.77	−10.66	9.13
梯度降温	7#板	−0.44	−3.65	−5.68	7.36
梯度降温	6#板	−0.29	−2.57	−3.67	7.06
梯度降温	5#板	−0.13	−1.69	−2.51	6.18
梯度降温	4#板	−0.01	−1.04	−1.82	5.29
梯度降温	3#板	0.07	−0.61	−1.44	4.72
梯度降温	2#板	0.08	−0.39	−1.20	4.71
梯度降温	1#板	0.04	2.88	−0.98	8.86
对称（全部）公路—Ⅰ级	8#板	100.80	583.59	−160.20	207.68
对称（全部）公路—Ⅰ级	7#板	57.01	542.18	97.33	172.46
对称（全部）公路—Ⅰ级	6#板	115.56	599.53	−118.10	226.92
对称（全部）公路—Ⅰ级	5#板	81.43	587.83	131.23	195.98
对称（全部）公路—Ⅰ级	4#板	71.31	568.80	102.49	194.35
对称（全部）公路—Ⅰ级	3#板	103.60	572.36	69.82	224.98
对称（全部）公路—Ⅰ级	2#板	36.82	492.14	69.67	161.11

（续）

荷 载	位置	跨中剪力/kN	跨中弯矩/(kN·m)	支点附近剪力/kN	支点附近弯矩/(kN·m)
对称（全部）公路—Ⅰ级	1#板	21.66	451.26	35.07	151.65
左偏（全部）公路—Ⅰ级	8#板	52.84	537.69	-108.62	164.62
左偏（全部）公路—Ⅰ级	7#板	110.15	595.55	122.85	213.29
左偏（全部）公路—Ⅰ级	6#板	124.71	599.72	124.33	231.26
左偏（全部）公路—Ⅰ级	5#板	43.28	497.19	96.33	145.29
左偏（全部）公路—Ⅰ级	4#板	117.44	525.74	96.63	223.02
左偏（全部）公路—Ⅰ级	3#板	23.03	399.85	98.85	130.32
左偏（全部）公路—Ⅰ级	2#板	13.02	355.75	60.44	126.32
左偏（全部）公路—Ⅰ级	1#板	9.90	342.25	26.78	132.84
右偏（全部）公路—Ⅰ级	8#板	68.60	554.98	-158.31	182.07
右偏（全部）公路—Ⅰ级	7#板	87.12	576.86	-157.59	194.33
右偏（全部）公路—Ⅰ级	6#板	118.90	607.14	-125.66	229.86
右偏（全部）公路—Ⅰ级	5#板	53.49	573.29	-132.46	179.58
右偏（全部）公路—Ⅰ级	4#板	99.27	629.95	-158.80	225.28
右偏（全部）公路—Ⅰ级	3#板	126.14	671.96	-119.52	256.29
右偏（全部）公路—Ⅰ级	2#板	52.37	613.65	-83.03	185.88
右偏（全部）公路—Ⅰ级	1#板	114.09	689.52	-33.41	260.58
对称（全部）汽—20级	8#板	57.03	361.17	-87.64	127.18
对称（全部）汽—20级	7#板	35.13	342.59	-65.86	111.55
对称（全部）汽—20级	6#板	61.03	367.93	-89.86	133.32
对称（全部）汽—20级	5#板	46.36	365.35	-76.97	123.21
对称（全部）汽—20级	4#板	41.38	354.92	-72.74	123.04
对称（全部）汽—20级	3#板	55.81	351.82	-80.00	134.04
对称（全部）汽—20级	2#板	23.20	311.26	-50.20	105.75
对称（全部）汽—20级	1#板	12.82	289.67	-39.50	99.50
左偏（全部）汽—20级	8#板	32.29	340.46	-65.65	106.59
左偏（全部）汽—20级	7#板	59.42	366.53	-89.68	123.95
左偏（全部）汽—20级	6#板	64.79	366.35	-93.68	132.42
左偏（全部）汽—20级	5#板	25.86	317.66	-54.67	96.66

（续）

荷　　　载	位置	跨中剪力 /kN	跨中弯矩 /(kN·m)	支点附近剪力 /kN	支点附近弯矩 /(kN·m)
左偏（全部）汽—20级	4#板	60.92	319.49	-79.57	127.83
左偏（全部）汽—20级	3#板	13.77	256.15	-36.51	86.53
左偏（全部）汽—20级	2#板	7.68	227.67	-29.21	82.56
左偏（全部）汽—20级	1#板	5.79	218.77	-26.35	86.03
右偏（全部）汽—20级	8#板	40.70	347.39	-73.72	115.14
右偏（全部）汽—20级	7#板	48.92	360.14	-79.56	121.21
右偏（全部）汽—20级	6#板	62.27	375.51	-90.33	132.36
右偏（全部）汽—20级	5#板	32.87	363.04	-65.47	116.51
右偏（全部）汽—20级	4#板	54.28	390.42	-86.11	135.92
右偏（全部）汽—20级	3#板	66.23	412.72	-98.13	152.84
右偏（全部）汽—20级	2#板	31.62	390.79	-67.70	124.64
右偏（全部）汽—20级	1#板	63.43	425.88	-94.80	157.68

（3）承载能力极限状态检算　依据《公路桥梁承载能力检测评定规程》规定，配筋混凝土桥梁承载能力极限状态，应满足下式要求：

$$\gamma_0 S \leqslant R(f_d, \xi_c a_{bc}, \xi_s a_{ds}) Z_1(1-\xi_e) \qquad (7-26)$$

由上式经结合表 7-56 计算得到构件综合折减系数 0.95。

1）承载能力极限状态抗弯承载能力验算。主要包括：

① 公路—I 级荷载作用下验算。图 7-101 所示为空心板在承载能力极限状态基本组合下的最大正弯矩抗力及与弯矩对应的内力图，表 7-56 为空心板在承载能力极限状态下的抗弯承载能力验算结果，验算结果表明 1#~4#空心板抗弯承载能力不满足设计要求。

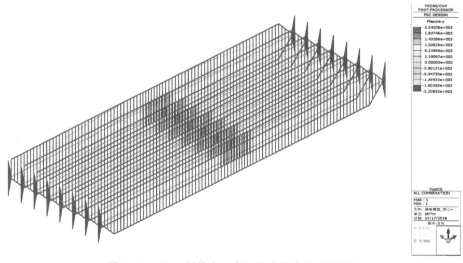

图 7-101　空心板最大正弯矩抗力及弯矩对应内力

表7-56　承载能力极限状态下空心板抗弯承载能力验算结果

位置	作用效应 /(kN·m)	设计抗力 /(kN·m)	综合折减系数	修正后抗力 /(kN·m)	是否满足
8#板	2018.37	2208.53	0.95	2098.10	是
7#板	2028.12	2208.53	0.95	2098.10	是
6#板	2049.79	2208.53	0.95	2098.10	是
5#板	2026.22	2208.53	0.95	2098.10	是
4#板	2100.20	2208.53	0.95	2098.10	否
3#板	2177.28	2208.53	0.95	2098.10	否
2#板	2102.32	2208.53	0.95	2098.10	否
1#板	2242.06	2208.53	0.95	2098.10	否

　　② 汽—20级荷载作用下验算。图7-102所示为空心板在承载能力极限状态基本组合下的最大正弯矩抗力及与弯矩对应的内力图，表7-57为空心板在承载能力极限状态下的抗弯承载能力验算结果，验算结果表明空心板抗弯承载能力满足设计要求。

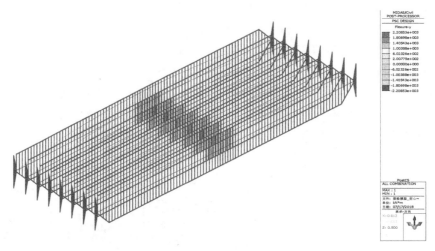

图7-102　空心板最大正弯矩抗力及弯矩对应内力

表7-57　承载能力极限状态空心板抗弯承载能力验算结果

位置	作用效应/(kN·m)	设计抗力/(kN·m)	综合折减系数	修正后抗力/(kN·m)	是否满足
8#板	1675.85	2208.53	0.95	2098.10	是
7#板	1675.42	2208.53	0.95	2098.10	是
6#板	1693.09	2208.53	0.95	2098.10	是
5#板	1683.59	2208.53	0.95	2098.10	是
4#板	1731.31	2208.53	0.95	2098.10	是

（续）

位置	作用效应/(kN·m)	设计抗力/(kN·m)	综合折减系数	修正后抗力/(kN·m)	是否满足
3#板	1778.06	2208.53	0.95	2098.10	是
2#板	1759.12	2208.53	0.95	2098.10	是
1#板	1836.06	2208.53	0.95	2098.10	是

可以看出，在承载能力极限状态基本组合下，采用公路—Ⅰ级活载，1#~8#空心板作用效应大于对应抗力限值，抗弯承载能力不满足规范要求；采用汽—20级活载，1#~8#板作用效应均小于对应抗力限值，抗弯承载能力满足规范要求。

2）承载能力极限状态抗剪承载能力验算。仅对公路—Ⅰ级荷载作用下抗剪承载能力进行验算。根据 Midas 计算结果，空心板抗剪承载能力验算结果见表 7-58，空心板在承载能力极限状态下的边梁剪力包络图见图 7-103，验算结果表明空心板抗剪承载能力满足设计要求。

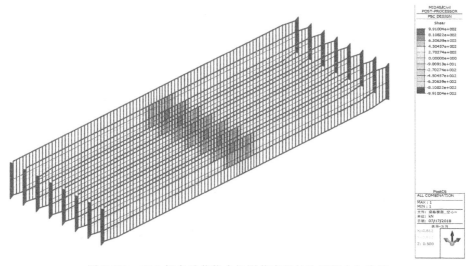

图 7-103　空心板在承载能力极限状态下的边梁剪力包络图

表 7-58　承载能力极限状态空心板抗剪承载能力验算结果

位置	作用效应/kN	设计抗力/kN	综合折减系数	修正后抗力/kN	是否满足
8#板	-420.23	991.00	0.95	941.45	是
7#板	-426.46	991.00	0.95	941.45	是
6#板	-439.45	991.00	0.95	941.45	是
5#板	-378.11	991.00	0.95	941.45	是
4#板	-410.67	991.00	0.95	941.45	是
3#板	-451.01	991.00	0.95	941.45	是
2#板	-353.85	991.00	0.95	941.45	是
1#板	-449.78	991.00	0.95	941.45	是

可以看出，在承载能力极限状态基本组合下，采用公路—Ⅰ级活载，1#~8#空心板抗剪作用效应均小于对应抗力限值，抗剪承载能力满足规范要求。

（4）承载能力评定结论　在汽—20级荷载作用下，按承载能力极限状态验算时，该桥抗弯承载能力和抗剪承载能力均满足规范要求。在公路—Ⅰ级荷载作用下，按承载能力极限状态验算时，该桥1#~8#空心板抗弯承载能力不满足规范要求，抗剪承载能力满足规范要求。

本次评定工作仅对空心板，未对T梁评定。

■ 7.5　桥梁日常养护及维修加固

7.5.1　概述

桥梁竣工验收后，为保证桥梁的正常运营，确保桥梁的使用寿命，应对桥梁进行日常养护维修和必要的加固改造。桥梁的养护维修是指为保持桥涵及其附属物的正常使用而进行的经常性保养及维修作业，预防和修复桥涵灾害性损坏与提高桥涵质量、服务水平而进行的改造。养护工程具体分为小修保养工程、中修工程、大修工程、改建工程及专项抢修、修复工程。

1）小修保养工程。对管养范围内的桥涵及其工程设施进行预防性保养和修补轻微损坏部分，使其经常保持完好状态。它通常是由基层管理机构在年度内小修保养定额经费内，按月（旬）排计划日常实施的工作。

2）中修工程。对管养范围内的桥涵及其工程设施的一般性磨损和局部损坏进行定期的修理加固，恢复原状的小型工程项目。它通常是由基层管理机构按年（季）安排计划并组织实施。

3）大修工程。对管养范围内的桥涵及其工程出现的较大损坏，进行周期性的综合修理，以全面恢复到原设计标准，或在原技术等级范围内进行局部改善和个别增建，以逐步提高通行能力的工程项目。

4）改建工程。对桥梁及其工程设施因不适应交通量、载重，泄洪或局部改建需要提高技术等级及重建，或通过改建显著提高其通行能力的较大工程项目。

5）专项抢修、修复工程。它是采用临时性措施在最短的时间内恢复交通的工程设施。专项修复工程是指采用永久性措施恢复桥涵原有功能的工程措施。对于阻断交通的桥涵恢复工程，应优先考虑。

根据《公路桥涵养护规范》的要求，公路桥涵养护应遵循下述技术政策：

1）公路桥涵养护工作按预防为主，防治结合的原则，以桥面养护为中心，以承重部件为重点，加强全面养护。

2）推广应用先进的养护技术和科学的管理方法，改善养护生产手段，提高养护技术水平，大力推广和发展公路桥涵养护器械。

3）公路桥涵的养护按其工程性质、规模大小、技术难易程度划分为小修保养、中修、大修、改建和专项抢修、修复工程五类。

4）桥涵养护工程应重视经济技术方案的比选，并充分利用既有工程材料和既有工程设施，以降低成本。

5）重视环境保护和环境综合治理。

桥梁加固是当桥涵构造物局部损坏或承载力不足时，对桥涵构造物所进行的修复和补强工程措施。通过改善桥梁结构性能，修复和提高桥梁结构的安全度，提高其承载能力和通过能力，以延长其使用寿命，使整个桥梁结构可满足规定的承载力要求，并满足规定的使用功能需求。桥梁加固一般是针对三~五类桥梁，或者是临时需要通过超重车的桥梁。有时加固补强和桥梁拓宽、抬高等技术改造工程会同时进行，以满足并适应发展了的交通运输要求。

桥梁结构的安全性包括结构的承载力、刚度、稳定性及耐久性等指标，即桥梁结构必须满足承载能力要求及正常使用功能要求。桥梁结构应具有足够的强度，以承受作用于其上的荷载，使桥梁结构的构件或其连接不致破坏；结构各部分应具有足够的刚度，以使其在荷载作用下不产生影响正常使用的变形；构件的截面必须有适当的尺寸，使其在受压时不发生屈曲而丧失稳定性。

7.5.2 桥梁日常养护维修

桥梁结构形式较多，由于篇幅有限本节仅介绍常见梁式桥的日常养护及维修。

1. 桥面系日常养护及维修加固

桥面应经常清扫排除积水，清除泥土、杂物、冰和积雪，保持桥面平整清洁。桥面铺装沥青混合料桥面出现泛油、拥包、裂缝、波浪、坑槽、车辙等病害时，应及时处治。当损坏面积较小时，可局部修补；当损坏面积较大时，可将整跨铺装层凿除重铺新的铺装层。一般不应在既有桥面上直接加铺，以免增加桥梁恒载。水泥混凝土桥面出现断缝、拱胀、错台、起皮露骨等病害时应及时处理。当损坏面积较大时，应将既有铺装整块或整跨凿除，重铺新的铺装层。桥面防水层若有损坏，应及时修复。

桥面的泄水管、排水槽如有堵塞，应及时疏通，并经常保持畅通。桥梁上设置的封闭式排水系统，应保持各排水管道畅通，排水系统的设备（如水泵等）应工作正常，若有堵塞，应及时疏通，若有损坏，则应及时更换。

人行道块件应牢固、完整，桥面路缘石应经常保持完好状态。若出现松动、缺损，应及时进行修整或更换。桥梁栏杆应经常保持完好状态。栏杆柱应竖立正直，扶手应无损坏、断裂，伸缩缝处的水平杆件应能自由伸缩。栏杆柱、扶手若有缺损，应及时补齐。因栏杆损坏而采用临时防护措施时，使用时间不得超过三个月。钢筋混凝土栏杆开裂严重或混凝土剥落，应凿除损坏部分修补完整。钢质栏杆应涂漆防锈，一般每年一次。护栏防撞墙应牢固可靠，若有损坏，应及时修理或更换。钢护栏与钢筋混凝土护栏上的外露钢构件应定期涂漆防锈，一般每年一次。桥梁两端的栏杆柱或防撞墙端面涂有立面标记或示警标志的，应定期涂刷，一般一年一次，使油漆颜色保持鲜明。

桥上灯柱应保持完好状态，若有缺损和歪斜，应及时修理、扶正。灯具损坏应及时更换，保证夜间照明。桥上的交通标志应齐全、醒目、牢固，标志板应保持整洁、无裂纹和残缺，若有损坏，应及时整修。交通标线应经常保持完好、清晰定期进行标线重涂。桥上的防眩板应保持齐全、整洁，若有损坏，应及时整修。桥上的防护隔离设施应完整、牢固，若有损坏，应及时修理。桥上设置的航空灯、航道灯及供电线路、通信线路必须保持完好状态，若有损坏，应立即修复。避雷设备要经常保持完好，接地电阻要符合要求，接地线附近禁止堆放物品，禁止挖取接地线的覆土。

桥头搭板脱空、断裂或枕梁下沉引起桥路连接不顺适，出现桥头跳车时，应进行维修处理。用于桥梁观测的标点、传感器、接线等应保持完好，若有损坏或故障，应及时维修。

应经常清除缝内积土、垃圾等杂物，使其发挥正常作用，若有损坏或功能失效，应及时修理或更换。当伸缩缝装置出现以下几种病害时，应及时进行更换：

1）U形锌铁皮伸缩装置的锌铁皮老化、开裂、断裂。

2）钢板伸缩装置或锯齿钢板伸缩装置的钢板变形，螺栓脱落，伸缩不能正常进行。

3）橡胶条伸缩装置的橡胶条老化、脱落，固定角钢变形、松动。

4）板式橡胶伸缩装置的橡胶板老化开裂，预埋螺栓松脱，伸缩失效。

伸缩装置更换时应选型合理，伸缩量应满足桥跨结构变形需要，安装应牢固、平整、不漏水。维修或更换伸缩装置时，应采取措施维持交通，具体措施按《公路桥梁养护安全作业规程》及国家相关道路交通规范执行。

2. 上部结构日常养护及维修加固

（1）梁体日常养护及维修加固　钢筋混凝土梁桥日常养护维修内容主要有清除表面污垢，修补混凝土空洞破损、剥落表面风化以及裂缝，清除暴露钢筋的锈渍、恢复保护层，处理各种横纵向构件的开裂、开焊和锈蚀。保持箱梁的箱内通风，未设通风孔的应补设。梁体的污垢宜用清水洗刷，不得使用有腐蚀性的化学清洗剂。对预应力混凝土梁桥进行日常养护时，除与钢筋混凝土梁桥相同内容外，还应对预应力锚固区的破损及开裂、沿预应力钢束纵向的开裂进行修补。

当梁体出现以下几种病害时，应及时进行维修加固：

1）梁（板）体混凝土出现空洞、蜂窝、麻面、表面风化及剥落等病害。

2）存在钢筋外露或保护层剥落病害。

3）梁（板）体的纵横向连接件开裂、断裂、开焊等病害。

4）梁体产生纵向、竖向、横以及斜向裂缝。

5）梁体存在结构位移、下挠。

6）桥梁承载能力下降或需要提高荷载等级。

7）预应力钢束应力损失并产生病害。

对梁（板）体混凝土的空洞、蜂窝、麻面、表面风化、剥落等应先将松散部分清除，再用高强度等级混凝土、水泥砂浆或其他材料进行修补。新补的混凝土要密实，与既有结构应结合牢固、表面平整。新补的混凝土必须实行养护。

梁体若发现露筋或保护层剥落，应先将松动的保护层凿去，并清除钢筋锈迹，然后修复保护层。如损坏面积不大，可用环氧砂浆修补；如损坏面积过大，可用喷射高强度等级水泥砂浆的方法修补。梁（板）体的横、纵向连接件开裂、断裂、开焊，可采取更换、补焊、帮焊等措施修补。当钢筋混凝土梁桥裂缝宽度在限值范围内时，可进行封闭处理，一般涂抹环氧树脂胶；当裂缝宽度大于限值规定时，应采用压力灌浆法灌注环氧树脂胶或其他灌缝材料；当裂缝发展严重时，应加强观测，查明原因，然后进行针对性加固处理。

对于影响梁桥结构安全的病害常用加固方法有以下几种：

1）增大截面加固法，用于加强构件，应注意在加大截面时自重也相应增加了。

2）增加钢筋加固法，用于加强构件，常与增大截面加固法共同使用。

3）粘贴钢板加固法，是普遍采用的方法，钢板与既有结构必须可靠连接，并进行防锈处理。

4）粘贴碳纤维、特种玻璃纤维加固法，主要用于提高构件抗弯承载力。使用此法加固几乎不增加结构自重。

5）体外预应力加固法，用于提高构件强度、控制裂缝和变形。

6）改变梁体截面形式加固法，一般是将开口的 T 形截面或 Π 形截面转换成箱形截面。

7）增加横隔板加固法，用于无中横隔或少中横隔梁的加固，可增加桥梁整体刚度、调整荷载横向分配。

8）在桥下净空和墩（台）基础受力许可的条件下，采用在梁（板）底下加八字支撑加固法。

9）桥梁结构由简支变连续加固法。

10）更换主梁加固法等。

当空气、雨水、河水中含有对混凝土和钢筋有侵蚀的化学成分时，应对梁体结构进行防护。在昼夜平均气温低于5℃的冬季维修桥梁时，对修补的混凝土构件应采取保温措施，保证混凝土的凝固硬化。用于修补加固的混凝土、钢材的强度和质量指标应不低于既有桥梁材料，修补用的混凝土强度等级应比既有桥梁材料强度等级提高一级，在 pH 值小于 5.6 的地区，所用水泥应根据环境特点采用耐酸的硅酸盐水泥、抗铝硅酸盐水泥等。受拉区修补用的混凝土宜用环氧树脂配制，受压区修补用的混凝土可用膨胀水泥配制。用水泥混凝土或砂浆修补的构件应加强养护，有条件时宜采用蒸汽养护或封闭养护。

（2）支座日常养护及维修加固　日常养护时应保持支座各部完整清洁，每半年至少清扫一次。清除支座周围的油污、垃圾，防止积水、积雪，保证支座正常工作。滚动支座的滚动面应定期涂润滑油（一般每年一次）。在涂油之前，应把滚动面擦干净。对钢支座要进行除锈防腐，除铰轴和滚动面外，其余部分均应涂刷防锈油漆。及时拧紧钢支座各部接合螺栓，使承垫板平整、牢固。同时应防止橡胶支座接触油污引起老化变质。滑板支座、盆式橡胶支座应进行防尘处理并维护完好，防止尘埃落入或雨、雪渗入支座内。

当支座存在以下缺陷或产生故障不能正常工作时，应及时予以修整或更换。

1）支座的固定锚销剪断，滚动面不平整，轴承有裂纹或切口，辊轴大小不合适，混凝土摆柱出现严重开裂、歪斜，必须更换。

2）支座座板翘起、变形、断裂时应予更换，焊缝开裂应整修。

3）板式橡胶支座出现脱空或不均匀压缩变形时应进行调整。

4）板式橡胶支座发生过大剪切变形、中间钢板外露、橡胶开裂、老化时应及时更换。

5）油毡垫层支座失去功能时，应及时更换。

调整、更换板式橡胶支座钢板支座，油毡垫层支座时采用如下方法：在支座旁边的梁底或端横隔处设置千斤顶，将梁（板）适当顶起，使支座脱空不受力，然后进行调整或更换。调整完毕或新支座就位正确后，落梁（板）到使用位置。需要抬高支座时，可根据抬高量的大小选用下列方法：垫入钢板（50mm 以内）或铸钢板（50～100mm）；更换为板式橡胶支座；就地浇筑钢筋混凝土支座垫石，垫石高度按需要设置，一般应大于 100mm。

3. 墩（台）日常养护及维修加固

保持墩（台）表面整洁，及时清除墩（台）表面的青苔、杂草灌木和污垢。对发生灰缝脱落的圬工砌体，应清除缝内杂物，重新用水泥砂浆勾缝。墩（台）身圬工砌体表面风化剥落或损坏时，损坏深度在 3cm 以内的，可用水泥砂浆抹面修补，砂浆强度等级一般不应低于 M5；当损坏面积较大且深度超过 3cm 时，不得用砂浆修补，而须采用挂网喷浆或浇筑混凝土的方法加固。圬工砌体镶面部分严重风化和损坏时，应用石料或混凝土预制块补砌、更换，新旧部分要结合牢固、色泽质地应与既有砌体基本一致。墩（台）身圬工砌体的砌块如出现裂缝，应拆除后重新砌筑。墩（台）表面发生侵蚀剥落蜂窝、麻面、裂缝、露筋等病害时，应采用水泥砂浆修补。因受行车振动影响不易用水泥砂浆补牢的，应考虑采用环氧树脂或其他聚合物混凝土进行修补。墩（台）混凝土裂缝宽度超过限值时，应对裂缝进行修补。

由于活动支座失灵而造成墩（台）拉裂，应修复或更换支座并按上述方法修补裂缝。墩（台）身发生纵向贯通裂缝时，可采用钢筋混凝土围带粘贴钢板箍或加大墩（台）截面的方法进行加固。

因基础不均匀下沉引起墩（台）自下而上的裂缝时，应先加固基础，再采用灌缝或加箍的方法进行加固。U 形桥台的翼墙外倾时，可在横向钻孔加设钢拉杆，钢拉杆固定在翼墙外壁的型钢或钢筋混凝土梁柱上。当墩（台）损坏严重，如出现大面积开裂、破损、风化、剥落时，一般可用钢筋混凝土箍套加固，对结构基本完好，但承载能力不足的圆柱形墩柱可用包裹碳纤维片材的方法加固。钢筋混凝土墩（台）出现缺损，而墩（台）身处于常水位以下时，可根据不同情况采用围堰抽水或水下作业的方法进行修补。

7.5.3　常见桥梁维修加固施工工艺及要点

1. 桥梁维修加固基本原则

针对桥梁病害总体情况及分析结果，确定总体加固设计和施工原则。概括地讲，加固设计和施工方案的确定应遵循以下原则。

1）安全性原则。既要考虑各种病害导致结构承载力的降低，也要考虑加固措施及其施工过程对结构承载力的不利影响。特别是对既有结构的损伤，应尽量减至最低程度。

2）方便施工和通行原则。加固方案的制订要充分考虑到现场施工条件和难度，方案应考虑现有车辆通行和方便施工。

3）经济性原则。加固方案在满足功能要求的前提下，应兼顾经济性原则，避免浪费。

4）动态设计的原则。旧桥加固有别于新桥，设计方案和施工工艺均应遵循动态设计原则，边施工、边测试、边调整。不断完善施工工艺，并根据测试结果及时调整设计。加固施工单位进场后，若发现新的病害或病害情况与检测报告有明显差异，应及时与设计方联系沟通，待核实后确认具体实施方案。

2. 伸缩缝维修加固施工

（1）桥梁伸缩缝更换施工　桥梁伸缩缝更换施工工艺流程如图 7-104 所示。

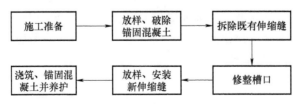

图 7-104　桥梁伸缩缝更换施工工艺流程

1）弹线、切割及混凝土破除。在交通管制进行完毕后，在作业区内依据实际桥台（墩）中心处伸缩缝中线，然后按设计要求从伸缩缝中心线向两侧弹出施工所需宽度，要注意桥台侧宽度变化。弹线要顺直，宽度一致。然后使用混凝土切缝机按所画边线对混凝土进行切缝，要保证切缝位置、尺寸准确，切缝垂直、顺直、无缺损，同时必须确保既有预埋钢筋不被切断破坏。

使用空压机对伸缩缝处水泥混凝土铺装层进行破除，并对槽口表面混凝土进行凿毛，使用空压机管吹净粉渣，然后将梁体缝间所夹的其他杂物进行清理，以保证梁体间空隙。注意对缝外铺装层要采取保护措施，严禁剔除及破坏，保证边角整齐与顺直。

2）预埋钢筋检查、修整。清好槽及梁间杂物后，首先检查预埋筋的完好情况，如出现弯曲变形则需要调直，使其位置与形式准确，确保植筋与伸缩缝锚固筋具有很好的受力和焊接，对于钢筋锈蚀部分要使用铁刷子除锈。检查各梁间隙是否符合要求，如果不符合，则需进行处理以达到要求。检查预埋钢筋是否与伸缩装置锚固环对应，如存在错位、相扭等问题应调整伸缩锚固环。为保证各连接钢环与预埋件的有效焊接，应根据实际缝大小，备置一定数量规格不同的钢板作为衬垫。

3）填塞构造缝。用相应厚度的泡沫板塞入构造缝内，注意要有足够的深度和严密性，上面应和槽底相平。不能有松动和较大的缝隙，防止漏浆。

4）安装。伸缩装置安装前应对其进行平整度的检查，型钢的平整度控制在3mm以内。现场测定实际梁体温度，根据设计给定的施工温度留设的缝宽值，调整伸缩装置安装定位缝宽值。伸缩装置安装前要检查各梁之间的间隙是否清理干净，伸缩宽度是否符合要求，伸缩装置是否与缝号一致、完好，然后安上夹具以备安装。伸缩装置吊运就位后，选用长度不小于3m，型号不小于20#的槽钢，以双肢的形式，按间距1m的距离，垂直于伸缩装置设于桥面上。然后采用丁字螺栓将伸缩装置吊起，固定在槽钢上。槽钢与伸缩缝两侧路面和伸缩装置要压紧、贴严。安装后要保证伸缩装置在横缝方向和纵缝方向都垂直。伸缩装置安装标高根据缝两侧5m范围内的实测路面标高确定。

5）钢纤维混凝土施工。伸缩缝预留槽内浇筑钢纤维混凝土，钢纤维混凝土可以提高混凝土的抗拉强度、抗弯强度，可以增强混凝土结构的抗疲劳、抗冲击、耐磨损和抗裂阻裂能力，提高混凝土的韧性。

钢纤维混凝土中钢纤维的体积比为1%。钢纤维的长度为25~50mm，等效直径为0.3~0.8mm，且钢纤维混凝土的强度等级不应低于C50的同等强度，其中钢纤维混凝土抗弯拉强度应比同级混凝土抗弯拉强度高40%以上，且不小于7MPa。搅拌的次序和方法应以搅拌过程中钢纤维不产生结团和保证一定的生产率为原则，并通过试拌确定。建议采用将钢纤维、水泥、粗细骨料先干拌后加水湿拌的方法，必要时采用钢纤维分散机布料，且干拌时间不宜小于1.5min，并应按下列步骤振捣与整平：①用平板振捣器振捣密实，然后用振捣梁振捣整平；②用表面带凸棱的金属圆滚将竖起的钢纤维和位于表面的石子和钢纤维压下去，然后用金属圆滚将表面滚压平整，待钢纤维混凝土表面无泌水时用金属抹刀抹平，经修整的表面不得裸露钢纤维，也不得留有浮浆；③抹平的表面应在初凝前做拉毛处理，拉毛时不得带出钢纤维，拉毛工具可使用刷子和压滚，不得使用刮板、粗布路刷和竹扫帚。钢纤维检验应从成品中随机抽取，不得用母材代替。

纤维混凝土建议掺量：每立方米混凝土掺入50kg纤维，施工坍落度大于3cm，水胶

（灰）比以混凝土坍落度控制，混凝土其搅拌时间应适当增加 60s。操作程序：加入水→加入纤维→搅拌→加入骨料→加入水泥→补充加水。

（2）伸缩缝止水带更换　抽出破损止水带，装入新止水带，止水带可模制或挤压成型，其横断面应均匀，不应有孔隙或其他缺陷，符合现场伸缩缝型号及标称尺寸。橡胶封条可由天然橡胶或合成橡胶与其他材料组成，不得使用再生材料。伸缩锚固混凝土破除如图 7-105 所示，伸缩缝更换施工如图 7-106 所示。

图 7-105　伸缩锚固混凝土破除

图 7-106　伸缩缝更换施工

3. 体外预应力钢束加固施工

体外预应力钢束的具体施工工艺流程如下：

（1）施工准备　主要包括体外预应力钢束的制作、验收、运输及现场临时存放，体外预应力安装设备的准备，张拉设备标定与准备。

（2）体外索锚固块、减振器锚固块施工　体外预应力钢束锚下构造必须保证定位准确，安装与固定牢固可靠，此施工工艺过程是束形建立的关键性工艺环节，如钢锚固块、减振器与 T 形梁马蹄部位贴合有误差，应对 T 形梁马蹄部位进行打磨，确保钢锚固块、减振器与马蹄部位无缝贴合。

（3）体外预应力钢束安装和定位　固定套管，随后进行体外预应力钢束下料，成品束可一次完成穿束。安装锚固体系之前，实测并精确计算张拉端需要剥除的外层 HDPE 护套长度，如采用水泥基浆体防护，则需要适当方法清除表面油脂。

（4）张拉与束力调整　体外预应力钢束穿束过程中，可同时安装体外束锚固体系，锚固体系就位后，即可单根预紧或者整体预张，确认张紧后的体外预应力钢束主体、锚固体系无误后，按张拉程序进行张拉作业，张拉采取以张拉力控制为主、张拉伸长值校核的双控法。

张拉过程中，构件截面内对称布置的体外预应力钢束要保证对称张拉，两套张拉油泵的张拉力需控制同步。张拉要分级张拉并校核伸长值，实际测量伸长值与理论伸长值之间的偏差应控制在 6% 之内。

（5）锚固系统保护和减振器施工　张拉施工完成并检测与验收合格后，对锚固系统要进行防护工艺处理。

灌注防护材料之前，按照设计规定，锚固体系导管之间的空隙内要求填入橡胶条或者其他弹性材料对各连接部位进行密封，锚具采用防护罩封闭。

体外预应力钢束完成后，按工程设计要求的预定位置安装体外束主体减振器，安装固定减振器的支架和主体结构之间进行固定，以保证减振器发挥作用。

（6）检测与验收 根据工程设计与使用需要，可以安排施工期间和结构使用期间内的各种检测项目。如体外预应力钢束的材料出场与进场质量报告，体外预应力张拉与调整束力报告，体外预应力防护与减振器施工验收记录，体外预应力分项工程质量验收报告。

体外预应力转向装置及锚固装置如图 7-107 与图 7-108 所示。

图 7-107　体外预应力转向装置

图 7-108　体外预应力锚固装置

4. 预应力碳纤维板加固施工

在梁底板按照设计图放样，用钢筋定位仪核定钢筋的位置，并确定碳纤维板和两端锚具的位置。对混凝土基层表面打磨处理，保证混凝土基层的表面平整度，如平整度不满足小于 5mm（每 2 延米），则还需对混凝土基层用环氧修补胶进行找平，修补胶技术指标应满足《公路桥梁加固设计规范》（JTG/T J22—2008）要求，对混凝土基层表面用吸尘器或鼓风机进行处理，确保粘贴面平整且无粉尘。基层处理时，严禁对结构混凝土进行割槽或割洞处理，以确保对结构损伤最小。预应力碳纤维板加固施工工艺流程如图 7-109 所示，施工照片如图 7-110 和图 7-111 所示。

图 7-109　预应力碳纤维板加固施工工艺流程

图 7-110　预应力碳纤维板施工

图 7-111　预应力张拉锚固装置

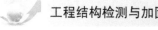

（1）锚栓安装　在安装碳纤维板张拉单元和夹具单元的位置按照设计图要求钻孔并种植高强度不锈钢材质锚栓，严禁使用普通碳钢材质。锚栓钻孔直径不得大于 16mm，每条预应力碳板使用锚栓数量不多于 24 根，以确保对结构损伤最小。锚栓达到设计强度后安装夹具单元。

（2）碳板准备　按照设计要求和现场量测的长度，裁剪碳纤维板，同时进行胶黏剂的拌制，在碳纤维板和梁底接触面上涂抹胶黏剂，胶黏剂应呈中间厚两边薄状，平均厚度不小于 2mm。

（3）张拉机具固定　安装碳纤维板，并将碳纤维板的端部放入夹具单元中，合上夹具单元并将夹具单元上的固定螺钉拧紧，安装扭矩应符合设计要求。锚固板打磨处理，并涂抹约 5mm 厚胶黏剂。初步固定锚固板，在锚固板上固定张拉单元并放置液压油缸。

（4）碳纤维板张拉　主要技术要点：

1）确保液压油缸中线与碳纤维板中线重合，两端同时放上液压油缸进行张拉。先给碳纤维板施加 10% 的应力，使碳纤维板绷直。记录张拉端夹具或碳纤维板的初始位置，并再次检查各部件的位置。

2）以 20% 和 60% 应力给碳纤维板施加预应力，每一级之间持荷 5min。张拉过程中随时检查碳纤维板的伸长值，严格控制张拉速度，要求缓慢、均匀、平稳。

3）当预应力施加到 100% 时复验碳纤维板张拉伸长值，并持荷 5min。张拉控制应力为 1000MPa，控制应变为 6‰。

4）张拉结束后将限位固定螺钉固定好，卡紧张拉单元和夹具单元间的位置。之后卸除液压油缸，并将锚固板固定紧。

（5）张拉机具拆除　待胶黏剂固化完毕后，即约 24h 后（温度 25℃ 时，如温度较低，可适当延长固化时间），即可进行张拉单元和夹具单元的拆除，拆除完毕后，将多余的碳纤维板和锚栓端部进行切除。张拉机具拆除完毕后，仅在结构上剩下碳纤维板、黏板胶、锚固板和锚栓，以确保加固后对结构自重增加最小，严禁将张拉机具永久固定在结构上。

（6）施工注意事项　施工中应严格遵守执行《公路桥涵施工技术规范》（JTG/T 3650—2020）、《公路养护安全作业规程》（JTG H30—2015）、《公路工程施工安全技术规程》（JTG F90—2015），做到专用设备，专职使用。

为保证施工安全、结构安全及工作的顺利开展，在施工前必须对施工机具、临时设备及其他保障措施进行详细检查、核对，在确保万无一失后方可施工。

碳纤维板是导电材料，使用碳纤维板时应尽量远离电气设备及电源。使用中应避免碳纤维板的弯折。碳纤维板配套树脂的原料应密封贮存，远离火源，避免阳光直接照射，树脂的配制和使用场所，应保持通风良好。现场施工人员应根据使用树脂材料采取相应的劳动保护措施。

在碳纤维板张拉的过程中，要对梁体挠度的变化进行观测，如果挠度变化有异常情况，应停止张拉，并检查原因。

5. 板式橡胶支座整联顶升更换施工

板式橡胶支座整联顶升更换施工工艺流程如图 7-112 所示，施工照片如图 7-113 和图 7-114 所示。

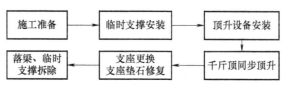

图 7-112　板式橡胶支座整联顶升更换施工工艺流程

图 7-113　支座顶升设备安装

图 7-114　支座同步顶升

整联同步顶升支座更换步骤：

（1）施工准备　根据已确定的施工方案，搭设施工场地的平台。平台要留出适当的工作空间便于施工操作人员和监控人员使用，并保证安全可靠。进行顶升用的千斤顶、油泵的配套设备（包括备用设备）的标定，做好新支座的检测配套工作。解除既有支座附近所有多余的约束结构，并彻底清理干净。施工人员组织安排和人员培训，并进行技术交底。这些人员中包括项目负责人、施工操作人员、监控人员、交通管制人员及专家等。

（2）顶升设备安装就位　主要包括千斤顶、油泵连接检查，监控点（位移和挠度观测点）的布置和检查等。

（3）顶升到位　顶升前应临时进行交通管制，严禁货车行驶，以避免施工中发生意外事故。统一号令开始顶升，控制起顶速度，记录有关数据，调整不均匀偏差，直到全部顶升到位，支座可顺利取出为止。整个顶升过程均应对主梁、桥面及附属设施进行认真检查直到正常立即停止顶升操作。顶升到位后，用预先准备好的支座钢板进行支垫，支垫时要求水平并牢固可靠。

（4）取出旧支座　临时支垫完成并检查无误后，将旧支座和锈蚀的钢板取出，将梁底不锈钢板上的锈迹和污垢彻底清除干净。涂上一层润滑油，然后用水平尺检查支座上表面是否平整，能否满足安装要求，对垫石的油污和浮浆也要彻底打磨，清除干净。在安装新支座前，对支座垫石和新支座表面进行十字定位放样，确保支座更换后的位置准确。

（5）安装新支座　安装前对支座进行全面检查，确保新支座无任何缺陷。对于梁体安装不当或梁底不平造成的支座偏压，一般可采用结构胶等进行脱空部位的局部填充密实，以保证支座的全面积受压。

（6）落顶　新支座安装完毕后，应统一指挥，先操作千斤顶使梁底面略高于临时支垫件（临时支座、楔形垫块或预制钢板）后，逐渐将梁底的临时垫块或支撑解除，同时缓慢回油落梁就位。

（7）同步顶升支座更换的注意事项

1）顶升 T 形梁时，必须注意顶升部位，防止对梁体产生损坏。

2）由于边梁本身的自重和桥面附属设置（如缘石、栏杆等）的影响，与中梁在顶升上有较大的差异，在顶升力与行程双控中，应以行程为最终控制，这样可以避免由起顶不均匀造成的桥面剪切破坏。

3）严格控制梁体的顶升高度，避免由于顶升过高造成的桥面及附属设施的损坏。

4）落梁时，注意避免碰撞支座，以保证支座位置的准确。落梁应采用与顶升相逆的方法，即按顶升的同一步长、步阶缓慢降落，才有利于主梁的就位准确且与支座密贴。如果主梁与支座密贴不好时，应查明原因，采取有效措施予以纠正和重做。

5）对于脱空的支座，更换时可采用加垫钢板等措施，保证支座同梁底紧密接触，使支座受力均匀。

（8）同步顶升支座更换的监控　为了保证安全，快速地完成顶升施工，在顶升梁体更换支座的过程中，保证梁体主要断面的应力和变形处在安全范围内，同时保证起顶时各千斤顶的顶升量达到同步，防止由于千斤顶的顶升量不一致引起的梁间变形不一致，从而导致桥面剪切破坏。所以对梁体顶升（落梁）阶段相对位移与梁体受力和变形的检测（监控）是非常必要的。顶升施工通常对梁体顶升时的位移和千斤顶的顶升力进行双控，因此，必须配备精密的检测和校对设备。

实施监控的内容包括：

1）应力监控：通常在主梁的下缘布置应力观测点进行应力观测。

2）挠度监控：在千斤顶起顶的截面位置，在每片主梁下缘布置百分比挠度观测点，用于进行顶升过程和顶升最终顶升量确定该桥的实际挠度情况，特别是相邻主梁间的位移变化量要控制在预定的容许范围之内。

3）梁体混凝土、桥面、伸缩装置及其他附属设施的监控：在顶升过程中，适时观测梁体混凝土、桥面是否出现裂缝及其变化情况，桥梁伸缩装置及其他附属设施是否出现异常情况，并应及时查明原因，采取相应措施。

新更换的支座应选用耐高温、耐老化的氯丁橡胶支座，其材料质量和技术性能应符合《公路桥梁板式橡胶支座》（JT/T 4—2019）的要求。

 思 考 题

1. 简述各类型桥梁检查的内容。
2. 简要说明桥梁荷载试验流程。
3. 桥梁日常维护包含哪些方面？
4. 桥梁常用的维修加固方法有哪些？

 拓 展 视 频

中国创造：大跨径拱桥技术

青藏铁路精神

"两路"精神

第8章 紧固件连接的检测

紧固件连接包括螺栓、铆钉和销钉等连接，其中螺栓连接可分为普通螺栓连接和高强度螺栓连接。目前，铆钉和销钉连接在新建钢结构上使用较少，因此本章主要介绍普通螺栓连接和高强度螺栓连接。另外圆头焊接栓钉的检测也在本章介绍。螺栓连接按受力情况分为三种：抗剪螺栓连接、抗拉螺栓连接和同时承受剪拉的螺栓连接。

8.1 焊接栓钉性能检测

焊接栓钉是电弧螺柱焊用圆柱头焊钉（cheese head studs for arc stud welding）的简称，它是钢结构与钢筋混凝土结构间起组合连接作用的连接件，采用拉弧型栓钉焊机和焊枪，并使用去氧弧耐热陶瓷座圈。栓钉的规格为公称直径 10~25mm，焊接前总长度一般为 40~300mm。检测依据为：《电弧螺柱焊用圆柱头焊钉》（GB/T 10433—2002）、《钢结构工程施工质量验收标准》（GB 50205—2020）、《钢结构焊接规范》（GB 50661—2011）。

1. 焊接栓钉外观及尺寸检查

焊钉表面应无锈蚀、氧化皮、油脂和毛刺等。其杆部表面不允许有影响使用的裂缝，头部裂缝的深度（径向）不得超过 0.25 (d_k-d)。其中，d_k 为焊钉头部直径，d 为焊钉公称直径。

抽检数量：按计件数抽查 1%，且不应少于 10 件。

检测方法：观察检查。焊钉及焊接瓷环的规格，尺寸及偏差应符合《电弧螺柱焊用圆柱头焊钉》的规定。

2. 焊接栓钉的力学性能检验

（1）拉力试验 采用《金属材料拉伸试验 第 1 部分：室温试验方法》（GB/T 228.1—2010）规定的方法对试件进行拉力试验，拉力试验如图 8-1 所示。当外加拉力荷载达到表 8-1 中的规定时，要求不得断裂，继续增大荷载直至拉断，且断裂不应发生在焊缝和热影响区内。

表 8-1 栓钉拉力荷载

栓钉直径 d/mm	10	13	16	19	22	25
拉力荷载/N	32970	55860	84420	119280	159600	206220

（2）弯曲试验 《钢结构焊接规范》规定，对于 $d \leqslant 22mm$ 的栓钉，可进行焊接端的弯曲试验（见图 8-2）。试验可用锤子打击（或使用套管压）栓钉试件头部，使其弯曲 $30°$。使用套管进行试验时，套管下端距焊缝上端的距离不得小于 d_0。（d_0 为孔径）。

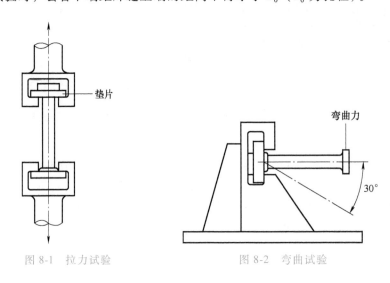

图 8-1　拉力试验　　　　　　图 8-2　弯曲试验

抽检数量：每批同类构件抽查 10%，不应少于 10 套。被抽查构件中，按每件栓钉数量的 1% 抽查，但抽查数不应少于 1 个。

检测方法：锤击端头使其弯曲至 $30°$，焊缝和热影响区内没有肉眼可见的裂纹，用角尺检查和观察检查。

■ 8.2　普通螺栓性能检测

8.2.1　概述

普通螺栓可分精制普通螺栓和粗制普通螺栓两种，其中精制普通螺栓有 A 级和 B 级两种，粗制普通螺栓为 C 级。普通螺栓连接中使用较多的是粗制螺栓（C 级螺栓）连接，其抗剪连接是依靠螺杆受剪和孔壁承压来承受荷载。粗制螺栓抗剪连接中，只能用在一些不直接承受动力荷载的次要构件的连接中，如支撑、檩条、墙梁、小桁架等的连接，不承受动力荷载的可拆卸结构的连接和临时固定用的连接。相反，由于螺栓的抗拉性能较好，因而常用在一些使螺栓受拉节点连接中。普通螺栓连接中的精制螺栓（A、B 级螺栓）连接，受力和传力情况与上述粗制螺栓连接完全相同，因质量较好可用于要求较高的抗剪连接，但由于螺栓加工复杂，安装要求高，价格昂贵，目前常为高强度螺栓摩擦型连接所替代。普通螺栓的检测依据为《紧固件机械性能　螺栓、螺钉和螺柱》（GB/T 3098.1-2010）、《钢结构工程施工质量验收标准》、《普通螺纹　基本尺寸》（GB/T 196—2003）。

8.2.2　普通螺栓检验方法

1. 现场检查

普通螺栓的连接应牢固可靠，无锈蚀、松动等现象，外露丝扣不应少于 2 扣。

抽检数量：按节点数抽检 10%，且不少于 3 个。

检测方法：观察检查和锤击、扳手检查。一般采用锤击法，即用 3kg 小锤，一只手扶螺栓（螺母）头，另一只手用锤敲，要求螺栓（螺母）头不偏移、不颤动、不松动，锤声比较干脆，否则说明螺栓紧固质量不好，需要重新紧固施工。

2. 螺栓实物最小拉力荷载检测

普通螺栓作为永久性连接螺栓时，仅测试其抗拉能力，主要检测项目为螺栓实物最小拉力荷载检测。当设计有要求或对其质量存疑时，应进行螺栓实物最小拉力荷载复验，其结果应符合《紧固件机械性能螺栓、螺钉和螺柱》中的规定。

抽检数量：每一规格螺栓抽取 8 个。

抽检方法：抗拉强度试验。

用专用卡具将螺栓实物置于拉力试验机上进行拉力试验，为避免试件承受横向荷载，试验机的夹具应具有自动调整中心功能，试验时夹头张拉的移动速度不应超过 25mm/min。

进行试验时，承受拉力荷载的未旋合螺纹长度应为 6 倍以上螺距，当试验拉力达到《紧固件机械性能 螺栓、螺钉和螺柱》中规定的最小拉力荷载时螺栓不得断裂。当超过最小拉力荷载直至螺栓拉断时，断裂应发生在杆部或螺栓部分，而不应发生在螺头与杆部的交接处。

■ 8.3 高强度螺栓性能检测

8.3.1 概述

钢结构中用的高强度螺栓有特定的含义，专指在安装过程中使用特制的扳手，能保证螺杆中具有规定的预拉力，从而使被连接的板件接触面上有规定的预压力的螺栓。为提高螺杆中的预拉力值，此种螺栓必须用高强度钢制造，因而得名。有关高强度螺栓国家标准有《钢结构用高强度大六角头螺栓、大六角螺母、垫圈技术条件》（GB/T 1231—2006）和《钢结构用扭剪型高强度螺栓连接副》（GB/T 3632—2008）两种。前者包括 8.8 级和 10.9 级两种，后者只有 10.9 级一种。高强度螺栓由中碳钢或合金钢等经热处理（淬火并回火）后制成，强度较高。8.8 级高强度螺栓的抗拉强度不小于 $800N/mm^2$，屈强比为 0.8。10.9 级高强度螺栓的抗拉强度不小于 $1000N/mm^2$，屈强比为 0.9。10.9 级高强度螺栓常用的材料是 20MTB 和 35VB 钢等，经热处理后抗拉强度不低于 $1040N/mm^2$。8.8 级高强度螺栓常用的材料是 40B、45 钢或 35 钢，经热处理后抗拉强度不低于 $830N/m^2$。两者的螺母和垫圈均采用 45 钢，经热处理后制成。用 20MnTiB 钢制造的螺栓直径宜不大于 24mm，用 35VB 钢制造的螺栓直径为 27mm 和 30mm，用 40B 钢制造的螺栓直径不宜大于 24mm，用 45 钢制造的螺栓直径不宜大于 22mm，用 35 钢制造的螺栓直径不宜大于 20mm，以保证有较好的淬火效果。目前，扭剪型高强度螺栓限用 20MnTiB 钢制造。

高强度螺栓的检测依据为《钢结构用扭剪型高强度螺栓连接副》、《钢结构用高强度大六角头螺栓》（GB/T 1228—2006）、《钢网架螺栓球节点用高强度螺栓》（GB/T 16939—2016）、《钢结构设计标准》（GB 50017—2017）、《钢结构工程施工质量验收标准》、《紧固件标记方法》（GB/T 1237—2000）。

8.3.2 资料检查

高强度螺栓连接副（螺栓、螺母、垫圈）应配套成箱供货，并附有出厂合格证、质量证明书及质量检验报告，检验人员应逐项与设计要求及现行国家标准进行对照，对不符合的连接副不得使用。

对大六角头高强度螺栓连接副，应重点检验扭矩系数检验报告；对扭剪型高强度螺栓连接副重点检验紧固轴力检验报告。

8.3.3 大六角头高强度螺栓连接副扭矩系数复验

1. 取样要求

出厂检验按批进行。同一性能等级、材料、炉号、螺纹规格、长度（当螺纹长度不大于 100mm 时，长度相差不大 15mm；当螺纹长度大于 100mm 时，长度相差不大于 20mm，可视为同一长度）、机械加工、热处理工艺、表面处理工艺的螺栓为同批。同一性能等级、材料、炉号、规格、机械加工、热处理工艺、表面处理工艺的垫圈为同批。分别由同批螺栓、螺母、垫圈组成连接副为同批连接副。对保证扭矩系数供货的螺栓连接副最大批量为3000 套。

《钢结构工程施工质量验收标准》规定，复检的大六角头高强度螺栓应在施工现场从待安装的螺栓各批中随机抽取，每批应抽取 8 套连接副进行复检。复检使用的计量器具应经过标定，误差不得超过 2%。每套连接副只应做一次试验，不得重复使用。

2. 检测步骤

连接副扭矩系数的复测是将螺栓插入轴力计或高强度螺栓自动检测仪，然后在螺母处施加扭矩。紧固螺栓分初拧、终拧两次进行，初拧应采用扭矩扳手，初拧值应控制在预拉力（轴力）标准值的 50%左右。在紧固过程中垫圈发生转动时，应更换连接副，重新试验。

由高强度螺栓扭矩系数测试仪（见图 8-3）可以读出螺栓紧固轴力（预拉力）和扭矩值。当螺栓紧固轴力（预拉力）达到表 8-2 规定的范围后，得到施加于螺母上的扭矩值 T 和螺栓内的轴力值。按下式计算大六角头高强度螺栓连接副的扭矩系数

$$K = \frac{T}{Pd} \tag{8-1}$$

式中　　T——施拧扭矩（N·m）；

　　　　d——高强度螺栓的公称直径（mm）；

　　　　P——螺栓紧固轴力（预拉力）（kN）。

每组 8 套连接副扭矩系数的平均值应为 0.11～0.15，标准偏差小于或等于 0.010。

表 8-2　螺栓预拉力值范围

螺栓规格		M16	M20	M22	M24	M27	M30
预拉力 P/kN	10.9S	93～113	142～177	175～215	206～250	265～324	325～390
	8.8S	62～78	100～120	125～150	140～170	185～225	230～275

3. 数据记录与示例

某 M22×85 大六角头高强度螺栓连接副扭矩系数测试结果见表 8-3。

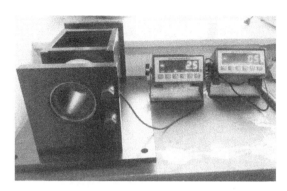

图 8-3 高强度螺栓扭矩系数测试仪

表 8-3 M22×85 大六角头高强度螺栓连接副扭矩系数测试结果

样 品 编 号	施拧扭矩 $T/N \cdot m$	螺栓预拉力 P/kN	扭矩系数 K	标准偏差 S
YZDK-08-01	642	210	0.139	
YZDK-08-02	603	210	0.131	
YZDK-08-03	686	210	0.148	
YZDK-08-04	652	210	0.141	0.0057
YZDK-08-05	616	210	0.133	
YZDK-08-06	667	210	0.144	
YZDK-08-07	645	210	0.140	
YZDK-08-08	666	210	0.144	
平均值	647	210	0.140	
标准值	—	189~231	0.110~0.150	≤0.0100

由表 8-3 可见，测试的扭矩系数平均值为 0.140，在 0.11~0.15 之间，实测值的标准偏差为 0.0057，且≤0.010，表明测试结果符合要求。

8.3.4 扭剪型高强度螺栓连接副预拉力复验

紧固预拉力（简称预拉力或紧固力）是高强度螺栓正常工作的保证，对于扭剪型高强度螺栓连接副，必须进行预拉力复验。

1. 取样要求

与 8.3.3 节要求相同。

2. 检测步骤

复验用的螺栓应在施工现场待安装的螺栓批中随机抽取，每批应抽取 8 套连接副进行复验，连接副预拉力可采用经计量检定且校准合格的各类轴力计进行测试。试验用的电测轴力计、油压轴力计、电阻应变仪、扭矩扳手等计量器具，应在试验前进行标定，其误差不得超过 2%。采用轴力计方法复验连接副预拉力，应将螺栓直接插入轴力计。紧固螺栓分初拧、终拧两次进行，初拧应采用手动扭矩扳手或专用扭矩电动扳手，初拧值应为预拉力标准值的 50%左右。终拧应采用专用电动扳手，至尾部梅花头拧掉，读出预拉力值。每套连接副只应做一次试验，不得重复使用，在紧固中垫圈发生转动时，因更换连接副重新试验。

复验螺栓连接副的预拉力平均值和标准偏差应符合表 8-4 的规定，其变异系数应按式（8-2）计算，并不大于 10%，即

$$\delta = \frac{\sigma_p}{P} \times 100\% \tag{8-2}$$

式中　δ——紧固件拉力的变异系数（%）；

σ_p——紧固预拉力的标准值（MPa）；

P——该批螺栓预拉力平均值（kN）。

表 8-4　复验螺栓连接副的预拉力平均值和标准偏差

螺栓直径/mm	16	20	22	24
紧固预拉力的平均值/kN	99~120	154~186	191~231	222~270
标准偏差/kN	10.1	15.7	19.5	22.7
紧固轴力变异系数	≤10%			

3. 数据记录与示例

牌号 10.9S，某 M20×55 扭剪型高强度螺栓连接副紧固轴力测试结果见表 8-5。

表 8-5　M20×55 扭剪型高强度螺栓连接副紧固轴力测试结果

样　品　编　号	紧固轴力/kN	紧固轴力平均值/kN	标准偏差 S/kN
WZHL-07-01	178		
WZHL-07-02	160		
WZHL-07-03	156		
WZHL-07-04	175		
WZHL-07-05	175	170	10.76
WZHL-07-06	184		
WZHL-07-07	156		
WZHL-07-08	173		
标准值	—	154~186	≤15.7

由表 8-5 可见，测试的连接副紧固轴力平均值为 170kN，在 154~186kN 之间，实测值的标准偏差为 10.76kN，且 ≤15.7kN，表明测试结果符合要求。

8.3.5　高强度螺栓连接副施工扭矩试验

1. 一般要求

高强度螺栓连接副扭矩检验含初拧、复拧、终拧扭矩的现场无损检验。检验所用的扭矩扳手精度误差应不大于 3%。

对于大六角头高强度螺栓终拧检验，先用质量为 0.3kg 的小锤敲击每一个螺栓螺母的一侧，同时用手指按住相对的另一侧，以检查高强度螺栓有无漏拧。对于扭矩的检查，可采用

扭矩法和转角法检验。扭矩检验应在施拧 1h 后、48h 内完成。发现欠拧、漏拧的必须全部补拧，超拧的必须全部更换。

施工扭矩检查数量：按节点数抽查 10%，且不应少于 10 个，每个被抽查节点按螺栓数抽查 10%，且不应少于 2 个。对于扭剪型高强度螺栓施工扭矩的检验，只需要观察尾部梅花头拧掉情况。尾部梅花头被拧掉者视同其终拧扭矩达到合格质量标准。尾部梅花头未被拧掉者全部应按扭矩法或转角法进行检验。

2. 扭矩法检验

扭矩扳手示值相对误差的绝对值不得大于测试扭矩值的 3%。扭矩扳手宜具有峰值保持功能。应根据高强度螺栓的型号、规格选择扭矩扳手的最大量程。工作值宜控制在被选用扳手量程限制的 20%~80%。

在对高强度螺栓终拧扭矩进行检验前，应清除螺栓及周边涂层。螺栓表面有锈蚀时，还应进行除锈处理。

在对高强度螺栓终拧扭矩进行检验时，应经外观检查或敲击检查合格后进行。

检验时，施加的作用力应位于手柄尾部，用力要均匀、缓慢。扳手手柄上宜施加拉力。除有专用配套的加长柄或套管外，严禁在尾部加长柄或套管后，测定高强度螺栓终拧扭矩。

高强度螺栓终拧扭矩检验采用松扣—回扣法。先在扭矩扳手套筒和连接板上做一直线标记，然后反向将螺母拧松 60°或 30°（建筑行业要求 60°，公路行业要求 30°，其目的都是想拧回到初拧值），再用扭矩扳手将螺母拧回原来位置（即扭矩扳手套筒和连接板的标记成一直线），读取此时的扭矩值。

扭矩扳手经使用后，应擦拭干净并放入盒内。扭矩扳手使用后要注意将示值调节到最小值处，如扭矩扳手长时间未用，在使用前应先预加载 3 次，使内部工作机构被润滑油均匀润滑。

评定标准是高强度螺栓终拧扭矩检验结果宜为 $0.9T_{ch}$~$1.1T_{ch}$，计算见式（8-3）。

$$T_{ch} = KPd \tag{8-3}$$

式中　K——高强度螺栓连接副的扭矩系数平均值；

　　　P——高强度螺栓施工预应力；

　　　d——高强度螺栓杆直径。

3. 转角法检验

在螺尾端头和螺母相对位置画线，然后全部卸松螺母，再按规定的初拧扭矩和终拧角度重新拧紧螺栓。检验判定要求如下：

1）检查初拧后在螺母与螺尾端头相对位置所画的终拧起始线和终止线所夹的角度是否在规定的范围内。

2）在螺尾端头和螺母相对位置画线，然后完全卸松螺母，再按规定的初拧扭矩和终拧角度重新拧紧螺栓，观察与原画线是否重合，终拧转角偏差在 10°以内为合格。

■ 8.4　高强度螺栓连接抗滑移系数试验方法

8.4.1　抗滑移系数试验取样要求

制造厂和安装单位应分别以钢结构制造批（验收批）为单位进行抗滑移系数试验。每批 3 组试件,制造批可按单位工程划分规定的工程量每 2000t 为一批,不足 2000t 的可视为一批。选用两种及两种以上表面处理工艺时,每种处理工艺需单独检验。抗滑移系数试验应采用双摩擦面的两螺栓连接的拉力试验,抗滑移系数试件的形式和尺寸如图 8-4 所示。

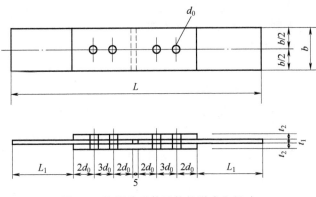

图 8-4 抗滑移系数试件的形式和尺寸

抗滑移系数试验用的试件应由钢结构公司或有关制造厂加工,试件与所代表的钢结构构件应为同一材质、同批操作、采用同一摩擦面处理工艺且具有相同的表面状态,并应用同批、同一性能等级的高强度螺栓连接副在同一环境条件下存放。试件板面应平整、无油污,孔和板的边缘无飞边、毛刺。

试件板厚 t_1、t_2 应根据钢结构工程中有代表性的板材厚度来确定,同时应考虑在摩擦面滑移之前,试件钢板的净截面始终处于弹性状态。试件参考尺寸见表 8-6。

表 8-6 抗滑移系数试件参考尺寸　　　　　　　　　　　（单位：mm）

性 能 等 级	公 称 直 径	孔径	芯板厚度 t_1	盖板厚度 t_2	板宽	端距	间距
	16	17.5	14	8	75	40	60
	20	22	18	10	90	50	70
	(22)	24	20	12	95	55	80
8.8S	24	26	22	12	100	60	90
	(27)	30	24	14	105	65	100
	30	33	24	14	110	70	110
	16	17.5	14	8	95	40	60
	20	22	18	10	110	50	70
	(22)	24	22	12	115	55	80
10.9S	24	26	25	16	120	60	90
	(27)	30	28	18	125	65	100
	30	33	32	20	130	70	110

8.4.2 试验步骤

1）试验用的试验机误差应在 1% 以内。试验用的贴有电阻片的高强度螺栓压力传感器和电阻应变仪应在试验前用试验机进行标定，其误差应在 2% 以内。

2）试件的组装顺序：先将冲钉打入试件孔定位，然后逐个换成装有压力传感器或贴有电阻片的高强度螺栓，或换成同批预拉力复验的扭剪型高强度螺栓。紧固高强度螺栓应分初拧、终拧。初拧应达到螺栓预拉力标准值的 50% 左右。终拧后，螺栓预拉力应符合下列规定：对装有压力传感器或贴有电阻片的高强度螺栓，采用电阻应变仪实测控制试件每个螺栓的预拉力应在 $(0.95 \sim 1.05)P$（P 为高强度螺栓设计预拉力值）之间；不进行实测时，扭剪型高强度螺栓的预拉力（紧固轴力）可按同批复验预拉力的平均值取用。

3）试件应在其侧面画出观察滑移的直线。

4）将组装好的试件置于拉力试验机上，试件的轴线应与试验机夹具中心严格对中。

5）加载时，应先加 10% 的抗滑移设计荷载值，停 1min 后，再平稳加载，加载速度为 $3 \sim 5kN/s$。当拉至滑动破坏时，测得滑移荷载 N_v。

6）在试验中当试件突然发出"嘣"的响声或者画的线突然错位时，即可判定所对应的荷载为试件的滑移荷载。

7）抗滑移系数应根据试验所测得的滑移荷载 N_v 和螺栓预拉力 P 的实测值按式（8-4）计算，宜取小数点后 2 位有效数字，即

$$\mu = \frac{N_v}{n_f \sum_{i=1}^{m} P_i} \tag{8-4}$$

式中　N_v——由试验测得的滑移荷载（kN）；

n_f——摩擦面面数，取 $n_f = 2$；

$\sum_{i=1}^{m} P_i$——试件滑移一侧高强度螺栓预拉力实测值之和（kN），取 3 位有效数字；

m——试件一侧螺栓数量。

式（8-4）中的取值规定如下：对于大六角头高强度螺栓，P_i 应为实测值，此值应准确控制在 $0.95P \sim 1.05P$。对于扭剪型高强度螺栓，先抽验 8 套（与试件组装螺栓同批），当 8 套螺栓的紧固力平均值和变异系数符合《钢结构工程施工质量验收标准》的规定时，可将该平均值作为 P_i。

摩擦面抗滑移系数与连接构件的材料牌号及接触面的表面处理有关，依据《钢结构设计标准》时摩擦面抗滑移系数 μ 见表 8-7，或依据《公路钢结构桥梁设计规范》（JTG D64—2015）时其值见表 8-8。抗滑移系数检验的最小值必须不小于设计或规范规定值。当不符合上述规定时，构件摩擦面应重新处理，处理后的构件摩擦面重新检验。

表 8-7　摩擦面抗滑移系数 μ（一）

连接处构件接触面的处理方法	钢 材 牌 号		
	Q235	Q345、Q390	Q420、Q460
喷硬质石英砂或铸钢棱角砂	0.45	0.45	0.45
抛丸（喷砂）	0.40	0.40	0.40
钢丝刷清除浮锈或未经处理的干净轧制面	0.30	0.35	—

注：1. 钢丝刷除锈方向应与受力方向垂直。

2. 当连接构件采用不同钢材牌号时，μ 按相应较低强度者取值。

3. 采用其他方法处理时，其处理工艺及抗滑移系数值均需经试验确定。

表 8-8 摩擦面抗滑移系数 μ（二）

连接处构件接触面分类	μ
没有浮锈且经喷丸处理或喷铝的表面	0.445
涂抗滑型无机富锌漆的表面	0.45
没有轧钢氧化皮和浮锈的表面	0.45
喷锌的表面	0.40
涂硅酸锌漆的表面	0.35
仅涂防锈底漆的表面	0.25

8）检测示例。试件芯板板厚 18mm，旁板板厚 14mm，为双摩擦面两栓拼接，摩擦面采用抛丸处理，大六角头高强度螺栓规格 M22×85，该连接副抗滑移系数测试结果见表 8-9。

表 8-9 M22×85 大六角头高强度螺栓连接副抗滑移系数测试结果

样品编号	螺栓预拉力 P/kN	滑移荷载 N_v/kN	抗滑移系数 μ
YZDK-08-09	210	397	0.47
YZDK-08-10	210	403	0.48
YZDK-08-11	210	392	0.47
平均值	210	397	0.47
设计值	210	—	≥0.45

由表 8-9 可见，测试的抗滑移系数平均值为 0.47，超过设计值 0.45，表明测试结果符合要求。

■ 8.5 在役高强度螺栓缺陷检测

高强度螺栓连接在钢结构连接中应用广泛，但多年以来，在役高强度螺栓的使用状况无法检测，这在一定程度上影响了高强度螺栓连接在我国的应用，也给在役结构带来很大的安全隐患。为解决在役高强度螺栓缺陷检测问题，有关单位开发了基于全矩阵数据采集（Full Matrix Capture，FMC）的相控阵全聚焦（Total Focusing Method，TFM）超声成像检测技术，该技术能够实现高强度螺栓的三维成像，从而清楚地观测到螺栓内部可能存在的缺陷及缺陷的种类、尺寸，有效解决了在役螺栓缺陷检测问题。

1. 检测依据

基于二维相控阵探头的实时 3D 全聚焦成像技术的应用原则及检测工艺设计所参考的标准是《无损检测 超声检测 相控阵超声检测方法》（GB/T 32563—2016），该标准明确规定"使用二维相控阵超声探头进行检测，在考虑声场特性变化及其给系统校准和检测带来的影响后，也可参照本标准。"

2. 技术背景

基于全矩阵数据采集的相控阵全聚焦超声成像检测技术，具有缺陷成像分辨力高、算法灵活等优点，因此成为近几年相控阵超声成像检测领域的研究热点。当前，国内外相关技术研究人员对于相控阵全聚焦超声成像检测技术的研究主要还集中于使用一维线阵实现二维全聚焦成像。

近年来，已实现将二维全聚焦成像检测扩展至三维，同时利用硬件芯片的高速并行运算能力实现了硬件的全聚焦计算，检测图像刷新率高达20幅/s，数据实时处理能力约2.5GB/s，从真正意义上实现了实时3D全聚焦成像检测，填补了当前国内外在实时3D相控阵全聚焦成像检测领域的空白。实际的检测试验结果表明，3D全聚焦技术的检测成像结果非常直观，能够真实还原缺陷整体结构，达到所见即所探的检测效果。

3. 检测系统

图8-5所示为实时3D超声全聚焦检测系统，该系统由64个全并行的相控阵硬件通道、8×8面阵探头、65536个法则、内置实时数字滤波器和嵌入处理器等组成，实时图像刷新率高达20幅/s，并提供原始全矩阵数据及检测结果保存和二次开发函数接口、开放源代码。图8-6所示为检测界面，该界面简洁清楚。图8-7所示为分析界面，系统可以对缺陷在长度、宽度和高度方向进行切片，并可以显示缺陷的宽度、长度、高度和深度。

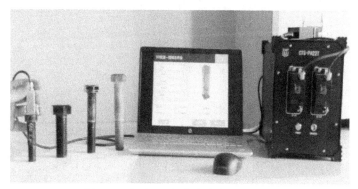

图8-5　实时3D超声全聚焦检测系统

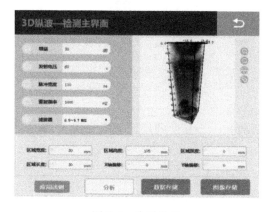

图8-6　检测界面

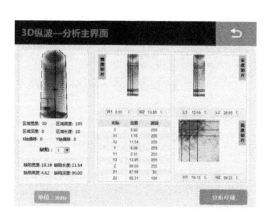

图8-7　分析界面

4. 分析案例

分别采用 2D-TFM 和 3D-TFM 成像技术对高强度螺栓的裂纹缺陷进行检测，结果如图 8-8 所示。由检测结果可知，2D-TFM、3D-TFM 技术均可有效检出螺栓内部的人工缺陷，在 2D-TFM 检测结果中，裂纹和螺栓丝扣之间的图像特征区别不是非常明显，有可能会导致缺陷误判，而 3D 检测能够非常轻松地识别出缺陷。

■ 8.6　在役高强度螺栓预紧力检测

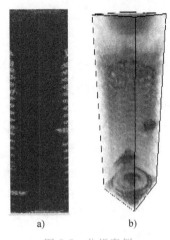

图 8-8　分析案例
a）2D　b）3D

1. 技术背景

螺栓预紧力测量是工业中普遍存在又急需解决的一个共性问题。在航空航天、风力发电、核电阀门、发电厂、化工、锅炉、水泵等工业领域的一些关键设备，都有螺栓预紧力测量的需要。近十几年，国内外都在积极探索使用超声波直接测量螺栓预紧力的方法和手段，国内外多家公司都相继推出了超声波测量螺栓预紧力的设备。但是，目前的超声波螺栓预紧力测量仪都要测得螺栓未受应力状态下的螺栓长度参量，这对安装过程是适用的，然而对在役的螺栓则是不具有操作性的。

2. 技术原理

预紧力检测系统使用纵横波一体探头，在螺栓头部发射沿螺杆传播的纵波、横波，纵横波测量螺栓预紧力原理，如图 8-9 所示。

根据声弹力学，螺栓预紧力可由式（8-5）求得。

$$\frac{T_T}{T_L} = \frac{T_{T0}}{T_{L0}}(1+K\beta F) \qquad (8\text{-}5)$$

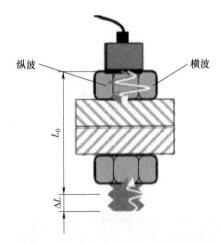

图 8-9　纵横波测量螺栓预紧力原理

式中　　T_T——应力状态下横波回波时间；

T_L——应力状态下纵波回波时间；

T_{T0}——无应力状态下横波回波时间；

T_{L0}——无应力状态下纵波回波时间；

K——声弹常量；

β——装夹长度和螺栓总长的比值；

F——螺栓预紧力。

其中，待测螺栓 $\dfrac{T_T}{T_L}$ 只与材质的冶金参数及温度相关，与温度的线性关系如图 8-10 所示；K 只与冶金参数相关，可通过螺栓拉伸标定获得。

3. 检测案例

（1）试验对象　此试验使用 M24 的 10.9 级高强度螺栓两个，长度 150mm，螺栓头部稍作打磨，使用测试系统专用的纵横波一体探头进行测量，如图 8-11 所示。

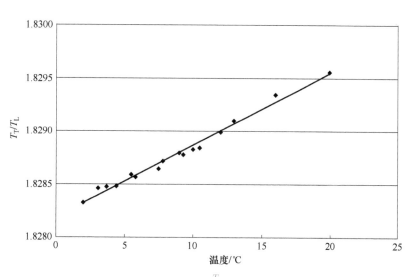

图 8-10 对于待测螺栓 $\dfrac{T_\text{T}}{T_\text{L}}$ 和温度的线性关系

（2）试验方法

1）将待测的螺栓进行标定试验，获得 T_T0、T_L0，并在 $0\sim200\text{kN}$ 范围内，以 50kN 为步长，使用螺栓拉伸机获得常量 K 的平均值。

2）将常量 K、T_T0、T_L0 代入式（8-5），在螺栓检测仪上对待测螺栓在 $0\sim200\text{kN}$ 范围内随机进行加载，对比螺栓拉伸机输出实际力值和系统的测量值，并进行误差分析。

（3）试验过程及数据 通过扭矩系数测试仪的轴力显示表获得高强度螺栓的实际预紧力，并与测试结果进行对比。使用超声波检测设备读取零应力条件下的横波、纵波回波时

图 8-11 纵横波一体探头

间 T_T0 和 T_L0。将标定数据输入系统，获得常量 K 值。获得 T_T0、T_L0 及 K 后，对待测螺栓进行试验，测试结果与轴力计数据的比较见表 8-10，其中测量误差为（测量值-实际轴力值）/实际轴力值的百分比。由表 8-10 可知，相对误差最大为 5.96%。

表 8-10 测试结果与轴力计数据的比较

螺栓编号	轴力计值 F/kN	超声测量值/kN	绝对误差/kN	相对误差（%）
	155.8	146.511	-9.289	-5.96
1	179.7	172.485	-7.215	-4.02
	210.3	207.532	-2.768	-1.32
	150.8	143.28	-7.520	-4.99
2	182.2	176.3	-5.900	-3.24
	214.9	218.85	3.950	1.84

思 考 题

1. 简述栓钉检测依据的标准。

2. 简述普通螺栓连接现场检查的方法。

3. 简述高强度螺栓的分类。

4. 简述大六角头高强度螺栓连接副扭矩系数的检测方法。

5. 简述扭剪型高强度螺栓连接副预拉力复验方法。

6. 简述高强度螺栓摩擦型连接抗滑移系数试验中判断螺栓滑动的方法。

7. 简述超声法测量高强度螺栓轴力的原理及步骤。

 拓展视频

川藏公路修筑纪实 3

清川江大桥上的铁钩

焦裕禄主持研制的
双筒提升机

新时代北斗精神

第9章 预应力体系检测

预应力混凝土结构是在承受外荷载前，预先对混凝土施加一定的压力，使之可以抵消由于外荷载产生的全部或部分拉应力。预应力混凝土结构是针对普通混凝土抗压强度高、抗拉强度较低、无法实现大跨度结构而提出来的，通过预加应力和外荷载引起的应力叠加，使结构不出现拉应力，或裂缝出现延缓，或将裂缝控制在一定限度内，这就是预应力的基本原理。预应力混凝土结构因具有抗裂性能好、刚度大、跨越能力大、耐久性高、轻巧美观等优点，具有更广泛的应用范围，如桥梁、大跨度建筑结构等都可以利用预应力来更好地满足受力要求。预应力结构的核心就是通过某种工艺在施工过程中形成的预加压应力的准确控制，因此对有效预应力的检测就成为工程中所要解决的主要问题。

■ 9.1 预应力混凝土结构的基本知识

9.1.1 先张法和后张法

预应力结构按施加预应力和浇筑构件顺序的不同，可以分为先张法和后张法。

1. 先张法

在固定台座上先张拉预应力筋，然后浇筑混凝土，待混凝土强度达到设计要求后，切断预应力筋，靠预应力筋的回缩、混凝土和预应力筋间的黏结对结构施加预应力。

2. 后张法

后张法预应力结构是先浇筑混凝土，再张拉预应力筋。即在浇筑混凝土前，预先在结构中预留孔道，浇筑混凝土后，再向孔道内穿入预应力钢束，待混凝土达到设计强度后，通过千斤顶对预应力钢束张拉及锚固，通过锚具压力实现对混凝土结构施加预应力。

在桥梁预制梁施工中，先张法和后张法应用都很普遍，但先张法一般多用于中小跨度的桥梁，而后张法多用于较大跨度的桥梁，后张法还可以用于组合式构件。即将大型构件预先分块制作，运至工地后再拼接起来，将预应力筋穿入预留的孔道内，然后张拉力筋并锚固。

9.1.2 预应力度的概念

预应力度 λ 是由预加应力大小确定的消压弯矩 M_0 与外荷载产生的弯矩 M_s 的比值，即 $\lambda = M_0 / M_s$，其中 M_s 在《公路钢筋混凝土及预应力混凝土桥涵设计规范》（JTG 3362—2018）

中定义为作用效应组合下的弯矩值，消压弯矩 M_0 指使构件控制截面受拉区边缘混凝土的压应力抵消到恰好为零时的弯矩。

按预应力度可将混凝土结构分为三类：

1）当 $\lambda \geq 1$ 时，属于全预应力混凝土结构，即在最不利使用荷载作用下，沿预应力筋方向的正截面均不出现拉应力。

2）当 $1 > \lambda > 0$ 时，属于部分预应力混凝土结构，即在最不利使用荷载作用下，沿预应力筋正截面允许出现有限拉应力，但不超过混凝土的抗拉设计强度，或者允许产生裂缝，但要限制裂缝宽度不超过规范规定值（如 0.2mm）。其中，前者常被称为 A 类，后者被称为 B 类。

3）当 $\lambda = 0$ 时，相当于没有施加预应力，属于普通钢筋混凝土结构。

此外，根据不同的划分标准，还可将预应力混凝土结构分为体内预应力和体外预应力，有黏结预应力、缓黏结预应力和无黏结预应力，预拉应力及预弯预应力等。

■ 9.2 锚下预应力检测

9.2.1 预应力损失及预应力控制要求

后张法中预应力是靠千斤顶张拉钢筋及锚固过程实现的，由于构造及施工因素在张拉锚固阶段，不可避免地会出现预应力损失，造成实际有效预应力的降低，这些因素一些是设计阶段可以考虑的，如后张法由孔道摩阻、锚具回缩、混凝土压缩、混凝土收缩与徐变、力筋松弛等产生的预应力损失，还有些因素直接和施工过程相关，只能通过提高技术控制手段，加强过程管理进行改善，如锚板与钢绞线、张拉千斤顶与钢绞线出现不同心，产生折角，导致锚口、喇叭口摩阻增大；两端张拉不同步造成孔道摩阻增加；同榀梁使用的钢绞线批次不同，出现同束钢绞线的弹性模量相差较大或不同级别的钢绞线穿入同一孔道时，可能会造成钢绞线应力超限或伸长率超限；同束钢绞线相互缠绕，造成两端锚板孔错位，各根应力差较大等。

由以上分析可知，施工过程中影响锚下预应力损失的因素有很多，想要简单地通过公式计算得到锚下有效预应力是不可能的。因此通过现场检测确定锚下有效预应力的大小就成为必要的一种手段。另外，《公路桥涵施工技术规范》（JTG/T 3650—2020）规定，预应力筋张拉控制应力精度宜为 ±1.5%，张拉锚固后，建立在锚下的实际有效预应力与设计张拉控制应力的相对偏差应不超过 ±5%，且同一断面中预应力筋的有效预应力的不均匀度应不超过 ±2%。同时，应该对张拉锚固后的预应力进行测试，以验证是否满足规范的有关要求。

9.2.2 锚下预应力检测方法

锚下有效预应力大小主要靠现场试验检测得到，目前对锚下有效预应力检测的主要方法有压力表测试法、压力传感器测试法、磁通量法、等效质量检测法、反拉法、频率法、振动波法等。

1. 压力表测试法

目前，通常使用液压千斤顶张拉预应力筋。由于千斤顶的张拉力与油缸中的液压有直接关系，利用千斤顶油压面积一定时，油缸中的液压与千斤顶的张拉力成比例这一原理，可以将油压表读数换算成千斤顶的张拉力。该方法比较直观，不需另添仪器设备，通过对千斤顶、压力表进行配套标定，可以使其满足工程精度要求，是目前施工过程中最常用的张拉控制方法。

2. 压力传感器测试法

张拉时，在每个张拉千斤顶前端设置一个穿心式压力传感器，通过传感器读数来确定锚下预应力大小，这种方法具有精度高、数据稳定可靠等优点，但仅适用于张拉控制重复使用，否则成本太高难以推广。

3. 磁通量法

它是基于铁磁性材料磁弹效应原理制成的，即当铁磁性材料受到外力作用时，内部将产生机械应力或应变，会使磁导率发生相应变化，从而可以通过测定磁导率的变化来反映应力的变化。磁通量传感器是由两个磁感线圈组成的，一个是初级线圈，一个是次级线圈。当初级线圈通入脉冲电流时，在通电的瞬间，由于铁芯试件的存在，会在次级线圈中产生瞬时电流，形成一个瞬时电压。电磁感应产生的电压大小取决于铁芯材料的磁导率，而铁芯材料的磁导率又与铁芯的应力状态有关，那么就可以根据感应电压与应力之间的关系来进行测量。

磁通量传感器属于非接触性测量仪器，能直接通过感应被测目标的磁特性变化而得到应力，不需要对被测目标进行表面处理，不破坏防腐保护层，且抗干扰能力强，测量精度较高，安装位置也相对灵活。另外，该传感器可直接与计算机系统相连，可进行多通道的数据采集和远程监控，是一种有继续发展潜力的检测方法。

4. 等效质量检测法

等效质量检测法的基本原理是利用激励锤敲打锚头，通过粘贴在锚头上的传感器来采集锚头上的振动响应，从而推算出钢绞线的有效预应力。该法认为张拉力的大小影响锚固端的动力响应，按这一思路将锚头与垫板、垫板与混凝土的接触面模拟简化为弹簧支撑体系，根据较复杂的力学分析进行检测。该法属于无损检测，具有检测方便、在特定条件下能够达到测试精度要求、使用范围广等优势，但由于该法测试原理比较复杂，对测试人员和测试条件要求比较高，检测前需要对同型号的锚具进行提前标定，标定的结果对测试精度影响比较大。

5. 反拉法

反拉法的原理是将被检测的预应力结构视为弹性结构体，通过采集拉力和位移，得出两者之间的关系，进而判断有效预应力的值。该方法具有原理简单、可操作性强、成本较低、可重复使用、适用性强等优点，故成为目前最常用的现场检测锚下预应力的方法。但是该法也存在明显的系统误差，数据处理方法很重要。

6. 频率法

频率法利用附着在预应力拉索上的精密传感器，采集预应力拉索在环境激励或人工激励下的振动信号，经过滤波、放大和频谱分析，再由频谱图确定预应力拉索的自振频率，最后根据自振频率与索力的关系确定拉力。用频率法测试预应力索力，设备可重复使用。现有的仪器及分析手段，测试频率的精度可以达到 0.001Hz。该法测试索力具有操作简单、费用低和设备可重复利用的优点，但只适用于体外预应力索的测试，对混凝土梁锚下预应力则不具备检测的基本条件。

7. 振动波法

两端固定的张紧索，如同张紧的弦，敲击后即产生振动，其振动波将沿着弦线传播，碰到另一端的障碍便反射回来。只要测出振动波沿承载索的传播速度，利用振动波在张紧弦上的传递速度与弦张力之间的对应关系，便可求得预应力筋的张拉力。该法较新颖，但技术还不成熟，尚未在工程中广泛应用。

8. 其他测试方法

测试预应力还有电阻应变片测试法、伸长量测试法、垂度测试法。这三种方法仅在理论上可行，实际操作中存在困难，一般不予采用。

9.2.3 反拉法锚下预应力测试

1. 测试原理

反拉法也称为拉脱法，是一种传统的锚下预应力检测方法，是在拉拔试验基础上发展而来的。其原理是对锚固钢束进行二次张拉，通过拉伸钢绞线直至夹片锚固被完全拉脱，张拉力等于锚固后钢绞线内力这一条件进行确定，以此得到锚下预应力。图 9-1 所示为反拉法检测原理图，图 9-2 所示为反拉法检测过程拉力—位移关系曲线。

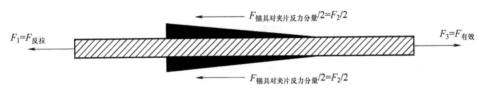

图 9-1　反拉法检测原理

由图 9-1 可知，在反拉过程中，开始施力时，反拉力与夹片处钢绞线的摩擦力相平衡。随着张拉力增加，夹片被完全拉脱而成放松状态时，夹片处钢绞线的挤压力和摩擦力变为零，此时外部施加的张拉力就等于钢绞线张力的大小。反拉法检测就是利用这一变化关系，通常采用拐点法来判定锚下预应力的初始值。下面结合反拉法过程中，拉力 F 和位移 s 之间的曲线变化关系来说明反拉法检测锚下预应力的基本方法。由图 9-2 可知，反拉过程中，可将 $F—s$ 曲线分为如下三个受力阶段：

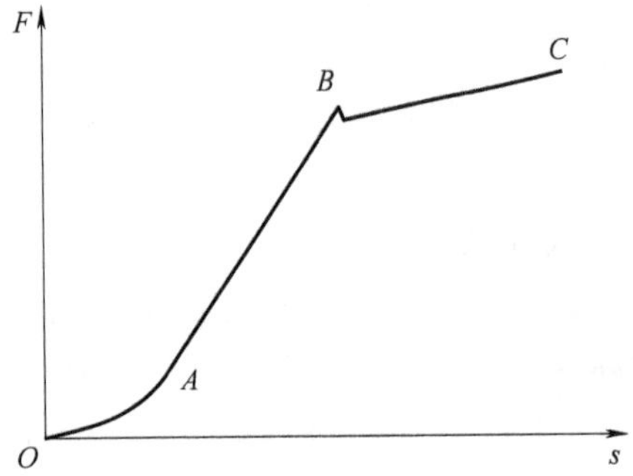

（1）第一阶段　反拉开始时，随着反拉力 F_1 的逐渐增大，张拉千斤顶与锚具之间的工作间隙被进一步压缩，直至全部压紧，此时可以看到在 $F—s$ 关系曲线上斜率慢慢增大，如图 9-2 中的 OA 段所示。

（2）第二阶段　当反拉设备及锚具间隙全部被压紧后，反拉力将全部由夹片外露段钢绞线承担，钢绞线按胡克定律关系产生拉伸变形，因此该阶段呈直线关系，且斜率比较稳定，如图 9-2 中的 AB 段所示。在此阶段，随着反拉力 F_1 逐渐增大，由于夹片逐渐被拉脱变

图 9-2　反拉法检测过程拉力—位移关系曲线

松，锚具夹片对钢绞线水平方向的摩阻反力 F_2 会逐渐减少，如图 9-1 根据力之间在水平方向上的平衡关系始终有 $F_1+F_2=F_3$。假定钢绞线外露反拉段长度为 L_1，钢绞线弹性模量为 E，面积为 A，则 $\Delta L_1=F_1L_1/(EA)$，而该段的斜率 $K=F_1/\Delta L_1=EA/L_1$，即对应图 9-2 中 AB 段的直线斜率。当反拉力 F_1 增大到一定值时，夹片完全拉脱，锚具夹片对钢绞线的水平摩阻反力 F_2 也随之降到零，此时，反拉力 F_1 与钢绞线中的预应力大小 F_3 相等，也就是说此时的反拉力等于锚下有效预应力，因此可以将图 9-2 中的 B 点称为反拉临界点。

（3）第三阶段 在该阶段靠近反拉临界点处，由于夹片被完全拉脱的瞬间，钢绞线张力会进行重新调整，此时 $F—s$ 曲线上一般会伴随着出现向下的一个略微突变，当内力调整之后钢绞线的外露段和夹片锚固段会全长共同受力。如果假定钢绞线锚下受力段长度为 L_2。此时，钢绞线承担反力的反拉段长度则变为 (L_1+L_2)。当反拉力 F_1 持续增加时，由于钢绞线受力段变长导致该阶段的曲线斜率变小，但依然接近线性变化，如图 9-2 中的 BC 段所示，此段斜率近似为 $K=EA/(L_1+L_2)$。

通过上述分析可知，理论上图 9-2 所示 $F—s$ 关系曲线中的 B 点即所测锚下预应力值。在实际反拉检测时，一般选取突变的下降峰值作为最终的检测结果，目前，反拉法检测相关仪器通常也是这样处理的。

反拉法主要适用于无黏结预应力结构或结构压浆前锚下有效预应力的测定，当张拉段长度不够时，则需要进行接长处理，反拉法是目前应用较广的一种检测锚下预应力的方法。

2. 反拉法分类

目前，常用的反拉法有两类，即整束张拉法和单根张拉法。

整束张拉法是在外露钢绞线上安装同型工具锚，并在工具锚和原锚头（工作锚）之间设置千斤顶及位移、力传感器。张拉钢绞线，当反拉力小于原有预应力时，参与伸长的钢绞线为外露长度。而反拉力大于原有预应力时，孔道内自由钢绞线也参与伸长。此时，参与伸长的钢绞线长度大大增加，从而在同样的拉拔力增量下，钢绞线的伸长量会显著增加，即拉拔力—位移关系出现拐点，该拐点的位置即反映了原有预应力。

单根张拉法是在外露单根钢绞线上安装工具锚，并在工具锚和原锚头（工作锚）之间设置千斤顶及位移、力传感器。其中，位移传感器量测夹片的位移。张拉钢绞线，当反拉力小于原有预应力时，夹片对钢绞线有紧固力，不发生位移。当反拉力大于原有预应力时，夹片与钢绞线也参与伸长。此时夹片的位移急剧增加，因此，测量夹片的位移趋势即可判定有效预应力。

从理论上讲，只要夹片产生相对于锚头的位移，即可判定张拉力已大于原有有效预应力。因此，降低测量噪声，提高信噪比是有意义的。此外，夹片产生相对于锚头的位移与孔道内钢绞线的自由段长度有密切的关系。

3. 检测步骤

（1）准备工作

1）检测前应清理干净待检测的预应力筋、工具锚、夹片和限位板等部件，并注意限位板槽口深度与夹片锥度、钢绞线直径的匹配关系，防止二次刮伤钢绞线带来损伤。

2）安装反拉加载设备时，应使设备反拉力的作用线与预应力筋的轴线方向一致。

3）在设备安装完成后，应对设备进行检查和调试，在确认可以正常工作后才能进行检测工作。

（2）加载试验以及数据采集

1）加载过程：0→初始应力→反拉终止应力 σ_p→0。为保证张拉伸长的一致性，初始应力取 $0.1\sigma_{con}$~$0.2\sigma_{con}$，反拉终止应力取为 σ_{con} 附近。为保证测试过程的稳定性，加载速率不大于 $0.2\sigma_{con}$/min，卸载速率不大于 $0.5\sigma_{con}$/min。

2）当加载至初始应力时，持荷不少于 1min，待位移值稳定后，测量并记录初始应力和初始位移值。如果数据不能稳定下来，则应停止加载检测，找出原因解决后才能继续检测。

3）反拉加载过程中，应匀速稳定加载至反拉终止应力 σ_p，测量并记录反拉终止时的应力及位移量。

4）当达到反拉终止应力时，稳压不少于 3min。当预应力筋的伸长量稳定后，采集记录此时的反拉应力和位移量；若无法稳定，则需要继续稳压至位移变化量小于 0.1mm/min 再记录。

5）在检测的过程中如果出现下列情况应立即停止加载，等查明原因并排除故障后才可以继续进行检测：①力筋伸长量 δ 大于理论最大伸长量 δ_{max}；②出现夹片破裂，锚具凹陷，预应力筋断丝或滑移、混凝土开裂，异常响声等现象。

（3）反拉法检测加载设备要求

1）反拉加载设备最大额定荷载应不小于最大加载力值的 1.2 倍，且不宜超过最大加载力值的 2 倍。

2）反拉加载设备加载速率不大于 $0.2\sigma_{con}$/min，卸载速率不大于 $0.5\sigma_{con}$/min，稳压补偿不超过 ±1%σ_{con} 等。

3）测力值应在测力装置量程的 15%~85%，示指精度 ±1%F.S.，稳定工作温度范围 -10~45℃。

4）位移测量精度应不低于 0.01mm，测试时位移量的稳定是指在观测期内位移变化量不大于 1mm。

4. 反拉法检测示例

选取八孔锚具进行测试，反拉法检测力—位移曲线结果如图 9-3 所示。与前述介绍该法

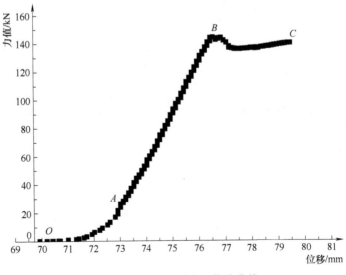

图 9-3 反拉法检测力—位移曲线

原理时的变化规律基本一致。在反拉力开始增加时，外端钢绞线受力长度范围内相关设备间隙开始密贴，并逐渐受力，这是第一阶段，这一阶段有时并不很明显。然后就很快进入钢绞线受力伸长阶段，直到临界值前，基本成线性变化。当反拉力到达临界值时出现一个突变，张拉力先下降再继续上升，与夹片拉脱受力钢绞线突然变长相吻合。之后随反拉力的增加，全长受力钢绞线基本按胡克定律继续伸长。由图 9-3 可得，A 点对应的力为 144.2kN，B 点为 135.0 kN，C 点为 112.3 kN，取 B 点得反拉法实测预应力值为 135.0 kN，与试验传感器直接测得的力值 129.3 kN 相比大了 4.41%。很多工程检测实践表明，反拉法经常会有较大的系统误差，这种方法测试原理上存在先天不足，需要进一步加强实测数据分析，不断探索提高测试精度的处理方法。

■ 9.3　孔道摩阻测试

9.3.1　孔道摩阻损失计算方法

在后张法结构中，孔道实际位置和设计位置存在偏差、钢束和孔道内壁间存在接触都会引起钢束和孔道的摩擦。对于钢束而言，摩擦力的方向和张拉运动方向相反，摩擦力的存在使得钢束上的有效预应力减小，影响预应力的发挥。任意截面上由于摩擦引起的有效预应力大小可用式（9-1）进行计算。

$$\sigma_s = \sigma_{con}\left[1 - e^{-(\mu\theta + kx)}\right] \tag{9-1}$$

式中　σ_{con}——张拉端钢绞线锚下控制应力（MPa）；

μ——顶应力钢筋与孔道壁的摩擦系数；

θ——从张拉端至计算截面曲线孔道部分切线的夹角之和（rad）；

k——孔道每米局部偏差对摩擦的影响系数；

x——从张拉端至计算截面的孔道长度。

预应力孔道摩阻损失主要包括预应力筋曲线段弯道摩擦影响损失和孔道全长位置偏移影响损失两部分。由式（9-1）可见，孔道摩阻系数实际表现为预应力筋与孔道壁之间的摩擦系数 μ 和每米孔道对其设计位置的偏差的影响系数 k，孔道摩阻测试的目的就是通过试验得到这两个系数。

在设计阶段，摩阻系数 μ 和 k 是依据相关行业规范进行取值的，表 9-1 汇总了行业规范中预应力孔道摩阻系数的取值。

表 9-1　行业规范中预应力孔道摩阻系数的取值

孔道类型	铁路规范		公路规范		建筑规范	
	μ	k	μ	k	μ	k
橡胶管抽芯成型的孔道	0.55	0.0015	0.55	0.0015	0.55	0.0014
金属波纹管	0.20~0.26	0.0020~0.0030	0.20~0.25	0.0015	0.25	0.0015
铁皮套管	0.35	0.0030	0.35	0.0030	—	—
塑料波纹管	—	—	0.14~0.17	0.0015	—	—
钢管	—	—	0.25	0.0010	0.30	0.0010

由表 9-1 可以看出，不同的孔道成型方法其摩阻系数存在较大差别，即使成型方法相同，不同规范的取值也不同。表中三种不同行业规范对橡胶管抽芯成型的孔道摩阻系数取值基本相同，而对其他孔道类型的摩阻系数取值有所差别，可见目前尚未形成统一的规范值。另外，由于摩阻系数与孔道成型的质量、孔道弯曲形式和长度等施工因素相关，而规范值和实测值常存在较大误差，因此规范要求在预制梁试生产初期和正式生产后按批次进行孔道摩阻测试。

9.3.2　孔道摩阻系数测试方法

1. 测试原理

连续梁和简支梁孔道摩阻测试的测试方法基本相同。摩阻测试一般都采用单端张拉方式，通过在两端锚下分别安放压力传感器来记录试验过程中张拉端（主动端）和被动端的压力值，二者之差即孔道摩阻损失的力值。孔道摩阻测试装置布置如图 9-4 所示，使用压力传感器测取主动端和被动端的压力，目的是保证测试数据的精度。

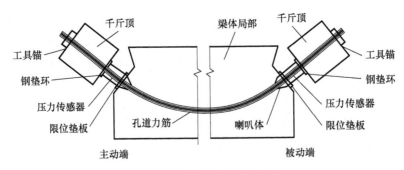

图 9-4　孔道摩阻测试装置布置

进行现场摩阻测试时，先通过被动端张拉千斤顶施加一定的张拉力，将预应力钢束调直，再用主动端张拉千斤顶施加测试力。测试力从 10% 的设计张拉力开始，分 8~9 级张拉至设计张拉力。测试过程中需读取每级荷载时主、被动端压力传感器的荷载值，张拉千斤顶油缸伸长量或回缩量及两端工具夹片的回缩量。

为保证测试的准确性，主动端的张拉力应尽可能接近设计值。但由于单端张拉时整个张拉束的伸长量都集中在张拉端，而单个张拉千斤顶的油缸行程有限，所以测试时应根据设计图上计算伸长量的总和来确定主动端所用千斤顶的串联个数。试验时需在被动端也安装 1 个张拉千斤顶，起到调直钢绞线和方便退锚的作用。

2. 测试孔道选取的一般要求

由于摩阻系数 μ、k 两个参数之间存在耦合关系，因此必须测试至少 2 个不同设计线形的孔道才能利用最小二乘法原理计算出摩阻系数值。从计算的准确性角度考虑，每孔（片）梁尽可能选取较多的不同设计弯曲角度的孔道进行摩阻测试，才能使摩阻系数实测值更为接近真实值。如铁路摩阻试验相关规范中明确规定了选取测试孔道的一般要求：T 形梁至少选择 3 个孔道，箱形梁至少选择 6 个管道，且应包括 2 种以上弯起角度（含最大弯折角）的管道和不同直径的管道（若有）。

3. 试验前的准备工作

1）收集原始数据。主要包括孔道钢束参数（钢束工作长度、起弯角、锚固时的控制力、钢束组成、设计钢束伸长值）、成孔方式、锚具情况（生产厂家、规格型号、厂家提供的锚口摩阻损失率）、钢绞线参数（生产厂家、型号规格、实测弹性模量）。

2）用压力机预先进行传感器和读数仪的系统标定，千斤顶和精密压力表的标定。千斤顶应标定进油、回油曲线。

3）检查传感器、读数仪是否可以正常使用。

4）现场确定传感器、千斤顶对中方法，检查位置是否有影响。

5）检查孔道、梁端面是否清理干净，钢绞线外露长度是否符合安装长度要求。

6）试验前应对现场操作人员进行技术交底。

7）准备足够的记录原始数据表格。

4. 试验测试步骤

1）根据试验布置图 9-4 安装传感器、锚具、锚垫板、千斤顶等设备及配件。

2）锚固端千斤顶主缸进油空顶 100mm（根据钢束理论伸长值确定）关闭，两端预应力钢束均匀楔紧于千斤顶上，两端装置对中。

3）千斤顶充油，保持一定数值（约 4MPa）。

4）甲端封闭，乙端张拉。根据张拉分级表，主动端千斤顶进油进行张拉，每级均读取两端传感器读数，并测量钢绞线伸长量。

5）将乙端封闭，甲端张拉，用同样方法再测一遍。

6）张拉完后卸载至初始位置，退锚进行下一孔道钢绞线的测试。

每级荷载下均需记录的测试数据有主动端与被动端压力传感器读数、主动端的油缸伸长量。

5. 测试结果

1）两端压力传感器的压力差为钢束沿孔道全长的摩阻损失值。

2）主动端千斤顶的拉力与压力传感器的差值为锚环口摩阻损失值。

3）主动端顶塞锚固前后压力传感器的压力差为锚塞回缩预应力损失值。

4）顶塞锚固前后钢束延伸值差为钢束回缩值。

5）超张拉回压到张拉值和顶塞锚固后，锚固端压力传感器各次压力差即锚固端预应力变化值。

6. 数据分析

（1）二元线性回归法计算 μ、k 值　根据式（9-1）推导 k 和 μ 计算公式，设主动端压力传感器测试值为 P_1，被动端为 P_2，此时孔道长度为 x，θ 为孔道全长的曲线包角，将式（9-1）两边同乘以预应力钢绞线的有效面积，则可得

$$P_1 - P_2 = P_1 \left[1 - e^{-(\mu\theta + kx)} \right]$$

即

$$P_2 = P_1 e^{-(\mu\theta + kx)} \tag{9-2}$$

两边取对数可得

$$\mu\theta + kl = -\ln(P_2/P_1) \tag{9-3}$$

令 $y = -\ln(P_2/P_1)$，则

$$\mu\theta + kx = y$$

由此，对不同孔道的测量可得一系列方程式

$$\mu\theta_1 + kx_1 = y_1，即 \mu\theta_1 + kx_1 - y_1 = 0$$
$$\mu\theta_2 + kx_2 = y_2，即 \mu\theta_2 + kx_2 - y_2 = 0$$
$$\mu\theta_n + kx_n = y_n，即 \mu\theta_n + kx_n - y_n = 0$$

由于测试存在误差，上式右边不会为零，假设

$$\mu\theta_1 + kx_1 - y_1 = \Delta F_1$$
$$\mu\theta_2 + kx_2 - y_2 = \Delta F_2$$
$$\mu\theta_n + kx_n - y_n = \Delta F_n$$

则利用最小二乘法原理，同时令 $q = \sum\limits_{i=1}^{n} (\Delta F_i)^2$ 有

$$q = \sum_{i=1}^{n} (\Delta F_i)^2 = \sum_{i=1}^{n} (\mu\theta_i + kx_i - y_i)^2 \tag{9-4}$$

为使 $\sum\limits_{i=1}^{n} (\Delta F_i)^2$ 取最小值，则有

$$\begin{cases} \dfrac{\partial q}{\partial \mu} = 0 \\[2mm] \dfrac{\partial q}{\partial k} = 0 \end{cases} \tag{9-5}$$

由式（9-4）和式（9-5）可得

$$\begin{cases} \mu\sum\limits_{i=1}^{n}\theta_i^{\,2} + k\sum\limits_{i=1}^{n}x_i\theta_i - \sum\limits_{i=1}^{n}y_i\theta_i = 0 \\[4mm] \mu\sum\limits_{i=1}^{n}\theta_i x_i + k\sum\limits_{i=1}^{n}x_i^2 - \sum\limits_{i=1}^{n}y_i x_i = 0 \end{cases} \tag{9-6}$$

式中　y_i——第 i 个孔道对应的 $[-\ln(P_2/P_1)]$ 值；

x_i——第 i 个孔道对应的预应力筋空间曲线长度（m）；

θ_i——第 i 个孔道对应的预应力筋空间曲线包角（rad）；

n——实测的孔道数目，并且不同线形的预应力孔道一般抽取数不少于 2 个。

二元线性回归法是建立在数理统计基础上的计算方法，如果原始数据离散性大，则计算结果不稳定，任意增加或减少几组数据会造成结果的较大变动，反之则可证明原始数据的稳定性。只有原始数据稳定可靠的情况下方可采用此法。

（2）预应力筋曲线空间包角的计算　预应力筋曲线空间包角的简化计算可以采用求和法、最大值法和综合法。求和法适用于预应力筋计算长度内只有竖弯角度或平弯角度的情况；最大值法适用于预应力筋计算长度内竖弯和平弯角度都有，但不同时弯起，其中一者的影响较小，简化计算时可以忽略的情况；综合法适用于预应力筋计算长度内竖弯和平弯角度都有，且在同一区段发生弯起，需要同时考虑竖弯和平弯角度影响的情况。3 种简化计算方法中综合法计算较为合理。综合法计算空间包角 θ 的常用简化计算公式见式（9-7）和式（9-8）。

$$\theta = \sum_{i=1}^{n} \sqrt{\theta_{Vi}^2 + \theta_{Hi}^2} \tag{9-7}$$

$$\theta = \sum_{i=1}^{n} \arctan \sqrt{\left(\tan\theta_{Vi} \right)^2 + \left(\tan\theta_{Hi} \right)^2} \tag{9-8}$$

式中 θ_{Vi}——空间曲线在竖向圆柱面的展开平面上投影角；

θ_{Hi}——空间曲线在水平面上投影角；

i——曲线分段。

以客运专线铁路的 32m 和 24m 预制简支箱梁为例，采用式（9-7）和式（9-8）计算空间包角 θ 的相对误差都小于 1%，计算对比见表 9-2，故实际工程计算时采用式（9-7）或式（9-8）均可。

表 9-2 简支箱梁空间包角计算对比

设计时速/(km/h)	计算跨度/m	竖弯角度（°）	平弯角度（°）	式（9-7）计算的空间包角/rad	式（9-8）计算的空间包角/rad	比 值
350	31.5	6.5	8	0.17990	0.17899	1.005
	23.5	8	8	0.19746	0.19620	1.006
250	31.5	6	8	0.17453	0.17373	1.005
	23.5	9	8	0.21017	0.20867	1.007

（3）张拉时钢绞线伸长值近似计算

1）从张拉第一级起，逐级记录千斤顶油缸伸长值 l_i。

2）根据每级千斤顶油缸伸长值，计算每一级的钢绞线伸长值 $\Delta l_i = l_i - l_{i-1}$。

3）取 Δl_i 相差最小的若干值求其平均值，一般是从第二级算起，并扣除传力锚固前的一级（该级往往不是级差的整倍数），计算方法见式（9-9）。

$$\Delta l = \frac{\sum_n \Delta l_{i,n}}{N} \tag{9-9}$$

4）钢绞线伸长值 = $\sum (\Delta l_i - \Delta l)$，此处 Δl_i 一般取第一级或第二级即可。

（4）钢绞线伸长值精确计算

1）被动端锚外钢束伸长值

$$\Delta L_1 = \frac{P_{B1} L_1}{E_y A_y} \tag{9-10}$$

式中 P_{B1}——被动端千斤顶的张拉力；

L_1——被动端锚外长度；

E_y——钢绞线弹性模量；

A_y——钢绞线束截面积。

2）孔道长度范围内钢束伸长值

$$\Delta L_2 = \frac{P_{A2} \cdot L_2}{E_y A_y \cdot (\mu\theta + kL_2)} (1 - e^{-(\mu\theta + kL_2)}) \tag{9-11}$$

式中 ΔL_2——钢绞线伸长值；

P_{A2}——持荷 5min 后稳定状态下主动端锚下压力；

L_2——钢绞线工作长度。

3）主动端锚外伸长值

$$\Delta L_3 = \frac{P_{A1}L_3}{E_y A_y} \tag{9-12}$$

式中　P_{A1}——主动端千斤顶的张拉力；

　　　L_3——主动端锚外长度。

4）钢绞线伸长值

$$\Delta L = \Delta L_1 + \Delta L_2 + \Delta L_3 \tag{9-13}$$

5）试验中钢绞线伸长值的估算

$$\Delta L = \frac{(P_{A2} + P_{B2})(L_1 + L_2 + L_3)}{2E_y A_y} \tag{9-14}$$

式中　P_{A2}——主动端锚下压力；

　　　P_{B2}——被动端锚下压力。

注意此法根据现场实际情况确定，仅作为复核措施。

7. 测试注意事项

1）每条管道一般至少进行 2 次测试，两端各作为主动端张拉 1 次，取两次平均值为测试结果，以消除方向误差影响。

2）若预应力筋设计张拉控制力为 P，测试时主动端的初始张拉力可取为 $0.2P$，一般应分 8 级张拉至 P。主动端加载分级为

$0 \rightarrow 0.2P$（初读）$\rightarrow 0.3P \rightarrow 0.4P \rightarrow 0.5P \rightarrow 0.6P \rightarrow 0.7P \rightarrow 0.8P \rightarrow 0.9P \rightarrow 1.0P \rightarrow 0$（卸载）

3）主动端千斤顶加载时应缓慢、均匀，每级加载时间 $1 \sim 2\text{min}$，每级加载不得回油调整荷载。

4）每级荷载加载到位稳定后（$\pm 2\text{kN}/10\text{s}$），读取两端传感器压力值、千斤顶油缸外露量和工具锚夹片外露量。

5）千斤顶、压力传感器和喇叭口要严格对中（中心线重合），以防压力传感器出现偏载受压，确保压力传感器均匀受压。

6）被动端锚固用的千斤顶，在张拉前主缸空顶 100mm 关闭，以便于退锚。

7）千斤顶安装时，要注意油缸的方向，应使油缸向外便于测伸长值。

8）试验前检查压力表指针是否在零读数位置。

9）由于实际张拉为两端张拉，而试验为一端张拉，因此千斤顶行程可能不够。这种情况可采用张拉端串联两台或多台千斤顶予以解决。

10）试验中应及时处理数据，发现数据反常，应查找原因，检查传感器是否对中或千斤顶是否已经稳住，并应增加试验次数。

11）张拉钢筋后严禁站人。

8. 检测过程中发生意外事故时的处理方法

1）检测过程中出现油泵喷油、起火、断筋等事故时，应立即停止试验，油泵泄压，千斤顶回零，应对千斤顶和油泵维修并检定后方可继续检测。

2）因检测仪器设备发生故障或损坏而中断试验，可用备用仪器重新检测。若无备用仪器，则须将损坏的仪器设备进行修复，经检定合格后，再重新检测。

9.3.3　工程案例

合武客运专线后张法预应力混凝土组合箱梁梁长为 32.6m，梁高为 2.8m。该梁采用梁厂预制法施工，梁体孔道采用橡胶管抽芯成型。第 1 孔左梁和右梁孔道基本参数和测试数据分别见表 9-3 和表 9-4。

表 9-3　第 1 孔左梁基本参数和测试数据

编　　号	θ_i/rad	l_i/m	θ_i^2	$\theta_i l_i$	$y_i\theta_i$	l_i^2	$y_i l_i$
N_{5y}	0.21643	32.434	0.04684	7.01937	0.03706	1051.964356	5.55467
N_{3y}	0.21643	32.372	0.04684	7.00595	0.03314	1047.946384	4.95778
N_{1by}	0	32.32	0.00000	0.00000	0.00000	1044.5824	1.97155
N_{1bz}	0	32.32	0.00000	0.00000	0.00000	1044.5824	1.62918
N_{1cz}	0	32.32	0.00000	0.00000	0.00000	1044.5824	1.79777
N_{3z}	0.21643	32.372	0.04684	7.00595	0.03982	1047.946384	5.95602
N_{5z}	0.21643	32.434	0.04684	7.01937	0.03958	1051.964356	5.93233
Σ			0.18735	28.05063	0.14961	7333.56868	27.79930

将表 9-3 中数据代入式（9-6），得到

$$0.18735\mu + 28.05063k = 0.14961$$
$$28.05063\mu + 7333.56868k = 27.79930$$

解得左梁实测摩阻系数：$\mu = 0.5406$，$k = 0.001723$

表 9-4　第 1 孔右梁基本参数和测试数据

编　　号	θ_i/rad	l_i/m	θ_i^2	$\theta_i l_i$	$y_i\theta_i$	l_i^2	$y_i l_i$
N_{5y}	0.21643	32.434	0.04684	7.01937	0.03553	1051.96436	5.32429
N_{3y}	0.21643	32.372	0.04684	7.00595	0.03982	1047.94638	5.95602
N_{1by}	0	32.32	0.00000	0.00000	0.00000	1044.58240	1.76412
N_{1bz}	0	32.32	0.00000	0.00000	0.00000	1044.58240	1.46281
N_{1cz}	0	32.32	0.00000	0.00000	0.00000	1044.58240	1.81305
N_{3z}	0.21643	32.372	0.04684	7.00595	0.04068	1047.94638	6.08504
N_{5z}	0.21643	32.434	0.04684	7.01937	0.03203	1051.96436	4.79987
Σ			0.18735	28.05063	0.14805	7333.56868	27.20519

将表 9-4 中数据代入式（9-6），得到

$$0.18735\mu + 28.05063k = 0.14805$$

$$28.05063\mu+7333.56868k=27.20519$$

解得右梁实测摩阻系数：$\mu=0.5495$，$k=0.001608$

两片梁的平均值 $\mu=0.545$ 和 $k=0.00167$。规范规定为 $\mu=0.55$ 和 $k=0.0015$，实测的 k 值比规范值大，其原因是管道定位稍有些偏差，后续施工应该加强管道定位控制。

■ 9.4 千斤顶校验

9.4.1 张拉千斤顶介绍

桥梁工程中施加预应力所用的机具设备通常称为张拉设备。常用的张拉设备由油压千斤顶和配套的高压油泵、压力表及外接油管组成。液压千斤顶按其构造可分为台式（普通油压千斤顶）、穿心式、锥锚式、拉杆式和内卡式等。工地上比较常见的张拉千斤顶一般为穿心结构，其主要结构包括张拉外套、活塞、油室。

9.4.2 张拉千斤顶的类型

1. YC-60 型穿心式千斤顶

穿心式千斤顶是利用双液压缸张拉预应力筋和顶压锚具的双作用千斤顶。穿心式千斤顶适用于张拉带 JM 型锚具、XM 形锚具的钢筋，配上撑脚与拉杆后，也可作为拉杆式千斤顶张拉带螺母锚具和镦头锚具的预应力筋。图 9-5 为 YC-60 型千斤顶和 JM 型锚具的安装。系列产品有 YC-20D，YC-60 与 YC-120 型千斤顶。

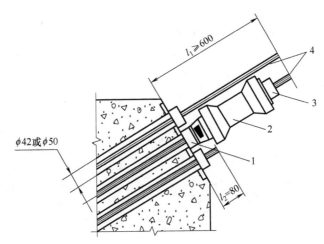

图 9-5　YC-60 型千斤顶和 JM 型锚具的安装
1—工作锚　2—YC-60 型千斤顶　3—工具锚　4—预应力筋束

YC-60 型千斤顶（见图 9-6）主要由张拉油缸、顶压油缸、顶压活塞、穿心套、保护套、端盖堵头、连接套、撑套、回弹弹簧和动静密封圈等组成。该千斤顶具有双作用，即张拉与顶锚两个作用。

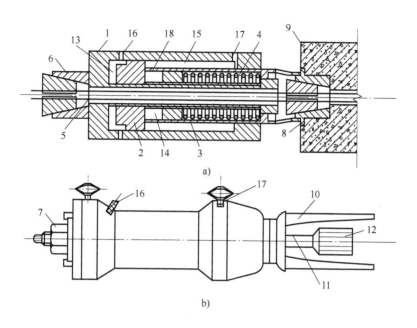

图 9-6　YC-60 型千斤顶

a）构造与工作原理　b）加撑脚后的外貌

1—张拉油缸　2—顶压油缸（张拉活塞）3—顶压活塞　4—弹簧　5—预应力筋　6—工具锚
7—螺母　8—锚环　9—构件　10—撑脚　11—张拉杆　12—连接器　13—张拉工作油室
14—顶压工作油室　15—张拉回程油室　16—张拉缸油嘴　17—顶压缸油嘴　18—油孔

其工作原理：张拉预应力筋时，张拉缸油嘴进油、顶压缸油嘴回油，顶压油缸、连接套和撑套连成一体右移顶住锚环；张拉油缸、端盖螺母及堵头和穿心套连成一体带动工具锚左移张拉预应力筋；顶压锚固时，在保持张拉力稳定的条件下，顶压缸油嘴进油，顶压活塞、保护套和顶压头连成一体右移将夹片强力顶入锚环内，此时张拉缸油嘴回油、顶压缸油嘴进油、张拉缸液压回程；最后，张拉缸、顶压缸油嘴同时回油，顶压活塞在弹簧力作用下回程复位。大跨度结构、长钢丝束等引伸量大者，用穿心式千斤顶为宜。它是目前预应力混凝土结构张拉使用最多的。

2. 锥锚式千斤顶

锥锚式千斤顶是具有张拉、顶锚和退楔功能三项作用的千斤顶，用于张拉带锥形锚具的钢丝束。系列产品有：YZ-38，YZ-60 和 YZ-85 型千斤顶。

锥锚式千斤顶由张拉油缸、顶压油缸、退楔装置、楔形卡环、退楔翼片等组成，如图 9-7 所示。其工作原理：当张拉油缸进油时，张拉缸被压移，使固定在其上的钢筋被张拉；钢筋张拉后，改由顶压油缸进油，随即由副缸活塞将锚塞顶入锚圈中；张拉缸、顶压缸同时回油，在弹簧力的作用下复位。

3. 拉杆式千斤顶

拉杆式千斤顶（见图 9-8）用于螺母锚具、锥形螺杆锚具、钢丝镦头锚具等。它由主油缸、主缸活塞、回油缸、回油活塞、连接器、传力架、活塞拉杆等组成。

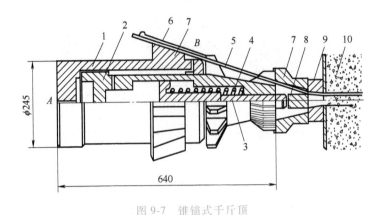

图 9-7　锥锚式千斤顶

1—张拉油缸　2—顶压油缸（张拉活塞）　3—顶压活塞　4—弹簧　5—预应力筋
6—楔块　7—对中套　8—锚塞　9—锚环　10—构件

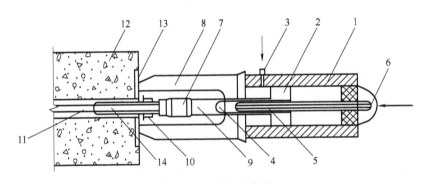

图 9-8　拉杆式千斤顶

1—主油缸　2—主缸活塞　3—进油孔　4—回油缸　5—回油活塞　6—回油孔　7—连接器　8—传力架
9—活塞拉杆　10—螺母　11—预应力筋　12—混凝土构件　13—预埋铁板　14—螺杆

目前常用的一种千斤顶是 YL-60 型拉杆式千斤顶。另外，还生产 YL-400 型和 YL-500 型千斤顶，其张拉力分别为 4000kN 和 5000kN，主要用于张拉力较大的力筋张拉。

工作原理：张拉前，先将连接器旋在预应力的螺杆上，相互连接牢固，千斤顶由传力架支承在构件端部的钢板上；张拉时，高压油进入主油缸、推动主缸活塞及拉杆，通过连接器和螺杆，预应力筋被拉伸，千斤顶拉力的大小可由油泵压力表的读数直接显示；当张拉力达到规定值时，拧紧螺杆上的螺母，此时张拉完成的预应力筋被锚固在构件的端部；锚固后回油缸进油，推动回油活塞工作，千斤顶脱离构件，主缸活塞、拉杆和连接器回到原始位置；最后将连接器从螺杆上卸掉，卸下千斤顶，张拉结束。

4. 内卡式千斤顶

如前所述，传统普通穿心千斤顶采用"缸套静止，活塞移动"的结构形式。在张拉过程中，千斤顶内缸、缸套组成不动体，活塞、工具锚组成运动体，当运动体相对不动体做移动时，工具锚上工具夹片夹紧钢绞线进行张拉。达到设计应力和伸长值时，运动体复位，工作夹片、工作锚自动锚固，此时工具夹片不再受外力作用，完成张拉过程。

　　而新型的内卡千斤顶采用"活塞静止，缸体活动"的结构形式，具有连续跟进、重复张拉的性能。张拉过程中，千斤顶活塞（缸体）和张拉称套组成不动体，外缸套和穿心套、工具锚构成运动体，当运动体相对不动体向外移动时，工具锚、工具夹片夹持钢绞线进行张拉。在达到所需的预应力值时，运动体复位，工作夹片、工作锚自动锚固，此时工具夹片不再受外力作用，完成张拉过程。其构造原理及张拉如图9-9所示。

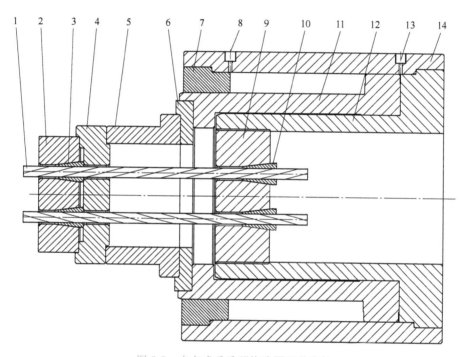

图9-9　内卡式千斤顶构造原理及张拉

1—钢绞线　2—工作锚　3—工作夹片　4—限位板　5—张拉称套　6—对中环　7—穿心套　8—进油口
9—工具锚　10—工具夹片　11—缸体（活塞）　12—内缸套　13—回油口　14—外缸套

　　新型内卡式千斤顶张拉时工作锚外需要预留的钢绞线较短，减少了材料浪费，但该类型的千斤顶操作相对复杂，测量活塞伸出量时在千斤顶前端测量、工具夹片外露量在千斤顶后端测量。由于可能存在飞锚现象，为避免安全风险，测量人员不能面对钢绞线进行测量应采用斜视方法测量。尽管其使用备受争议，但由于其经济性显著，近年来逐渐被推广使用。

9.4.3　张拉千斤顶的校验的一般要求

1. 千斤顶进行校验的原因

　　张拉千斤顶是预应力混凝土结构施工中重要的设备，一般采用穿心结构，其主要结构包括张拉外套、活塞、油室，张拉千斤顶结构纵剖面如图9-10所示。

　　千斤顶在张拉时，将其抵住工作锚具，将工作锚具安装在活塞前端，在其后端安装工具锚并安装工作、工具夹片，通过张拉油泵向进油嘴进油，在高压油的推动作用下，使活塞向前运动，在工作锚作用下，带动钢束向前运动，实现对钢束的张拉。油室内油压的大小通过张拉油泵上的油表读出。

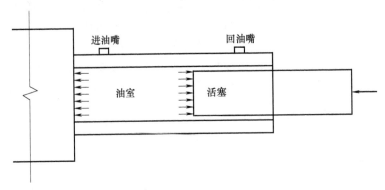

图 9-10　张拉千斤顶结构纵剖面

　　由于每台千斤顶液压配合面实际尺寸和表面粗糙度不同，密封圈和防尘圈松紧程度不同，造成千斤顶内摩阻力不同，而且随油压高低和使用时间变化而改变。千斤顶能够张拉钢束的原因是千斤顶的活塞在高压油的作用下带动钢束伸长，高压油的油压大小通过张拉油泵的油表读数得到，活塞受力简图如图 9-11 所示。从图中可见，由于活塞和千斤顶钢套之间存在摩擦力，油室内油压大小和作用于钢束的力并不相等。

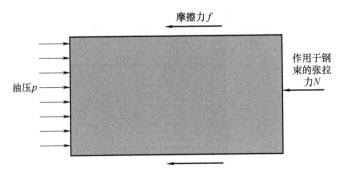

图 9-11　千斤顶活塞受力简图

　　如张拉油缸的面积为 A，有活塞力的平衡

$$Ap = f + N \tag{9-15}$$

　　可见，油表上的读数大于实际作用于钢束上的力，为准确控制作用于钢束上的力，按规范要求，在张拉钢束前，必须对千斤顶进行标定，即得到张拉油表读数和作用于钢束上张拉力间的线性回归方程。

2. 张拉千斤顶校验条件

1）新千斤顶初次使用前。

2）油压表指针不能退回零点时。

3）千斤顶、油压表和油管进行过更换或维修后。

4）当千斤顶使用超过 6 个月或张拉超过 200 次以上，铁路规范规定千斤顶标定周期不超过一个月，油压表标定周期为一周。

5）在使用过程中出现其他不正常现象。

3. 千斤顶校验要求

校验应在经主管部门授权的法定计量技术机构进行。

1）校验用的标准仪器的精度不得低于1%，压力表的精度不宜低于1.0级，最大量程不宜小于设备额定张拉力的1.3倍。

2）千斤顶的校验可以根据现场实际情况，采用压力机、已经标定的传感器进行标定。

3）标定时应将油压表、千斤顶等配套标定。

4）校验时，千斤顶活塞运行方向应与实际张拉工作状态一致，即让千斤顶顶压力机，不能让压力机压千斤顶的活塞。

5）配套校验时，分级校验的吨位不得超过最大控制荷载的10%。

6）千斤顶的校正系数不得大于1.05，且应大于1.0，如果结果小于1.0，说明标定结果有问题。

千斤顶校正系数为

$$校正系数 = \frac{油压表读数 \times 有效活塞面积}{压力机读数值} \leq 1.05$$

9.4.4 张拉千斤顶的校验方法

1. 用长柱压力试验机校验

校验时，应采取被动校验法，即在校验时用千斤顶顶试验机，这样活塞运行方向、摩阻力的方向与实际工作时相同，校验比较准确。

在进行被动校验时，压力机本身也有摩阻力，并且与正常使用时相反，所以试验机表盘读数反映的也不是千斤顶的实际作用力。因此用被动法校验千斤顶时，必须事先用具有足够吨位的标准测力计对试验机进行被动标定，以确定试验机的表盘读数值。标定后在校验千斤顶时，就可以从试验机表盘上直接读出千斤顶的实际作用力及油压表的准确读数。用压力试验机校验的步骤如下：

1）千斤顶就位。当校验穿心式千斤顶时，将千斤顶放在试验机台面上，千斤顶活塞面或撑套与试验机压板紧密接触，并使千斤顶与试验机的受力中心线重合。

2）校验千斤顶。开动油泵，千斤顶进油，使活塞上升，顶试验机压板。在千斤顶顶试验机且使荷载平缓增加的过程中，自零位到最大吨位，将试验机被动标定的结果逐点标记到千斤顶的油压表上，标定点应均匀分布在整个测量范围内，且不少于5个测点。当采用最小二乘法回归分析千斤顶的标定试验时宜选取10~20个测点。各标定点重复标定3次，取平均值，并且只测读进程，不测读回程。用压力试验机检验如图9-12所示。

3）记录千斤顶校验数值，计算校验系数，判定校验结果是否可用。最终可根据校验曲线或采用最小二乘法求出千斤顶的校验回归方程，供预应力筋张拉时使用。

2. 用标准测力计校验

用水银压力计、测力环、弹簧拉力计等标准测力计检验千斤顶，是一种简便可靠的方法。标准测力计校验千斤顶装置如图9-13所示。校验时，开动油泵，千斤顶进油，活塞杆推出，顶测力计。当测力计达到一定吨位 T_1 时，立即读出千斤顶油压表相应的读数 p_1，同样可得 T_2、p_2、T_3、p_3、…，此时 T_1、T_2、T_3、…为相应于压力表读数为 p_1、p_2、p_3…时的实际作用力，将测得的各值绘成曲线。实际使用时，可由此曲线找出要求的 T 值和相应的 p 值。

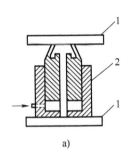

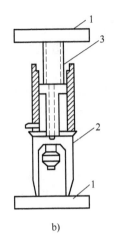

图 9-12　用压力试验机校验

a）校验穿心式千斤顶　b）校验拉杆式千斤顶

1—试验机上、下压板　2—拉伸机　3—无缝钢管

图 9-13　标准测力计校验千斤顶装置

1—标准测力计　2—千斤顶　3—钢框架

3. 用电测传感器校验

电测传感器校验千斤顶装置如图 9-14 所示。横梁与传感器间应设置可转动的球铰，横梁宜设球座。该法是在金属弹性元件表面贴上电阻应变片所组成的一个测力装置。当金属元件受外力作用变形后，电阻片也相应变形而改变其电阻值。改变的电阻值通过电阻应变仪测定出来，即可从预先标定的数据中查出外力的大小。将此数据再标定到千斤顶油表上，即可用以进行作用力的控制。

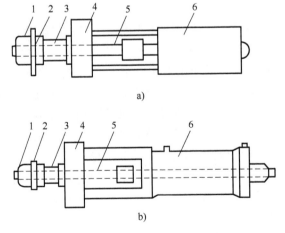

图 9-14　电测传感器校验千斤顶装置

a）校验拉杆式千斤顶　b）校验穿心式千斤顶

1—螺母　2—垫板　3—传感器　4—横梁　5—张拉杆　6—千斤顶

此外，也可采用双千斤顶卧放对顶并在其连接处装标准测力计进行标定，如图 9-15 所

示。千斤顶 A 进油，B 关闭时，读出两组数据：①N—p_a 主动关系，供张拉预应力筋时确定张拉端拉力用。②N—p_b 被动关系，供测试孔道摩阻损失时确定固定端拉力用。反之，可得 N—p_b 主动关系，N—p_a 被动关系。

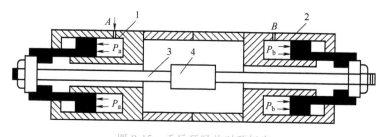

图 9-15　千斤顶卧放对顶标定

1—千斤顶 A　2—千斤顶 B　3—拉杆　4—测力计

9.4.5　检验结果的回归计算

1. 回归方程的建立

千斤顶的作用力 T 和油缸的油压 p 的关系是线性关系，考虑活塞和油缸之间的摩阻力后，它们的关系可以表示为

$$T = Ap + B \tag{9-16}$$

可以利用千斤顶检验测得的作用力和油压 (T_1, p_1)、(T_2, p_2)、(T_3, p_3)、$\cdots$、(T_n, p_n)，对式（9-16）进行线性回归，利用最小二乘法原理求得回归值

$$\hat{T} = \hat{A}p + \hat{B} \tag{9-17}$$

其中，回归方程中各参量计算方法如下

$$\hat{A} = L_{pT}/L_{pp} \tag{9-18}$$

$$\hat{B} = \bar{T} - \hat{A}\bar{p} \tag{9-19}$$

$$\bar{p} = \frac{1}{n}\sum_{i=1}^{n} p_i \tag{9-20}$$

$$\bar{T} = \frac{1}{n}\sum_{i=1}^{n} T_i \tag{9-21}$$

$$L_{pp} = \sum_{i=1}^{n} p_i^2 - \frac{1}{n}\left(\sum_{i=1}^{n} p_i\right)^2 \tag{9-22}$$

$$L_{pT} = \sum_{i=1}^{n} p_i T_i - \frac{1}{n}\left(\sum_{i=1}^{n} p_i\right)\left(\sum_{i=1}^{n} T_i\right) \tag{9-23}$$

$$L_{TT} = \sum_{i=1}^{n} T_i^2 - \frac{1}{n}\left(\sum_{i=1}^{n} T_i\right)^2 \tag{9-24}$$

相关系数

$$R = \frac{L_{pT}}{\sqrt{L_{pp}L_{TT}}} \tag{9-25}$$

2. 注意事项

1）施加预应力所用的张拉设备及仪表应由专人使用和管理，并定期维护和校验，以提高施加预应力时张拉力的控制精度。

2）千斤顶与压力表应配套检验、配套使用，即在使用时严格按照标定报告上注明的油泵号、油表号和千斤顶号配套安装成张拉系统使用。配套标定数据应进行线性回归，线性回归的相关系数 R 应不小于 0.999。

9.4.6 检验示例

某千斤顶公称面积为 60053mm^2，最大校验油压为 48MPa，校正系数测定记录见表 9-5。

表 9-5 某千斤顶校正系数测定记录表

序号	荷载等级/MPa	活塞力/kN	测力计读数/kN				校正系数
			第一次	第二次	第三次	平均值	
—	①	②	③	④	⑤	⑥	⑦
1	3	180	161	174	166	167	1.08
2	6	360	342	337	330	336	1.07
3	9	540	529	523	512	521	1.04
4	12	721	707	698	715	707	1.02
5	15	901	877	895	871	881	1.02
6	18	1081	1061	1058	1047	1055	1.02
7	21	1261	1225	1230	1227	1227	1.03
8	24	1441	1411	1412	1406	1410	1.02
9	27	1621	1579	1598	1577	1585	1.02
10	30	1802	1763	1771	1768	1767	1.02
11	33	1982	1951	1941	1951	1948	1.02
12	36	2162	2122	2130	2125	2126	1.02
13	39	2342	2294	2319	2314	2309	1.01
14	42	2522	2481	2493	2492	2489	1.01
15	45	2702	2654	2673	2669	2665	1.01
16	48	2883	2833	2852	2840	2842	1.01

注：表中计算关系为②＝①×活塞公称面积/1000；⑥＝（③+④+⑤）/3；⑦＝②/⑥。

回归方程改写为油压表读数与千斤顶张拉之间的关系，即

$$p = \hat{A}N + \hat{B} \tag{9-26}$$

式中　p——油压表读数（MPa）；

　　　N——千斤顶张拉力（kN）。

利用式（9-18）和式（9-19）可得回归系数 $\hat{A} = 59.5235$，$\hat{B} = -15.6833$，则得到回归方程

$$p = 59.5235N - 15.6833$$

利用式（9-25）可得相关系数 $R = 0.999988$，大于 0.999，表明回归方程结果可靠，可以使用。

■ 9.5　预应力孔道压浆密实度检测

9.5.1　孔道压浆的重要性

后张有黏结预应力混凝土结构，张拉力筋结束后要进行孔道压浆。孔道压浆饱满密实非常重要，一方面能为预应力筋和周围混凝土之间提供可靠的黏结力，确保混凝土与预应力筋能够协同工作，另一方面可以防止预应力筋锈蚀。但是由于压浆浆体泌水、残留空气的存在使得压浆孔道的出入口两端、曲线孔道的上凸段和排气孔附近容易出现局部空洞，给预应力筋的锈蚀甚至锈断埋下隐患。在国内外均出现过由于压浆不饱满、预应力锈蚀造成的桥梁失效事故，轻者需要加固，重者必须拆除重建，否则会酿成灾害性事故，造成不良后果。如1985 年 2 月 1 日，英国威尔士一座小跨度后张法施工的预应力混凝土梁，在没有受到任何外界冲击，毫无征兆的情况下突然倒塌，后来英国交通管理部门强调在没有可靠技术解决后张法预应力混凝土压浆质量前严禁采用后张法施工。此外，比利时 Schelde 河上的一座桥的垮塌及建于 1957 年的美国康涅狄格州的 Bissell 大桥于 1992 年炸毁重建，其原因均在于预应力钢筋锈蚀导致桥的安全度下降。

由此可见，压浆质量缺陷对桥梁的承载力和使用寿命会造成直接的影响。因此，在对后张法预应力混凝土结构质量提供保障时，应进行压浆密实度的检测，综合判断压浆的效果，为施工质量判定提供技术依据。

9.5.2　压浆密实度检测方法

孔道压浆的检测方法包括无损检测和有损检测两种。无损检测技术主要包括超声波法（UP）、探地雷达法（GRP）、冲击回波法（IE）、声波散射追踪法和内窥镜法等。有损检测方法是早期使用的技术，主要为切片法和开槽法，检测客观性强，其作用是无损检测技术无法替代的。但该方法会对混凝土造成局部破损，并且检测效率低、费用较高，很容易对孔道内部的预应力筋造成损伤，因此孔道压浆检测一般均采用无损检测方法。

1. 超声波法

超声波法的基本原理是利用超声波在混凝土中传播时，声时、波幅及频率等声学参数会发生变化，据此来分析判断缺陷情况。其检测过程：超声波信号经过转换变为超声信号，再由超声信号变为电信号，经过处理得到孔道压浆孔道内部密实度信息。超声波法的声波的频率范围一般为 20kHz～25MHz，该法探测深度大、检测灵敏度高、成本低。但是该法需要从梁板两侧面对测，而且需要耦合，因此作业性差、效率很低、难以实用。

2. 探地雷达法

探地雷达法是通过高频电磁波来确定介质内部物质分布规律的一种地球物理勘探方法。

它是通过一端的天线发射电磁波，另一端的天线接收界面反射的电磁波，利用不同介质的电磁属性的不同，根据反射波的双程走时、振幅变化、极性特征、频谱特征等参数资料来推断缺陷的埋藏深度、结构和几何形态等情况。由于受金属屏蔽，该法不适用于铁皮波纹管成孔，也不适用于钢筋密集状况，仅能在塑料波纹管或者无管状况使用。因此，该法适用范围较窄，条件要求苛刻，对缺陷不敏感，测试精度较低。

3. 冲击回波法

利用一个瞬时的机械冲击产生低频的弹性应力波，当孔道压浆存在缺陷时，激振的弹性波会在缺陷界面处产生反射，在有缺陷地方反射所用的时间比在压浆密实的地方长，即等效波速较慢。因此，可以利用冲击波信号发生的变化规律进行孔道压浆密实度的识别。

冲击回波法检测预应力孔道压浆质量效果较好，检测不需耦合剂，操作简单，通过定位检测的测点即可得出结构厚度、缺陷位置和深度信息，效率比超声检测方法高。该法能准确检测出预应力压浆孔道内部缺陷，即使无法知道混凝土构件的厚度，也可利用表面波进行标定检测，同时不受金属物的影响。相比超声波法，冲击回波法采用更低频的声波，频率范围通常为 $2 \sim 20\text{kHz}$，避免了在超声波测试中的高频信号衰减和过多杂波干扰问题。但该方法也有其局限性，即低频率的应力波将不可避免地导致检测的分辨率较低，当检测部分压浆的预应力孔道时，孔道内空洞的大小、方向及相对于预应力筋的位置、冲击施加面等都会对冲击回波的测试结果造成影响。

此外，还有基于放射线（X射线、伽马射线、铱192等）的检测方法，该方法的检测精度较高，但因其测试设备复杂、具有放射性、需要底片等费用、检测成本高等诸多不足或限制，在国内基本上没有得到应用。

综上所述，冲击回波法目前被认为是最有前途的方法，可分为两类：基于孔道两端穿透的方法，即定性检测方法；基于反射的冲击回波法（IE），即定位检测方法。

冲击回波法综合了国内外多种技术，其最大特点在于既可以快速定性测试，也能够对有问题的孔道进行缺陷定位，从而达到了测试效率和精度最优化。

9.5.3　冲击回波定性检测法

基于冲击回波的检测原理，定性检测法主要是利用钢绞线两端露出段，从一端敲击从另一端接收信号，然后根据能量衰减或波速变化等进行压浆密实度测试的一种方法。目前，有全长衰减法、全长波速法、传递函数法三种关于压浆密实度的评定方法。

1. 全长衰减法（FLEA）

全长衰减法测试原理见图9-16所示。在预应力钢绞线束一端锤击产生激振信号，当期传递到另一端时，会产生能量的衰减。衰减的程度与孔道压浆密实度有关，如果密实度较高，能量在传播过程中逸散较多，衰减也较大，振幅比小；反之，若孔道压浆密实度较低，则能量在传播过程逸散较少，衰减也较小，振幅比大。所以，可以用能量衰减程度反映孔道压浆的密实程度。

该法优点是对压浆缺陷较为敏感，测试效率高，不足之处影响测试的因素较多，测试结果往往离散性较大。

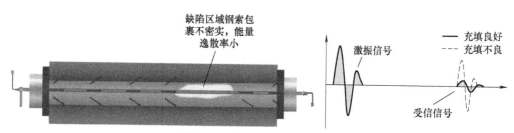

图 9-16　全长衰减法测试原理

2. 全长波速法（FLPV）

通过测试弹性波经过预应力筋的传播时间，并结合波所传播的距离来计算弹性波的波速。通过波速的变化来判断预应力孔道压浆密实度情况。一般情况下波速与压浆密实度有关，当没有压浆时，通过钢绞线束的 P 波波速接近其理论波速 5.01km/s，随着压浆密实度增加，波速逐渐减小，当压浆完全饱满密实时，测试的 P 波波速接近混凝土中的 P 波波速为 4.1~4.6km/s。

该法优点是在测试大范围缺陷时结果较为稳定，可靠性高，不足之处是测试原理考虑因素有限，对缺陷较为钝感，只有达到一定程度的缺陷才能反馈差异。

3. 传递函数法（PFTF）

在预应力梁一端对预应力筋进行激振，如果激振端及接收端锚下局部区域存在不密实情况，会在接收端产生高频振荡。因此，通过对比接收信号与激发信号相关部分的频率变化，可以判定锚下两端局部区域附近的缺陷情况。此外，该评定方法针对锚下附近区域，恰恰也是定位测试法较为困难的测试区域。

4. 综合评定法

为了将定性测试的结果定量化，引入综合压浆指数 I_f 进行压浆效果的定性评价。当压浆饱满时，$I_f = 1$，而完全未压浆时，$I_f = 0$。根据上述三种不同评定方法可得到对应每种方法的压浆指数 I_{EA}，I_{PV} 和 I_{TF}。同时，综合压浆指数可以定义为

$$I_f = (I_{EA} I_{PV} I_{TF})^{1/3} \tag{9-27}$$

这样，只要某一项的压浆指数较低，综合压浆指数就会有较明显地反映。通常，压浆指数大于 0.95 意味着压浆质量较好，压浆指数低于 0.80 则表明压浆质量较差。

压浆指数是根据基准值自动计算的，因此基准值的选定非常重要。不同形式的锚具、梁的形式及孔道的位置都会对基准值产生影响。为提高测设精准性，在条件许可时，进行相应的标定或通过大量的测试并结合数理统计的方法确定基准值是非常必要的，一般情况，压浆评定指数的基准值见表 9-6。

表 9-6　压浆评定指数的基准值

评定方法	指标	压浆完全饱满密实孔道	未压浆孔道
全长波速法	波速/(km/s)	实测标定波速	5.01
全长衰减法	能量比	0.02	0.20
传递函数法	频率比/(Fr/Fs)	1.00	3.00
	激振频率/kHz	2.0	4.0

9.5.4 冲击回波定位检测法

1. 测试原理

冲击回波定位检测法（基本 IE 法）是通过在混凝土梁板侧壁或者顶（底）面进行激振、接受反馈信号，实现对压浆缺陷的位置、规模等进行的测定。然而，通常的冲击回波定位检测法在检测压浆密实度时存在严重不足，通过下列方法改进可以提高测试精度。

改进冲击回波定位检测法（IEEV 法）是根据在波纹管位置有无反射信号及梁底端反射时间长短来判定压浆缺陷的有无和类型。在孔道压浆完全饱满密实、有缺陷或未压浆三种情况下会出现图 9-17 所示情况。这种判定方法比较适合壁厚较小，底部反射明显的情形。

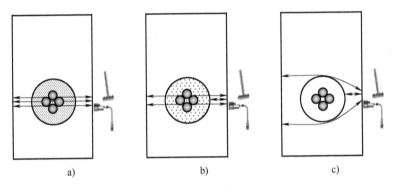

图 9-17　改进冲击回波定位检测法（IEEV 法）

a）压浆密实　b）压浆有缺陷　c）未压浆

测试评定主要基于以下 3 点：

1）激振的弹性波在缺陷处会产生反射。

2）激振的弹性波从梁对面反射回来所用的时间比压浆密实位置要长。因此，等效波速（2 倍梁厚/梁对面反射来回的时间）就显得更慢。

3）当激振信号产生的结构自由振动的半波长与缺陷的埋深接近时，缺陷反射与自由振动可能产生共振的现象，使得自由振动的半波长趋近于缺陷埋深，即冲击波出现共振偏移现象（IERS 法，如图 9-18 所示）。它比较适合壁厚较大，底部反射不明显的情形。

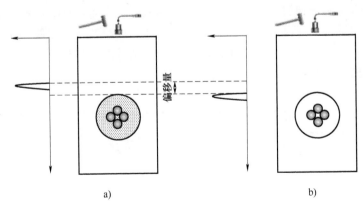

图 9-18　冲击回波共振偏移法（IERS 法）

a）压浆密实　b）压浆缺陷（自振频谱移位）

2. 定位测试特点

上述 3 种定位测试方法均采用同一数据和同一频谱分析，仅在云图判读上有所不同。一般而言，IE 法是基础，各种状况均适用；IEEV 法测试精度高，但相对速度较慢。测试精度与壁厚/孔径比（D/ϕ）有关，D/ϕ 越小，测试精度越高。

当边界条件复杂（拐角处）或测试面有斜角（如底部有马蹄时），测试精度会受较大的影响。为提高测试精度，马蹄形部位不能采用图 9-19a 的测试方法，而正确的测试方法如图 9-19b所示。

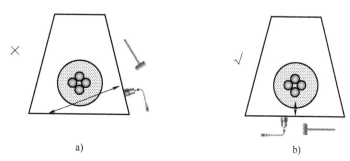

a)   b)

图 9-19   马蹄形部位的测试方法

a）不正确测试   b）正确的测试方法

9.5.5   成孔方式对测试的影响

后张法施工的预应力梁孔道成型方式主要有橡胶管抽芯成型、预埋金属波纹管、预埋铁皮套管和塑料波纹管等形式。尽管塑料波纹管在与混凝土间黏结性能等方面要低于金属波纹管，但由于其施工方便且密封性好，适于真空辅助压浆，因而也得到了广泛应用。这里主要对塑料波纹管和金属波纹管进行讨论。

由于阻抗的差异，两类波纹管对弹性波的反射不同，从而对压浆密实度缺陷的检测也有一定的影响。根据弹性波的反射理论，机械阻抗 $R = \rho V\Lambda$（密度、波速与面积的乘积）的变化决定了反射信号大小和相位。金属管壁、塑料管壁、混凝土、缺陷的阻抗的大小顺序为金属>混凝土>塑料>缺陷空洞。因此，金属波纹管对弹性波是逆向反射（见图 9-20），塑料管和缺陷则是正向反射。由于管壁很薄，会出现金属波纹管的反射和缺陷处的反射互相抵消，塑料与缺陷的反射则相互增强的现象。

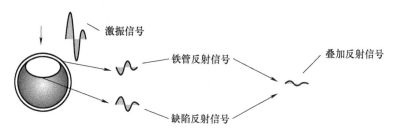

图 9-20   金属波纹管对弹性波逆向反射

所以，不能仅凭缺陷处的反射信号的强弱来判断，而要结合等效波速法，即梁底部

（壁面）反射信号的传播时间进行综合考虑。波纹管材质对缺陷判别的影响关系见表9-7。

表9-7　波纹管材质对缺陷判别的影响关系

波纹管材质	波纹管位置反射信号			缺陷时梁底反射时间
	管壁	空洞型缺陷	整体反射	
塑料PVC	微弱正向	正向	正向较强	延后
金属	微弱反向	正向	较弱	延后
无波纹管	无	正向	正向	延后

9.5.6　孔道压浆质量的评价标准

目前，对孔道压浆质量检测评价尚无统一的规定，可以借鉴《锚杆锚固质量无损检测技术规程》（JGJ/T 182—2009）中的相关规定，对桥梁预应力孔道压浆质量密实度进行等级评定，见表9-8。

表9-8　桥梁预应力孔道压浆质量密实度评定等级

密　实　度	质量等级
≥90%	Ⅰ
80%~90%	Ⅱ
75%~80%	Ⅲ
≤75%	Ⅳ

当桥梁预应力混凝土孔道压浆密实度为Ⅰ、Ⅱ、Ⅲ级且符合工程设计要求时，可以判定注浆质量为合格。

9.5.7　典型缺陷类型示例

典型缺陷类型及对应的云图如下。

1）松散型缺陷（PVC塑料波纹管）或空洞型缺陷（金属波纹管）云图见图9-21所示。

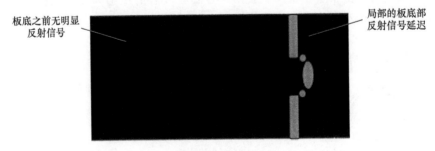

图9-21　松散型缺陷或空洞型缺陷云图（色版-1）

2）空洞型缺陷，小规模典型云图如图9-22和图9-23所示，大规模如图9-24和图9-25所示。

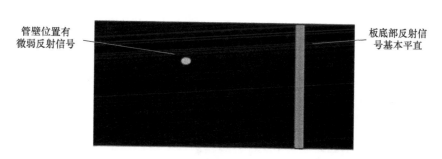

管壁位置有微弱反射信号

板底部反射信号基本平直

图 9-22 小规模空洞型缺陷的云图（色版-2）

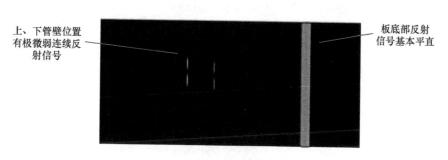

上、下管壁位置有极微弱连续反射信号

板底部反射信号基本平直

图 9-23 小规模空洞型缺陷的云图（色版-3）

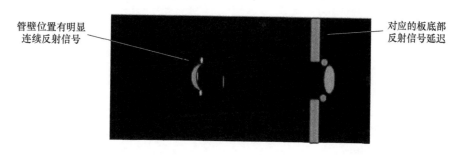

管壁位置有明显连续反射信号

对应的板底部反射信号延迟

图 9-24 大规模空洞型缺陷的云图（色版-4，塑料波纹管）

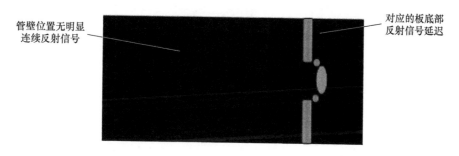

管壁位置无明显连续反射信号

对应的板底部反射信号延迟

图 9-25 大规模空洞型缺陷的云图（色版-5，金属波纹管）

思 考 题

1. 什么是预应力结构？预应力结构的基本类型有哪些？
2. 说明预应力损失产生的原因。
3. 简述预应力测试方法的分类。
4. 说明反拉法检测预应力的基本步骤，适用条件。
5. 说明千斤顶校验的方法和步骤。
6. 说明孔道摩阻测试的方法和步骤。
7. 简述预应力孔道压浆的作用，孔道压浆缺陷的分类。
8. 有哪几种方法可以测试压浆密实度？

拓展视频

"两弹一星"功勋
科学家：钱学森

参 考 文 献

［1］何玉珊，程崇国，等. 桥梁隧道工程［M］. 北京：人民交通出版社，2020.

［2］张俊平. 桥梁检测与维修加固［M］. 2版. 北京：人民交通出版社，2011.

［3］黄平明，陈万春. 桥梁养护与加固［M］. 北京：人民交通出版社，2009.

［4］中华人民共和国住房和城乡建设部. 回弹法检测混凝土抗压强度技术规程：JGJ/T 23—2011［S］. 北京：中国建筑工业出版社，2011.

［5］中华人民共和国住房和城乡建设部. 混凝土中氯离子含量检测技术规程：JGJ/T 322—2013［S］. 北京：中国建筑工业出版社，2013.

［6］中华人民共和国住房和城乡建设部. 混凝土中钢筋检测技术规程：JGJ/T 152—2019［S］. 北京：中国建筑工业出版社，2019.

［7］中华人民共和国交通运输部. 公路工程质量检验评定标准第一册 土建工程：JTG F80/1—2017［S］. 北京：人民交通出版社股份有限公司，2018.

［8］中国工程建设标准化协会. 超声法检测混凝土缺陷技术规程：CECS 21-2000［S］. 北京：中国城市出版社，2009.

［9］中华人民共和国住房和城乡建设部. 混凝土结构现场检测技术标准：GB/T 50784—2013［S］. 北京：中国建筑工业出版社，2013.

［10］中华人民共和国交通运输部. 公路桥梁承载能力检测评定规程：JTG/T J21—2011［S］. 北京：人民交通出版社，2011.

［11］中华人民共和国交通运输部. 公路桥梁技术状况评定标准：JTG/T H21—2011［S］. 北京：人民交通出版社，2011.

［12］中华人民共和国交通运输部. 公路桥涵养护规范：JTG 5120—2021［S］. 北京：人民交通出版社，2021.

［13］中华人民共和国交通运输部. 公路桥梁荷载试验规程：JTG/T J21—01—2015［S］. 北京：人民交通出版社股份有限公司，2016.

［14］中华人民共和国交通运输部. 公路桥梁加固施工技术规范：JTG/T J23—2008［S］. 北京：人民交通出版社，2008.

［15］中华人民共和国交通运输部. 公路桥梁加固设计规范：JTG/T J22—2008［S］. 北京：人民交通出版社，2008.

［16］河南省交通运输厅. 公路桥梁加固质量检验评定标准：DB 41/T 1194—2016［S］. 北京：人民交通出版社股份有限公司，2016.

［17］宋彧，来春景. 工程结构检测与加固.［M］. 2版. 北京：科学出版社，2016.

［18］吴佳晔，张志国，等. 土木工程检测与测试［M］. 北京：高等教育出版社，2015.

［19］中华人民共和国住房和城乡建设部. 建筑结构可靠性设计统一标准：GB 50068—2018［S］. 北京：中国建筑工业出版社，2018.

［20］中华人民共和国住房和城乡建设部. 混凝土强度检验评定标准：GB/T 50107—2010［S］. 北京：中国建筑工业出版社，2010.

［21］中华人民共和国住房和城乡建设部. 混凝土结构试验方法标准：GB/T 50152—2012［S］. 北京：中国建筑工业出版社，2012.

［22］中华人民共和国住房和城乡建设部. 混凝土结构工程施工质量验收规范：GB 50204—2015［S］. 北

京：中国建筑工业出版社，2015.

［23］中华人民共和国住房和城乡建设部. 混凝土结构设计规范：GB 50010—2010（2015 年版）［S］. 北京：中国建筑工业出版社，2015.

［24］中华人民共和国住房和城乡建设部. 混凝土结构加固设计规范：GB 50367—2013［S］. 北京：中国建筑工业出版社，2013.

［25］中国工程建设标准化协会. 碳纤维片材加固混凝土结构技术规程（2007 年版）：CECS 146—2003［S］. 北京：中国计划出版社，2007.

［26］中华人民共和国住房和城乡建设部. 回弹法检测混凝土抗压强度技术规程：JGJ/T 23—2011［S］. 北京：中国建筑工业出版社，2011.

［27］中国工程建设标准化协会. 超声回弹综合法检测混凝土抗压强度技术规程：T/CECS 02—2020［S］. 北京：中国计划出版社，2020.

［28］中国工程建设标准化协会. 超声法检测混凝土缺陷技术规程：CECS 21—2000［S］. 北京：中国城市出版社，2000.

［29］中国工程建设标准化协会. 钻芯法检测混凝土强度技术规程：CECS 03—2007［S］. 北京：中国建筑工业出版社，2000.

［30］中国工程建设协会. 拔出法检测混凝土强度技术规程：CECS 69—2011［S］. 北京：中国计划出版社，2011.

［31］中华人民共和国住房和城乡建设部. 砌体工程现场检测技术标准：GB/T 50315—2011［S］. 北京：中国建筑工业出版社，2011.

［32］中华人民共和国住房和城乡建设部. 砌体结构设计规范：GB 50003—2011［S］. 北京：中国建筑工业出版社，2011.

［33］中华人民共和国住房和城乡建设部. 砌体结构工程施工质量验收规范：GB 50203—2011［S］. 北京：中国建筑工业出版社，2011.

［34］中华人民共和国住房和城乡建设部. 砌体基本力学性能试验方法标准：GB/T 50129—2011［S］. 北京：中国建筑工业出版社，2011.

［35］中华人民共和国住房和城乡建设部. 建筑地基基础设计规范：GB 50007—2011［S］. 北京：中国建筑工业出版社，2011.

［36］中华人民共和国住房和城乡建设部. 建筑桩基技术规范：JGJ 94—2008［S］. 北京：中国建筑工业出版社，2008.

［37］中华人民共和国住房和城乡建设部. 建筑基桩检测技术规范：JGJ 106—2014［S］. 北京：中国建筑工业出版社，2014.

［38］中华人民共和国住房和城乡建设部. 建筑地基基础工程施工质量验收规范：GB 50202—2018［S］. 北京：中国建筑工业出版社，2018.

［39］中华人民共和国住房和城乡建设部. 建筑地基处理技术规范：JGJ 79—2012［S］. 北京：中国建筑工业出版社，2012.

［40］中华人民共和国住房和城乡建设部. 既有建筑地基基础加固技术规范：JGJ 123—2012［S］. 北京：中国建筑工业出版社，2012.

［41］中华人民共和国住房和城乡建设部. 民用建筑可靠性鉴定标准：GB 50292—2015［S］. 北京：中国建筑工业出版社，2015.

［42］中华人民共和国住房和城乡建设部. 危险房屋鉴定标准：JGJ 125—2016［S］. 北京：中国建筑工业出版社，2016.

［43］中华人民共和国住房和城乡建设部. 工程结构可靠性设计统一标准：GB 50153—2008［S］. 北京：中国建筑工业出版社，2008.

［44］中华人民共和国住房和城乡建设部. 工业建筑可靠性鉴定标准：GB 50144—2019［S］. 北京：中国建筑工业出版社，2019.

［45］中华人民共和国住房和城乡建设部. 岩土工程勘察规范（2009 年版）：GB 50021—2001［S］. 北京：中国建筑工业出版社，2009.

［46］中华人民共和国住房和城乡建设部. 建筑结构检测技术标准：GB/T 50344—2019［S］. 北京：中国建筑工业出版社，2019.

［47］中华人民共和国住房和城乡建设部. 土工试验方法标准：GB/T 50123—2019［S］. 北京：中国计划出版社，2019.

［48］中华人民共和国交通运输部. 公路钢筋混凝土及预应力混凝土桥涵设计规范：JTG 3362—2018［S］. 北京：人民交通出版社股份有限公司，2018.

［49］中华人民共和国住房和城乡建设部. 钢结构工程施工质量验收标准：GB 50205—2020［S］. 北京：中国建设工业出版社，2020.

［50］中华人民共和国住房和城乡建设部. 钢结构高强度螺栓连接技术规程：JGJ 82—2011［S］. 北京：中国建筑工业出版社，2011.

［51］中华人民共和国住房和城乡建设部. 空间网格结构技术规程：JGJ 7—2010［S］. 北京：中国建筑工业出版社，2010.

［52］中华人民共和国住房和城乡建设部. 建筑抗震加固技术规程：JGJ 116—2009［S］. 北京：中国建筑工业出版社，2009.

［53］中华人民共和国住房和城乡建设部. 钢筋焊接接头试验方法标准：JGJ/T 27—2014［S］. 北京：中国建筑工业出版社，2009.

［54］全国焊接标准化技术委员会. 焊缝无损检测 超声检测 技术、检测等级和评定：GB/T 11345—2013［S］. 北京：中国标准出版社，2013.

［55］中华人民共和国住房和城乡建设部. 贯入法检测砌筑砂浆抗压强度技术规程：JGJ/T 136—2017［S］. 北京：中国建筑工业出版社，2017.

［56］中华人民共和国住房和城乡建设部. 建筑变形测量规范：JGJ/T 8—2016［S］. 北京：中国建筑工业出版社，2016.

［57］中华人民共和国住房和城乡建设部. 高层民用建筑钢结构技术规程：JGJ 99—2015［S］. 北京：中国建筑工业出版社，2015.

［58］中华人民共和国住房和城乡建设部. 砌墙砖试验方法：GB/T 2542—2012［S］. 北京：中国建筑工业出版社，2012.

［59］中华人民共和国住房和城乡建设部. 建筑结构荷载规范：GB 50009—2012［S］. 北京：中国建筑工业出版社，2012.

［60］中华人民共和国交通运输部. 公路桥梁板式橡胶支座：JT/T 4—2019［S］. 北京：人民交通出版社股份有限公司，2019.

［61］中华人民共和国交通运输部. 公路桥涵施工技术规范：JTG/T 3650—2020［S］. 北京：人民交通出版社股份有限公司，2020.

［62］中华人民共和国交通运输部. 公路养护安全作业规程：JTG H30—2015［S］. 北京：人民交通出版社股份有限公司，2015.

［63］中华人民共和国交通运输部. 公路工程施工安全技术规范：JTG F90—2015［S］. 北京：人民交通出

版社股份有限公司，2015.

[64] 中国工程建设标准化协会. 钢纤维混凝土结构设计与施工规程：CECS 38—1992［S］. 北京：中国建筑工业出版社，1992.

[65] 中华人民共和国交通运输部. 公路水泥混凝土路面施工技术细则：JTG F30—2014［S］. 北京：人民交通出版社，2014.

[66] 中华人民共和国交通运输部. 公路桥涵设计通用规范：JTG D60—2015［S］. 北京：人民交通出版社，2015.

[67] 史新生. 秦沈线箱梁张拉设备的选择与校验［J］. 铁道工程学报，2002（1）：108-112.

[68] 孙殿国，申爱国，等. 高速铁路客运专线后张 32m 组合箱梁管道摩阻损失研究［J］. 混凝土，2007（10）：98-99.

[69] 仲智涛. 前卡式千斤顶与后卡式千斤顶在预应力张拉中的使用对比［J］. 四川建筑，2019，39（3）：245-246，249.

[70] 钱传顶. 连徐客专 32m 简支箱梁预应力孔道摩阻试验及数据处理方法［J］. 价值工程，2019，38（5）：112-114.

[71] 李学斌，侯建军，等. 铁路桥梁预应力管道摩阻试验方法及控制［J］. 铁道标准设计，2011（11）：42-48.

[72] 李子奇，樊燕燕. 预应力混凝土客运专线简支箱梁孔道摩阻试验计算方法研究［J］. 工程质量，2017，35（12）：33-36.

[73] 王辉. 浅议客运专线预应力箱梁张拉用千斤顶的校验［J］. 铁道建设，2011，3（12）：21-23.

[74] 马腾. 后张法预应力混凝土梁有效预应力检测识别技术研究［D］. 石家庄：石家庄铁道大学，2020.

[75] 李维权. 高层建筑整体平移技术的研究［D］. 武汉：湖北工业大学，2016.

[76] 陈敬宇. 既有框架结构建筑物整体平移关键技术研究［D］. 郑州：中原工学院，2020.

[77] 张永波. 建筑物远距离整体平移关键技术研究［D］. 广州：华南理工大学，2019.

[78] 谢征勋，罗章，等. 工程事故分析与工程安全［M］. 北京：北京大学出版社，2006.

[79] 时柏江，曾章海，等. 建筑结构与地基基础工程检测案例手册［M］. 上海：上海交通大学出版社，2018.

[80] 李启民，何新东，等. 建筑物纠倾工程设计与施工［M］. 北京：中国建筑工业出版社，2012.

[81] 徐若愚. 建筑物水平掏土纠倾技术研究［D］. 北京：北京交通大学，2019.

[82] 中华人民共和国住房和城乡建设部. 民用建筑可靠性鉴定标准：GB 50292—2015［S］. 北京：中国建筑工业出版社，2016.

[83] 中华人民共和国住房和城乡建设部. 危险房屋鉴定标准：JGJ 125—2016［S］. 北京：中国建筑工业出版社，2016.

[84] 中华人民共和国住房和城乡建设部. 建筑物倾斜纠偏技术规程：JGJ 270—2012［S］. 北京：中国建筑工业出版社，2012.

[85] 崔京浩. 建筑物平移与纠倾技术［M］. 北京：中国水利水电出版社，2008.

[86] 中国工程建设标准化协会. 建筑物移位纠倾增层改造技术规范：CECS 225：2007［S］. 北京：中国计划出版社，2008.

[87] 中华人民共和国住房和城乡建设部. 建筑地基检测技术规范：JGJ 340—2015［S］. 北京：中国建筑工业出版社，2015

[88] 工程地质手册编委会. 工程地质手册［M］. 5 版. 北京：中国建筑工业出版社，2018.

[89] 吕鹏. 高填石路堤修筑技术研究［D］. 北京：北京交通大学，2004.

［90］杨永波. 地基基础工程检测技术［M］. 北京：中国建筑工业出版社，2019.

［91］李渝生，苏道刚. 地基工程处理与检测技术［M］. 成都：西南交通大学出版社，2010.

［92］中华人民共和国住房和城乡建设部. 复合地基技术规范：GB/T 50783—2012［S］. 北京：中国计划出版社，2012.

［93］柳炳康，吴胜兴，等. 工程结构鉴定与加固改造［M］. 北京：中国建筑工业出版社，2008.